"十二五"职业教育国家规划教材
经全国职业教育教材审定委员会审定

# 动物传染病防治技术

（国家精品课程配套教材）

**第二版**

刘振湘　梁学勇　主编

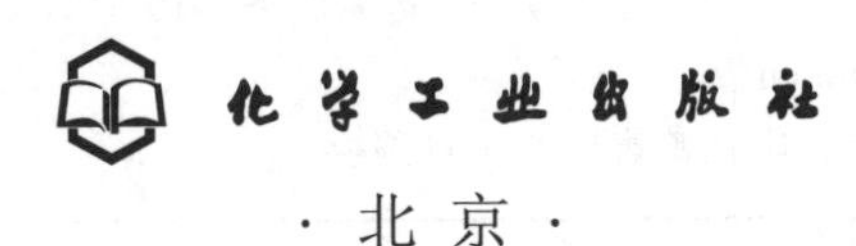



·北京·

本书是国家精品课程的配套教材，内容包括动物传染病的传染和流行过程，动物传染病的综合防治，多种动物共患传染病，猪、家禽、牛羊以及其他动物传染病的流行、诊断和防治；相关知识与技能通过七大项目、104个子项目和17项技能训练任务得以学习和实施。书中各项目提出了具体的学习目标、技能目标和项目小结，有利于学生明确学习目标和学习重点，利于学生自学；项目后的复习思考题便于学生自检和巩固学习效果。本书配套出版包括多媒体课件、主要学习任务、学习指南、习题集等内容的数字化教学资源，便于直观教学。

本书适合作为高职高专畜牧兽医类专业师生的教材，也可作为自学考试、岗位培训及从事动物生产与动物疫病防治技术人员、广大养殖户和新型职业农民的参考书。

**图书在版编目（CIP）数据**

动物传染病防治技术/刘振湘，梁学勇主编．—2版．
北京：化学工业出版社，2015.12（2021.8重印）
“十二五”职业教育国家规划教材
ISBN 978-7-122-25504-4

Ⅰ．①动…　Ⅱ．①刘…②梁…　Ⅲ．①动物疾病-传染病-防治-高等职业教育-教材　Ⅳ．①S855

中国版本图书馆CIP数据核字（2015）第255554号

---

责任编辑：梁静丽　迟　蕾　李植峰　　装帧设计：史利平
责任校对：吴　静

---

出版发行：化学工业出版社（北京市东城区青年湖南街13号　邮政编码100011）
印　　装：三河市延风印装有限公司
787mm×1092mm　1/16　印张18　字数455千字　2021年8月北京第2版第7次印刷

---

购书咨询：010-64518888　　售后服务：010-64518899
网　　址：http://www.cip.com.cn
凡购买本书，如有缺损质量问题，本社销售中心负责调换。

---

**定　　价：36.00元**

# 《动物传染病防治技术》（第二版）
## 编审人员


**主　编**　刘振湘　梁学勇

**副主编**　王双山　钟金凤

**编　者**　（按照姓名汉语拼音排列）

高　婕（保定职业技术学院）
侯义宏（湖南省出入境检疫局）
黄爱芳（广东科贸职业学院）
李　兵（玉溪农业职业技术学院）
李雪梅（宜宾职业技术学院）
梁学勇（商丘职业技术学院）
刘　涛（信阳农林学院）
刘秀清（青海畜牧兽医职业技术学院）
刘振湘（湖南环境生物职业技术学院）
曲哲会（信阳农林学院）
施德兰（玉溪农业职业技术学院）
唐　伟（永州职业技术学院）
王双山（安阳工学院）
文贵辉（湖南环境生物职业技术学院）
谢拥军（岳阳职业技术学院）
薛拥志（河北北方学院）
阳　刚（宜宾职业技术学院）
曾繁荣（湖南省衡阳市畜牧水产局）
钟金凤（湖南环境生物职业技术学院）
朱桂银（河北交通职业技术学院）
邹振兴（湖南环境生物职业技术学院）

**主　审**　徐　彤（河北北方学院）
刘道新（湖南省动物疫病预防控制中心）

第一版《动物传染病防治技术》为国家精品课程的配套教材，自2009年9月出版以来，受到了兄弟院校的普遍的关注和好评。2013年8月，本教材顺利入选“十二五”职业教育国家规划教材选题立项，根据《教育部关于“十二五”职业教育教材建设的若干意见》文件精神和国家规划教材编写要求，在化学工业出版社的组织下，本书编委会成员认真研讨后确定了本书的修订原则，确保第二版教材在保留原教材特色的基础上，突出强调以下几点。

一是以适用、应用为构建教材体系。根据高职高专教育教学特点和要求，以适用、应用为主旨构建教材主线体系，以“必需、够用”为度设置动物传染病防治的理论基础，以培养技术应用能力为目标设计知识、能力、素质内容。技能、知识目标按照动物疾病诊断与检验岗位、动物疫病的预防控制岗位等工作岗位第一线需要的技术技能型人才的能力需要进行构建，使知识目标、技能目标与职业岗位、职业能力的要求相统一。

二是创新教材编写体例，以项目、子项目、技能训练任务的形式进行编写。

三是加强岗位针对性。根据岗位需要选取教材内容，明确岗位工作目标与内容，按岗位工种的要求编写具体内容，做到教材内容、生产岗位工作内容和职业资格证书考核内容一致，实现“岗、课、证”融合，有利于工学结合培养技能应用型人才，推行“双证书”制度。

四是根据执业兽医师的考核要求，增加了马鼻疽、白垩病、欧洲蜜蜂幼虫腐臭病、美洲幼虫腐臭病、蚕白僵病、蚕型多角体病等与执业兽医师考试内容一致的内容，供教师教学和学生自学选用。

五是在整理精品课程数字化资源的基础上，配有教案、多媒体课件、主要学习任务、学习指南、习题集等数字化教学资源，以便师生直观教学。广大师生也可访问国家精品课程动物传染病防治技术网站（http://jinpin.hnebp.edu.cn/jingpin/dongwu/index.asp）获取相关教学资源，也可以在www.cipedu.com.cn下载学习。

本书这次修订由刘振湘教授统筹，基本保持第一版的分工，数字化教学资源的内容由刘振湘、文贵辉、邹振兴、钟金凤等共同完成，增加的非洲猪瘟、马鼻疽、白垩病、欧洲蜜蜂幼虫腐臭病、美洲幼虫腐臭病、蚕白僵病、蚕型多角体病等内容由钟金凤编写，曾繁荣同志参加了技能训练任务的修改，湖南省动物疫病预防控制中心主任刘道新研究员对全书进行了审定，提出了许多宝贵的意见。在教材的编写过程中，得到了湖南环境生物职业技术学院等编委院校各级领导和化学工业出版社的大力支持与帮助，在此一并表示衷心的感谢。

本书在编写过程中，参考了同行及专家的文献和资料，在此谨向各位作者及相关单位表示衷心的感谢。

限于编写水平，本书不足及疏漏之处在所难免，恳切希望各位同行和广大读者予以批评指正，同时恳请使用本书的师生和广大读者能向编者（jwchliu@126.com）提出宝贵意见，以便今后进一步修改、补充和完善。

**刘振湘**

**2015 年 3 月于雁城**

动物传染病防治技术是高职高专畜牧兽医类专业的必修课程之一，课程目标是通过教学使学生掌握动物传染病防治技术“必需、够用”的理论知识和扎实的专业实践技能。受化学工业出版社委托以及国家精品课程《动物传染病防治技术》课程建设的需要，根据教育部《关于全面提高高等职业教育教学质量的若干意见》（教高［2006］16号）有关文件的精神和要求，组织全国十四所高职院校编写了高职高专农林牧渔类专业“十一五”规划教材《动物传染病防治技术》。

高等职业教育是高等教育的组成部分，肩负着“培养面向生产、建设、服务和管理第一线需要的高技能人才”的任务。因此，高等职业教育使用的教材既不能是本科教材的压缩版，又不能是中职教材的培训版，而是要以应用型高技能为主线，构建课程内容和教材内容，做到理论“必需、够用”，突出“实践性、应用性和职业性”，加强实践教学，强调学生专业技能的培养。所以，过分强调理论的系统性或过于简单的教材都不能满足高等职业教育的需要。基于此，我们编写的这部教材，在内容和形式上都有一些变化，做到了紧扣课程目标，注重理论联系实际，以岗位需要组织教材内容，教学目标设计科学合理，内容选择详略得当，增加了目前发病较多的动物传染病，如羊口疮等内容，并设置了猪流行性感冒的内容，删除了临床上少见的一些传染病，如牛瘟、牛传染性胸膜肺炎、肉毒梭菌中毒、恶性水肿等内容。在编写形式上，首先在章节前提出了具体的知识目标和技能目标，有利于学生明确学习目标和学习重点。章节后设计了识记型、理解型和应用型等不同层次的复习思考题，有利于学生自学和自检，巩固学习效果。具有在理论上“必需、够用”，强化学生的实际操作技能的训练，以技能训练为中心，注重技能训练的可操作性，体系新、内容新、形式新、岗位针对性强、突出技能培养等特点，充分体现了高等职业教育的特色。

本书的具体编写分工如下：刘振湘编写绪论、第三章的第五节至第十节、第四章的第十二节；王双山编写第一章、第五章的第一节至第五节、技能训练一至技能训练四；梁学勇编写第二章、技能训练五至技能训练七；薛拥志编写第三章的第一节至第三节、第三章的第十一节、技能训练八和技能训练九；刘涛编写第三章的第四节、第三章的第十一节至第十四节；侯义宏编写技能训练十至技能训练十六；朱桂银编写第四章的第一节至第九节；刘秀清编写第四章的第十节至第十一节、第十三节至第十八节；施德兰编写第五章的第六节至第十节；李兵编写第五章的第十一节至第十四节；高婕编写第五章的第十五节至第十九节；唐伟编写第六章的第一节至第六节；曲哲会编写

第六章的第七节至第十节；黄爱芳编写第六章的第十一节至第十六节；阳刚编写第七章的第一节至第七节；李雪梅编写第七章的第八节至第十五节；谢拥军参与了部分章节的编写。全书由刘振湘拟定编写大纲，提出编写要求，进行最后统稿。河北北方学院徐彤教授对全书进行了审定，提出了许多宝贵的意见。本教材的编写得到了湖南环境生物职业技术学院和化学工业出版社各级领导以及编辑的大力支持与帮助，在此一并表示衷心的感谢。

本书在编写中参考了同行的文献资料，在此谨向各位作者表示衷心的感谢。由于编者水平有限，书中难免会有不妥之处，敬请各位专家、同行和广大读者批评指正。恳请读者朋友在使用本书的同时能向编者（jwchliu@126.com）提出宝贵意见，以便在再版时进一步完善。

**刘振湘**

**2009年6月于雁城**

目
录

## 项目三 多种动物共患传染病 

## 项目七　其他动物传染病 …… 236

# 绪 论

【学习目标】

1. 掌握动物传染病防治技术的研究对象、任务。
2. 理解动物传染病防治技术与其他课程的关系。
3. 理解动物传染病的危害与学习本课程的意义。
4. 了解我国动物传染病防治取得的成绩与存在的问题。

## 一、动物传染病防治技术的研究对象及任务

动物传染病防治技术是研究动物传染病的发生和发展规律以及预防和消灭这些传染病的有关方法的科学，是畜牧兽医类专业学生必修的重要课程之一。主要研究的对象一是动物传染病的发生和发展规律、动物传染病的一般性预防和控制扑灭措施；二是各种动物传染病的分布、病原、流行病学、临床症状、病理变化、诊断和防治措施等。前者可以使学生了解并掌握动物传染病流行和防治的共同规律，有助于学生在将来的实际工作中对一个国家或地区动物传染病的宏观控制措施和养殖场中具体传染病的防治方法进行分析和评价。后者可以使学生了解不同动物传染病的经济学和社会学意义，并针对不同动物传染病的特点采取具体的防治措施，同时把握执行过程的重点。

## 二、动物传染病防治技术与其他课程的关系

动物传染病防治技术是兽医科学的重要临床学科之一。与畜牧兽医专业的其他课程有着广泛而密切的联系，其中主要的有动物微生物及免疫学、动物病理学、动物药理、兽医临床诊断学等，特别是动物微生物及免疫学与动物传染病防治技术的联系最为密切。

## 三、动物传染病危害与学习本课程的意义

动物传染病是当前危害动物生产和人类健康最重要的一类疾病。主要表现在以下几方面。一是造成巨大的直接经济损失。大批动物因暴发传染病导致死亡、生产性能下降（如产蛋量、产乳量、膘情、产仔数、皮毛及役用力）以及产品的质量降低，造成直接经济损失。据农业部对动物疾病死亡率调查估测，全国猪的死亡率为8%～12%、家禽死亡率为12%～20%、牛死亡率为2%～5%、羊死亡率为7%～9%、其他大家畜死亡率为2%。每年因死亡造成的直接经济损失可达数百亿，如果加上间接损失，可高达1000亿元。二是影响动物或动物产品外贸出口。当前阻碍我国动物及动物产品出口的主要因素，首先是防疫问题，一些危害严重的动物传染病时起时伏，未能得到有效的控制。如欧盟多次因禽流感问题禁止从我国进口禽肉，1997年台湾发生口蹄疫后被国际兽疫局（OIE）宣布10年内不允许出口生猪（台湾每年出口600万头生猪，创汇16亿美元）。三是直接危害人类健康。某些人兽共患病还直接影响人类健康，如高致病性禽流感、甲型H1N1流感猪Ⅱ型链球菌病、疯牛病等都对人类健康造成严重危害。因此，认识和研究动物传染病发生及发展的规律，努力做好动物传染病的防治工作，对于促进畜牧业健康持续发展、保护人民身体健康、促进国际贸易、维护国家国际声誉等都具有十分重要的意义。

## 四、我国动物传染病防治取得的成绩

动物主要传染病的控制和消灭程度，是衡量一个国家兽医事业发展水平的主要标志。建国以来，我国动物传染病防治工作取得了一些重要成绩。

**1. 动物防疫法规得到完善**

动物防疫法规是做好动物传染病防治工作的法律依据。经济发达国家都十分重视这种法规的制定和实施。我国先后颁布了《中华人民共和国进出境动植物检疫法》、《中华人民共和国动物防疫法》等，特别是《中华人民共和国动物防疫法》及其配套的实施细则的颁布实施，使我国建立健全符合市场经济要求、能与国际接轨的兽医行政法规体系，在促进养殖业生产，保证人民吃上“放心肉”，保护人类健康方面起了重要作用。

**2. 一些重要动物传染病得到控制**

建国以来，我国已先后宣布基本消灭了危害十分严重的牛瘟（1956 年）和牛肺疫(1996 年)。在全国范围内控制了马鼻疽、马传染性贫血、牛羊布鲁杆菌病、绵羊痘、山羊传染性胸膜肺炎、气肿疽、猪瘟、鸡新城疫、狂犬病、兔病毒性出血症等一些重要传染病的发生。

**3. 研制了一批具有世界先进水平的疫苗**

先后创制的疫苗中，猪兔化弱毒疫苗、马传染性贫血弱毒疫苗居世界先进水平，并已输送世界某些国家使用，取得良好的效果。猪支原体病（猪气喘病）弱毒菌苗经 30 多年研制成功。预防仔猪黄、白痢（大肠杆菌病）的二价、三价基因工程疫苗和猪伪狂犬病基因缺失苗已研制成功，并在国内推广应用。此外，牛、羊、猪、禽、犬等传染病的数十种疫（菌）苗也成批地大量生产，并在实际中应用，在我国动物传染病的免疫预防中发挥着重要作用。

**4. 主要动物传染病的诊断已形成一整套防治技术**

对马、牛、羊、猪、禽等动物传染病的诊断、检测、免疫、防治进行了系统的研究，已形成一整套防治技术，并为广大兽医工作者所掌握和应用，控制和减少了这些传染病的发生。其中某些传染病的病原学研究，已深入到分子生物学领域，包括病毒载体的构建，病原基因的分离鉴定、克隆和表达，基因表达产物的生物学功能研究，核酶剪切病毒 RNA 以及用于诊断的单克隆抗体、核酸探针、聚合酶链反应（PCR）、酶联免疫吸附试验（ELISA）、质粒 DNA 指纹图谱分析、酶切图谱分析和核酸序列测定以及基因工程疫苗的研究、病毒的遗传变异和分子流行病学研究等。这些研究均已取得较高水平的研究成果和进展。应该说，国外的一些先进诊断技术和方法，国内的研究者都进行了系统研究，并取得了前所未有的成果。

**5. 首次发现了一些动物传染病**

我国科技工作者在国内外首次分离鉴定成功小鹅瘟病毒、兔出血症病毒、番鸭细小病毒和貂冠状病毒，其中兔病毒性出血症的研究达世界先进水平，是我国兽医科学工作者取得的杰出成绩。

## 五、我国动物传染病防治存在的问题与展望

首先，随着我国规模化养殖单位的增多，经营规模的扩大，动物及产品流通市场经济的发展，给传染病流行造成有利条件。其次，养殖生产经营主体多元化，一些饲养单位和个人盲目扩大生产，外出引种，片面追求一时的经济效益，忽视养殖业中的防疫工作，特别是遍及全国农村的个体养殖户，普遍存在忽视动物传染病防治工作的倾向。再次，传染病种类多、死亡率高。农业部 1986～1990 年对全国动物传染病进行的普查表明，动物传染病 202 种（细菌性疾病 111 种，病毒性疾病 80 种，真菌性疾病 11 种）；其中 20 世纪 80 年代发现

的传染病 15 种。20 世纪 90 年代以后又新发生 10 种动物传染病。从国外引进种畜、种禽和动物产品时，由于缺乏有效的诊断与监测手段、配套的防疫卫生技术跟不上等原因，导致一些新的传染病传入和发生。如鸡传染性贫血、禽网状内皮组织增殖症、鸡病毒性关节炎、减蛋综合征、猪繁殖和呼吸综合征、猪圆环病毒感染、猪萎缩性鼻炎、猪蛇形螺旋体痢疾、黏膜病、绵羊痒病、山羊关节炎-脑炎、梅迪-维斯纳病等。最后，我国动物医学基础研究比较薄弱，技术储备不够，防疫、检疫手段和网络系统不够健全和完善，基层防疫队伍不稳定，缺乏大规模控制传染病的手段和经验。以上诸多因素造成传染病在我国时有发生，我国动物传染病的防治问题仍然十分突出，我国动物传染病防治的总体水平与先进国家相比还有相当大的差距，远远不能适应养殖业进一步快速发展的要求。此外动物传染病防治的法律法规有待进一步完善并与国际接轨，人们的法制意识有待进一步提高。我国还存在基层兽医队伍的稳定和发展、控制动物传染病保障技术手段落后等问题。我们应制定并严格执行综合性防疫措施，控制、消灭动物传染病，特别是消灭那些人兽共患的传染病，使我国兽医事业赶超世界先进水平。

## 【项目小结】

本项目介绍了动物传染病防治技术的研究对象、任务、与其他课程的关系；动物传染病危害与学习本课程的意义；我国动物传染病防治取得的成绩与存在的问题等内容。对学习本课程具有指导和引领作用。

## 【复习思考题】

1. 简述动物传染病防治技术的研究对象及任务。

2. 动物传染病的发生主要造成哪些危害？结合这些危害谈谈从事动物传染病防治工作的重要性。

# 项目一　动物传染病的传染和流行过程

【学习目标】

1. 理解和掌握动物传染病的传染和流行过程的相关名词概念。
2. 掌握传染病的特征、动物传染病流行过程的特征与影响因素。
3. 理解动物传染病流行的基本环节及在兽医实践中的应用。
4. 了解畜禽传染病的发展阶段、感染的类型。

【技能目标】

1. 能够进行动物传染病流行病学调查与分析。
2. 会制订动物传染病防疫计划。

## 子项目一　传染病的概念和特征

### 一、传染病的概念

凡是由病原微生物引起，具有一定的潜伏期和临床表现，并具有传染性的疾病，称为传染病。当机体抵抗力较强时，病原微生物侵入后一般不能生长繁殖，更不会出现传染病的临床表现，因为动物能迅速动员机体的非特异性免疫力和特异性免疫力而将该侵入者消灭或清除。动物对某种病原微生物缺乏抵抗力或免疫力时，病原微生物侵入动物机体后可以造成传染病的发生。

### 二、传染病的特征

各种动物传染病的表现多种多样，但与其他非传染病相比较，具有以下共同特性。

**1. 由特异病原微生物所引起**

每一种动物传染病都有其特异的致病性微生物存在，如猪瘟是由猪瘟病毒引起的，没有猪瘟病毒就不会发生猪瘟。

**2. 具有传染性和流行性**

传染性是指从患传染病的患病动物体内排出的病原微生物，侵入另一有易感性的健康动物体内，能引起同样症状的疾病特性。像这样使疾病从患病动物传染给健康动物的现象，就是传染病与非传染病相区别的一个重要特征。流行性是指当一定的环境条件适宜时，在一定时间内，某一地区易感动物群中可能有许多动物被感染，致使传染病蔓延散播，形成流行的特性。

**3. 被感染的动物机体发生特异性的免疫学反应**

在传染病发展过程中由于病原微生物的抗原刺激作用，动物机体发生免疫生物学的改变，产生特异性抗体和变态反应等。这种改变可以用血清学方法等特异性反应检查出来。

**4. 耐过动物能获得特异性免疫**

动物耐过传染病后，在大多数情况下均能产生特异性免疫，使机体在一定时期内或终生不再患该种传染病。

**5. 具有一定的临床表现和病理变化**

大多数传染病都具有该病特征性的临床症状和病理变化，而且在一定时期或地区范围内呈现群发性疾病表现。

## 子项目二 感 染

### 一、感染的概念

病原微生物侵入动物机体，并在一定的部位定居、生长繁殖并引起机体一系列不同程度的病理反应的过程称为感染。在长期的物种进化过程中，病原微生物形成了以某种或某些动物机体为繁殖场所，过寄生生活的特性。通过这样的寄生生活并不断侵入新的寄生宿主，病原微生物得以不断繁衍和保留。动物感染病原微生物后会有不同的临床表现，从完全没有临床症状到明显的临床症状，甚至死亡，这是病原的致病性、毒力与宿主特性综合作用的结果。

### 二、感染的类型

病原微生物的感染与动物机体的抵抗力之间的矛盾运动错综复杂，受多方面的影响，其过程表现为各种各样的形式或类型。

**1. 显性感染和隐性感染**

病原体侵入机体后，动物表现出该病特有临床症状的感染过程称为显性感染。反之则称为隐性感染或亚临床感染。在显性感染过程中表现出该病的特征性（有代表性）临床症状者，称为典型感染，反之则称为非典型感染。隐性感染动物体内的病理变化，依病原体种类和机体状态而不同，有些被感染动物虽然外表看不到症状，但体内可呈现一定的病理变化，而另一些隐性感染动物既无临床症状又无病理变化，一般只能通过微生物学或免疫学方法检查出来。

开始症状较轻，特征症状未见出现即恢复者称为一过型（或消散型）感染。开始症状表现较重，与急性病例相似，但特征症状尚未出现即迅速消退、恢复健康者，称为顿挫型感染。这是一种病程缩短而没有表现该病主要症状的轻病例，常见于疾病的流行后期。还有一种临床表现比较轻缓的类型，一般称为温和型。

**2. 局部感染和全身感染**

由于动物机体抵抗力较强，侵入机体的病原微生物毒力较弱或数量较少，致使病原体被局限在机体内一定部位生长繁殖而引起一定程度的病理变化，称局部感染，如化脓性葡萄球菌、链球菌所引起的各种化脓创等。如果感染的病原微生物或其代谢产物突破机体的防御屏障，通过血流或淋巴循环扩散到全身各处，并引起全身性症状则称为全身感染。全身感染的表现形式主要包括：菌血症、病毒血症、毒血症、败血症、脓毒症和脓毒败血症等。

**3. 最急性、急性、亚急性和慢性感染**

通常将病程数小时至一天左右，发病急剧、突然死亡、症状和病理变化不明显的感染过程称为最急性感染，多见于牛羊炭疽、巴氏杆菌病、绵羊快疫和猪丹毒等传染病流行的初期；将病程较长，数天至2～3周不等，具有该病明显临床症状的感染过程称为急性感染，如急性猪瘟、猪丹毒、新城疫、传染性法氏囊病和口蹄疫等；亚急性感染则是指病程比急性感染稍长、病势及症状较为缓和的感染过程，如疹块型猪丹毒和亚急性型仔猪红痢等。而慢性感染是指发展缓慢、病程数周至数月、症状不明显的感染过程，如鸡慢性呼吸道病、猪气喘病等。

**4. 外源性感染和内源性感染**

通常将病原微生物从动物体外侵入机体而引起的感染称为外源性感染；内源性感染是指由于受到某些因素的作用，动物机体的抵抗力下降，致使寄生于动物体内的某些条件性病原微生物或隐性感染状态下的病原微生物得以大量生长繁殖而引起的感染现象，如猪肺疫、马腺疫等有时就是通过内源性感染发病的。

**5. 单纯感染、混合感染、继发感染和协同感染**

将一种病原微生物所引起的感染称为单纯感染。两种或两种以上病原微生物同时参与的感染称为混合感染。而当动物机体感染了某种病原微生物引起抵抗力下降后，造成另一种或几种新侵入病原微生物的感染称为继发感染，如慢性猪瘟经常继发感染多杀性巴氏杆菌或猪霍乱沙门杆菌等。协同感染是指在同一感染过程中有两种或两种以上病原体共同参与相互作用，使其毒力增强，而参与的病原体单独存在时则不能引起相同临床表现的现象。如专性厌氧菌可保护混合感染中的其他细菌不被吞噬，消除厌氧菌后，吞噬细胞便可有效地消灭混合感染灶中的需氧菌，从而阻止感染的发生。协同感染的机制可表现为抑制白细胞吞噬功能或细胞内杀伤作用；提供必要的生长因子；改变局部环境以利于其他细菌的生长、繁殖；相互作用而提高毒力；改变抗生素的抗菌活性等。

目前，在兽医临床实践中，各种病原体的混合感染和继发感染非常普遍，厌氧菌和需氧菌同时存在可能导致协同作用的发生。细菌混合共存，其中一些细菌能抵御或破坏宿主的防御系统，使共生菌得到保护。病原体间相互作用还使一些传染病的临床表现复杂化，给动物传染病的诊断和防治增加了困难。

**6. 持续性感染与慢性病毒感染**

持续性感染是指在入侵的病毒不能杀死宿主细胞而形成病毒与宿主细胞间的共生平衡时，感染动物可在一定时期内带毒或终生带毒，而且经常或反复不定期地向体外排出病毒，但不出现临床症状或仅出现与免疫病理反应相关症状的一种感染状态。持续性感染包括潜伏性感染、慢性感染、隐性感染和慢性病毒感染等。疱疹病毒、副黏病毒、反转录病毒和朊病毒等科属的成员常能导致持续性感染。

慢性病毒感染又称长程感染，是指潜伏期长、发病呈进行性经过，最终以死亡为转归的感染过程。慢性病毒感染时，被感染动物的病情发展缓慢，但不断恶化且最后以死亡而告终。慢病毒可分为两类：一类是反转录病毒科的慢病毒属的病毒；如梅迪-维斯纳病毒、山羊关节炎-脑炎病毒、马传贫病毒、人免疫缺陷病毒 1 型（HIV-1）等，又称为寻常病毒；另一类是亚病毒中的朊病毒，又称非寻常病毒，如牛海绵状脑病、绵羊痒病、人类库鲁病(Kuru)、传染性水貂脑病，都是中枢神经退化性疾病。

**7. 良性感染和恶性感染**

一般常以患病动物的死亡率作为判定传染病严重性的主要指标。如果该病并不引起患病动物的大批死亡，称为良性感染。相反，如果引起大批死亡，则称为恶性感染。例如发生良性口蹄疫时，牛群的死亡率一般不超过 2%，如为恶性口蹄疫，则病死率大大超过此数。机体抵抗力减弱和病原体毒力增强等都是传染病发生恶性病程的原因。

## 子项目三　传染病的发展阶段

动物传染病在临床表现上千差万别，但其各个动物的发病过程在大多数情况下具有明显的规律性，大致可以分为潜伏期、前驱期、明显（发病）期和转归期四个阶段。

## 一、潜伏期

从病原体侵入动物机体并进行繁殖时起，直到疾病的最初临床症状开始出现为止，这段时间称为潜伏期。不同的传染病其潜伏期的长短是不同的，就是同一种传染病的潜伏期长短也有一定的变动范围。这是由于不同的动物种属、品种、个体的易感性是不一致的，病原体的种类、数量、入侵门户、部位等情况也有所不同而出现差异，但相对来说还是具有一定的规律性。例如口蹄疫的潜伏期在14h至11天，多数为2～4天；猪瘟的潜伏期在2～20天，多数为5～8天。一般来说，急性传染病的变化范围小；慢性传染病以及症状不明显的传染病其潜伏期差异较大，常不规则。同一种传染病潜伏期短促时，疾病经过较严重；反之，潜伏期延长时，病情也常较轻微。了解传染病潜伏期的主要意义是：一是可以确定检疫期限，如炭疽最长潜伏期为14天，所以检疫期也是14天；二是可以判断传播媒介的种类和数量。如动物群中有多动物发生某种传染病，若其首末病例发病日期的间距不超过该病的最长潜伏期，则所有病例感染可能来自同一传播媒介；三是可以推算患病动物的感染日期，从出现临床症状之日向前推一个潜伏期，即为病初的感染日期；四是可以确定紧急免疫动物的观察期限，某些动物群发生传染病后，可用疫苗进行紧急接种，但处于潜伏期的动物，接种疫苗仍有可能发病，对这些动物就应该加强观察和确定观察期限；五是处于潜伏期的动物是危险的传染源，处于潜伏期的动物可随着其排泄物和分泌物等向外界排出细菌或病毒，成为潜在的传染源；六是有助于评价防治措施的临床效果。实施某措施后需要经过该病潜伏期的观察，比较前后病例数的变化便可评价该措施是否有效。

## 二、前驱期

从潜伏期到呈现症状这段时期称为前驱期。这一时期是疾病的征兆阶段，其特点是临床症状开始表现，但该病的特征性症状仍不明显。从多数传染病来说，这个时期仅可察觉出一般的症状，如体温升高、食欲减退、精神异常等。各种传染病和各个病例的前驱期长短不一，通常只有数小时至一两天。

## 三、明显（发病）期

从前驱期到该病特征性症状开始表现出来的这段时期称为明显（发病）期。这是疾病发展到高峰的阶段。这个阶段因为很多有代表性的特征性症状相继出现，在诊断上比较容易识别。同时，由于患病动物体内排出的病原体数量多、毒力强，故应加强发病动物的饲养管理，防止病原微生物的散播和蔓延。

## 四、转归期

传染病发展的最后结束阶段称为转归期。如果病原体的致病性能增强，或动物体的抵抗力减退，则传染过程以动物死亡为转归。如果动物体的抵抗力得到改进和增强，则机体便逐步恢复健康，表现为临床症状逐渐消退，体内的病理变化逐渐减弱，正常的生理机能逐步恢复。机体在一定时期保留免疫学特性。在病后一定时间内还有带菌（毒）排菌（毒）现象存在，但最后病原体可被消灭清除。

# 子项目四　动物传染病流行过程的基本环节

动物传染病的流行过程就是从动物个体感染发病发展到动物群体发病的过程，也就是传染病在动物群中发生和发展的过程。动物传染病能在动物之间直接接触传染或间接地通过媒介物互相传染的特性，称为流行性。传染病在动物群中蔓延流行，必须具备三个相互连接的条件，即传染源、传播途径及易感动物群，这三个条件统称为传染病流行过程的三个基本环节。当这三个条件同时存在并相互联系时就会造成传染病的发生，切断其中任何一个环节，流行即告终止。

## 一、传染源

传染源（亦称传染来源）是指有某种传染病的病原体在其中寄居、生长、繁殖，并能排出体外的动物机体。具体说传染源就是受感染的动物，包括传染病患病动物和病原携带者。

**1. 患病动物**

患病动物是重要的传染源。不同病期的患病动物，其作为传染源的意义也不相同。前驱期和明显期的患病动物，可排出大量毒力强大的病原体，因此作为传染源的作用也最大。潜伏期和转归期的患病动物是否具有传染源的作用，则随病种不同而异。

患病动物能排出病原体的整个时期称为传染期。不同传染病传染期长短不同。各种传染病的隔离期就是根据传染期的长短来制订的。为了控制传染源，对患病动物原则上应隔离至传染期终了为止。

**2. 病原携带者**

病原携带者是指外表无症状但携带并排出病原体的动物，包括带菌者、带毒者、带虫者等。病原携带者排出病原体的数量一般不及患病动物，但因缺乏症状不易被发现，有时可成为十分危险的传染源。一般分为潜伏期病原携带者、转归期病原携带者和健康病原携带者三类。

潜伏期病原携带者是指感染后至症状出现前即能排出病原体的动物。在这一时期，大多数传染病的病原体数量还很少，此时一般不具备排出条件，因此不能起传染源的作用。但有少数传染病如狂犬病、口蹄疫和猪瘟等在潜伏期后期能够排出病原体，应引起注意。

转归期病原携带者是指在临床症状消失后仍能排病原体的动物。一般来说，这个时期的传染性已逐渐减少或已无传染性。但还有不少传染病如猪气喘病、布鲁杆菌病等在临诊痊愈的转归期仍能排出病原体。

健康病原携带者是指过去没有患过某种传染病但却能排出该种病原体的动物。一般认为这是隐性感染的结果，通常只能靠实验室的方法才能检出。如巴氏杆菌病、沙门菌病等病的健康病原携带者为数众多，有时可成为重要的传染源。

病原携带者存在着间歇排出病原体的现象，因此仅凭一次病原学检查的阴性结果不能得出正确的结论，只有反复多次的检查均为阴性时才能排除病原携带状态。消灭和防止引入病原携带者是传染病防治中艰巨的主要任务之一。

## 二、传播途径

病原体由传染源排出后，经一定的方式侵入其他易感动物所经过的途径称为传播途径。研究传染病传播途径的目的在于切断病原体继续传播的途径，防止易感动物受传染，这是防治动物传染病的重要环节之一。传播途径可分为两大类：一是水平传播，即传染病在群体之间或个体之间以水平形式横向平行传播；二是垂直传播，即从亲代到其后代之间的传播。

**1. 水平传播**

水平传播在传播方式上可分为直接接触传播和间接接触传播两种。

（1）直接接触传播　病原体通过被感染的动物（传染源）与易感动物直接接触（交配、舐咬等）而引起的传播方式。以直接接触为主要传播方式的传染病为数不多，在动物传染病中狂犬病具有代表性。直接接触而传播的传染病，在流行病学上通常具有明显的流行线索。这种方式使疾病的传播受到限制，一般不易造成广泛的流行。

(2) 间接接触传播　病原体通过传播媒介使易感动物发生传染的方式，称为间接接触传播。从传染源将病原体传播给易感动物的各种外界环境因素称为传播媒介。传播媒介可能是生物（媒介者），也可能是非生物（媒介物或污染物）。大多数传染病如口蹄疫、猪瘟、新城疫等以间接接触为主要传播方式，同时也可以通过直接接触传播。两种方式都能传播的传染病称为接触性传染病。

间接接触一般通过如下几种途径传播。

① 经空气（飞沫、飞沫核、尘埃）传播　经空气而散播的传染主要是通过飞沫、飞沫核或尘埃为媒介而传播的。

飞散于空气中带有病原体的微细泡沫而散播的传染称为飞沫传染。所有的呼吸道传染病主要是通过飞沫而传播的，如口蹄疫、结核病、猪气喘病、传染性喉气管炎等。一般来说，干燥、光照和通风良好的环境，飞沫飘浮的时间较短，其中的病原体（特别是病毒）死亡较快；相反，动物群密度大、潮湿、阴暗、低温和通风不良的环境，则飞沫传播的作用时间较长。

从传染源排出的分泌物、排泄物和处理不当的尸体、散布在外界环境的病原体附着物，经干燥后，由于空气流动冲击，带有病原体的尘埃在空气中飘扬，被易感动物吸入而感染，称为尘埃传染。能借尘埃传播的传染病有结核病、炭疽、痘病等。

② 经污染的饲料和饮水传播　以消化道为主要侵入门户的传染病如口蹄疫、猪瘟、传染性法氏囊病、沙门菌病等，其传播媒介主要是污染的饲料和饮水。传染源排出的分泌物、排出物和患病动物尸体及其流出物污染了饲料、牧草、饲槽、水池，或由某些污染的管理用具、车船、畜舍等辗转污染了饲料、饮水而传给易感动物。因此，在防疫上应特别注意防止饲料和饮水的污染，并做好相应的防疫消毒卫生管理。

③ 经污染的土壤传播　随患病动物排泄物、分泌物或其尸体一起落入土壤而能在其中生存很久的病原微生物称为土壤性病原微生物。它所引起的传染病有炭疽、破伤风、恶性水肿、猪丹毒等。

④ 经活的媒介物传播　非本种动物和人类也可能作为传播媒介传播动物传染病。主要有以下几种。

a. 节肢动物：节肢动物中作为动物传染病的媒介者主要是虻类、螯蝇、蚊、蠓、家蝇和蜱等。传播主要是机械性的，它们通过在患病和健康动物间的刺螫吸血而散播病原体。亦有少数是生物性传播，某些病原体（如立克次体）在感染动物前，必须先在一定种类的节肢动物（如某种蜱）体内通过一定的发育阶段，才能致病。

b. 野生动物：野生动物的传播可以分为两大类。一类是本身对病原体具有易感性，在受感染后再传染给其他动物；另一类是本身对该病原体无易感性，但可机械的传播疾病，如乌鸦在啄食炭疽患病动物的尸体后从粪内排出炭疽杆菌的芽孢，鼠类可能机械地传播猪瘟和口蹄疫等。

c. 人类：饲养人员和兽医在工作中如不注意遵守防疫卫生制度，消毒不严时，容易传播病原体。体温计、注射针头以及其他器械如消毒不严就可能成为传播媒介。有些人畜共患的疾病，人也可能作为传染源，因此结核病的患者不允许管理动物。

**2. 垂直传播**

垂直传播从广义上讲属于间接接触传播，它包括下列几种方式。

(1) 经胎盘传播　受感染的孕畜经胎盘血流传播病原体感染胎儿，称为经胎盘传播。如猪细小病毒感染等。

(2) 经卵传播　由携带有病原体的卵细胞发育而使胚胎受感染，称为经卵传播。如鸡白痢沙门菌等。

(3) 经产道传播　病原体经孕畜阴道通过子宫颈口到达绒毛膜或胎盘引起胎儿感染。或胎儿从无菌的羊膜腔穿出而暴露于严重污染的产道时，胎儿经皮肤、呼吸道、消化道感染母体的病原体。

动物传染病的传播途径比较复杂，每种传染病都有其特定的传播途径，有的可能只有一种途径，有的则通过多种途径传播。掌握病原体的传播方式及各传播途径所表现出来的流行特征，将有助于对现实的传播途径进行分析和判断。

### 三、易感动物群

易感性是抵抗力的反面，指动物对于某种传染病病原体感受性的大小。该地区动物群中易感个体所占的百分率，直接影响到传染病是否能造成流行以及传染病的严重程度。动物易感性的高低虽与病原体的种类和毒力强弱有关，但主要还是由动物体的遗传特征等内在因素、特异免疫状态决定的。外界环境条件如气候、饲料、饲养管理卫生条件等因素都可能直接影响到动物群的易感性和病原体的传播。

## 子项目五　疫源地与自然疫源地

### 一、疫源地

疫源地是指传染源及其排出的病原体所污染的地区。疫源地的含义要比传染源广泛得多，除包括传染源外，还有被污染的物体、房舍、牧地、活动场所以及这个范围内所有可能被传染的可疑动物和储存宿主等。

疫源地范围的大小取决于传染源的分布及污染范围、病原体及其传播途径的特点和周围动物群的免疫状态等。它可能只限于个别圈舍、牧地，也可能是某养殖场、自然村或更大的区域。吸血昆虫、流动空气、运输车辆或河水作媒介时，范围则大；周围动物群已经构成免疫隔离带时，范围常常较小。

疫源地的消灭至少需要具备三个条件，即传染源被彻底扑杀或消除了病原携带状态；对污染的环境进行了全面彻底的消毒处理；经过该病的最长潜伏期，在易感动物中没有发生新的感染，而且血清学检查均为阴性反应。疫源地被消灭后，如果没有外来的传染源和传播媒介的侵入，这个地区就不会再发生这种传染病。

在实际工作中还常常使用疫点和疫区的概念。疫点是指范围较小的疫源地或单个传染源所构成的疫源地，有时也将某个比较孤立的养殖场或养殖村称为疫点。疫区是指有多个疫源地存在、相互连接成片而且范围较大的区域，一般指有某种传染病正在流行的地区。疫区的范围包括患病动物所在的养殖场、养殖村镇以及发病前后该动物放牧、饮水、使役、活动过的地区。

### 二、自然疫源地

自然疫源性指某些疾病的病原体在一定地区的自然条件下，由于存在某种特有的传染源、传播媒介和易感动物而长期生存，当人或动物进入这一生态环境也可能被感染的特性，而驯养动物或人的感染和流行对这类病原体在自然界的生存并不必要。具有自然疫源性的疾病称为自然疫源性疾病，如狂犬病、伪狂犬病、日本乙型脑炎、非洲猪瘟、布鲁杆菌病和钩端螺旋体病等都具有自然疫源性。存在自然疫源性疾病的地区，称为自然疫源地。自然疫源性疾病在野生动物群中主要通过吸血昆虫传播，通常具有明显的地区性和季节性。

## 子项目六 动物传染病流行过程的表现形式

在动物传染病的流行过程中，根据一定时间内发病率的高低和传染范围大小（即流行强度）可将动物群体中疾病的表现分为下列四种表现形式。

### 一、散发性

疾病发生无规律性，随机发生，局部地区病例零星地散在发生，各病例在发病时间与发病地点上没有明显的关系时，称为散发。传染病出现这种散发形式的原因可能是动物群对某病的免疫水平较高；某病的隐性感染比例较大；某病的传播需要一定的条件等。

### 二、地方流行性

在一定的地区和动物群中，带有局限性传播特征的，并且是比较小规模流行的动物传染病，可称为地方流行性。地方流行性的含义包括两个方面的内容：一方面表示某一地区内的动物群中的发病比率比散发略高，总是以相对稳定的频率发生；另一方面，除表示一个相对的数量外，还包含地区性的意义。

### 三、流行性

所谓发生流行是指在一定时间内一定动物群出现比寻常多的病例，它没有一个病例的绝对数界限，而仅仅是指疾病发生频率较高的一个相对名词。因此任何一种病当其称为流行时，各地各动物群所见的病例数是很不一致的。流行性疾病的传播范围广、发病率高，如不加防治常可传播到几个乡、县甚至省。这些疾病往往是病原的毒力较强，能以多种方式传播，动物群的易感性较高，如口蹄疫、新城疫等重要传染病可能表现为流行性。

一般认为，某种传染病在一个动物群单位或一定地区范围内，在短期内（该病的最长潜伏期内）突然出现很多病例时，称为暴发。

### 四、大流行

大流行是一种规模非常大的流行，流行范围可扩大至全国，甚至可涉及几个国家或整个大陆。在历史上如口蹄疫和流行性感冒等都曾出现过大流行。

上述几种流行形式之间的界限是相对的，并且不是固定不变的，在一定条件下可以改变。

## 子项目七 动物传染病的分布特征

动物传染病的分布特征是指动物群体间、时间和空间的分布状况特征，又称三间分布特征，也就是将有关调查或日常记录的资料按动物群、地区、时间等不同特征分组，计算其发病率、死亡率、患病率等，然后通过分析比较即可发现该病的流行规律。

### 一、动物传染病的群体分布

动物传染病的群体分布通常包括年龄分布、种和品种分布、性别分布等。

**1. 年龄分布**

大多数动物传染病在不同年龄组动物群中的发病率和死亡率等指标差异较大。了解年龄分布特征的目的是分析发病的原因以寻找有效的防治措施；根据年龄分布的动态变化，结合血清学监测推测动物免疫力变化的趋势，确定疫苗免疫接种的重点对象，为制订合理的免疫程序提供依据；同时为研究原因未明疾病的病因及其影响因素提供线索，或作为病因已知疾病的诊断依据之一。影响传染病年龄分布的因素表现在四个方面。一是解剖结构和生理功能方面，动物处于不同的发育阶段对不同疾病易感性不同。如传染性法氏囊病主要发生在2～11周龄的雏鸡，且3～6周龄为发病高峰，这与鸡法氏囊的发育规律有关，雏鸡在3周龄内法氏囊发育最快，3～6周趋于稳定，以后逐渐退化，12周龄时则处于萎缩状态。二是不同病原体的生物学特点和致病机制不同。如猪细小病毒病主要发生于初产母猪，引起繁殖障碍；有些传染病虽可发生于多种年龄组的动物，但在不同年龄组动物中的表现和疾病严重程度有明显的差异，如口蹄疫病毒感染仔猪和哺乳犊牛时，主要表现为出血性肠炎和心肌麻痹，病死率很高，日龄较大的猪和牛发病则呈典型的水疱症状，死亡率低。三是动物的免疫状况。当某种传染病流行之后，大部分动物获得了自然免疫力，在一定的时间内不会再次感染相同的传染病。但随着时间的推移或动物群体的更新，动物机体的免疫力可能会逐渐下降，对该病的易感性不断增强，特别是新出生的幼龄动物，由于缺乏主动免疫力而发病率明显升高。此外，疫苗接种后接种动物本身以及免疫动物群的后代，在一段时间内可得到保护而很少发病。反之容易发病。四是新疫区和老疫区之间的差异。当某地区新传入某种传染病时，由于群体普遍缺乏免疫力，各年龄组的发病率通常无显著差异。若某种传染病在某一地区反复流行时则可能出现幼龄动物发病率高，成年动物发病率较低的现象，当然由于受母源抗体的影响也可能使幼龄动物的发病年龄推后。

**2. 种和品种分布**

不同种和品种动物对不同病原体的易感性有一定差异，如猪瘟病毒只感染猪而不感染牛、羊；日本乙型脑炎病毒对不同动物的易感性有差异；不同品种鸡对马立克病病毒的易感性有一定差异，如伊沙、罗曼、海赛克斯等国外品种对马立克病的易感性较高，而国内某些地方品种鸡的易感性较低。

不同种和品种动物对病原体易感性的差异主要是由不同种动物的免疫系统以及细胞表面受体差异决定的，该两种因素可直接影响动物机体对不同病原体的抵抗力。

**3. 性别分布**

某些传染病可以在不同性别的动物群体中表现出不同的发病特点，如布鲁杆菌病的发病率在雌性动物中比雄性动物高。造成这种性别分布差异的原因主要是不同性别动物在生理、解剖结构和内分泌方面存在着差异。

## 二、动物传染病的时间分布

无论是传染性疾病还是非传染性疾病，其发生频率均随时间的推移可不断变化。其流行过程的时间分布经常表现为季节性和周期性。

**1. 季节性**

某些动物传染病经常发生于一定的季节，或在一定的季节出现发病率显著上升的现象，称为流行过程的季节性。出现季节性的原因，主要有三个方面。

（1）季节对病原体在外界环境中存在和散播的影响　夏季气温高，日照时间长，这对那些抵抗力较弱的病原体在外界环境中的存活是不利的。如强烈的日光曝晒，可使散播在外界环境中的口蹄疫病毒很快失去活力，因此，口蹄疫的流行一般在夏季减缓或平息。

（2）季节对活的传播媒介的影响　夏秋炎热季节，蝇、蚊、虻类等吸血昆虫大量滋生且活动频繁，凡是能由它们传播的疾病，都较易发生，如猪丹毒、日本乙型脑炎、马传染性贫血、炭疽等。

（3）季节对动物活动和抵抗力的影响　冬季舍饲期间，动物聚集拥挤，接触机会增多，如舍内温度降低，湿度增高，通风不良，常易促使经由空气传播的呼吸道传染病暴发流行。季节变化，主要是气温的变化，对动物抵抗力有一定影响，这种影响对于由条件性病原微生物引起的传染病尤其明显。如在寒冬或初春，容易发生某些呼吸道传染病和羔羊痢疾等。

**2. 周期性**

某些动物传染病如口蹄疫、牛流行热等，经过一定的间隔时期（常以数年计），还可能表现再度流行，这种现象称为动物传染病的周期性。在传染病流行期间，易感动物除发病死亡或被淘汰以外，其余由于患病康复或隐性感染而获得免疫力，因而使流行逐渐停息。但是经过一定时间后，由于免疫力逐渐消失，或新的一代出生，或引进外来的易感动物，使动物群易感性再度增高，结果可能重新暴发流行。

### 三、动物传染病的地区分布

传染病在不同地区分布具有明显的差异。探讨传染病的地区分布时，可按国家、区域或大洲为单位划分，或按省、市、县、乡镇、村或农场划分，也可按不同地理条件如山区、湖泊、森林、草原或平原等来划分。同种传染病在不同地区、不同养殖场或自然村镇的发病率也常常不一致。了解疾病的地区分布特点，可为探讨传染病的病因和影响流行的因素提供线索，进而为制订传染病的防治对策和措施提供科学依据。

影响传染病地区分布的因素主要有自然因素和社会因素两个方面。自然因素主要包括水源、气候、地形、地貌、土壤、植被以及媒介昆虫、中间宿主和储存宿主的分布等；社会因素包括动物防疫有关法律法规的制定及执行状况、饲养方式和管理制度、动物及其产品的调运、饲养管理人员的专业技术水平和兽医卫生制度等。目前在以规模化饲养为主的养殖方式中，社会因素对传染病分布的影响占有相当重要的地位，饲养管理条件好、严格执行兽医卫生制度的养殖场，动物的发病率和死亡率就低。如果要在一定地区或区域内控制或消灭传染病，必须创造良好的动物饲养环境，采取一切必要的措施将可能出现的传染病、寄生虫病和各种害虫排除在动物群以外；同时还应严格执行兽医法规和制度、健全兽医机构和设施、提高兽医的专业技术水平和饲养管理人员的卫生防疫知识等。否则，在动物群体大、饲养密度高又缺乏有效控制手段的情况下，一旦引入或流行某种传染病都将难以彻底清除。

疾病的地区分布可通过不同地区范围内某种传染病的发病率、患病率和死亡率进行统计分析和比较，也可用地理分布图来表示。

## 子项目八　动物传染病的流行病学调查和分析

### 一、动物传染病流行病学的概念

动物传染病流行病学是研究传染病在动物群中发生、发展和分布的规律，以及制订并评价防治传染病的措施，达到预防和消灭动物传染病为目的的一门科学。即着重研究如何预防疾病，从而促进动物的群体健康，首先是预防疾病的发生，其次是控制疾病的蔓延，降低其病死率并拟出有效的防疫措施。

### 二、动物传染病流行病学调查

**1. 目的和意义**

流行病学调查的主要目的是为了摸清传染病发生的原因和传播的条件及其影响因素，以便及时采取合理的防疫措施，以期迅速控制和消灭传染病的流行。通过调查，在平时掌握某地区影响传染病发生的一切条件；在发病时于疫区内进行系统的观察，查明传染病发生和发展的过程，诸如流行环节、影响散播的因素、疫区范围、发病率和病死率等，为科学制订防治措施提供依据。

**2. 主要方法**

(1) 询问　这是流行病学调查中一个最主要的方法。询问的对象主要是畜主、管理人员、当地居民等，询问过程中要注意工作方法。通过询问、座谈等方式，力求查明传染来源、传播媒介、自然情况、动物群资料、发病和死亡情况等，并将调查收集到的资料分别记入流行病学调查表格中。

(2) 现场观察　应仔细观察疫区的情况，以便进一步了解流行发生的经过和关键问题所在。可根据不同种类的疾病进行重点项目调查。如发生肠道传染病时，应特别注意饲料来源和质量、水源卫生状况、粪便和患病动物尸体处理情况等；发生由节肢动物传播的传染病时，注意当地节肢动物的种类分布、生态习性和感染情况。并要调查疫区的兽医卫生措施、地理和气候条件等。

(3) 实验室检查　检查的目的主要是确定诊断、发现隐性传染、证实传播途径、摸清动物群免疫水平和有关病因等。一般在已经获得初步调查印象的基础上，为了确诊，应用病原学、血清学、变态反应、尸体剖检和病理组织学、分子生物学等各种诊断方法进行实验室检查。

(4) 统计学方法　调查后，应用统计学方法统计、整理、分析疫情和疾病的特征。如发病动物数、死亡数、预防接种头数等。常用的指标有以下几种。

① 发病率：是表示动物群中在一定时期内某病的新病例的发生频率。即某时期动物某种病新病例数和该动物平均数的百分比。发病率能较完全地反映出传染病的流行情况，但还不能说明整个流行过程，因为常有许多动物呈隐性感染，还要统计感染率。

$$\text{发病率}=\frac{\text{某时期动物某种病新病例数}}{\text{某时期该动物平均数}}\times 100\%$$

② 感染率：是指用临床诊断法和各种检验法检查出来的所有感染动物头数（包括隐性）占被检查动物总头数的百分比。统计感染率能较深入反映出流行的全过程，特别是在发生某些慢性传染病时具有重要实践意义。

$$\text{感染率}=\frac{\text{感染某传染病的动物头数}}{\text{被检查动物总头数}}\times 100\%$$

③ 死亡率：是指因某病死亡头数占同时期某种动物总头数的百分比。它能表示该病在动物中死亡的频率，而不能说明传染病发展的特性。仅在急性传染病死亡数高时才反映出流行动态，对于死亡数很小而流行范围很广的传染病则不能表示出其特征。因此在传染病发展期还应把发病率当作重要参考。

$$\text{死亡率}=\frac{\text{因某病死亡头数}}{\text{同时期某种动物总头数}}\times 100\%$$

④ 病死率：是指因某病死亡的动物头数占同时期该病患病动物总头数的百分比。它能表示某病临床上的严重程度，因此能比死亡率更为精确地反映出传染病的流行过程和特点。

$$\text{病死率}=\frac{\text{因某病死亡的动物头数}}{\text{同时期该病患病动物总头数}}\times 100\%$$

## 三、动物传染病流行病学分析

动物传染病流行病学分析是应用调查材料来揭露流行过程的本质和有关因素，把调查材料经过去粗取精，去伪存真，进行加工、整理、综合分析，得出流行过程的客观规律，并对有效措施作出正确的评价。实践工作中调查与分析是相互渗透、紧密联系的，流行病学调查为流行病学分析积累材料，而流行病学分析从调查材料中找出规律，同时又为下一次调查提出新的任务，如此循序渐进，指导防疫实践的不断完善。

## 【项目小结】

本项目介绍了动物传染病的传染与流行过程的基本理论和规律，重点介绍了动物传染病流行的基本环节。这些内容是学习动物传染病防治技术的基础，同时也是防治动物传染病的理论依据。在学习过程中，除要求掌握基本概念和基本理论以外，还要掌握传染病的特征、传染病的分布特征、流行病学调查和分析等。

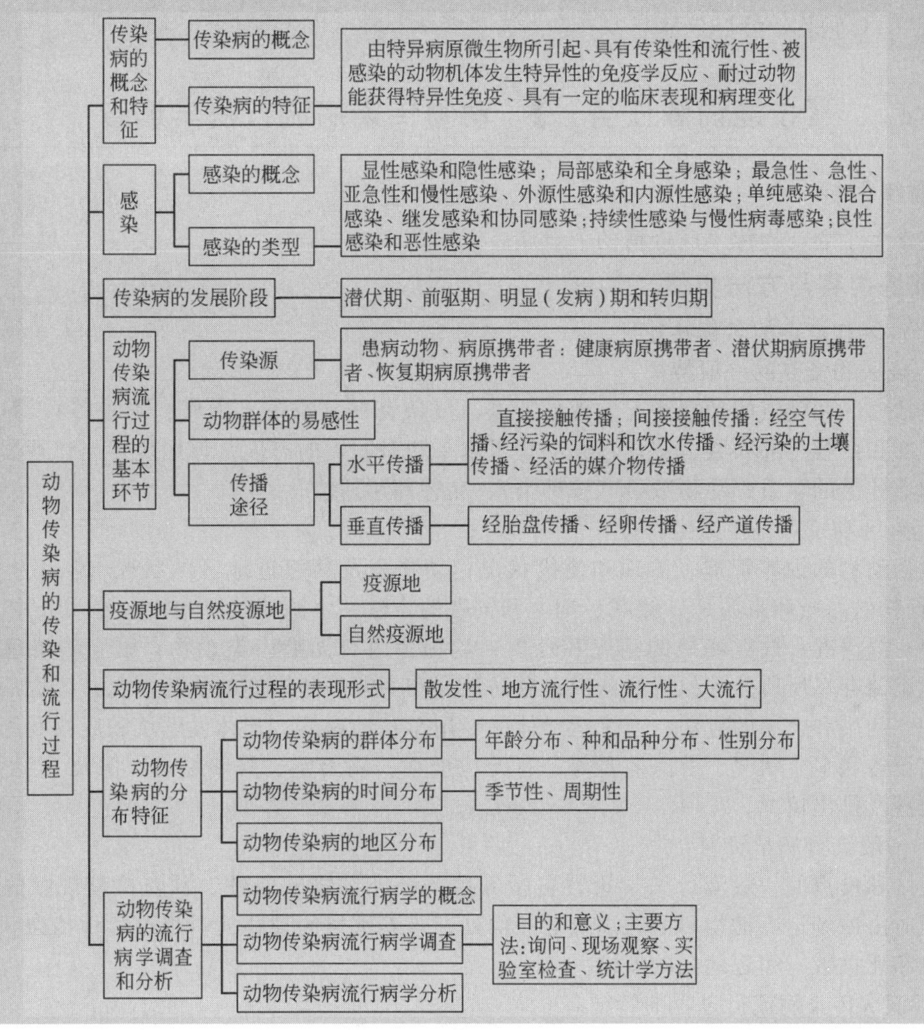


## 【复习思考题】

1. 传染病和感染的概念。
2. 动物传染病具有哪些特征？
3. 感染有哪些类型？各有何特点？
4. 传染病的发展过程分哪几个阶段？潜伏期在兽医防治工作中的实际意义是什么？
5. 构成传染病流行的三个基本环节是什么？在防治动物传染病中有什么重要的实际意义？

6. 传染源包括哪几类？为什么说患病动物是主要的传染源，而带菌动物是更主要的传染源？

7. 何谓疫源地和自然疫源地？

8. 传染病流行过程的表现形式及其特点？

9. 何谓流行过程的季节性和周期性？

10. 动物传染病流行病学的概念？

11. 动物传染病流行病学的调查方法有哪些？

## 【技能训练任务一】 动物传染病流行病学调查

### 一、训练目标

使学生学会动物传染病疫情的一般调查方法。

### 二、训练内容与方法步骤

1. 疫区和疫点的名称及地址

2. 疫区和疫点的一般特征

包括疫区和疫点的地理情况、地形特点、气象资料（季节、天气、雨量等）、养殖场的技术干部和畜牧干部人数、文化程度、技术水平和对职责的态度；该居民点与邻近居民点在经济和业务上的联系；动物数目（按种类）、品种和用途。

3. 疫区和疫点兽医卫生特征

包括动物的饲养管理、护理和使役状况；动物舍及其邻近地区的状况（从卫生观点来看）；饲料的品质和来源地，储藏、调配和饲喂的方法；水源的状况和饮水处（水井、水池、小河等）的情况；放牧场地的情况和性质；动物舍内有无啮齿类动物；厩肥的清理及其保存，厩肥储存场所所处的位置和状况；预防消毒和一般预防措施的执行情况；死亡动物尸体的处理、利用和毁灭的方法；有无运尸体的专用车；动物墓、尸体发酵坑和废物利用场的位置、其设备和卫生状况、兽医监督等；有无检疫室、隔离室、屠宰场、产房及其卫生状况；污水处理及排出情况。

4. 一般流行病学资料

疫区和疫点的一般流行病学资料包括养殖场补充动物的条件、预防检疫规则的执行情况；何时由该场运出动物和原料以及运往何处；该养殖场的动物何时患过何种传染病、患病动物数和死亡数；邻近地区的疫情。

5. 该次传染病流行过程的特征

包括诊断结果；所采用的诊断方法；鉴别诊断；最早一些病例出现的时间；在发现最早的一些病例之前有无不明显的病例；推测传染病暴发的原因或传染病由外面传入和传播的途径及有利于传染病的传播条件（是否由于放牧场、储水池、饲料、处理尸体欠妥，昆虫、蜱和啮齿类动物所引起；是否由于动物去过市场和疫点，或从这些地方运来，以及饲料和生活物品带入引起）；按照月、日登记发病率；患病的和死亡的家畜总数，死亡家畜的数目和患病家畜的比例；传染病的散播情况；临床资料明显型的、顿挫型的、典型的、非典型的和并发的病例数目；隐性病畜的数目（按细菌学、血清学、变态反应等检查的资料）；病理变化的资料；已采取的措施及其效果（如紧急预防接种、隔离、消毒等）。

6. 其他信息

补充资料执行和解除封锁的日期，封锁规则有无破坏，最终的措施是如何进行的等。

7. 结论

8. 建议

调查者签名：

调查的日期：

## 三、注意事项

上述格式所包括的内容，只使用于疫区的一般调查，如果调查特定的传染病的流行病学特征及其发生、发展以及终止的规律时，还需另订该特定传染病的调查项目。

## 四、训练报告

（1）根据对某地区的疫情调查情况撰写一份疫情调查报告。

（2）设计一份禽流感疫区疫情调查表格。

# 【技能训练任务二】 制订动物传染病防疫计划

## 一、训练目标

学会编制养殖场动物传染病防疫计划。

## 二、训练内容与方法步骤

1. 动物传染病防疫计划的内容

各级动物疫病防疫机构和基层动物疫病防疫部门，每年年终以前都应制订出次年的动物传染病防疫计划。

动物传染病区域性防疫计划的范围包括一般传染病的预防、慢性传染病的检疫及控制、遗留疫情的扑灭等问题。编写计划时可分基本情况、预防接种、诊断性检疫、动物医学监督和卫生措施、生物制品和抗生素储备、耗损及补充计划、普通药械补充计划、经费预算等部分。

（1）基本情况　简述所属地区与流行病学有关的自然概况和社会、经济因素；畜牧业的经营管理；动物数目及饲养条件；动物医学人员的工作条件，包括人员、设备、基层组织和以往的工作基础等；本地区及周围地带目前和最近两三年的疫情，对第二年的疫情估计。

（2）预防接种计划表（表1-1）。

**表1-1　预防接种计划表**

| 接种名称 | 地区范围 | 畜别 | 应接种头数 | 计划接种的头数 | | | | |
|---|---|---|---|---|---|---|---|---|
| | | | | 1季度 | 2季度 | 3季度 | 4季度 | 合计 |
| | | | | | | | | |

（3）检疫计划表　检疫计划表格式同预防接种计划表，只需将表中的接种改为检疫。

（4）动物医学监督和卫生措施计划　动物医学监督和卫生措施计划包括除了预防接种和检疫以外的疫病，以消灭现有传染病及预防出现新疫点为目的的一系列措施的实施计划。

（5）生物制品及抗生素计划表（表1-2）。

**表1-2　生物制品及抗生素计划表**

| 名称 | 单位 | 全年需要量 | | | | | 库存 | | 需要补充量 | | | | | 备注 |
|---|---|---|---|---|---|---|---|---|---|---|---|---|---|---|
| | | 1季度 | 2季度 | 3季度 | 4季度 | 合计 | 数量 | 失效期 | 1季度 | 2季度 | 3季度 | 4季度 | 合计 | |
| | | | | | | | | | | | | | | |

制表人______　　审核人______　　____年____月____日

（6）普通药械计划表（表 1-3）。

表 1-3　普通药械计划表

| 名称 | 用途 | 单位 | 现有数 | 需补充数 | 需要规格 | 代用规格 | 需用时间 | 备注 |
|---|---|---|---|---|---|---|---|---|
| | | | | | | | | |

2. 动物传染病防疫计划的编制

编制动物传染病区域性防疫计划时，首先要了解该区域的全部情况。熟悉本地区的地理、地形、植被、气候条件及气象资料；了解区域养殖户的养殖方向，尤其是研究和明确目前和以往的有关动物传染病的资料、疫病流行资料、病原微生物化验资料及尸体剖检报告等。切实分析本地区有哪些有利于或不利于某些传染病发生和传播的自然因素及社会因素，以便充分考虑利用或避免这些因素的可能性。

为了正确的制订计划，应掌握本地区各种动物现有的以及一年内可能达到的数量；应充分考虑到兽医人员的配备和技术力量；应估计到在开展防疫计划的过程中培训基层力量的可能性。另外，还要考虑到应用新的科学成就，但推广前应进行试点，效果良好而又符合经济原则的新成就，才具有推广的价值。

在计划使用药械时，应坚持经济有效的原则，尽量避免使用不易获得的药械。

计划初稿拟定并在本单位讨论、修订通过后，再征求有关方面的意见，最后报请上级审批备案。

3. 动物养殖场的疫病预防计划

动物饲养场动物密集，如果疫病预防不严，易引起传染病蔓延，必然导致重大损失。甚至某些本来不很严重的疫病，也会使动物生长停滞，饲养期延长，饲料消耗增多。控制动物养殖场的疫病，制订切实可行的卫生防疫制度，搞好检疫、免疫、消毒和药物防治，杜绝传染病传入。

## 三、训练报告

根据对某地区的疫情调查编制该地区某种动物疫病预防计划。

# 项目二　动物传染病的综合防治

【学习目标】

1. 理解和掌握动物传染病综合防治的相关名词概念。
2. 掌握动物传染病综合防治的基本内容。
3. 了解动物传染病综合防治的原则。
4. 了解检疫的对象、范围、类型、步骤；动物传染病的报告。

【技能目标】

1. 能够对被检病料及动物尸体进行合理处理。
2. 会识别各种消毒剂并根据不同消毒对象合理使用。
3. 会免疫接种的各种方法。

## 子项目一　动物传染病综合防治的基本原则和内容

### 一、动物传染病综合防治的基本原则

**1. 坚持“预防为主”的方针**

在畜牧业发展过程中，搞好综合性防疫措施是极其重要的。实践证明，只有搞好饲养管理、防疫卫生、预防接种、检疫、隔离、消毒等综合性防疫措施，提高动物健康水平和抗病能力，才可以有效地控制和杜绝传染病的传播和蔓延，降低发病率和死亡率，甚至避免传染病的发生。随着畜牧业的集约化发展，“预防为主”方针的重要性显得更加突出。在现代规模化畜牧业生产过程中，兽医工作的重点如果不放到群发病的预防方面，而是忙于患病动物的治疗，则势必造成发病率的持续上升，越治患病动物越多，工作完全陷入被动的局面，畜牧业生产受到严重影响。所以要改变重治轻防的传统观念，使我国的兽医防疫体系尽快与国际社会接轨。

**2. 建立和健全各级防疫机构**

兽医防疫工作是一项系统工程，它与农业、商业、外贸、卫生、交通等部门都有密切的关系，只有依靠党和政府的统一领导、统一部署、全面安排、各部门密切配合、从全局出发、大力协作，建立、健全各级兽医防疫机构，特别是基层兽医防疫机构，才能有效及时地把兽医防疫工作做好。同时开展科普和科技推广工作，提高群众性科学饲养、防疫水平，从根本上减少传染病的发生。

**3. 认真贯彻执行国家有关的兽医法规**

为了有效地预防和消灭动物传染病，保障畜牧业的健康发展和人民身体健康，国家颁布了《中华人民共和国进出境动植物检疫法》、《中华人民共和国动物防疫法》、《中华人民共和国传染病防治法》、《重大动物疫情应急条例》、《家畜家禽防疫条例》及《家畜家禽防疫条例的实施细则》等。这些兽医法律法规对我国动物防疫工作的方针政策和基本原则做了明确而具体的叙述，是兽医工作者做好动物传染病防治工作的法律依据。我们应当认真贯彻执行，进一步推动我国畜牧业更快更好地发展。

## 二、动物传染病综合防治的基本内容

动物传染病的流行是由传染源、传播途径和易感动物相互联系而形成的一个复杂过程。因此，采取适当的措施来消除和切断三个环节的相互联系，就可以阻止传染病的发生和传播。在采取防疫措施时，要根据每个传染病不同的流行特点，针对三个环节，分轻重缓急，找出重点环节，采取有效措施，以达到在最短的时间内以最少的人力、物力、财力预防和控制传染病的流行的目的。如消灭猪瘟和新城疫等应以预防接种为重点措施，而预防和消灭猪气喘病则以控制病猪和带菌猪为重点措施。但必须清楚，任何单一措施是不能有效控制传染病流行的，必须采取综合性防疫措施，才可控制传染病的发生和传播。综合性防疫措施可分为平时的预防措施和发生传染病时的扑灭措施两方面内容。

**1. 平时的预防措施**

① 加强饲养管理，提高动物机体的非特异性抗病能力。

② 贯彻自繁自养的原则，实行“全进全出”的生产管理制度，减少传染病的传播。

③ 拟订和执行定期预防接种和补种计划，提高动物机体特异性抵抗力。

④ 搞好卫生消毒工作，定期杀虫、灭鼠，粪便进行无害化处理。

⑤ 认真贯彻执行国境检疫、运输检疫、市场检疫和屠宰检疫等各项工作，及时发现并消灭传染源。

⑥ 各地（省、市）兽医机构应调查当地疫情分布，组织相邻地区对动物传染病进行协作联防，有计划地进行消灭和控制，并防止外来传染病的侵入。

**2. 发生疫情时的扑灭措施**

① 及时发现、诊断和上报疫情，并通知相邻单位和地区做好预防工作。

② 迅速隔离患病动物，对污染的地方进行紧急消毒。若发现危害大的传染病，如口蹄疫、炭疽、高致病性禽流感，应采取封锁、扑杀等综合性扑灭措施。

③ 实行紧急免疫接种，并对患病动物进行及时和合理的治疗。

④ 合理处理病死和被淘汰的患病动物。

以上各项预防和扑灭措施是相互联系、相互配合和相互补充的，其中重要内容将在以下各节分别进行讨论。

从流行病学的意义上来看，所谓疫病预防，是指采取一切手段将某种传染病排除在一个未受感染动物群之外的防疫措施。通常采取隔离、检疫等阻止某种传染病进入一个尚未发生该病的地区；免疫接种、药物预防和环境的消毒等措施，使易感动物不受已存在于该地区的传染病传染。所谓疫病控制，是指采取各种措施降低已经存在于动物群中的某种传染病的发病率和死亡率，并将该种传染病限制在局部范围内。所谓疫病净化，是指通过采取检疫、消毒、扑杀或淘汰等措施，使某一地区或养殖场内的某种或某些动物传染病在限定时间内逐渐被清除的状态。所谓疫病消灭，是指在限定地区根除一种或几种病原微生物而采取多种措施的统称，通常也指动物传染病在限定地区被根除的状态。只要认真采用一系列综合性防疫措施，经过长期不懈的努力，在限定地区消灭某种动物传染病是完全能够实现的，这已被国内外防疫实践所证实，但是在全球范围内消灭某种传染病是非常困难的，到目前为止还没有一种动物传染病成功地在全球范围内被消灭。

# 子项目二　动物传染病的报告与诊断

## 一、动物传染病的报告

任何与动物及其产品生产、经营、屠宰、加工、运输等相关的单位或个人，都作为法定的动物疫情报告单位/人，在发现动物传染病或疑似传染病时，必须立即报告当地动物防疫机构或乡镇兽医站。特别是我国法定的一类、二类、三类传染病，一定要迅速将发病动物种类、发病时间、地点、发病数及死亡数、症状、病理变化、怀疑病名及防疫措施情况详细上报有关部门，并通知邻近单位及有关部门注意预防工作。上级接到报告后，除及时派人到现场协助诊断和紧急处理外，应根据具体情况逐级上报。若为紧急疫情，应以最迅速的方式上报有关领导部门。当动物突然死亡或怀疑发生传染病时，应立即报告动物防疫监督机构，在兽医人员未到现场或未作出诊断前，应将疑似传染病的患病动物进行隔离并派专人管理，对患病动物污染的环境和用具进行严格消毒，患病动物尸体应保留完整，未经兽医检查同意不得擅自急宰和剖检，以便为传染病的准确、快速诊断提供材料，并防止病原体的扩散。

## 二、动物传染病的诊断

动物传染病发生后，及时正确的诊断是防治工作的前提。传染病的诊断方法很多，通常分为两类：一是临诊综合诊断，主要包括流行病学诊断、临床诊断、病理解剖学诊断等；二是实验室诊断，包括病理组织学诊断、分子生物学诊断和免疫学诊断等。这些方法各有特点，而且在建立诊断中的意义及所起的作用也各不相同，各有侧重，往往需要联合使用才能确诊，因此实际应用时应根据不同传染病的具体特点，选择合适的方法，有时仅需采用其中的少数几种方法即可。

**1. 临诊综合诊断**

（1）流行病学诊断　流行病学诊断是在流行病学调查的基础上进行的，经常与临床诊断联系在一起的诊断方法。某些动物传染病的临床症状虽然非常相似，但其流行的特点和规律却很不一致，如猪口蹄疫、猪水疱病，在临床症状上几乎完全一样，无法区别，但从流行病学方面却不难区分。流行病学调查（即疫情调查）的内容或提纲按不同的传染病和需求而制订，一般应弄清下列问题。

① 本次流行的情况　最初发病时间、地点，随后蔓延情况，目前疫情分布情况。疫区内动物的数量、分布及发病动物种类、品种、数量、年龄、性别，传染病传播速度和持续时间等。本次发病后是否进行过诊断，采取过哪些措施，效果如何。动物防疫情况，接种过哪些疫苗、疫苗来源、免疫方法和剂量、接种次数等。是否做过免疫监测，发病前有无饲养管理、饲料、用药、气候等变化或其他应激因素存在。计算发病率、死亡率和病死率等。

② 疫情来源的调查　本地过去是否发生过类似的传染病？何时何地？流行情况如何？是否确诊？有无历史资料可查？何时采取过何种防治措施？效果如何？如本地未发生过，附近地区是否发生过？这次发病前，是否从其他地方引进畜产品或饲料等？输出地有无类似的传染病存在？是否有外来人员进入本场或本地区进行参观、访问或购销等活动。

③ 传播途径和方式的调查　本地各类有关动物的饲养管理方法，使役和放牧情况；牲畜流动、收购、调拨以及防疫卫生情况；运输检疫、市场检疫、屠宰检疫情况；病死动物处理情况。传播蔓延的因素，疫区的地理环境、植被和野生动物、节肢动物分布和活动情况，它们与传染病的发生和蔓延传播有无关系等。

④ 该地区的政治经济基本情况　群众生产和生活活动情况及特点，畜牧兽医机构和工作情况，当地领导、干部、兽医、饲养员和群众对疫情的看法等。

综上所述，疫情调查不仅可给流行病学诊断提供依据，而且也能为拟订防治措施提供重要依据。

（2）临床诊断　患病动物通常都表现出一系列临床症状，有些症状属于该病的特征性表现，有些症状可能是一些传染病或病因的共同表现。临床诊断的方法是利用人的感官或借助一些简单的诊疗器械如体温计、听诊器等，直接检查和记录患病动物的异常表现。检查内容通常包括血、尿、粪的常规检查，患病动物的精神、食欲、呼吸、脉搏、体温、体表及被毛变化，分泌物和排泄物特性，呼吸系统、消化系统、泌尿生殖系统、神经系统、运动系统及五官变化等。检查方法包括视诊、听诊、问诊和触诊等。

对那些表现出特征性症状的传染病（如破伤风、猪气喘病等），经过仔细的临床检查，一般不难作出诊断。但对大部分传染病，光凭临床症状是较难作出诊断的。如病初未出现特征性症状的病例、慢性混合感染的病例。同时还要考虑到同一种临床表现可能是由不同的病因引起。因此，临床诊断一般只能提出诊断的大致范围，必须结合其他诊断方法才能作出确诊。在进行临诊时，一般应先观察群体的综合症状，再加以分析和判断，不能单凭个别或少数病例的临床表现便草率地下结论。

（3）病理解剖学诊断　多数患传染病动物都会表现出特有的病理变化，这是传染病的重要特征，也是诊断传染病的重要依据之一。通过鉴别患病动物的病理变化，一方面可以证实临床诊断的结果；另一方面根据某些病例特征性的病理变化可以直接得出快速、确定的诊断，如急性猪瘟、猪气喘病、鸡新城疫、鸭瘟、禽霍乱等，有些患病动物，如最急性型死亡的病例、非典型病例、患病早期病例，往往缺乏特征性病理变化，因此应选择症状较典型、病程长、未经治疗的自然死亡病例进行剖检。每种传染病的所有病理变化不可能在每一个病例身上都表现出来，因此应剖检尽可能多的病例。

与临床诊断方法相似，有时同样的病理变化可见于不同的传染病，因此在大多数情况下病理解剖学诊断只能作为缩小可疑传染病范围的手段，确诊必须结合其他诊断方法。

**2. 实验室诊断**

（1）微生物学诊断　微生物学诊断是指应用兽医微生物学的方法检查病原微生物，是诊断动物传染病的重要方法之一。在进行微生物学诊断时，正确的采集病料并进行包装和送检是微生物学诊断的重要环节，病料力求新鲜，尽量在濒死期或死后数小时内采取。采取病料时应注意无菌操作，防止污染，用具、器皿等应尽可能消毒。根据所怀疑病的类型和特性来采取含病原体多、病理变化较明显的脏器或组织，如猪瘟采取脾脏和淋巴结；鸡新城疫和鸭瘟采取整个头部、肝和脾；水疱病可取水疱液或水疱皮；结核病可取结核病灶等。如果缺乏临床资料，难以提出怀疑病种时，应比较全面地取血液、肝、脾、肺、肾、脑和淋巴结等。特别要注意怀疑炭疽时禁止剖检，只割取一只耳朵即可，且局部要彻底消毒。常用的微生物学诊断方法如下。

① 病料涂片镜检　通常用有显著病理变化的不同组织器官和不同部位涂片数张，进行染色镜检。此法对于一些具有特征性形态的病原体如炭疽杆菌、巴氏杆菌等可以迅速作出诊断，但对大多数传染病来说，只能提供进一步诊断的依据或参考。

② 分离培养和鉴定　用人工培养的方法将病原体从病料中分离出来。细菌、真菌、螺旋体等可选择适当的人工培养基，病毒可先用禽胚、动物或组织培养等方法分离培养。分得病原体后再进行形态学、培养特性、动物接种、免疫学及分子生物学等鉴定。

③ 动物接种试验　通常选择对该种传染病病原体最敏感的动物进行人工感染试验。将病料用适当的方法处理并进行人工接种，然后根据对不同动物的致病力、症状和病理变化特点来帮助诊断。当实验动物死亡或经一定时间杀死后，观察体内变化，并采取病料进行涂片检查和分离鉴定。

一般应用的实验动物有家兔、小鼠、豚鼠、仓鼠、家禽、鸽子等。当实验动物对该病原体无感受性时，可以采用易感性的本种动物进行试验，但费用高，而且需要严格的隔离条件和消毒设施，因此只有在必要和条件许可时才能进行。

从病料中分离出病原微生物，虽是确认的重要依据，但也应注意动物“健康带菌”现象，其结果还需与临诊综合诊断结合起来进行综合分析。有时即使没有发现病原体，也不能完全否定该种传染病的诊断，因为任何病原学方法都存在有漏检的可能。

（2）免疫学诊断　免疫学诊断是传染病诊断和检疫中最常用、最重要的诊断方法之一，包括血清学试验和变态反应诊断两类。

① 血清学试验　由于抗原与相应抗体结合具有高度的特异性，在临床上可用已知抗原检测抗体，也可用已知抗体检测抗原。根据实验原理，血清学试验可分为中和试验（毒素抗毒素中和试验、病毒中和试验等）、凝集试验（直接凝集试验、间接凝集试验、协同凝集试验和血细胞凝集抑制试验）、沉淀试验（环状沉淀试验、琼脂凝胶免疫扩散试验和免疫电泳等）、溶细胞试验（溶菌试验、溶血试验）、补体结合试验以及免疫荧光试验、免疫酶技术、放射免疫测定、单克隆抗体等。

② 变态反应诊断　该诊断是将变应原（如结核菌素等）接种动物后，在一定时间内通过观察动物明显的局部或/和全身性反应进行判断的。该方法可用于多种动物传染病的诊断，如结核、布鲁杆菌病、鼻疽等。

**3. 分子生物学诊断**

分子生物学技术是迅速发展起来的一门新的诊断技术。它能在分子水平检测特定核酸，具有特异性强、灵敏性高的优点，已广泛用于传染病、遗传性疾病及肿瘤等疾病的诊断，显示了良好的应用前景。在传染病诊断方面，具有代表性的技术主要有聚合酶链反应（PCR），又称体外核酸扩增技术或体外基因扩增技术；核酸探针（Northern 杂交、Southern 杂交等）技术，又称核酸分子杂交技术或基因探针；DNA 芯片（DNA-chip）技术。

**4. 病理组织学诊断**

病理组织学诊断是指用生物显微镜观察组织学病理变化。有些动物传染病的病理变化仅靠肉眼很难作出判断，还需做病理组织学检查才有诊断价值，例如牛海绵状脑病和肿瘤等。有些病还需要检查特定的组织器官，如疑为狂犬病时应取脑海马角组织进行包含体检查。

## 子项目三　检　　疫

检疫是运用各种检查、诊断方法对动物传染病及其相关产品和物品进行检查。检疫的目的是为了发现、预防、控制、扑灭动物传染病。动物检疫是按照国家法律，运用强制性手段和科学方法实施兽医监督，保护畜牧业生产的发展，保障人民身体健康和维护对外贸易的信誉。

检疫工作的正常运行必须依据相应的法律法规，目前涉及动物检疫的法律法规主要有《中华人民共和国进出境动植物检疫法》、《中华人民共和国进出境动植物检疫法实施细则》、《中华人民共和国动物防疫法》、《中华人民共和国进境动物一、二类传染病、寄生虫病名录》和《中华人民共和国禁止携带、邮寄进境的动物、动物产品及其他检疫物名录》等。其中《中华人民共和国进出境动植物检疫法》对动物检疫的目的、任务、制度、工作范围、工作方式以及动检机关的设置和法律责任等做了明确的规定。

实施检疫的动物包括各种家畜、家禽、皮毛兽、实验动物、野生动物、观赏及演艺动物和蜂、鱼苗、鱼种、胚胎等；动物产品包括生皮张、毛类、肉类、种蛋、精液、鱼粉、兽骨、蹄角等；运藏工具包括运输动物的车、船、飞机、包装、铺垫材料、饲养工具和饲料等。

### 一、产地检疫

产地检疫是指动物生产地区的检疫。它是及时发现并扑灭传染源、阻止传染病扩散的有效方法，是动物生产地区的第一道检疫。产地检疫一般分为两种，一种是集市检疫，主要是在乡镇集市上对农民饲养出售的动物进行检疫，一般由乡镇兽医进行检查，并出具检疫证明。市场出售动物，必须持有检疫证。当地农牧部门有权进行检查，禁止患病动物及危害人畜健康的肉食品上市；对患病动物进行隔离、消毒、治疗或扑杀处理；对未预防注射的动物进行预防接种。另一种是动物收购检疫，是指动物在出售时，由收购者与当地检疫部门配合进行的检疫。产地检疫还包括养殖场各自进行的定期检疫等。

## 二、运输检疫

运输检疫是指动物及其产品在运输前或运输途中的检疫。运输检疫一般分为铁路检疫和交通检疫两种。

**1. 铁路检疫**

铁路检疫是防止动物传染病通过铁路运输传播，保证农牧业生产和人民健康的重要措施之一。主要任务是对承运的动物及其产品进行检验，并查验产地或市场签发的检疫证，证明动物健康及动物产品无问题才能托运。如发现动物及动物产品有问题，畜主根据铁路兽医意见对动物及其产品和运载车辆进行处理。

**2. 交通检疫**

交通检疫是指无论水路、陆路或空中运输各种动物及其产品，起运前必须经过兽医检疫，认为合格并签发检疫证书，方可允许委托装运。一般在运输频繁的车站、码头等交通要道上设立检疫站，负责动物检疫工作。对在运输途中患传染病的动物及其尸体，妥善处理，对运载患病动物的车辆、船只要彻底清洗消毒，运输动物到达目的地后，要做隔离检疫工作，待观察判明确实无病时，才能与原有健康动物混群。

## 三、国境检疫

为了保护国家不受外来动物传染病的侵袭和防止国内传染病传出，根据我国规定的进出境动物检疫对象名录，按贸易双方签订的协定或贸易合同中规定的检疫条款实施检疫。我国在国境各重要口岸设立的出入境检验检疫机关，代表国家执行检疫，既不允许外国动物传染病传入，也不允许国内的动物传染病传出。所以要求动物及其产品经检疫未发现检疫对象时，方准进入或输出。

国境检疫又叫出境检疫或口岸检疫，分为以下几种。

**1. 进出境检疫**

进出境检疫是指贸易性的动物及其产品在进出国境口岸时进行的检疫。动物及其产品只有经过检疫而未发现检疫对象（国家规定应检疫的传染病）时，方准进入或输出。若发现入境来的动物及其产品有检疫对象时，应根据传染病性质，将患病动物及可疑患病动物就地烧埋、屠宰肉用或进行治疗、消毒处理等，必要时可封锁国境线的交通。我国规定，输入动物、动物产品和其他检疫物的，必须事先提出申请，办理检疫审批手续。运到国境时，由国家兽医检疫机关按规定进行检查，合格后方准输入。输出的动物及其产品，由检疫机构按规定进行检疫，合格的发给“检疫证明书”，方准输出。

**2. 携带、邮寄物检疫**

携带、邮寄物检疫是指携带物检疫和邮寄物检疫。携带物检疫是指对进入国境的旅客、交通员工携带的或托运的动物及其产品进行的动物检疫；邮寄物检疫是指对邮寄入境的动物产品进行检疫。携带、邮寄物品经过检疫而未发现检疫对象时，方准进入，发现检疫对象时，进行消毒处理或销毁，并将处理结果通知货主、邮局或收寄人。

**3. 过境检疫**

过境检疫是指对载有动物、动物产品和其他检疫物的运输工具要通过我国国境时进行的动物检疫。如果检疫发现法定的一、二类动物传染病、寄生虫病时，全群动物不准过境。对检疫不合格的动物、动物产品及其他检疫物，进行消毒处理或销毁。经检疫合格者可准予过境。

动物传染病很多，动物检疫只是把其中的一部分传染病规定为动物检疫对象，而不是所有的动物传染病。全国动物检疫对象的具体病种名录由国务院畜牧兽医行政管理部门规定公布。除国家规定和公布的检疫对象外，两国签订的有关协定或贸易合同中也要规定某种动物传染病作为检疫对象。省（市、区）农业部门则可从本地区实际需要出发，在国家公布检疫对象的基础上，补充规定将某些传染病列入本地区的检疫对象并公布执行。

## 子项目四　消毒、杀虫、灭鼠

### 一、消毒

消毒是指通过物理、化学或生物学方法杀灭或清除外界环境中的病原体，以切断传播途径，阻止传染病的蔓延。消毒是贯彻“预防为主”方针的一项重要措施。

**1. 消毒的分类**

根据消毒的目的和所进行的时机，可将其分为以下三种。

（1）预防性消毒　预防性消毒是指在平时的饲养管理中，定期对动物圈舍及其空气、场地、用具、饮水、道路或动物群等进行定期消毒。此类消毒一般 3 天进行一次，每 1～2 周还要进行一次全面大规模消毒。

（2）随时消毒　随时消毒是指在发生传染病时，为及时消灭刚从传染源排出的病原体而采取的消毒措施。适用于患病动物所在的圈舍、隔离场地以及被其分泌物、排泄物污染或可能污染的一切场地、用具和物品。通常在解除封锁前进行定期的多次消毒，患病动物隔离舍应每天消毒 2 次以上或随时进行消毒。

（3）终末消毒　终末消毒是指在患病动物解除隔离、痊愈或死亡后，或者在疫区解除封锁之前，为了消灭动物隔离舍内或疫区内残留的病原体而进行的全面彻底的大消毒。也用于全进全出制的生产系统中，当动物群全部出栏后对场区、圈舍所进行的消毒。

**2. 常用的消毒方法**

（1）机械性清除　主要是通过清扫、洗刷、通风、过滤等机械方法清除病原体。本方法是一种普通而又常用的方法，但不能达到消毒的目的，作为一种辅助方法，必须与其他消毒方法配合进行。

（2）物理消毒法

① 阳光、紫外线和干燥　阳光消毒是利用阳光光谱中的紫外线、热线及其他射线进行消毒的一种常用方法。其中紫外线具有较强的杀菌能力，阳光的灼热和蒸发水分造成的干燥也有杀菌作用。因此阳光对于牧场、草地、运动场、畜栏、用具和物品环境等的消毒具有很大的现实意义。但阳光消毒受季节、时间、纬度、地势、天气等很多条件的影响，因此必须掌握时机，灵活运用，并配合其他消毒方法进行。一般病毒和非芽孢性病原菌在直射阳光下照射几分钟至几小时可以杀死；抵抗力强的细菌、芽孢在强烈的阳光下反复曝晒，也可使之毒力减弱或被杀死。

在实际工作中，很多场合（如实验室等）用人工紫外线来进行空气消毒。紫外线的波长范围是 136～400nm，根据波长可将紫外线分为 A 波、B 波、C 波和真空紫外线，消毒灭菌使用的紫外线为 C 波紫外线，其波长范围在 200～275nm，杀菌作用最强的波段是 250～270nm。紫外线对细菌的繁殖体和病毒消毒效果好，但对细菌的芽孢无效。各种病原体对紫外线的抵抗力是革兰阴性菌<革兰阳性菌<病毒<细菌芽孢。紫外线虽有一定使用价值，但它的杀菌作用受很多因素影响，如紫外线的穿透能力弱，只能对表面光滑的物体才有较好的消毒效果；空气中尘埃对紫外线具有吸收作用，故消毒空间必须洁净；温度影响紫外线的消毒效果，10～55℃消毒效果最好，低于4℃失去消毒作用。紫外线对人有一定的损害，消毒时，人必须离开现场。紫外线的有效消毒范围是在光源周围1.5～2.0m处，因此，消毒时灯管与污染物体表面的距离不得超过1.5m，消毒时间为1～2h。房舍消毒每10～15$m^2$面积可设30W灯管1个，最好每照2h间歇1h，然后再照，以免臭氧浓度过高。当空气相对湿度为45%～60%时，照射3h可杀灭80%～90%的病原体。

② 高温　是最彻底的消毒方法之一，通常分为干热灭菌法和湿热灭菌法。

a. 干热灭菌法：包括火焰烧灼法和烘烤灭菌法，两种方法的灭菌效果明显，使用操作也比较简单。当病原体抵抗力较强时，可通过火焰喷射器对粪便、场地、墙壁、笼具、其他废弃物品进行烧灼灭菌，或将动物的尸体以及传染源污染的饲料、垫草、垃圾等进行焚烧处理；全进全出动物圈舍中的地面、墙壁、金属制品也可用火焰烧灼灭菌。

烘烤灭菌法也称热空气灭菌法，该法主要用于干燥的玻璃器皿，如试管、吸管、离心管、培养皿、烧杯、烧瓶、玻璃注射器、针头等。灭菌时，将被灭菌物品放入烘箱内，使温度逐渐上升到160～170℃维持2h，可以杀死全部细菌及其芽孢。

b. 湿热灭菌法：包括煮沸灭菌法、高压蒸汽灭菌法和间歇蒸汽灭菌法。

煮沸灭菌法：是经常应用而又效果确实的方法。由于大部分非芽孢病原微生物在100℃沸水中迅速死亡，而细菌的芽孢大多数在煮沸后15～30min内亦能致死。煮沸1～2h可以消灭所有的病原体。该法常用于玻璃器皿、针头、金属器械、工作服等物品的消毒。如果在水中加入少许碱类物质（如2%的苏打、0.5%的肥皂或苛性钠等）可使蛋白、脂肪溶解，防止金属器械生锈、提高沸点，增加消毒作用。

高压蒸汽灭菌法：是指用高压蒸汽灭菌器进行灭菌的方法，是应用最广泛，最有效的灭菌方法。由于饱和热蒸汽穿透能力强，能使物品快速均匀受热，加上高压状态下水的沸点提高，饱和蒸汽的比热容大、杀菌能力强，故能在短时间内达到完全灭菌的效果。该法灭菌时将压力保持在1.02kgf/$cm^2$（约0.107MPa，旧称15lbf/$in^2$），温度为121.3℃，维持15～20min，即可杀死全部的病毒、细菌及其芽孢在内的所有微生物。这一方法常用于玻璃器皿、纱布、金属器械、细菌培养基等耐高压器皿以及生理盐水和各种缓冲液等的灭菌，也用于患病动物或其尸体的化制处理。

间歇蒸汽灭菌法：由于在100℃时维持30min可以杀死污染物品中细菌的繁殖体，因而将消毒后的物品置于室温下过夜，使其中的细菌芽孢和霉菌孢子萌发，第2天和第3天再用同样的方法进行处理和消毒，便可杀灭全部的细菌、真菌及其芽孢和孢子。此法常用于易被高温破坏物品如含有鸡蛋、血清、牛乳和各种糖类等培养基的灭菌。

(3) 化学消毒法　化学消毒法是指用化学药物杀灭病原体的方法。利用化学药品的溶液或蒸汽进行消毒，在防疫工作中最为常用。化学消毒的效果受多种因素的影响，如微生物的种类、环境湿度、环境中有机物的存在、化学消毒剂的性质、浓度、作用的温度及时间、酸碱度等。在选择化学消毒剂应考虑杀菌谱广，有效浓度低，作用快，效果好，对该病原体的消毒力强；对人畜无害；性质稳定、易溶于水，不易受有机物和其他理化因素影响；使用方便，价廉易得，易于推广；无味、无臭，不损坏被消毒物品；使用后残留量小或副作用小的消毒剂。

① 化学消毒剂的类型　根据消毒剂化学结构可分为：酚类消毒剂，如苯酚（石炭酸）、来苏儿、克辽林以及菌毒敌、菌毒灭、农福、农乐等；醇类消毒剂，如乙醇、苯氧乙醇等；

酸类消毒剂，如硼酸、盐酸等；碱类消毒剂，如氢氧化钠、生石灰等；氧化剂消毒剂，如过氧化氢、过氧乙酸、高锰酸钾、臭氧等；卤素类消毒剂，如漂白粉、次氯酸钙、次氯酸钠、氯胺、消毒威等；杂环类气体消毒剂，如环氧乙烷、环氧丙烷、乙型丙内酯等；季铵盐类消毒剂，如新洁尔灭、洗必泰、度米芬、消毒净、百毒杀等；其他消毒剂，如升汞、抗毒威等。

② 常用化学消毒剂　主要有氢氧化钠、石灰乳、漂白粉、氯胺（氯亚明）、次氯酸钠、二氯异氰尿酸钠、过氧乙酸、乙醇、来苏儿、克辽林（臭药水）、新洁尔灭、洗必泰、消毒净、度米芬、环氧乙烷、福尔马林、戊二醛、菌毒敌、农福、菌毒灭等。

（4）生物热消毒　生物热消毒是指通过堆积发酵、沉淀池发酵、沼气池发酵等产热或产酸，以杀灭粪便、污水、垃圾及垫草等内部病原体的方法。在发酵过程中，利用嗜热细菌繁殖时产生高达70℃以上的热，经过1～2个月可将病毒、细菌（芽孢除外）、寄生虫卵等病原体杀死，既达到消毒目的，又保持了肥效。但这种方法不适用于由产芽孢的病菌所致的传染病，这类传染病的粪便最好焚毁。

## 二、杀虫

许多节肢动物，如蚊、蝇、虻、蜱等都是动物传染病的重要传播媒介。因此，杀虫在预防和扑灭动物传染病方面具有重要意义。

### 1. 物理杀虫法

物理杀虫法一般有以下几种。

① 人工捕杀。

② 用火烧昆虫聚居的废物以及墙壁、用具等的缝隙。

③ 用100～160℃的干热空气杀灭挽具和其他物品上的昆虫及其虫卵。

④ 用沸水或蒸汽烧烫车船、畜舍和衣物上的昆虫。

⑤ 仪器诱杀，如用紫外线灭蚊灯在夜间诱杀成蚊。

### 2. 生物杀虫法

生物杀虫法是指利用昆虫的病原体、激素、雄虫绝育技术及昆虫的天敌等方法来杀灭昆虫。如利用柳条鱼灭蚊；利用病原微生物感染昆虫，使其死亡；利用辐射使雄性昆虫绝育；或使用过量激素抑制昆虫的变态或蜕皮，造成昆虫死亡等。

### 3. 药物杀虫法

药物杀虫法是指应用化学杀虫剂杀灭昆虫的方法。根据杀虫剂对节肢动物的毒杀作用，可分为下列几种。

（1）胃药毒剂　当节肢动物摄入混有敌百虫等的食物时，敌百虫在其肠道内分解产生的毒性使之中毒死亡。

（2）接触毒药剂　通过直接接触虫体，经其体表穿透到体内而使之中毒死亡，或将其气门闭塞使之中毒死亡。如除虫菊等。

（3）熏蒸毒药剂　通过吸入药物而死亡，但对处于发育阶段无呼吸系统的节肢动物不起作用。如敌敌畏、烟草等。

（4）内吸毒药剂　将药物喷于土壤或植物上，被植物根、茎、叶表面吸收，并分布于整个植物体，昆虫在吸食含药物的植物组织或汁液后，发生中毒死亡。如倍硫磷等。

目前使用的杀虫剂往往同时兼有两种或两种以上的杀虫作用。常用杀虫剂有有机磷杀虫剂，如敌百虫、敌敌畏、倍硫磷、马拉硫磷、双硫磷、二嗪农、辛硫磷等；拟除虫菊酯类杀虫剂，如溴氰菊酯、氯氰菊酯、氰戊菊酯等；新型杀虫剂，如加强蝇必净、蝇蛆净等；另外还有昆虫生长调节剂和驱避剂（如避蚊胺）等。

## 三、灭鼠

鼠类是很多人畜共患传染病的传播媒介和传染源，灭鼠对防止传染病的传播和保障人与动物健康具有重要意义。

**1. 生态灭鼠（防鼠）法**

根据鼠类的生态学特点防鼠、灭鼠。从保护鼠类天敌、畜舍建筑和卫生措施等着手，预防鼠类的滋生和活动，使鼠类在各种场所生存的可能性达到最低限度，使它们难以得到食物和藏身之处。例如保护鼠类的天敌来捕食鼠类，减少鼠类的数量；经常保持畜舍及周围环境的整洁，清除垃圾，及时清除饲料残渣，将饲料保存在鼠类不能进入的仓库内，这样使鼠类既无藏身之处，又难以得到食物，其繁殖和活动就受到了一定的限制，数量可能降低到最低水平。在建筑畜舍、仓库、房舍时，墙壁、地面、门窗等均应考虑防鼠。发现鼠洞要及时堵塞。在疫区，必要时可在房舍周围挖防鼠沟或筑防鼠墙。

**2. 器械灭鼠法**

器械灭鼠法是指利用各种捕鼠器械，以食物作诱饵，诱捕（杀）鼠类或用关、夹、压、扣、套、翻（草堆）、挖（洞）、灌（洞）等捕杀鼠类的方法。

**3. 药物灭鼠法**

（1）毒饵法　毒饵法是应用较广泛的一种灭鼠方法。常用的经口毒饵药物有磷化锌、杀鼠灵、毒鼠磷、安妥、灭鼠安、敌鼠钠盐和氟乙酸钠等。由于此类药物对人和畜禽也有极大毒性，因此其中有些药物如磷化锌、敌鼠钠盐已禁止使用，而改用其他药物。

（2）熏蒸灭鼠法　熏蒸灭鼠法是指利用经呼吸道吸入的毒气而消灭鼠类的方法。熏蒸药物如氯化苦（三氯硝基甲烷）、二氧化硫和灭鼠烟剂。氯化苦在空气中易挥发，使用时以器械将药物直接喷入洞内，或吸附在棉花球中投入鼠洞，每洞需5～10ml，并封闭洞口，可熏蒸杀灭老鼠。二氧化硫按每$100g/100m^3$燃烧灭鼠，通常只用于消灭仓库、船舱或下水道中的鼠类。灭鼠烟剂不仅熏蒸杀灭野鼠，同时可灭蚤、螨等，常用的有闹羊花烟雾剂等。取闹羊花或叶，晾干、碾细、过筛，与研细的硝酸钾或氯酸钾按6∶4的比例混合，分装成包，每包15g，用时点燃投入鼠洞，以土封闭洞口。

# 子项目五　隔离和封锁

## 一、隔离

隔离患病动物和可疑感染动物是防治传染病的重要措施之一。隔离有两种情况，一种是正常情况下对新引进动物的隔离，其目的是观察这些动物是否健康，以防把感染动物引入新的地区或动物群体，造成传染病传播和流行；另一种是在已发生传染病时实施的隔离，是将患病的动物和可疑感染动物隔离开，防止健康动物继续受到传染，以便将疫情控制在最小范围内就地扑灭。为此，在发生动物疫情时，应及时采用临床诊断检查。根据诊断结果，将全部受检动物分为患病动物、可疑感染动物和假定健康动物等，并分别对待。

**1. 患病动物**

患病动物包括有典型症状或类似症状，或其他诊断方法检查为阳性的动物。对检出的患病动物应立即送往隔离舍进行隔离。如患病动物较多时，可在原来的畜舍内就地隔离。患病动物的隔离舍应由专人负责看管。禁止闲杂人员和动物出入和接近，内部及周围环境应进行严密消毒。隔离舍内的患病动物应用特异性血清或抗生素及时治疗，同时要加强饲养管理和护理工作。隔离区内的用具、饲料、粪便、污物等，未经彻底处理不得运出，无治疗价值的动物及患病动物尸体应按照国家有关规定处理。隔离观察时间长短视患病动物带菌（毒）、排菌（毒）的时间长短而定。

**2. 可疑感染动物**

外表无任何发病表现，但与患病动物及其污染的环境有过明显的接触。这类动物可能处于传染病的潜伏期，有排菌（毒）的危险性，应在消毒后另选地方将其隔离、看管、限制其活动。舍内外环境应及时进行严格的消毒处理。经过诊断后全群动物进行紧急免疫接种或预防性治疗；出现症状的则按患病动物处理。隔离观察时间的长短，视某种传染病潜伏期长短而定。

**3. 假定健康动物**

除以上两类动物外，疫区内其他易感动物都属于假定健康动物。此类动物应与上述两类严格隔离饲养，加强防疫消毒和相应的保护措施，立即进行紧急接种，必要时分散喂养或转移牧地。

## 二、封锁

当暴发某些重要传染病时，为了防止传染病扩散以及安全区健康动物的误入，而对疫区或其动物群采取划区隔离、扑杀、销毁、消毒和紧急接种等强制性措施。封锁的目的主要是阻止传染病向周围地区扩散，将传染病控制在封锁区内就地扑灭。根据《中华人民共和国动物防疫法》的规定，当确诊为“一类”传染病或当地新发现的动物传染病时，兽医人员应立即报请当地政府机关，划定疫区范围，进行封锁。

封锁区的划分，要根据传染病的流行特点、疫情状况和当地的具体条件，划定疫点、疫区、受威胁区。执行封锁时应掌握“早、快、严、小”的原则，即执行封锁应在流行早期，行动果断、快速，封锁严密，范围尽可能小。根据我国《中华人民共和国动物防疫法》规定的原则，具体措施如下。

**1. 封锁疫点应采取的措施**

① 严禁人、动物、车辆出入和动物产品及可能污染的物品运出；特殊情况下人员必须出入时，需经兽医人员许可并经严格消毒后出入。

② 对病死动物及其同群动物，县级以上农牧部门有权采取扑杀、销毁或无害化处理等措施。

③ 疫点出入口必须设置消毒设施，疫点内的用具、圈舍、场地等必须进行严格消毒。

④ 疫点内的动物粪便、垫草、受污染的物品、草料等必须在兽医人员的监督指导下进行无害化处理。

**2. 封锁疫区应采取的措施**

① 在交通要道设立临时性检疫消毒关卡，备有专人和消毒设备，监视动物及其产品移动，对出入人员、车辆进行消毒。

② 停止集市贸易和疫区内动物及其产品的采购。

③ 未污染的动物产品必须运出疫区时，需经县级以上农牧部门批准，在兽医人员的监督指导下，经外包装消毒后运出。

④ 非疫点的易感动物，必须进行检疫或预防注射。农村城镇饲养及牧区动物与放牧水禽必须在指定地区放牧，役畜限制在疫区内使用。

**3. 受威胁地区应采取的措施**

① 对受威胁区内的易感动物应及时进行紧急预防接种，以建立免疫带。

② 防止易感动物出入疫区，避免饮用经过疫区的水源。

③ 禁止从封锁区购买牲畜、草料和动物产品。

④ 对设在本区的屠宰场、加工厂、动物产品仓库进行兽医卫生监督，拒绝接受来自疫区的活动物及其产品。

**4. 解除封锁**

当疫区内最后一头患病动物痊愈或被扑杀后，通过实验室检测或临诊观察，在该病的最长潜伏期内未再发现新的感染或发病动物时，经过彻底的清扫和终末消毒，兽医行政部门验收合格后，原发布封锁令的政府部门可宣布解除封锁令，并通知毗邻地区和有关部门。疫区解除封锁后，愈后带菌（毒）动物应限制其活动范围，不能将它们调到安全区去。

## 子项目六　免疫接种和药物预防

免疫接种是激发动物机体产生特异性免疫力，使易感动物转化为非易感动物的重要手段，是预防和控制动物传染病的重要措施之一。实践证明，在一些重要传染病的控制和消灭过程中，有组织、有计划地进行疫苗免疫接种是行之有效的方法。根据免疫接种进行的时机不同，可将其分为预防接种和紧急接种两大类。

药物预防是为了控制某些传染病在动物的饲料、饮水中加入某种药物进行集体的化学预防，在一定时间内可以使受威胁的易感动物免受传染病的危害，这也是预防和控制动物传染病的有效措施之一。

### 一、免疫接种

**1. 预防接种**

预防接种是指在经常发生某些传染病的地区，或有某些传染病潜在的地区，或受到邻近地区某些传染病经常威胁的地区，为了防患于未然，在平时有计划地给健康动物进行的免疫接种。预防接种常用生物制剂有疫苗、菌苗、类毒素等。用于人工主动免疫的生物制剂可统称为疫苗。由于接种所用生物制品的不同，接种方法有皮下注射、肌内注射、皮肤刺种、口服、点眼、滴鼻、喷雾等。接种后经数天至3周，可获得数月至1年以上的免疫力。

（1）深入调研，合理制订预防接种计划　为了做到预防接种有的放矢，应对当地传染病的发生和流行情况进行深入细致的调查研究。然后拟订年度或周期预防接种计划，确定生物制品的种类和接种时间，争取做到每头（只）接种。如某地区为预防猪瘟、猪丹毒、猪肺疫等传染病，要求每年全面地定期接种两次，尽可能头头接种，在两次间隔期间，每月或每半年检查一次，对新生仔猪（一月龄以上）和新从外地引进的猪只，进行及时的补种，以提高防疫密度。

有时也进行计划外的预防接种。如输入或输出动物时，为避免在运输途中或到达目的地后暴发某些传染病而进行预防接种，可用疫苗、菌苗或类毒素，若时间紧迫也可用免疫血清进行被动免疫。

如果在某一地区过去从未发生过某种传染病，也没有从别处传染的可能时，则不需施行针对该传染病的预防接种。预防接种前，应对被接种的动物进行详细的检查和调查了解，对成年的、体质健壮或饲养管理条件好的动物，接种后会产生较坚强的免疫力，可按原计划进行接种；而对于年幼、体质弱的，有慢性病的和怀孕后期的母畜、饲养管理条件不好的动物，在进行预防接种的同时，必须创造条件改善饲养管理，如果已受到感染的威胁，最好暂不接种。

接种前还要对当地的传染病情况进行调查，如发现疫情，则应首先安排对该病的紧急防疫，如无特殊传染病流行则按原计划进行定期预防接种。接种时要加强宣传，精心准备，爱护动物，做到消毒认真，剂量、部位准确。接种后，要向群众说明应加强饲管，使机体产生较好的免疫力，减少接种的反应。疫苗接种后 10～20 天，应监测免疫效果，如果免疫失败，应尽早、尽快补种。

（2）应注意预防接种反应　由于生物制剂对动物机体来说是外源性物质，机体对其通常会发生一系列的反应，其强度和性质由疫苗的种类、质量和毒性等因素决定。在生产实践中，疫苗接种后常会出现一些不良反应，按照这些反应的强度和性质将其分为下列几种类型。

① 正常反应：是指由于疫苗本身的特性而引起的反应。大多数疫苗接种后动物不会出现明显可见的反应，少数疫苗接种后，常常出现一过性的精神沉郁、食欲下降、注射部位的短时轻度炎症等局部或全身性异常表现。如果这种反应的动物数量少、反应程度轻、维持时间短，则被认为是正常反应。

② 严重反应：是指与正常反应在性质上相似，但反应程度重或出现反应的动物数量较多的现象。引起严重反应的原因通常是由于疫苗质量低劣或者毒（菌）株毒力偏强；使用方法不当，如接种剂量过大、接种操作不正确、接种途径错误或使用对象不正确，个别动物对某种生物制品过敏。这类反应通过严格控制产品质量，并按照疫苗使用说明书操作，常常可避免或减少接种动物出现严重反应的频率。

③ 合并症：是指与正常反应性质不同的反应。主要包括超敏感、扩散为全身感染和诱发潜伏感染。

（3）疫苗的联合使用　同一地区，同一季节内某种动物流行的传染病种类较多，往往在同一时间需要给动物接种两种或两种以上的疫苗，以分别刺激机体产生多种抗体。它们可能彼此相互促进或相互抑制，当然也可能互不干扰。因此选择疫苗联合接种免疫时，应根据研究结果和试验数据确定哪些疫苗可以联合使用，哪些疫苗在使用时应有一定的时间间隔以及接种的先后顺序等。经过大量试验研究证明，有些联合的弱毒活疫苗如羊厌氧菌五联疫苗（羊快疫、猝狙、肠毒血症、羔羊痢疾和黑疫），犬瘟热、犬传染性肝炎、犬细小病毒、犬腺病毒 2 型、犬副流感弱毒五联苗，鸡新城疫、传染性支气管炎二联疫苗，牛传染性鼻气管炎、副流感、巴氏杆菌三联苗等免疫接种后，相互之间不会产生干扰作用。近年来的研究表明，灭活疫苗联合使用时似乎很少出现相互干扰的现象，甚至某些疫苗还具有促进其他疫苗免疫力产生的作用。实践证明，这些联合生物制剂一针可防多病，大大提高了防疫工作的效率，给兽医人员和群众带来很多方便。随着联合疫苗或灭活疫苗的质量不断提高，不良反应逐渐减少，该方法将在生产中得到广泛应用。

（4）制订合理的免疫程序　所谓免疫程序，就是根据一定地区或养殖场内不同传染病的流行状况，动物健康状况及不同疫苗特性，为特定动物群制订的疫苗接种类型、顺序、时间、次数、方法、时间间隔等规程和次序。每种传染病的免疫程序组合在一起就构成了一个地区、一个养殖场或特定动物群体的综合免疫程序。目前国际上还没有一个可供统一使用的免疫程序，各地都在按照各自的实际情况制订出适用于本地区、本牧场具体情况的免疫程序，或按抗体监测结果调整免疫程序。

免疫程序的制订应考虑多种因素：①本地区疫情；②疫苗类型及其免疫效能；③母源抗体或上一次免疫接种残余抗体水平；④动物免疫应答能力；⑤免疫接种的方法和途径；⑥各种疫苗的配合；⑦对动物健康及生产能力的影响。

（5）免疫接种失败的原因　免疫接种失败是指经某种疫苗接种的动物群，在该疫苗有效免疫期内仍发生该传染病；或在预定时间内经抗体监测达不到预期水平，仍有发生该病的可能。造成疫苗接种失败的原因大致有：

① 动物体内存在高度的被动免疫力（母源抗体、残留抗体），产生了免疫干扰作用；

② 动物群接种时，已潜伏着该病；

③ 动物群中有免疫抑制性传染病存在；

④ 环境条件恶劣、寄生虫侵袭、营养不良等应激，造成动物免疫应答能力降低；

⑤ 疫苗保存、运输不当，或疫苗稀释后未及时使用，造成疫苗失效或减效；或使用过期、变质的疫苗；或接种过量产生免疫麻痹；

⑥ 疫苗质量问题或疫苗菌（毒）株或血清型不符；

⑦ 不同种类疫苗间的干扰作用；

⑧ 免疫接种方法错误、动物获取疫苗量不均，或接种疫苗前后使用免疫抑制性药物等。

**2. 紧急接种**

紧急接种是指在发生疫情时，为了迅速控制和扑灭疫情而对疫区和受威胁区尚未发病的动物进行的应急性免疫接种。紧急接种原本使用免疫血清，或注射血清后 2 周再接种疫苗，较为完全有效。但因血清用量大、价格高、免疫期短，且在大批动物接种时往往供不应求，因此在实践中很少使用。实践证明，在疫区内和受威胁区有计划地使用某些疫（菌）苗进行紧急接种是可行而且有效的。如在发生猪瘟、鸡新城疫等一些急性传染病时，用相应疫苗进行紧急接种，可收到良好的效果。

在受威胁区进行紧急接种时，其划定范围视传染病的性质而定。如流行猛烈的口蹄疫等，则在周围 5～10km 进行紧急接种，建立“免疫带”以包围疫区、防止扩散，就地扑灭疫情。但这一措施必须与疫区的封锁、检疫、隔离、消毒等综合措施密切配合，才能收到较好的效果。

## 二、药物预防

**1. 药物预防的概念和意义**

药物预防是对某些传染病的易感群体投服药物，以预防或减少传染病的发生。是指包括没有症状的动物在内的动物群体。它是将安全廉价的药物即所谓保健添加剂加在饲料中，或溶解到水中等，给动物用药。合理正确的使用药物预防能够起到防止传染病的发生发展，促进动物健康生长的作用，是对无疫（菌）苗，或虽有疫（菌）苗但预防效果不佳的传染病进行的预防，是现代养殖业尽力使动物无病、无虫、健康的一项重要措施。该方法操作方便、易于大群使用、省工省时，对预防多种传染病有较好效果，而且不像疫（菌）苗那样存在散毒、毒力反强的危险。因此作为药物预防措施已被普遍采用。

**2. 药物预防的注意事项**

在生产实践中为保证药物预防安全有效、科学用药，必须注意以下问题。

（1）选择合适的药物　预防用药一般选用常规药物即常用的一线药物即可，例如青霉素、土霉素、喹乙醇、氟哌酸、生态制剂、中草药等。预防传染病的目标很明确时，可针对性用药。如猪气喘病时，可选用泰乐菌素或支原净。在选用生态制剂时，应禁服抗菌药物。中草药作为饲料添加剂，由于具有低药残、副作用少和不易产生耐药性等优点，而越来越受到人们的重视。

（2）严格掌握药物的种类、剂量和用法　预防用药要避免和配合饲料中添加药物的重复用药，预防用药种类不宜超过 2 种。预防剂量一般为治疗剂量的 1/4～1/2，传染病流行期可把预防剂量提高到治疗剂量。用法应严格按使用说明操作。

（3）掌握好用药时间和时机，做到定期、间断和灵活用药　在平时无病时，每个月定期只用一个疗程（5 天左右）。有疫情发生时可根据需要适当增加用药时间和疗程。当气候突变、更换饲料、断奶、转群、接种某些疫苗时，可随时或提前给药预防，以避免应激而诱发疾病。

（4）确保用药混合均匀，方法得当　在药物与饲料混合时，必须搅拌均匀，尤其是一些安全范围较小的动物，以及用量较少的动物，一定要均匀混合。特别是小型饲养场手工拌料要注意，采取由少到多、逐级混合的搅拌方法比较可靠。经水给药要注意让药物充分溶解。同时用药前要适当停水、停饲，气雾给药时要让气雾微粒直径小于5μm。

（5）注意防止耐药性　长期使用药物预防容易产生耐药性菌株，而影响防治效果。因此，必须根据药敏试验结果选用高敏感的药物。避免长期使用同一种药物，应定期更换、交叉使用药物。一般一种药物连续使用一年左右即可考虑更换。

（6）密切注意不良反应　有些药物混入饲料后，可与饲料中的某些成分发生拮抗作用，出现不良反应。如饲料中长期混合磺胺类药物，就容易引起鸡维生素B和维生素K缺乏，这时应适当给予补充。

（7）重视药物残留和禁用药物　药物残留是指给动物使用药物后蓄积和储存在细胞、组织和器官内的药物原形、代谢产物和药物杂质，包括兽药在生态环境中的残留和兽药在动物性食品中任何可食部分的残留。广义上的药物残留除了由于防治传染病的药物外，也包括药物饲料添加剂、动物接触或食入环境中污染物如重金属、霉菌毒素、农药等。目前造成严重威胁的残留兽药主要有抗生素类、磺胺类、呋喃类、抗球虫药、激素类和驱虫药类，由于对人有毒害作用，所以备受人们关注。

随着国内外对药物残留的普遍重视，我国近年来也发布了一系列的法规、法律，自新的《中华人民共和国兽药管理条例》明确规定了兽药安全使用要求，其中包括禁止将人用药品用于动物；另一方面发布了无公害食品标准73项，其中涉及养殖业的标准47项。目前我国绝对禁止使用的抗菌药物还不多，只有甲硝唑等。限定使用的抗菌药物则比较多，而且根据动物种类和用途、市场对象（外销和内销）、发布规定部门的不同，其限定种类和范围也不相同，最常见的限定药物有二甲硝咪唑、洛硝达唑、四环素、泰乐菌素、杆菌肽、磺胺类、喹乙醇等。

## 子项目七　动物传染病的治疗和患病动物的淘汰

### 一、动物传染病的治疗

传染病的治疗，是动物传染病综合防治措施中的一个组成部分。通过治疗，可以阻断病原体在患病动物体内的增殖，挽救患病动物，最大限度的减少传染病所造成的损失及在一定限度内清除传染源。传染病的治疗与普通病不同，特别是那些流行性强，危害严重的传染病，必须在严格封锁或在隔离的条件下进行，严防患病动物散播病原，造成疫情蔓延。针对患病动物要尽早治疗，标本兼治，特异和非特异性治疗相结合，药物治疗和综合措施相配合，因地制宜，勤俭节约。

**1. 针对病原体的疗法**

在动物传染病的治疗方面，应用能够抑制病原体繁殖或杀灭病原体，消除其致病作用的疗法是很重要的，一般可分为特异性疗法、抗生素疗法和化学疗法等。

（1）特异性疗法　应用针对某种传染病的高免血清、痊愈血清（或全血）、卵黄抗体等特异性生物制品进行治疗，因为这些制品只针对某种特定的传染病有效，而对其他病无效，故称为特异性疗法。高免血清由于代价高，生产少，难购买而使应用受到限制。一般用于某些急性传染病或珍贵动物传染病的治疗。一般在诊断确实的基础上在病的早期注射足够剂量的高免血清，常能取得良好的疗效。如缺乏高免血清，可用耐过动物或人工免疫的动物血清或血液代替，也可起到一定的作用，但用量需加大。使用异种动物血清时，应特别注意防止过敏反应。目前，尽管高免卵黄抗体在临床上得到较多应用，但由于禽卵可携带多种病原体，传播传染病的危险性极大，因此尚无任何一种高免卵黄获得合法生产的批准文号。

（2）抗生素疗法　抗生素主要用于细菌性传染病的治疗，在兽医实践中被广泛应用并获得显著成效。合理地应用抗生素是发挥抗生素疗效的重要前提，不合理的应用或滥用抗生素往往引起多种不良后果。一方面可能使敏感的病原体对药物产生耐药性；另一方面可能对机体造成不良反应，甚至中毒，再就是可能使药效降低或抵消。使用抗生素时一般应注意以下几个问题。

① 针对适应证用药：每一种抗生素都有其固定的抗菌谱，应根据临诊诊断或估计致病菌种，最好根据药敏试验结果选用高敏药物进行治疗。

② 要考虑用量、疗程、给药途径、不良反应、经济值等问题：开始用量宜大，以便使药物的血液浓度快速升至有效水平，以后再根据病情酌减。疗程应根据疾病的类型、患病动物的具体情况而定，急性病例，可于感染控制后 3 天左右停药，慢性病例，疗程一般较长，可控制在 5～7 天，必要时可适当延长或换另一种药物。用药途径最好根据药物的特点及疫情和病的特点来确定。

③ 不要滥用：用量既要充足，又不能超量，否则都会带来不良后果。用量不足易导致耐药菌株的出现；用量大，一是造成浪费；二是易引起中毒，如痢特灵在用量超过 0.04%，经过一定时间便会使鸡中毒。用量大小与细菌对药物的敏感性有关，中敏药物剂量应适当增加。另外肉鸡于出售前 15 天禁止用抗生素，以防药物残留。

④ 抗生素的联合应用：有些抗生素联合应用，通过协同作用可以增进疗效。如青霉素与链霉素等主要表现出协同作用，抗生素和磺胺类药物的联合应用多数都有协同作用，如青霉素和磺胺、链霉素与磺胺嘧啶等均有协同作用。另外应防止有拮抗作用的抗生素联合应用，如链霉素与土霉素等合用会产生拮抗作用，不仅不能提高疗效，反而可能影响疗效，并增加了细菌对多种抗生素的接触机会，更易广泛的产生耐药性。

（3）化学疗法　化学疗法是指使用化学药物帮助动物机体消灭或抑制病原体的一种疗法。治疗动物传染病常用的化学药物有以下几类。

① 磺胺类药物：这是一类化学合成的抗菌药物，可抑制大多数革兰阳性菌和部分阴性菌，对放线菌和一些大型病毒以及有些原虫（如球虫、弓形虫等）也有一定作用。磺胺类药可分为：全身感染用药，如磺胺甲基异瘈唑（SMZ）、磺胺嘧啶（SD）；肠道用磺胺，如磺胺脒（SG）、琥磺噻唑（SST）、酞磺噻唑（PST），这类药物肠道吸收很少；外用磺胺，如磺胺嘧啶银（SD-Ag）、磺胺醋酰（SA，SC-Na）等。

② 抗菌增效剂：这是一类广谱抗菌药物，与磺胺类并用，能显著增强疗效，曾称为磺胺增效剂，后来发现这类药物亦能大大增加某些抗生素的疗效，故现称抗菌增效剂。临床上常用的抗菌增效剂有三甲氧苄胺嘧啶（TMP）和二甲氧苄啶（DVD，又称敌菌净）等。

③ 硝基呋喃类：本类药物是广谱抗菌药，对多种革兰阴性及阳性细菌具有抗菌作用。常用的有呋喃坦啶（呋喃妥因）。低浓度（5～10$\mu$g/ml）抑菌，高浓度（20～50$\mu$g/ml）杀菌。也有抗球虫作用。呋喃唑酮已被淘汰，禁止使用，应予注意。

④ 喹诺酮类：此类药物又称为吡酮酸类或吡啶酮酸类，是一类新合成的抗菌药物，也可以口服，抗菌谱广，对革兰阴性菌和阳性菌均有良好的抗菌效果。对厌氧微生物和分枝杆菌也有良好作用。与很多抗菌药物间没有交叉耐药性。根据喹诺酮的发明先后及抗菌性能不同，又分为一代、二代、三代。目前这类新药品种比较多，如诺氟沙星、环丙沙星、恩诺沙星、沙拉沙星等。后两种为动物专用药。

⑤ 其他药物：如中药抗菌药有黄连素、大蒜素等，这些药物抗菌谱广、抗菌活性强，多用于动物肠道感染，异烟肼（雷米封）等对结核病有一定疗效。

（4）抗病毒药物　抗病毒感染的药物近年来有所发展，但仍远较抗菌药物为少，毒性一般也较大。目前已有一些药物用于人及动物病毒感染的预防和治疗。如甲红硫脲、金刚烷胺盐酸盐、异喹啉、吗啉双胍（病毒灵）、三氮唑核苷（病毒唑）、黄芪多糖、板蓝根和大青叶、干扰素等。

**2. 针对动物机体的疗法**

在动物传染病的治疗中，除针对病原体进行治疗外，还要采取针对动物机体的疗法，以增强机体抵抗力，调整和恢复动物机体的生理机能，促使机体战胜传染病、恢复健康。

（1）加强护理　对患病动物的护理是治疗工作的基础。对患病动物的治疗应在严格隔离的条件下进行，冬季应注意防寒保暖，夏季应注意防暑降温。隔离舍必须光线充足，通风良好，供给优质的饲料和饮水，并经常消毒，防止患病动物彼此接触。根据病情需要，亦可注射葡萄糖、维生素或其他营养性物质以维持生命、帮助机体渡过难关。

（2）对症治疗　在动物传染病的治疗过程中，为了减缓、消除某些严重的症状，调节和恢复机体的生理机能所采取的疗法，称为对症治疗。如使用退热、止痛、止血、镇静、兴奋、强心、利尿、清泻、止泻、输氧、防止酸中毒和碱中毒、调解电解质平衡等药物，以及采取某些急救手术或局部治疗等都属于对症治疗的范畴。

（3）针对群体的治疗　目前集约化饲养规模日益扩大，在大的饲养场传染病的危害更为严重。除对患病动物进行护理和对症治疗外，主要是针对整个动物群体的紧急预防性治疗，除使用药物外，还需紧急注射疫苗、血清等生物制品。

## 二、动物传染病患病动物的淘汰

淘汰动物传染病患病动物是扑灭传染源的有效手段。淘汰患病动物时应遵循以下原则。

**1. 危害大的新传染病患病动物**

当某地传入过去从未发生过的危害性较大的新传染病时，为防止传染病蔓延等，应在严密消毒的条件下对患病动物进行淘汰处理。

**2. 严重的人畜共患病患病动物**

当动物患了对周围人畜有严重传染威胁的传染病时，患病动物应予以淘汰。

**3. 无法治愈的患病动物**

目前对各种动物传染病的治疗方法虽有所改进，但仍有一些传染病尚无有效的疗法。当认为患病动物无法治愈或传染病已经发展到了后期，疗效甚微，此时患病动物应予以淘汰。

**4. 无治疗价值患病动物**

治愈需要的时间长，治疗费用超过治愈后的价值时，此类患病动物应予以淘汰。

传染病患病动物尸体含有大量的病原体，是一种特殊的“传染源”，易污染外界环境，引起人畜发病。因此，及时并合理的处理动物传染病患病动物尸体，在防治动物传染病和维护公共卫生上有重要意义。动物尸体处理的方法有化制、掩埋、腐败、焚烧，针对不同的传染病和情况采取不同的处理方法。

# 子项目八　集约化养殖场动物传染病的综合防治措施

随着现代畜牧业的发展，集约化的饲养规模在逐渐增大，正在趋向自动化、机械化的饲养管理方式，在这种条件下搞好动物传染病综合防治工作是保证集约化畜牧业发展的关键，因此必须建立兽医防疫机构，制订一套严格的综合防治措施，树立群防群治与群体保健的观点；确立健康监测与多病因论的观点；增强预防为主与长远规划的观点。在实践中不断总结经验和教训，以保证集约化生产的健康发展。

## 一、养殖场的规划

在进行养殖场规划时，从防疫角度上通常需要考虑本地区的生态环境、与周围各场区的关系和兽医综合性服务等问题。

## 二、场址的选择

(1) 养殖场应建在地势高燥，向阳避风，水源充足，水质良好，供电、排水方便，较易设防和交通便利的地方。

(2) 大型养殖场必须有一个安全的生态环境。即离公路、河道、村镇、工厂500m以外的上风向处，尤其应远离其他养殖场、屠宰场、畜产品加工厂。养殖场周围应筑围墙，外设防疫沟（宽8m，深2m），在养殖场沟外种植防疫林带（宽10m）。

(3) 场区地面应开阔、平坦并有适度坡度，以利于养殖场布局和污水排放。

(4) 养殖场的场址应位于居民区的下风向处，地势尽量低于居民区，以防止养殖场对周围环境的污染。

(5) 场地的土壤以透气性和透水性好、容水量和吸水性小、导热性小的沙质土壤为最好，而且要求没有被有机物和病原微生物污染。

## 三、场区的布局和要求

规模化养殖场通常分为相互隔离的3个功能区，即管理区、生产区和患病动物处理区。

(1) 生产区与饲料加工区、行政管理区、生活区必须严格分开。

(2) 在猪场，母猪、仔猪、商品猪应分别饲养，猪舍栋间距离为30m左右；在鸡场，原种鸡场、种鸡场、孵化室和商品鸡场以及育雏、育成车间必须严格分开，距离500m以上，各场之间应有隔离设施，栋舍与栋舍之间的距离应在25m以上。

(3) 患病动物隔离舍，兽医诊断室，解剖室，病、死动物无害处理和粪便处理场都应建在下风向，距离不少于200～500m。粪便必须送到围墙外，在处理池内发酵处理。

(4) 养殖场周围不准养狗、猪和禽。本场职工家属，一律不准私自养猪、禽或其他动物。场内食堂肉或禽、蛋应自给，职工家属用肉、蛋及其制品也应由本场供给，不准外购。已出场的动物及其产品不准回流。

## 四、疫情监测和预测

### 1. 临床观察

兽医人员应每天早晚对动物群进行系统检查，观察动物的精神状态、运动、采食、饮水等是否正常；再结合饲养员的报告，及时将有异常变化的动物剔出，送隔离舍隔离观察，进行确诊和处理。对死亡的动物应及时解剖并做病理学诊断，同时做好记录和分析，以了解动物传染病动态。若出现外来病、新发生传染病和法定的一、二类传染病时应及时按规定进行传染病报告。

规模化养殖场通过传染病流行状况和防治效果等有关资料的收集与整理，适时制订和改进防疫措施；通过对环境、传染病、动物群等方面长期系统的监测、统计和分析，对场内传染病的流行进行预测。

### 2. 病原学检测

大型养殖场必须建立兽医诊断实验室，应用微生物、寄生虫各种病原学检测方法，对动物传染病进行检测。

**3. 血清学检测**

对某些动物传染病，如鸡新城疫、鸡败血霉形体感染、鸡白痢等，可用血清学诊断方法进行定期疫情监测，推测传染病流行的动态变化，为传染病预测或防治对策的制订提供依据。

**4. 检疫制度**

从外地或国外引进场内的动物，要严格进行检疫和消毒，隔离观察20～30天，确认无病后，方准进入舍内。

## 五、养殖场的经常性消毒

(1) 养殖场大门、生产区入口，要建宽于门口、长于汽车轮1周半的水泥消毒池（加入适量消毒液，每周至少更换一次药液），动物舍入口建消毒池，生产区门口需建更衣室（更衣室内应装紫外线灯）、消毒室和消毒池，以便车辆和人员的消毒。养殖场谢绝参观，外来人员不得进场。场外运输车辆和工具不准入场，场内车辆不准出场。

(2) 养殖场要严格执行"全进全出"饲养制度。原有的动物转出后，要对栏舍、饲养用具等进行彻底消毒，空置1～2周后方可引进动物。种动物舍、产房更应严格消毒。孵化室要经常保持清洁，孵化器、种蛋、蛋箱、出雏器等都要进行消毒。

(3) 经常保持畜舍内通风良好，光线充足，每天清除粪尿、保持清洁；注意通风换气，清除有害气体，饲槽、饮水器要每天洗刷；做好定期消毒（平时每周喷雾消毒一次）。场区的环境应保持清洁，每年春、秋季各进行一次环境消毒。经常开展灭鼠、灭蚊蝇工作。

## 六、动物的免疫接种

制订切合本场实际情况的动物传染病的免疫程序。疫（菌）苗可采用注射、饮水（口服）和气雾等方法进行免疫接种。

做好免疫接种前、后的免疫监测，以确定免疫时机和免疫效果。

## 七、动物的药物预防

通常用抗生素、磺胺类药物、呋喃类药物、抗菌增效剂、抗球虫药、饲料保健添加剂等，预防猪、鸡沙门菌病、大肠杆菌病、鸡慢性呼吸道病和球虫病等。

## 八、患病动物及其尸体的处理

养殖场内发现患病动物时，立即送往隔离舍（室），进行仔细的临床检查和病理检查，必要时进行血清学、微生物学、寄生虫学检查，以便及早确诊。

病死动物尸体直接送解剖室剖检，必要时进行微生物学、寄生虫学检查，加以确诊。然后进行化制、焚烧或深埋等，不得乱扔或食用。

## 九、发生动物传染病时的措施

养殖场发生动物传染病时，应根据不同传染病的特点和同一种传染病流行的不同时期，立即采取综合性扑灭措施（检疫、隔离、治疗、消毒、毁尸、杀虫、灭鼠、紧急接种、封锁等）中的几项措施，及时控制和扑灭动物传染病。

# 【项目小结】

本项目介绍了动物传染病综合防治的原则和技术措施，这些原则和技术措施在各种动物传染病的防治过程中都有十分重要的作用，是达到控制和消灭动物传染病目的的必备内容。因此，本章也是本课程重点学习的内容之一。

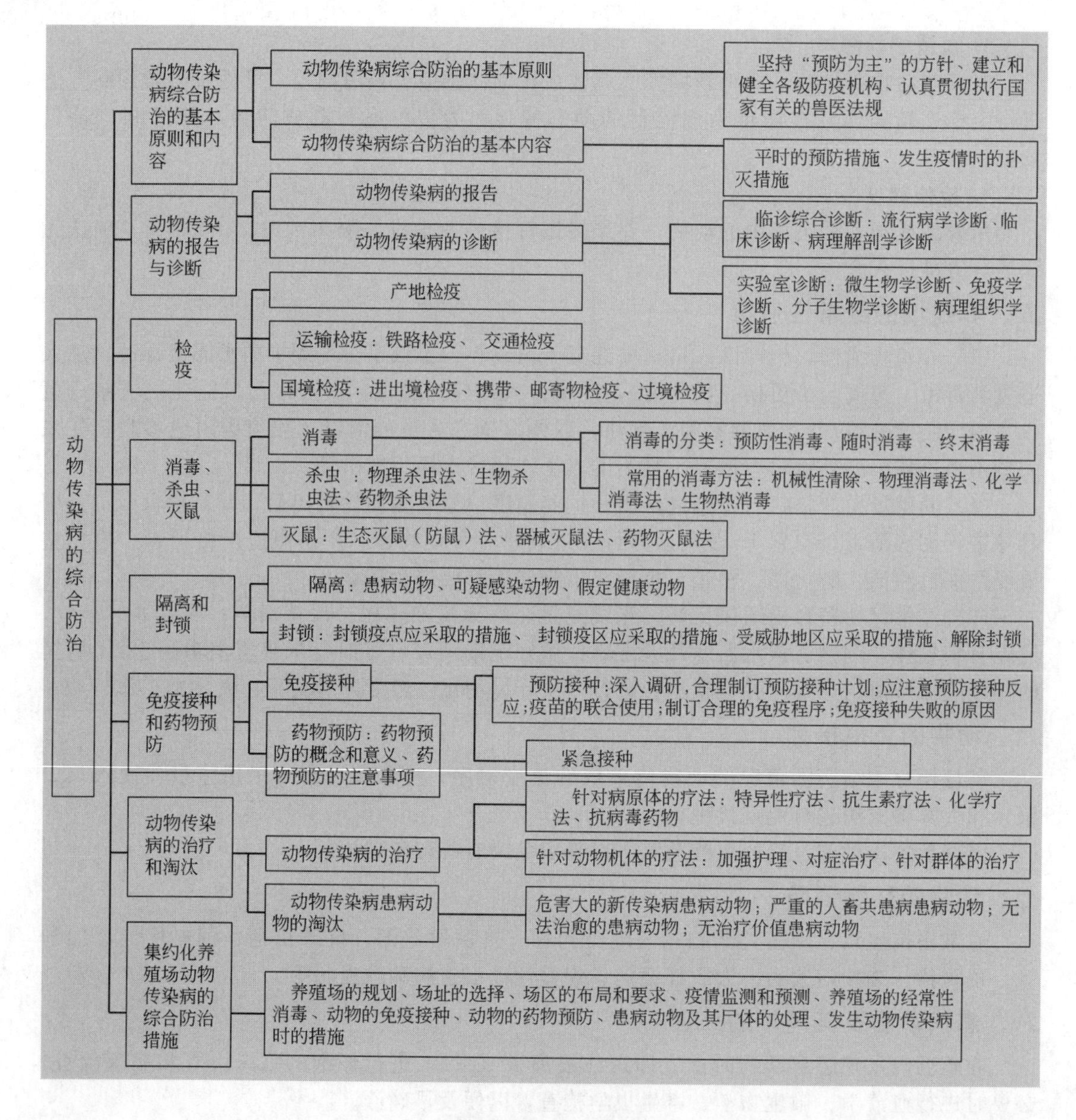


## 【复习思考题】

1. 解释名词：检疫、产地检疫、隔离、封锁、可疑感染动物、解除封锁、特异性疗法、消毒、终末消毒、物理消毒法、化学消毒法、免疫接种、预防接种、紧急接种、免疫程序、药物残留、禁用药物。

2. 简述动物传染病防疫工作的基本原则和内容。

3. 流行病学诊断应弄清哪些问题？

4. 简述传染病的实验室诊断方法和步骤。

5. 免疫学诊断方法有哪些？特点如何？

6. 传染病的治疗应注意哪些问题？

7. 在哪些情况下应对动物果断采取扑杀措施？

8. 免疫接种和制订免疫程序时应注意哪些问题？
9. 免疫失败的原因有哪些？
10. 药物残留有何危害？如何防止？
11. 试拟订一个集约化养殖场动物传染病的综合防治措施。

## 【技能训练任务三】 病料的采取与送检

### 一、训练目标

通过完成本次技能训练任务，使学生能正确进行动物传染病病料的采取、保存与送检方法。

### 二、训练材料

煮沸消毒器、外科刀、外科剪、镊子、试管、平皿、广口瓶、包装容器、注射器、采血针头、脱脂棉、载玻片、酒精灯、火柴、保存液、来苏儿、绳子、棉花、纱布等。

### 三、训练内容与方法步骤

1. 病料的采取

(1) 解剖前检查 当怀疑是炭疽时，不可随意解剖，应先由末梢血管采血涂片镜检。操作时应特别注意，勿使血液污染它处。不是炭疽时采取有病变的组织器官。

(2) 采取时间 内脏病料的采取，最好死后立即进行，以不超过 6h 为宜。否则时间过长，由肠内侵入其他细菌，易使尸体腐败，影响病原微生物的检出。

(3) 采取病料器械的消毒 刀、剪、镊子、注射器、针头等煮沸消毒 30min；器皿可用高压灭菌或干热灭菌，软木塞、橡皮塞置于 0.5%石炭酸水溶液中煮沸 10min；载玻片在1%～2%碳酸氢钠水中煮沸 10～15min。水洗后用清洁纱布擦干，将其保存于酒精与乙醚等份液中备用。

(4) 采取病料的全部步骤必须严格执行无菌操作 采取一种病料，使用一套器械和容器，不可混用。

(5) 各种组织脏器病料的采取 应根据不同的传染病，相应地采取该病常侵害的脏器或内容物。如败血性传染病可采取心、肝、脾、肺、肾、淋巴结、胃、肠等；肠毒血症采取小肠及其内容物；有神经症状的传染病采取脑、脊髓等。如无法估计是哪种传染病，可进行全面采取。检查血清抗体时，采取血液，凝固后析出血清，将血清装入灭菌小瓶送检。为了避免杂菌污染，病变检查应待病料采取完毕后再进行。各种组织及液体的病料采取方法如下。

① 脓汁及渗出液：用灭菌注射器或吸管抽取或吸出，置于灭菌试管中。若为开口的化脓灶或鼻腔时，则用无菌棉签浸蘸后，放在灭菌试管中。

② 淋巴结及内脏：将淋巴结、肺、肝、脾及肾等有病变的部位各采取 1～2$cm^3$ 的小方块，分别置于灭菌试管或平皿中。若为供病理组织切片的材料，应将典型病变部分及相连的健康组织一并切取，组织块的大小每边均在 2cm 左右。

③ 血液、血清：以无菌操作吸取血液 10ml，置于灭菌试管中，待血液凝固（经 1～2天）析出血清后，吸出血清置于另一灭菌试管内，如供血清学反应时，可于每毫升中加入5%石炭酸水溶液 1～2 滴。

④ 全血：采取 10ml 全血，立即注入盛有 5%柠檬酸钠 1ml 的灭菌试管中，旋转混合片刻后即可。

⑤ 心血：心血通常在右心房处采取，先用烧红的铁片或刀片烙烫心肌表面，然后用灭菌的尖刃外科刀自烙烫处刺一小孔，再用灭菌吸管或注射器吸出血液，盛于灭菌试管中。

⑥ 乳汁：乳房和取乳者的手先用消毒药水洗净，并把乳房附近的毛刷湿，最初所挤的3～4股乳汁弃去，然后再采集10ml左右乳汁于灭菌试管中。若仅供显微镜直接染色检查，则可于其中加入0.5%的福尔马林液。

⑦ 胆汁：先用烧红的刀片或铁片烙烫胆囊表面，再用灭菌吸管或注射器刺入胆囊内吸取胆汁，盛于灭菌试管中。

⑧ 肠：用烧红刀片或铁片将欲采取的肠表面烙烫后穿一小孔，持灭菌棉签插入肠内，以便采取肠管黏膜或其内容物；亦可用线扎紧一段肠道（约6cm）两端，然后将两端切断，置于灭菌器皿内。

⑨ 皮肤：取大小约10cm×10cm的一块皮肤，保存于30%甘油缓冲溶液中，或10%饱和盐水溶液中，或10%福尔马林液中。

⑩ 胎儿、小动物及家禽：将整个尸体包入不透水塑料薄膜、油纸或油布中，装入木箱内送检。

⑪ 骨头、脑、脊髓：将脑、脊髓浸入50%甘油盐水液中，或将整个头部割下，或将整个管骨包入浸过0.1%升汞液的纱布或油布中，装箱送检。

⑫ 供镜检涂片：先将脓汁、血液及黏液等病料置于玻片上，可用一灭菌棉签均匀涂抹，或用另一玻片抹之。组织块、致密结节及脓汁等，亦可夹在两张玻片之间，然后沿水平面向两端推移，制成推压片。用组织块做触片时，持小镊子将组织块的游离面在玻片上轻轻涂抹即可。每份病料制片不少于2～4张。制成后的涂片自然干燥，彼此中间垫以火柴棍或纸片，重叠后用线缠住，用纸包好。每片应注明号码，并附说明。

2. 病料的保存

病料采取后，如不能立即检验，或需送往有关单位检验，应当加入适量的保存剂，使病料尽量保持新鲜状态。

(1) 常用的保存剂

① 病毒检验材料：一般用50%甘油缓冲盐水或鸡蛋生理盐水。

② 细菌检验材料：一般用灭菌的液体石蜡，或30%甘油缓冲盐水，或饱和氯化钠溶液。

③ 血清学检验材料：固体材料（小块肠、耳、脾、肝、肾及皮肤等）可用硼酸或食盐处理。液体材料如血清等可在每毫升中加入3%～5%石炭酸溶液1～2滴。

④ 病理组织材料：用10%福尔马林溶液和95%酒精等。

(2) 常用保存液的配制

① 30%甘油生理盐水溶液

配方：中性甘油30ml，氯化钠0.5g，碱性磷酸钠1.0g，0.02%酚红1.5ml。

方法：将上四物混匀后加中性蒸馏水至100ml，混合后高压灭菌30min备用。

② 50%甘油缓冲盐水溶液

配方：氯化钠2.5g，酸性磷酸钠0.46g，碱性磷酸钠10.74g。

方法：将三种药物溶于100ml中性蒸馏水中，加纯中性甘油150ml、中性蒸馏水50ml，混合分装后，高压灭菌30min备用。

③ 饱和氯化钠溶液

配方：氯化钠38～39g，蒸馏水100ml。

方法：将氯化钠充分搅拌溶解后，用数层纱布过滤，高压灭菌后备用。

④ 鸡蛋生理盐水溶液

配方：新鲜鸡蛋，碘酒，灭菌生理盐水。

方法：先将新鲜的鸡蛋表面用碘酒消毒，然后打开将内容物倾入灭菌容器内，按全蛋 9 份加入灭菌生理盐水 1 份，摇匀后用灭菌纱布过滤，再加热至 56～58℃，持续 30min，第 2 天及第 3 天按上法再加热一次，即可应用。

（3）检验病料的保存

① 细菌检验材料的保存：将采取的脏器组织块，保存于饱和的氯化钠溶液或 30%甘油缓冲盐水溶液中，容器加塞封固。如系液体，可装在封闭的毛细玻管或试管运送。

② 病毒检验材料的保存：将采取的脏器组织块，保存于 50%甘油缓冲盐水溶液或鸡蛋生理盐水溶液中，容器加塞封固。

③ 病理组织学检验材料的保存：将采取的脏器组织块放入 10%福尔马林溶液或 95%酒精中固定；固定液的用量应为送检病料的 10 倍以上。如用 10%福尔马林溶液固定，应在 24h 后换新鲜溶液一次。严寒季节为防病料冻结，可将上述固定好的组织块取出，保存于甘油和 10%福尔马林等量混合液中。

3. 病料的运送

（1）病料送检　应附病料送检单（表 2-1），该单需复写三份，其中一份留为存根，两份送检验室，待检查完毕后，退回一份。

**表 2-1　动物病理材料送检单**

<table>
<tr><td>送检单位</td><td></td><td>地址</td><td></td><td>检验单位</td><td></td><td>材料收到日期</td><td>年　月<br>日　时</td></tr>
<tr><td>病畜种类</td><td></td><td>发病日期</td><td>年　月<br>日　时</td><td>检验人</td><td></td><td>结果通知日期</td><td>年　月<br>日　时</td></tr>
<tr><td>死亡时间</td><td>年　月　日　时</td><td>送检日期</td><td>年　月<br>日　时</td><td rowspan="4">检验名称</td><td>微生物学检查</td><td>血清学检查</td><td>病理组织学检查</td></tr>
<tr><td>取材时间</td><td>年　月　日　时</td><td>取材人</td><td></td><td></td><td></td><td></td></tr>
<tr><td>疫病流行简况</td><td></td><td></td><td></td><td rowspan="2"></td><td rowspan="2"></td><td rowspan="2"></td></tr>
<tr><td>主要临床症状</td><td></td><td></td><td></td></tr>
<tr><td>主要剖检变化</td><td colspan="3"></td><td rowspan="3">检验结果</td><td colspan="3" rowspan="3"></td></tr>
<tr><td>曾经何种治疗</td><td colspan="3"></td></tr>
<tr><td>病料序号名称</td><td></td><td>病料处理方法</td><td></td></tr>
<tr><td>送检目的</td><td colspan="3"></td><td>诊断和处理意见</td><td colspan="3"></td></tr>
</table>

（2）病料的包装　液体病料（如黏液、渗出液、尿及胆汁等），最好收集在灭菌玻璃管中，管口用火焰封闭，封闭时注意勿使管内病料受热。将封闭的玻璃管用棉花纸包裹，装入较大的试管中，再装盒运送。用棉签蘸取的鼻液及脓汁等物，可置于灭菌试管内，剪除多余的棉签，严密加塞，用蜡密封管口，再装盒送寄。

装盛组织或脏器的玻璃容器，包装时力求细致而结实，最好用双重容器或广口保温瓶。将盛材料的器皿和塞用蜡封口后，置于内容器中，内容器中需垫充棉花或废纸。气温高时需加冰块，但避免病料与冰块直接接触，以免冻结。外容器内垫以废纸、木屑、石灰粉等，装入内容器后封好，外容器上需注明上下方向，最好以箭头注明，并写明“病理材料”、“小心玻璃”等标记。当怀疑为危险传染病（如炭疽、口蹄疫等）的病料时，应将盛病料的器皿置于金属匣内，将金属匣焊封加印后装入木盒寄送。

病料装于容器内至送到检验部门的运送时间越短越好。运送途中应避免病料接触高温及阳光，以免材料腐败或病原微生物死亡。

## 四、注意事项

一定在老师的指导下有序操作，注意无菌操作，防止散布病原体，注意个人防护。

## 五、训练报告

某处送来疑似猪瘟病猪尸体一具，写出病料的采取、包装和送检的方法。

# 【技能训练任务四】 动物传染病病畜尸体的处理

## 一、训练目标

学会对患动物传染病的动物尸体进行运送与处理。

## 二、训练材料

铁锹、运尸车、绳子、棉花、纱布、工作服、口罩、手套、风镜、胶鞋、消毒剂、燃料、新鲜动物尸体或病、死动物等。

## 三、训练内容与方法步骤

1. 尸体的运送

尸体运送前，工作人员应穿戴好工作服、口罩、风镜、胶鞋及手套。运送尸体应用特制的运尸车。装车前应将尸体各天然孔用蘸有消毒液的湿纱布、棉花严密填塞，小动物和禽类可用塑料袋盛装，以免流出粪便、分泌物、血液等污染周围环境。在尸体躺过的地方，应用消毒液喷洒消毒，如为土壤地面，应铲去表层土，连同尸体一起运走。运送过尸体的用具、车辆应严加消毒，工作人员用过的手套、衣物及胶鞋等亦应进行消毒。

2. 处理尸体的方法

应按 GB 16458—1996《畜禽病害肉尸及其产品无害化处理规程》的规定，不同疫病采取不同的处理方式。在实际工作中应根据具体情况和条件加以选择。

(1) 掩埋法　该方法虽不够可靠，但操作简单，故生产实践中仍常采用。

① 场地选择：应选择远离住宅、农牧场、水源、草原及交通干道的僻静地方；土质宜干而多孔，以便尸体快速腐败分解；地势高、地下水位低，并避开山洪的冲刷。

② 挖坑：坑的大小以能容纳侧卧之尸体即可，从坑沿到尸体表面不得少于1.5～2m。

③ 掩埋：坑底铺以2～5cm厚的石灰，放入尸体使之侧卧，并将污染的土层、捆尸体的绳索一起抛入坑内，然后再铺2～5cm厚的石灰，填土夯实。尸体掩埋后，上面留出高0.5m的土丘。

(2) 焚烧法　它是毁灭尸体最彻底的方法，可在焚尸炉中进行。如无焚尸炉，则可挖掘焚尸坑。焚尸坑有以下几种。

① 十字坑：按十字形挖两条沟，沟长2.6m、宽0.6m、深0.5m。在两沟交叉处坑底堆放干草和木柴，沟沿横架数条粗湿木棍，将尸体放在架上，在尸体的周围及上面再放上木柴，然后在木柴上倒以煤油，并压以砖瓦或铁皮，从下面点火，直到把尸体烧成黑炭为止，并把它掩埋在坑内。

② 单坑：挖一长2.5m、宽1.5m、深0.7m的坑，将取出的土堵在坑沿的两侧。坑内用木柴架满，坑沿横架数条粗湿木棍，将尸体放在架上，以后处理如“①十字坑”。

③ 双层坑：先挖一长、宽各2m、深0.75m的大沟，在沟的底部再挖一长2m、宽1m、深0.75m的小沟，在小沟沟底铺以干草和木柴，两端各留出18～20cm的空隙，以便吸入空气，在小沟沟沿横架数条粗湿木棍，将尸体放在架上，以后处理如“①十字坑”。

(3) 化制法　这是一种较好的尸体处理方法，因它不仅对尸体做到无害化处理，并保留了有价值的畜产品，如工业用油脂及骨、肉粉。此法要求在有一定设备的化制厂进行。化制尸体时，对烈性传染病，如鼻疽、炭疽、气肿疽、羊快疫等病畜尸体可用高压灭菌；对于普通传染病可先切成4～5kg的肉块，然后在水锅中煮沸2～3h。

(4) 发酵法　这种方法是将尸体抛入专门的尸体坑内，利用生物热的方法将尸体发酵分解以达到消毒的目的。这种专门的尸体坑是贝卡里氏设计出来的，所以叫做贝卡里氏坑。建筑贝卡里氏坑应选择远离住宅、农牧场、草原、水源及道路的僻静地方。尸坑为圆井形，深9～10m，直径3m，坑壁及坑底用不透水材料作成（可用水泥或涂以防腐油的木料）。坑口高出地面约30cm，坑口有盖，盖上有小的活门（平时落锁），坑内有通气管。如有条件，可在坑上修一小屋。坑内尸体可以堆到距坑口1.5m处。经3～5个月后，尸体完全腐败分解，此时可以挖出作肥料。

如果土质干硬，地下水位又低，加之条件限制，可以不用任何材料，直接按上述尺寸挖一深坑即可，但需在距坑口1m处用砖头或石头向上砌一层坑缘，上盖木盖，坑口应高出地面30cm，以免雨水流入。

## 四、训练报告

拟订一份猪瘟病猪尸体的处理方法。

# 【技能训练任务五】 与配制常用消毒剂

## 一、训练目标

依据常用消毒剂的种类、作用和常用浓度，会正确配制所需消毒剂。

## 二、训练材料

消毒药品（漂白粉、碘、高锰酸钾、过氧乙酸、过氧化氢、升汞、40%甲醛溶液、戊二醛、50%煤粉皂液、苯酚、克辽林、无水乙醇、氢氧化钠、碳酸钠、新鲜生石灰、硼酸、盐酸、新洁尔灭、洗必泰、甲紫、龙胆紫、结晶紫）、量杯或量筒、玻璃棒、乳钵、天平或台秤、盆、桶、缸、胶靴、工作服、帽子、口罩、橡皮手套、喷雾器等。

## 三、训练内容与方法步骤

1. 不同种类消毒剂的应用

(1) 卤素类消毒剂　包括含氯消毒剂、含碘消毒剂和含溴消毒剂，常用的卤素类有氯、碘及其制剂。卤原子易渗入细菌体内与菌体蛋白的氨基或其他基团相结合而发生卤化作用，使其中的有机物分解或丧失功能，呈现杀菌作用。在卤素中以氟、氯的杀菌力最强，其次为溴、碘，但氟、溴一般不用作消毒剂。

① 漂白粉（氯化石灰）　能杀灭细菌及其芽孢、病毒及真菌等。10%～20%乳剂用于消毒被污染的厩舍、粪池、排泄物、运输车辆及其他可能被污染的场所；1%～3%澄清液用于消毒食具、玻璃器皿及各种非金属器械；饮水消毒6～10g/$m^3$水。

② 碘（碘片）　具有很强的消毒作用，可杀死细菌、芽孢、霉菌和病毒及原虫等。5%碘酊做手术部位、注射部位、新鲜创的消毒；10%碘酊用于慢性跟腱炎、腱鞘炎、关节炎及滑膜炎；复方碘溶液用于黏膜炎症或注入关节腔、瘘管；碘甘油用于各种黏膜炎症。

（2）氧化剂类消毒剂　常见的有过氧乙酸、高锰酸钾和过氧化氢。氧化剂类消毒剂为含不稳定结合态氧的化合物，遇有机物或酶，即放出新生态氧，破坏菌体蛋白和酶蛋白，具有杀菌作用，对组织有损伤和腐蚀作用。

① 高锰酸钾（灰锰氧）　具有杀菌、杀病毒、除臭和解毒作用。0.05%～0.2%溶液冲洗创伤、溃疡和黏膜等。内服治疗肠炎、腹泻、误服生物碱、有机磷中毒等（马、牛5～10g；猪、羊0.3～0.5g）。常用作动物运输工具和动物舍内的消毒。例如高锰酸钾-甲醛熏蒸法。

② 过氧乙酸（过醋酸）　为广谱、高效、速效消毒剂，在低温环境下仍有很好的杀菌效果。0.2%～0.3%溶液用于耐酸、塑料、搪瓷、玻璃、胶皮制品的消毒；5%溶液用于密闭实验室、无菌室、仓库、加工车间等室内空气消毒，用量为2.5ml/m³。用0.2%～0.3%溶液在畜舍中喷雾，可做带动物消毒。

③ 过氧化氢溶液（双氧水）　有杀菌除臭、驱脓汁和坏死组织作用，维持时间短。3%溶液用于临床冲洗恶臭创伤，除臭、排除浓汁和坏死组织。

（3）醛类消毒剂　有福尔马林溶液、戊二醛等。该消毒剂可与蛋白质中氨基结合，使蛋白质变性，发挥强大杀菌作用，对细菌、芽孢、病毒均有效。

① 甲醛　用5%～10%甲醛溶液喷洒消毒被污染的厩舍、用具、排泄物。1%～3%溶液治疗疥癣；10%～20%溶液治疗蹄叉腐烂、坏死杆菌病；5%～10%溶液固定和保存组织标本。甲醛的熏蒸消毒最为常用。

② 戊二醛　常用2%溶液，其特点是快速、高效、广谱，性质稳定，在有有机物存在情况下不影响消毒效果，对物品无损伤作用。常用于不耐高温的医疗器械消毒。2%溶液对病毒作用很强，2min内可使肠道病毒灭活，对腺病毒、呼肠孤病毒和肝炎病毒等30min内灭活。30min内可杀死分支杆菌，3～4h内杀死芽孢。成本较高，主要用于器械的消毒，作为环境消毒受到成本的限制。

（4）酚类消毒剂　酚类消毒剂有苯酚（石炭酸）、来苏儿、克辽林等。此类消毒剂是通过与蛋白质结合，使蛋白质变性、凝固，从而发挥抑菌和杀菌作用，对大多数细菌有效，对病毒、芽孢无效。

① 苯酚（石炭酸）　1%～5%溶液消毒厩舍与房屋空间；3%～5%溶液消毒器械；1%～1.5%溶液杀灭皮肤寄生虫（疥癣）。

② 来苏儿（煤酚皂）　对一般病原菌具有良好的杀菌作用，但对芽孢和分支杆菌的作用小。常用3%～5%的溶液消毒畜舍、用具、日常器械等，平时也用于洗手。

③ 克辽林　常用5%～10%水溶液消毒畜舍、用具和排泄物等。

（5）醇类消毒剂　醇类消毒剂能使菌体蛋白凝固和脱水，而且有溶脂的特点，能渗入细菌体内发挥杀菌作用。70%～75%的乙醇溶液杀菌作用最强，但一般只能杀死细菌的繁殖体，对芽孢无效，对病毒也无显著效果。主要用于皮肤及器械的消毒。

（6）碱类消毒剂　常用的碱类消毒剂有氢氧化钠、氢氧化钾、生石灰、碳酸钠、草木灰等。该消毒剂杀菌作用取决于解离的氢氧根离子，碱能水解菌体蛋白和核蛋白，使细胞膜和酶活性受阻而死亡。碱制剂对细菌、病毒和细菌芽孢都有很强的杀灭作用，可用于多种传染病的消毒。

① 氢氧化钠（苛性钠、火碱）　1%～2%溶液（加入5%生石灰）可用于被细菌或病毒污染的环境、用具的消毒，也用于屠宰场、食品厂等地面以及运输车船等物品的消毒；3%～5%可消毒芽孢菌污染的地区。氢氧化钾的杀菌作用及其使用方法与氢氧化钠基本相同。

② 碳酸钠（纯碱） 4%的热碱水可刷洗、浸泡衣物、用具、车船、场地等以消毒去污；0.5%～2%可清洁皮肤、去痂皮；1%煮沸消毒器械可去污防锈。

③ 氧化钙（生石灰） 10%～20%石灰乳涂刷厩舍墙壁、畜栏、地面，亦可撒布在阴湿地面、粪池周围及污水沟等处进行消毒。

（7）酸类消毒剂 如硼酸、盐酸等。由于高浓度的 $H^+$ 可使菌体蛋白质变性和水解，低浓度的 $H^+$ 可以改变细菌表面蛋白的离解度而影响其吸收、排泄、代谢和生长，因而酸类物质具有抑菌和抗菌作用。酸类消毒剂包括有机酸和无机酸。

① 硼酸 硼酸有抑菌作用，2%～4%溶液可冲洗眼睛、口腔及创口；5%软膏可用于烧伤、皮肤溃疡及褥疮。

② 盐酸 用2%盐酸加食盐 15g 对炭疽芽孢污染的皮张进行消毒，即将皮张浸泡在此溶液中 40h 可杀灭该菌的芽孢。

（8）季铵盐类消毒剂 如新洁尔灭、洗必泰、度米芬、消毒净、百毒杀等；此类消毒剂一方面能降低表面张力可将脂肪乳化，有去污作用；另一方面能改变细菌胞浆膜的通透性，使菌体内的一些重要物质外渗而发挥杀菌作用。它们都是广谱的消毒剂，对 $G^+$ 菌和 $G^-$ 菌均有较强的杀灭作用。

① 新洁尔灭（溴苄烷铵） 0.1%溶液消毒手臂、术部皮肤、器械、玻璃、搪瓷（浸泡 30min）；0.001%～0.02%溶液用于阴道、膀胱、尿道及深部感染创的冲洗消毒。

② 洗必泰（双氯苯双胍己烷） 0.1%乳膏用于烧伤感染；0.05%溶液冲洗创伤；0.02%溶液洗手；0.5%稀醇（70%）溶液术部皮肤消毒；0.1%溶液作食品工厂生产用具及医疗器械消毒。

使用上述消毒剂时，应注意避免与肥皂或碱类接触。配制消毒液的水质硬度过高时，应加大药物浓度 0.5～1 倍。

（9）染料类消毒剂 为碱性染料和酸性染料，如甲紫、龙胆紫、结晶紫和利凡诺等，它们的阳离子或阴离子能分别与细菌蛋白质的羟基或氨基结合，干扰细菌代谢而起杀菌作用。

甲紫、龙胆紫和结晶紫对 $G^-$ 菌特别是葡萄球菌有抑制作用，对霉菌及铜绿假单胞菌也有抑制作用，刺激性小。0.5%～2%溶液用于黏膜及皮肤创伤、溃疡、黏膜炎症。

2. 常用消毒剂的配制

（1）5%来苏儿溶液配制法 用来苏儿 5 份加清水 95 份（最好用 50～60℃温水），混合均匀即成。

（2）石灰乳配制法 1kg 生石灰加 5kg 水即为 20%石灰乳。配制时最好用陶缸或木桶、木盆。首先把等量水缓慢加入石灰内，稍停，石灰变为粉状时，再加入余下的水，搅拌均匀即成。

（3）漂白粉乳剂及澄清液的配制法 首先在漂白粉中加入少量的水，充分搅拌使其呈稀糊状，然后按所需浓度加入全部水（最好为 25℃左右的温水）。

① 20%漂白粉乳剂 每 1000ml 水加漂白粉（含有效氯 25%）200g，混匀即成。

② 20%漂白粉澄清液 把 20%漂白粉乳剂静止一段时间，上清液即为 20%漂白粉澄清液，使用时可稀释成所需浓度。

（4）福尔马林溶液配制法 福尔马林为 40%甲醛溶液（市售商品）。取 10ml 福尔马林加 90ml 水，即成 10%福尔马林溶液。

（5）粗制氢氧化钠溶液 称取一定量的氢氧化钠（苛性钠），加入清水中（最好用 60～70℃热水）搅拌均匀，溶解。如配 3%氢氧化钠溶液，则取 30g 氢氧化钠加 1000ml 水即成。

## 四、训练报告

某鸡场发生新城疫，请选择适当的消毒剂并计算好用量。

# 【技能训练任务六】 畜舍与环境的消毒和粪污处理

## 一、训练目标

学会对畜舍、土壤、粪便以及饲养环境进行消毒的方法；会检查消毒效果；熟悉常用消毒器械。

## 二、训练材料

喷雾器（各种类型）、铁铲、锄头、火焰喷灯、漂白粉、氢氧化钠（苛性钠，火碱）、甲醛（福尔马林）、氧化钙（生石灰）、高锰酸钾、氯化铵、克辽林（臭药水）、燃料、盐酸、食盐、棉签、远藤氏琼脂培养基、琼脂平皿等。

## 三、训练内容与方法步骤

1. 消毒的器械及使用

(1) 喷雾器　用于喷洒消毒液的器具称为喷雾器。它喷射消毒液均匀、快速、面积大，节约药液。是消毒常用的器械，主要有以下两种：一种是手动喷雾器；另一种是机动喷雾器。前者有背携式和手压式两种，常用于小量消毒；后者有背携式和担架式两种，常用于大面积消毒。喷雾器在使用之前，应仔细检查，尤其是要看喷头有无堵塞现象。消毒液要充分溶解过滤，避免不溶性颗粒堵塞喷雾器的喷嘴。消毒完毕后，应立即将剩余的消毒液倒出，并用清水冲洗干净。喷雾器的打气筒应注意维修与保养。

(2) 火焰喷灯　火焰喷灯是用汽油或煤油做燃料的一种工业用喷灯，喷出的火焰具有很高的温度。常用以消毒被病原体污染了的各种金属制品，如鼠笼、兔笼、鸡笼等。但在消毒时不要用喷灯喷烧过久，以免将被消毒物品烧坏。在消毒时还应有一定的次序，以免发生遗漏。

2. 畜（禽）舍的消毒

(1) 畜（禽）舍的消毒　畜（禽）舍的消毒分两个步骤进行：第一步先进行机械清除；第二步是化学消毒液消毒。机械清除是搞好畜（禽）舍环境卫生最基本的一种方法。据试验，鸡舍清扫后可以使细菌数减少21.5%；若清扫后再用清水冲洗，鸡舍内细菌数可减少54%～60%；若在前两者的基础上再用药物喷雾消毒，鸡舍内的细菌数即可减少90%；用化学消毒液消毒时，消毒液的用量一般按1000ml/m$^3$计算。消毒时，先喷洒地面，然后是墙壁，先由离门远处开始，喷完墙壁后再喷天花板，最后再开门窗通风，用清水刷洗饲槽，将消毒剂味除去。在进行畜（禽）舍消毒时也应将附近场院以及病畜（禽）污染的地方和物品同时进行消毒。

① 畜（禽）舍的预防消毒　此类消毒一般3天进行一次，每1～2周还要进行一次全面大规模消毒。在进行畜（禽）舍预防消毒的同时，凡是家畜（禽）停留过的处所都需进行消毒。在采取“全进全出”管理方法的机械化养殖场，应在全出后进行消毒。产房的消毒，在产仔前应进行一次，产仔高峰时进行多次，产仔结束后再进行一次。

预防消毒时常用的液体消毒剂有10%～20%的石灰乳、5%～10%的漂白粉、2%～4%粗制苛性钠溶液。

预防消毒也可用气体消毒。所用药品是福尔马林和高锰酸钾。方法是按照畜（禽）舍面积计算所需用的药品量。一般每立方米空间，用福尔马林 25ml，水 12.5ml，高锰酸钾 25g（或以生石灰代替）。计算好用量以后将水与福尔马林混合。畜、禽舍的室温不应低于正常的室温（15～18℃）。将畜（禽）舍内的管理用具、工作服等适当地打开，箱子与柜橱的门都开放。再在畜（禽）舍内放置几个金属容器，然后把福尔马林与水的混合液倒入容器内，将牲畜迁出，门窗紧闭，其后将高锰酸钾倒入，用木棒搅拌，经几秒钟即见有浅蓝色刺激眼鼻的气体蒸发出来，此时应迅速离开畜（禽）舍，将门关闭。经过 12～24h 后方可将门窗打开通风。倘若急需使用畜（禽）舍，则需用氨蒸气来中和甲醛气。按畜（禽）舍每 $1m^3$ 取 5g 氯化铵，2g 生石灰及 75℃水 7.5ml。将此混合液装于小桶内放入畜（禽）舍。或者用氨水来代替，即用 25%氨水 $12.5ml/m^3$，中和 20～30min，打开畜（禽）舍门窗通风 20～30min，此后即可饲养畜、禽。

在集约化饲养场，为了预防传染病，平时可用消毒剂进行“带畜消毒”。如用 0.3%过氧乙酸对鸡舍进行气雾消毒，对鸡舍地面、墙壁、鸡被羽表面上的常在菌和肠道菌有较强的杀灭作用。如 0.3%过氧乙酸按 $30ml/m^3$ 剂量喷雾消毒，对鸡群和产蛋鸡均无不良影响。“带畜消毒”法在疫病流行时，可作为综合防治措施之一，及时进行消毒对扑灭疫病起到一定作用。0.5%以下浓度的过氧乙酸对人畜无害，为了减少对工作人员的刺激，在消毒时可佩戴口罩。

② 畜（禽）舍的临时消毒和终末消毒　发生各种传染病而进行临时消毒及终末消毒时，用来消毒的消毒剂随疫病的种类不同而异，一般肠道菌、病毒性疾病可选用 5%漂白粉乳剂、1%～2%氢氧化钠热溶液等。但如发生细菌芽孢引起的传染病（如炭疽、气肿疽等）时，则需使用 10%～20%漂白粉乳剂、10%～20%氢氧化钠热溶液或其他强力消毒剂。在消毒畜（禽）舍的同时，在畜舍及隔离的入口处，应设置消毒槽（坑、池），消毒槽（坑、池）的宽及长应以车辆通过时，车轮能消毒 1 周为宜。坑内放置浸有消毒液的草垫或麻片，并需经常添加消毒液。如为病毒性疾病（猪瘟、口蹄疫），则消毒液可用 2%～4%的氢氧化钠，而对其他疫病则可浸以 10%的克辽林溶液。冬季为防止冻结，可在消毒液中加入 5%～10%的食盐。

（2）地面土壤的消毒　被病畜（禽）的排泄物和分泌物污染的地面土壤，可用 5%～10%漂白粉溶液、百毒杀或 10%氢氧化钠溶液消毒。停放过芽孢菌所致传染病（如炭疽、气肿疽等）病畜尸体的场所，或者是此种病畜倒毙的地方，应严格消毒，首先用 10%～20%漂白粉乳剂或 5%～10%优氯净喷洒地面，然后将表层土壤掘起 30cm 左右，撒上漂白粉并与土混合，将此表土运出掩埋。在运输时应用不漏土的车以免沿途漏撒，如无条件将表土运出，则应加入漂白粉的用量（$1m^2$ 面积加漂白粉 5kg），将漂白粉与土混合，加水湿润后原地压平。

（3）粪便的消毒　传染病病畜、禽粪便的消毒有多种方法，如焚烧法、化学药品消毒法、掩埋法和生物热消毒法等。

实践中最常用的是生物热消毒法，此法能使非芽孢病原微生物污染的粪便变为无害物，且不丧失肥料的应用价值。粪便的生物热消毒法通常有两种，一种为发酵池法，另一种为堆粪法。

① 发酵池法　此法适用于饲养大量家畜的农牧场，多用于稀薄粪便（如牛、猪粪）的发酵。其设备为距农牧场 200～250m 以外无居民、河流、水井的地方挖筑两个或两个以上的发酵池。池的边缘与池底用砖砌后再抹以水泥，使不透水。待倒入池内的粪便快满时，在粪便表面铺一层干草，上面盖一层泥土封严，经 1～3 个月即可掏出作肥料用。几个发酵池可依次轮换使用。

② 堆粪法　此法适用于干固粪便（如马、羊、鸡粪等）的处理。在距农牧场 100～200m 以外的地方设一堆粪场。堆粪的方法如下：在地面挖一浅沟，深约 20cm，宽 1.5～2m，长度不限，随粪便多少而定。先将非传染性的粪便或蒿秆等堆至 25cm 厚，其上堆放欲消毒的粪便、垫草等，高达 1～1.5m，然后在粪（垫草）堆外面再铺上 10cm 厚的非传染性的粪便或谷草，并覆盖 10cm 厚的沙子或泥土。如此堆放 3 个星期至 3 个月，即可用以肥田。

当粪便较稀时，应加些杂草，太干时倒入稀粪或加水，以促其迅速发酵。处理牛粪时，因牛粪较稀不易发酵，可以掺马粪或干草，其比例为 4 份牛粪加 1 份马粪或干草。

(4) 污水的消毒　病原体污染的污水，可用沉淀法、过滤法、化学药品处理法等进行消毒。比较实用的是化学药品处理法。该方法是先将污水处理池的出水管关闭，加入化学药品（如漂白粉或生石灰）进行消毒。消毒剂的用量视污水量而定（一般 1L 污水用 2～5g 漂白粉）。消毒后，将闸门打开，使污水流入渗井或下水道。

(5) 皮革原料和羊毛的消毒　皮革原料和羊毛的消毒，通常是用福尔马林气体在密闭室中蒸熏，但此法可损坏皮毛品质，且穿透力低，较深层的物品难于达到消毒的目的。目前广泛利用环氧乙烷气体来进行消毒。此法对细菌、病毒、立克次体及霉菌均有良好的消毒作用，对皮毛等畜产品中的炭疽杆菌芽孢也有较好的消毒效果。消毒时必须在密闭的专用消毒室或密闭良好的容器（常用聚乙烯或聚氯乙烯薄膜制成的篷布）内进行。环氧乙烷的用量，如消毒病原体繁殖型，300～400g/$m^3$，作用 8h；如消毒芽孢和霉菌，700～950g/$m^3$，作用 24h。环氧乙烷的消毒效果与湿度、温度等因素有关，一般认为，相对湿度为 30%～50%，温度在 18℃以上，38～54℃以下，最为适宜。环氧乙烷遇明火易燃易爆，对人有中等毒性，应避免接触其液体和吸入其气体。

3. 消毒效果的检查

为了验证消毒的效果，可对消毒对象进行细菌学检查。方法是在消毒过的地面（在畜、禽舍的家畜后脚停留的地方）、墙壁上、墙角以及饲槽上取样品，用小解剖刀在上述各部位划出 10cm 见方的正方形数块，每个正方形都用灭菌的湿棉签（干棉签的重量为 0.25～0.33g）擦拭 1～2min，将棉签置于中和剂（30ml）中并蘸上中和剂，然后压出、蘸上、压出，如此进行数次之后，再放入中和剂内 5～10min，后用镊子将棉签拧干，然后把它移入装有灭菌水（30ml）的罐内。

当以漂白粉作为消毒剂时，可应用 30ml 的次亚硫酸盐中和之；碱性溶液用 0.01%醋酸 30ml 中和；福尔马林用氢氧化铵（1%～2%）作为中和剂；当以克辽林、来苏儿及其他药剂消毒时，没有适当的中和剂，而是在灭菌的水中洗涤 2 次，时间为 5～10min，依次把棉签从一个罐内移入另一个罐内。

送到实验室去的灭菌水里的样品，在当天经仔细地把棉签拧干和将液体搅拌之后，将此洗液的样品接种在远藤氏琼脂培养基上。为此，用灭菌的刻度吸管由小罐内吸取 0.3ml 的材料倾入琼脂平皿表面，用巴氏吸管做成的“刮”，在琼脂平皿表面涂布，然后仍用此“刮”涂布第二个琼脂平皿表面。将接种了的平皿置于 37℃温箱内，24h 检查初步结果，48h 后检查最后结果。如在远藤氏琼脂培养基上发现可疑菌落时，即用常规方法鉴别这些菌落。如无肠道杆菌培养物存在时，证明所进行的消毒质量是良好的；有肠道杆菌生长，说明消毒质量不良。

## 四、训练报告

拟定一份某猪场发生口蹄疫时如何进行消毒工作的报告。

# 【技能训练任务七】 动物传染病的免疫接种

## 一、训练目标

学会保存、运送和用前检查兽医生物制品的方法；能正确运用兽医生物制品免疫接种的方法。

## 二、训练材料

金属注射器（5ml、10ml、20ml 等规格）、玻璃注射器（1ml、2ml、5ml 等规格）、金属皮内注射器（螺口）、针头（兽用 12～14 号，人用 6～9 号，19～25 号螺口皮内针头）、煮沸消毒锅、镊子、毛剪、脸盆、搪瓷盆、毛巾、纱布、脱脂棉、气雾免疫器、5%碘酒、70%酒精、来苏儿、新洁尔灭等消毒剂、疫苗、免疫血清、体温计、出诊箱、工作服、登记册、卡片、保定家畜用具。

## 三、训练内容与方法步骤

1. 兽医生物制品的使用

（1）免疫接种前的准备　根据当地动物传染病的分布和流行情况，制订出免疫接种计划，包括统计被接种对象及数量，接种日期，准备好足够的生物制品、接种器材、药品，准备适当的场地和保定工具，组织安排人员。准备给家畜编号的器具，编订登记表、册、卡片等。大型养殖场要制订出免疫程序。对相关人员进行兽医防疫知识的宣传教育，包括免疫接种的基本原理和重要意义，接种后动物的饲养管理及观察等，以取得群众合作。

免疫接种前，应对被接种动物进行健康检查（包括体温检查），根据检查结果，对完全健康的家畜可进行自动免疫接种；对衰弱、妊娠后期和泌乳期的母畜、产卵期家禽、体温升高或疑似病畜不能进行自动免疫接种，而应注射免疫血清；疑似病畜和发热病畜应注射治疗量的免疫血清或给予其他治疗。

经自动免疫的家畜，应有较好的护理和管理条件，要特别注意控制家畜的使役，以避免过分劳累和接种疫苗后出现的暂时性抵抗力降低而产生不良后果。有时，家畜接种疫苗后可能会发生反应，故在接种后应详细观察 7～10 天。如有反应，可给予适当治疗，反应极为严重的，可予以屠宰。

（2）免疫接种用生物制品的保存、运送和用前检查

① 保存　兽医生物制品应妥善保存在低温、阴暗、干燥的场所，灭活菌（死苗）、致弱的细菌性菌苗、类毒素、免疫血清等应保存在 2～15℃，防止冻结；致弱的病毒性疫苗，如猪瘟弱毒疫苗、鸡新城疫弱毒疫苗等，应放置在 0℃以下保存。

② 运送　要求包装完善，尽快运送，运送途中避免日光直射和高温。致弱的病毒性疫苗应放在装有冰块的广口瓶或冷藏箱内运送。

③ 用前检查　兽医生物制品在使用前，要仔细检查，如果没有瓶签或瓶签模糊不清；没有经过合格检查的；过期失效的；质量与说明书不符，如色泽、沉淀有变化，制品内有异物、发霉和有臭味的；瓶塞不紧或玻璃破裂的；没有按规定方法保存的，一律不得使用。不能使用的疫苗应立即废弃，致弱的活苗应煮沸消毒或予以深埋。

2. 免疫接种

（1）注射免疫法　注射免疫法可分为皮下注射法、皮内注射法、肌内注射法和静脉注射法等。

① 皮下注射法　对马、牛等大家畜皮下注射时，一律采用颈侧部位，猪、羊在股内侧、肘后及耳根后方，家禽在胸部、大腿内侧。根据药液的浓度和家畜的大小，一般选用 16～

20号针头，长1.27～2.54cm。禽用20～22号针头。

皮下注射的优点是操作简单，吸收较皮内接种为快，缺点是使用剂量多。而且同一疫苗，应用皮下注射时，其反应较皮内为大。大部分疫苗和免疫血清，一般均采用皮下注射。

② 皮内注射法　马在颈侧部位，牛、羊除颈侧外还可在尾根或肩胛中央部位。猪大多在耳根后。鸡在肉髯部位。

现用兽医生物制品用作皮内注射的，仅有羊痘弱毒菌苗、猪瘟结晶紫疫苗等少数制品，其他均属于诊断液方面。一般使用专供皮内注射的注射器（容量2～10ml），0.6～1.2cm长的螺旋针头（针孔直径19～25号），也可使用蓝心注射器（容量1ml）和相应的注射针头。

皮内注射的优点是使用药液少，同样的疫苗皮内注射较之于皮下注射反应小。同时，真皮层的组织比较致密，神经末梢分布广泛，特别是猪的耳根皮内比其他部位容易保持清洁。同量药液皮内注射时所产生的免疫力较皮下注射为高。皮内注射的缺点是手续比较麻烦。

③ 肌内注射法　马、牛、羊的肌内注射，一律采用臀部和颈部两侧肌肉。猪以颈侧为宜，鸡在胸肌注射。一般使用14～20号针头，长2.54～3.81cm。

现有兽医生物制品，除猪瘟弱毒疫苗、牛肺疫弱毒疫苗以及在某些情况下注射血清采用肌内注射外，其他生物制品一般都不用此法。

肌内注射的优点是药液吸收快，注射方法也较简便。其缺点是在一个部位不能大量注射。同时臀部注射如部位不当，易引起跛行。

④ 静脉注射法　马、牛、羊的静脉注射，一律在颈静脉部位，猪在耳静脉部位。鸡则在翼下静脉部位。

现用兽医生物制品中的免疫血清，除了皮下注射或肌内注射外，亦可采用静脉注射，特别在急于治疗传染病患畜时。疫苗、诊断液一般不作静脉注射。马、牛、羊的静脉注射部位在左右颈侧均可，一般以右侧较方便。根据家畜的大小和注射剂量的多少，一般使用14～20号针头，长2.54～3.81cm。猪的静脉注射在耳朵正面下翼的两侧。一般使用19～23号针头，长2.5～5cm。

静脉注射的优点是可使用大剂量，奏效快，可以及时抢救病畜。缺点是手续比较麻烦，如设备与技术不完备时，难以进行。此外，如所用血清为异种动物者，可能引起变态（过敏）反应（血清病）。

（2）经口免疫法　分饮水免疫和喂食免疫两种。前者是将可供口服的疫苗混于水中，畜、禽通过饮水而获得免疫，后者是将可供口服的疫苗用冷的清水稀释后拌入饲料，畜、禽通过吃食而获得免疫。疫苗经口免疫时，应按畜、禽头数和每头畜、禽平均饮水量或吃食量，准确计算需用的疫苗剂量。免疫前，应停水或停料半天，夏季停水或停料时间可以缩短，以保证饮喂疫苗时，每头畜、禽都能饮入一定量的水或吃入一定量的料。饮水免疫时，一定要增加饮水器，让每头畜、禽同时都能饮到足够量的水。稀释疫苗应当用清洁的水，禁用含漂白粉的自来水。混有疫苗的饮水和饲料温度一般不应超过室温。已稀释的疫苗，应迅速饮喂。本法具有省时、省力的优点，适用规模化养殖场的免疫。缺点是由于畜、禽的饮水量或吃食量有多有少，因此进入每头畜、禽体内的疫苗量不同，出现免疫后畜、禽的抗体水平不均匀，不像有些免疫法那样准确一致。

（3）气雾免疫法　此法是用气泵产生的压缩空气通过气雾发生器（即喷头），将稀释疫苗喷出去，使疫苗形成直径1～10μm的雾化粒子，均匀地浮游于空气中，畜、禽通过呼吸道吸入肺内，以达到免疫。鸡感染支原体病时禁用气雾免疫，因为免疫后往往激发支原体病发生，雏鸡首免时慎用气雾免疫，以免发生呼吸道疾病而造成损失。

气雾免疫的装置由气雾发生器（即喷头）及动力机械组成。可因地制宜，利用各种气泵或用电动机、柴油机带动空气压缩泵。无论以何种方法做动力，都要保持 2kgf/cm$^2$ (196kPa) 以上的压力，才能达到疫苗雾化的目的。

雾化粒子大小与免疫效果有很大关系。一般粒子大小在 1～10$\mu$m 为有效粒子。气雾发生器的有效粒子在 70%以上者为合格。测定雾化粒子大小时，用一拭好的盖玻片，周围涂以凡士林油，在盖玻片中央滴一小滴机油，用拇指和示（食）指持盖玻片，机油液面朝喷头，在距喷头 10～30cm 处迅速通过，使雾化粒子吹于机油面上，然后将盖玻片液面朝下放于凹玻片上，在显微镜下观察，移动视野，用目测微尺测量其大小（方法与测量细菌大小相同），并计算其有效粒子率。

① 室内气雾免疫法　此法需有一定的房舍设备。免疫时，疫苗用量主要根据房舍大小而定，可按下式计算：

$$疫苗用量=\frac{DA}{TV}$$

式中　$D$——计划免疫剂量；

$A$——免疫室容积（L）；

$T$——免疫时间（min）；

$V$——呼吸常数，即动物每分钟吸入的空气量（L），如对绵羊免疫，即为 3～6L/min。

疫苗用量计算好以后，即可将动物赶入室内，关闭门窗。操作者将喷头由门窗缝伸入室内，使喷头保持与动物头部同高，向室内四面均匀喷射。喷射完毕后，让动物在室内停留 20～30min。

② 野外气雾免疫法　疫苗用量主要依据动物数量而定。以羊为例，如为 1000 只，每羊免疫剂量为 50 亿活菌，则需 50000 亿；如果每瓶疫苗含活菌 4000 亿，则需 12.5 瓶，用 500ml 灭菌生理盐水稀释。实际应用时，往往要比实际用量略高一些。免疫时，将畜群赶入四周有矮墙的圈内。操作人员手持喷头，站在畜群中，喷头与动物头部同高，朝动物头部方向喷射。操作人员要随时走动，使每一动物都有吸入机会。如遇微风，操作者应站在上风处，以免雾化粒子被风吹走。喷射完毕，让动物在圈内停留数分钟即可放出。

气雾免疫时，如雾化粒子过大或过小，温度过高，湿度过高或过低，野外免疫时风力过大、风速过急，均可影响免疫效果。本法具有省时、省力的优点，适于大群动物的免疫，缺点是需要的疫（菌）苗数量较多。

气雾免疫时，操作者更应注意自身防护，要穿工作衣裤和胶靴，戴大而厚的口罩，如出现症状，应及时就诊。

3. 免疫接种注意事项

(1) 接种时应严格执行消毒和无菌操作。工作人员需穿着工作服及胶鞋，必要时戴口罩，工作前后均应洗手消毒，工作中不准吸烟和吃东西；注射器、针头、镊子等，临用时煮沸消毒至少 15min，注射时每头家畜需调换一个针头，如针头不足，也应每吸液一次调换一个针头，但每注射一头后，应用酒精棉球将针头拭净消毒后再用。针筒排气溢出的药液，应吸于酒精棉球（或碘酒棉球）上，并将其收集于专用瓶内，用过的酒精棉球或碘酒棉球和吸入注射器内未用完的药液也应收集于或注入专用瓶内，集中后烧毁。

(2) 除去疫苗封口上的火漆或石蜡，用酒精棉球消毒瓶塞。瓶塞上固定一个消毒的针头专供吸取药液，吸取药液后不拔出，用酒精棉球包裹，以供再次吸液。注射用过的针头不能吸取药液，以免污染疫苗。

(3) 疫苗使用前，必须充分振荡，需经稀释后才能使用的疫苗，应按要求进行稀释。已经打开瓶塞或稀释过的疫苗，必须当天用完或按规定时间用完，未用完的处理后弃去。

## 四、训练报告

（1）根据技能训练课的情况，撰写一份训练报告。

（2）针对某鸡场的情况，制订一份免疫接种计划。

# 【技能训练任务八】 动物传染病扑灭措施的实施

## 一、训练目标

通过组织学生到某疫病疫区协助有关部门实地进行传染病的扑灭，或通过扑灭传染病措施演习使学生得到训练，完成本次技能训练任务，使学生可以正确实施扑灭某些烈性传染病。

## 二、训练内容与方法步骤

1. 疫情报告

迅速报告疫情，进行早期诊断，及时采取防疫措施，是扑灭传染病的关键措施之一。当基层（农牧场）防疫员或兽医发现疑似传染病动物后，应立即逐级向县防疫指挥部报告，同时对患病动物进行隔离、消毒，派专人看管。上级指挥部接到疫情报告后，应迅速派兽医进行诊断，并鉴定血清型。当确定为传染病时，要立即划定疫区并加以封锁，同时采取具体的防疫措施，在24h内逐级上报疫情，同时向周围相邻地区通报疫情，以便采取联防措施。

2. 划分疫点、疫区和受威胁区

（1）疫点　为疫区内病畜所在的厩舍、运动场或某块草场、饮水地。

（2）疫区　为传染病正在流行的地区，除患病动物所在的牧场、自然村外，还包括患病动物发病前（在该病的最长潜伏期）、后一段时间内曾到过的地区，也是需要封锁的地区。

（3）受威胁区　为疫区周围（约10～20km）可能受到传染的地区。常包括邻近地区的集市、城镇和较大的居民点。

3. 封锁

执行封锁时，应遵循“早、快、严、小”的原则。

（1）疫区要封严　首先于疫区的四周设立标牌，设置监督岗哨，在进入疫区的道路上标明绕行路线，严禁人员进出疫区，在封锁区的交通要道口，应设置消毒站，派专人昼夜轮流站岗，监督执行封锁措施。对必须出入疫区的工作人员和车辆必须经过严格消毒。疫区内各种易感动物及其产品和饲料，一律不准运出。

在封锁区内停止一切集会、集市贸易，以及动物及其产品的收购和转运。在疫区内上学的学生或寄宿或暂时安排在非疫区学校上学。

（2）疫点要封死　疫点周围若无墙篱，应用树枝或秸秆严密地围起来，附近的道路均应切断，严禁人、畜进出和车辆通过。

4. 隔离

一旦发现患病动物应立即送往隔离厩进行隔离，并派专人看管。必要时经报请指挥部同意，予以急宰，但体内外的废弃物应彻底消毒处理，防止散毒。并随时对污染的环境进行严密消毒。

与患病动物及其污染的环境有过明显接触的，应视为可疑感染动物，应在消毒后另选地方将其隔离、专人看管、限制其活动。每天进行检查，并进行疫苗注射。对于可疑患病动物要进行定期消毒。若为可疑感染动物，则按患病动物处理。

疫区内除了患病动物和可疑感染动物以外，所有的易感动物均为假定健康动物。应隔离饲养，杜绝与患病动物、可疑感染动物及其污染物（用具、饲料等）的接触，并派专人饲养管理。饲养管理人员应避免与以上两种动物群管理人员接触。

5. 消毒

在隔离期间，消毒是为了把排于外界的病原及时杀死。在疫点内，对于污染的环境应随时（每天一至数次）消毒，粪尿应做好无害化处理。在患病动物死亡或淘汰后，可间隔一定时间（1周左右）定期消毒。在解除封锁前，对疫区内要进行1次全面、彻底的终末消毒。

6. 交通检疫

疫区内的动物及其产品一律不得外运，铁路部门不得承运。疫区内非疫点的家畜可以收购，但必须就地屠宰、就地供应，不得外调。

非疫区应做好收购、屠宰时的检疫工作，铁路运输部门应做好检疫工作或严格查验检疫证明。

7. 紧急预防接种

（1）紧急预防接种的范围应包括疫区可疑感染的患病动物、假定健康动物及受威胁区的所有易感动物。

（2）紧急预防接种前，必须弄清当地或附近流行的某传染病病原的血清型，用同型疫苗进行预防注射。

（3）所有疫苗应按使用说明书进行保存和使用。

（4）注射完毕后要对注射用具、不慎污染的场地、用具应用消毒液或煮沸消毒。防疫人员应用消毒液洗手。

（5）注射后，如多数接种动物发生严重反应时，则应严格封锁隔离，加强护理或治疗。

8. 治疗和护理

对患病动物给予易消化的饲料。并根据各病特点进行综合治疗，防止继发感染，提高动物机体抵抗力。

9. 扑杀

根据《中华人民共和国动物防疫法》，一类疫病应严格予以扑杀，并对扑杀动物尸体做无害化处理。

10. 解除封锁

疫区内，当最后一头患病动物痊愈或死亡后14天内，未再发生某病病例，所有的易感动物都经过预防接种并进行1次终末大消毒后，可报请上级主管部门进行验收，合格后方可解除封锁。

## 三、训练报告

试拟定1份动物传染病的扑灭措施报告书。

# 项目三　多种动物共患传染病

## 【学习目标】

1. 重点掌握口蹄疫、伪狂犬病、大肠杆菌病、巴氏杆菌病、沙门菌病等病的病原、流行特点、临床症状、诊断方法及防治措施。

2. 掌握狂犬病、破伤风、流行性乙型脑炎、结核病、布鲁杆菌病等病的流行特点、诊断方法及防治措施。

3. 了解恶性水肿、李斯特杆菌病、钩端螺旋体病、衣原体病、肉毒梭菌中毒症等病的临床特征和分布状况。

## 【技能目标】

1. 能够正确操作口蹄疫乳鼠接种试验、布鲁杆菌病检验技术。

2. 学会口蹄疫血清中和试验、布鲁菌病的检疫方法、布鲁杆菌病试管凝集试验的操作方法。

3. 会用变态反应对牛结核病进行诊断。

## 子项目一　口　蹄　疫

口蹄疫（FMD）是由口蹄疫病毒引起的一种偶蹄动物共患的急性、热性、高度接触性传染病，偶见于人和其他动物。临诊上以口腔黏膜、蹄部及乳房皮肤发生水疱和溃烂为特征，严重时蹄壳脱落、跛行、不能站立。成年动物此病的病死率很低，但是感染率很高。幼年动物此病的病死率很高。

本病是全球性的危害动物健康的重要疫病之一，世界大部分地区时有发生，常在牛群及猪群大范围流行，带来严重的经济损失。因此，世界动物卫生组织将本病列为发病必须报告的A类动物疫病名录之首，我国也把口蹄疫列为一类动物疫病。

### 一、病原

口蹄疫病毒（FMDV）属于微RNA病毒科口蹄疫病毒属。形态呈球形或六角形，直径20～50nm，无囊膜。口蹄疫病毒具有多型性、易变异的特点，根据其血清学特性，现已知有7个血清型，即O型、A型、C型、$SAT_1$型、$SAT_2$型、$SAT_3$型（南非1型、南非2型、南非3型）及$Asia_1$型（亚洲1型），每一型内又有多个亚型，亚型内又有众多抗原差异显著的毒株。1977年世界口蹄疫中心公布有7个型65个亚型，由于不断发生抗原漂移，还会有新的亚型出现，因此并不能严格区分亚型。目前，已知的A型有35个亚型，O型有15个亚型，C型有5个亚型，南非1型有7个亚型，南非2型有3个亚型，南非3型有3个亚型，亚洲1型有3个亚型。各型之间无交叉免疫保护作用，同型各亚型之间交叉免疫变化幅度较大，也只有部分交叉免疫性，口蹄疫病毒的这种特性给该病的防控工作带来很大困难。

FMDV的外壳蛋白质含有4种结构多肽（VP1～VP4）。VP1～VP3位于衣壳表面，组成核衣壳蛋白亚单位，VP1 全长 213 个氨基酸，是决定病毒抗原性的主要成分。VP4 位于衣壳内部，与 RNA 紧密结合构成病毒粒子的内部成分。在 4 种蛋白质中，仅 VP1 可诱生中和抗体，与抗感染免疫有关，是近年来免疫、诊断制剂研究的重点。

在口蹄疫病毒感染的细胞培养液中，有大小不同的 4 种粒子。最大的粒子为完整病毒，其直径为 (23±2)nm，沉降系数为 146S，具有感染性和免疫原性；第二种为不含 RNA 的空衣壳，其直径为 21nm，沉降系数为 75S，具有良好的型特异性和免疫原性，但没有感染性；第三种为衣壳蛋白裂解后的壳微体（亚单位），其直径为 7nm，沉降系数为 12S，无 RNA，无感染性而有抗原性；第四种为病毒感染相关抗原（VIA），沉降系数为 4.5S，是一种不具有活性的 RNA 聚合酶，当病毒粒子进入细胞，经细胞蛋白酶激活才具有酶活性，能诱发机体产生群特异性抗体。

口蹄疫病毒在患病动物的水疱液、水疱皮、淋巴液及发热期血液内的含量最高，其次是各组织器官、分泌物、排泄物，可长期存在并向外排毒，退热后病毒可以出现于乳、粪、尿、泪、涎及各脏器中。最长带毒时间：牛为 5 年，羊为 3 个月，猪为 1 个月（3～4 周）。

口蹄疫病毒对外界环境的抵抗力较强，耐干燥。在干燥垃圾中可存活 14 天；在潮湿垃圾内可存活 8 天；在 30cm 厚的厩肥内可存活 6 天以上；在土壤表面，秋季可存活 28 天，夏季可存活 3 天；在干草中可存活 140 天。病毒对酸碱非常敏感，pH 5.5 时 1min 可使 90%的病毒被灭活；pH 3.0 时瞬间即可全部被灭活；pH 9.0 以上可迅速将其灭活；1%的氢氧化钠溶液 1min 可杀死病毒。病毒在 pH 7.2～7.6 的环境中最稳定。病毒对高温和直射阳光（紫外线）敏感，在低温条件下可长期存活。60℃ 15min、70℃ 10min、85℃ 1min 均可被杀死，－70～－50℃或冻干可存活数年。在 50%甘油生理盐水中 5℃可存活 1 年以上。病毒对化学消毒剂有一定的抵抗力，但下列药物对其有杀灭作用：2%～4%的氢氧化钠、3%～5%的福尔马林、0.05%的戊二醛、5%的氨水、0.5%的复合酚、0.3%的碘制剂、0.5%的有机氯、0.5%的无机氯、0.5%的络合碘、0.5%～1%的过氧乙酸等。碘酊、酒精、石炭酸、来苏儿、新洁尔灭等对口蹄疫病毒无杀灭作用。骨髓、内脏和淋巴组织中所含的病毒因产酸不良而存活时间较长且能保留感染性。

## 二、流行病学

### 1. 易感动物

口蹄疫病毒能感染多种偶蹄动物，以牛最易感（黄牛、奶牛易感，水牛次之），其次是猪，再次为绵羊、山羊和骆驼，鹿、犬、猫、兔也可感染。幼龄动物易感性高于成年动物。实验动物中以豚鼠、乳鼠、乳兔最敏感。人类偶能感染，多发生于与患畜密切接触的或实验室工作人员，且多为亚临床感染。

### 2. 传染源

患病动物和带毒动物是主要的传染源。病毒随分泌物和排泄物排出，发病初期排毒量最大、传染性最强，转归期排毒量逐渐减少。水疱液、水疱皮含毒量最高，毒力最强，传染性也最强。病牛舌面水疱皮的含毒量最高，病猪则以破溃的蹄部水疱皮含毒量最高，约为牛舌面水疱皮含毒量的 10 倍，病猪经呼吸排至空气中的病毒量约为牛的 20 倍，转归期动物可持续带毒，仍是危险的传染源。大约 50%的病牛带毒时间可达 4～6 个月，病羊可带毒 2～3 个月，病猪康复后可带毒 2～3 周。带毒牛所排出的病毒，在猪群中通过增强毒力后，可能再传染牛而引起流行。病毒在带毒牛体内可发生抗原变异，产生新的亚型。

### 3. 传播途径

本病以直接接触或间接接触的方式传播，主要通过消化道、呼吸道以及损伤的皮肤和黏膜感染。空气也是重要的传播媒介，常可发生远距离气源性传播，病毒在陆地可随风传播到

50～100km以外的地方，在水面可随风传播到300km以外的地方。本病也可呈跳跃式传播流行，多系输入带毒产品和家畜所致。被污染的物品、运输工具、饲草饲料、畜产品及昆虫、飞鸟和鼠类等非易感动物也可机械性传播病毒。

**4. 流行特点**

本病一年四季均可发生，以冬、春季多发。其流行具有明显的季节规律，多在秋季开始，冬季加剧，春季减缓，夏季平息，常呈地方性流行或大流行。

口蹄疫的自然暴发流行有一定的周期性，每隔一两年或三五年流行一次。可能由于不同型或亚型病毒在同一地区同时存在所致，同时，易感动物卫生条件和营养状况、畜群的免疫状态则对其流行有着决定性的影响。

## 三、临床症状

由于多种动物的易感性、病毒的数量和毒力以及感染门户不同，潜伏期长短和症状也不完全一致。

**1. 牛**

潜伏期平均2～4天，最长可达一周左右。病牛体温升高达40～41℃，精神委顿，食欲减退，闭口，流涎，开口时有吸吮声，1～2天后，在唇内面、齿龈、舌面和颊部黏膜出现蚕豆至核桃大的水疱，口温高，流涎增多常挂满嘴边，呈白色泡沫状，采食、反刍完全停止。水疱约经一昼夜破裂形成浅表的红色糜烂；水疱破裂后，体温降至正常，糜烂逐渐愈合，全身症状逐渐好转。如有细菌感染，糜烂加深，发生溃疡，愈合后形成瘢痕。有时并发纤维蛋白性坏死性口膜炎、咽炎和胃肠炎。有时在鼻咽部形成水疱，引起呼吸障碍和咳嗽。在口腔发生水疱的同时或稍后，趾间及蹄冠的柔软皮肤红肿、疼痛，迅速发生水疱，并很快破溃，出现糜烂，或干燥结成硬痂，然后逐渐愈合。若病牛体力衰弱或饲养管理不当，糜烂部位可能发生继发性感染、化脓、坏死，病畜站立不稳，行路跛拐，甚至蹄壳脱落。乳头皮肤有时也可出现水疱，很快破裂形成烂斑，如涉及乳腺引起乳房炎，泌乳量显著减少，有时乳量损失高达75%，甚至停止泌乳。乳房上出现口蹄疫病变多见于纯种奶牛，黄牛较少发生。

本病一般取良性经过，约经一周即可痊愈。如果蹄部出现病变，则病期可延至2～3周甚至更长时间。病死率较低，一般为1%～3%。但在有些情况下，水疱病变逐渐痊愈，病牛趋向恢复之际病情可能突然恶化——病牛全身虚弱，肌肉发抖，心跳加快，节律失调，反刍停止，食欲废绝，行走摇摆，站立不稳，因心脏麻痹而突然倒地死亡，这种病型称为恶性口蹄疫，病死率高达20%～50%，主要是由于病毒侵害心肌所致。

哺乳犊牛患病时，水疱症状不明显，主要表现为出血性肠炎和心肌麻痹，病死率很高。病愈牛可获得一年左右的免疫力，并不再排毒。

**2. 羊**

潜伏期一周左右，症状与牛大致相同，但感染率较牛低。山羊多见口腔呈弥漫性口膜炎，水疱发生于硬腭和舌面，羔羊有时有出血性胃肠炎，常因心肌炎而死亡。

**3. 猪**

潜伏期一般为18～20h。病初体温升高到41～42℃，精神不振，食欲减少或废绝，在舌、唇、齿龈、咽、腭等处形成小水疱或糜烂；蹄冠、蹄叉、蹄踵出现局部红肿、微热、敏感等症状，不久出现小水疱，并逐渐融合变大，呈白色环状，破裂后常形成出血性溃疡面，不久干燥后形成痂皮，严重的蹄壳脱落，卧地不起；有的病猪鼻端、乳房也出现水疱，破溃后形成溃疡，影响猪的正常采食。如无继发感染，本病多呈良性经过，育成猪很少发生死亡，但初生仔猪常因发生严重心肌炎和胃肠炎而突然死亡。

**4. 骆驼**

以老、弱、幼骆驼发病较多，与牛的症状大致相同，水疱发生于口腔和蹄部。先在舌面两侧或齿龈发生水疱和烂斑，流涎，不食。继而蹄冠出现大小不一的水疱，水疱破裂后易感染化脓，致使蹄壳与肌肉脱离或全脱落，病骆驼不能行走。

**5. 鹿**

与牛的症状相同。病鹿体温升高，口腔有散在的水疱和烂斑，流涎。四肢患病时，呈现跛行，严重者蹄壳脱落。

## 四、病理变化

易感动物除蹄部、口腔、鼻端、乳房等处出现水疱、溃疡及烂斑外，咽喉、气管、支气管和胃黏膜也有烂斑和溃疡，小肠、大肠可见出血性炎症。具有诊断意义的是心脏病变，心包膜、心肌有弥散性及点状出血、坏死，心肌松软似煮肉状，切面有灰白色或淡黄色斑点或条纹，好似老虎皮上的斑纹，故称“虎斑心”。肺脏淤血、出血。

## 五、诊断

根据流行特点、临床症状、病理变化，可作出初步诊断，确诊需进行实验室检查，并鉴定毒型。

在国际贸易中指定的检测方法是ELISA、病毒中和试验。替代方法有补体结合试验。病料样品常采病猪水疱皮或水疱液，置于50%甘油生理盐水中，迅速送往实验室进行诊断。或用食管探环（猪用喉拭子）采集食管/咽黏液，立即按1∶1加保存液后置−40℃（干冰或液氮）容器中保存运输。

**1. 病毒分离鉴定**

采取病畜水疱皮或水疱液进行病毒分离鉴定。取病畜水疱皮，用PBS液制备混悬浸出液，或直接取水疱液接种BHK细胞、IBRS-2细胞或猪甲状腺细胞进行病毒培养分离，做蚀斑减少中和试验。同时应用补体结合试验，目前多用ELISA，效果更好。

对康复牛用食管探环取其咽头食管刮取物，接种BHK细胞或犊牛甲状腺细胞分离口蹄疫病毒，用蚀斑法检查病毒。

**2. 血清学试验**

（1）采取水疱皮制成混悬浸出液，接种乳鼠继代培养并用阳性血清作乳鼠保护试验或中和试验。主要用于型和亚型鉴定，并可用于抗体水平测定。

（2）取水疱皮混悬浸出液作抗原，用标准阳性血清作补体结合试验或微量补体结合试验，同时可以进行定型诊断或分型鉴定。目前，国际上不再进行亚型的鉴定。

（3）用康复期的动物血清对口蹄疫感染相关抗原（VIA）作琼脂免疫扩散试验并进行定型试验。

（4）反向被动血凝反应试验比补体结合试验灵敏度高。

（5）应用ELISA、间接酶联免疫吸附试验以及免疫荧光抗体技术均有很好效果。ELISA可代替补体结合试验和中和试验，具有敏感、特异且操作快捷等优点。

（6）RT-PCR可用于动物产品检疫，快速、灵敏，但尚待标准化。

（7）核酸探针技术检测FMDV目前仅用于试验研究。

（8）单克隆抗体可用于实验室抗原分析。

确定毒型的意义在于如何选用与本地流行毒株相适应的疫苗，如果毒型与疫苗毒型不符，就不能收到预期的免疫效果。

## 六、防治

### 1. 预防措施

坚持“预防为主”的方针，采取以免疫预防为主的综合防控措施，控制疫情发生。

（1）免疫接种　免疫预防是控制本病的主要措施，非疫区要根据接邻国家和地区发生口蹄疫的血清型选择同血清型的疫苗。发生口蹄疫的地区，应当鉴定口蹄疫血清型，然后选择同血清型的疫苗。目前，我国口蹄疫强制免疫常用疫苗是O型或O型-$Asia_1$型口蹄疫灭活疫苗（普通苗或浓缩高效苗）。

接种过程中必须注意要按规定严把疫苗的质量及储运关；注射时要选择合适的针头、把握适当的进针角度和深度，疫苗注射量要足够，做到一头不漏、一畜一个针头；严格执行免疫程序，适时接种。

（2）依法进行检疫　带毒活动物及其产品的流动是口蹄疫暴发和流行的重要原因之一，因此要依法进行产地检疫和屠宰检疫，严厉打击非法经营和屠宰；依法做好流通领域运输活动物及其产品的检疫、监督和管理，防止口蹄疫传入；进入流通领域的偶蹄动物必须具备检疫合格证明和疫苗免疫注射证明。

（3）坚持“自繁自养”　尽量不从外地引进动物，必须引进时，需了解当地近1～3年内有无口蹄疫发生和流行，应从非疫区、健康群中购买，并需经产地检疫合格。购买后，仍需隔离观察1个月，经临诊和实验室检查，确认健康无病后方可混群饲养。发生口蹄疫的动物饲养场，全场动物不能留作种用。

（4）严防通过各种传染媒介和传播渠道传入疫情　严格隔离饲养，杜绝外来人员参观，加强对进场的车辆、人员、物品消毒，不从疫区购买饲料，严禁从疫区调运动物及其产品等。

### 2. 控制、扑灭措施

严格按《中华人民共和国动物防疫法》及有关规定，按“早、快、严、小”的原则，对疫区实施封锁；采取紧急、强制性、综合性的扑灭措施。一旦有口蹄疫疫情发生，当地县级以上地方人民政府畜牧兽医行政管理部门应当立即派人到现场，划定疫点、疫区、受威胁区，采集病料，调查疫源，及时报请同级人民政府决定对疫区实行封锁，并将疫情等情况逐级上报国务院畜牧兽医行政管理部门。

县级以上地方人民政府应当立即组织有关部门和单位采取隔离、扑杀、销毁、消毒、紧急免疫接种等强制性控制、扑灭措施，迅速扑灭疫病，并通报毗邻地区。

疫区范围涉及两个以上行政区域的，由有关行政区域共同的上一级人民政府决定对疫区实行封锁，或者由各有关行政区域的上一级人民政府共同决定对疫区实行封锁。

在封锁期间，禁止染疫和疑似染疫的动物、动物产品流出疫区，禁止非疫区的动物进入疫区，并根据扑灭动物疫病的需要对出入封锁区的人员、运输工具及有关物品采取消毒和其他限制性措施。

最后1头患病动物死亡或扑杀后14天，经彻底消毒，技术专家验收合格，可由原决定机关宣布解除疫点、疫区、受威胁区的封锁。

### 3. 治疗措施

按现行的法律规定家畜发生口蹄疫后不允许治疗，如有特殊需要可参考以下方法。

为了促进病畜早日痊愈，缩短病程，特别是为了防止继发感染和死亡，应在严格隔离的条件下，及时对病畜进行治疗。对病牛要精心饲养，加强护理，给予柔软的饲料，对病状较重，几天不能吃食的病牛，应喂以麸糠稀粥、米汤或其他稀糊状食物，防止因过度饥饿使病情恶化而引起死亡。畜舍应保持清洁、通风、干燥、暖和，多垫软草，多给饮水。

口腔可用清水、食醋或0.1%高锰酸钾洗漱，糜烂面可涂以1%～2%明矾或碘甘油（碘7g、碘化钾5g、酒精100ml，溶解后加入甘油10ml），也可用冰硼散（冰片15g、硼砂150g、芒硝18g，共为末）。蹄部可用3%双氧水洗涤，擦干后涂松馏油或鱼石脂软膏，再用绷带包扎。乳房可用肥皂水或2%～3%硼酸水洗涤，然后涂以青霉素软膏或其他刺激性小的防腐软膏，定期将奶挤出以防发生乳房炎。

恶性口蹄疫患病动物除局部治疗外，可用强心剂和滋补剂，如安钠咖、葡萄糖盐水等辅助治疗，同时经口给予结晶樟脑，2次/天，5～8g/次。同群无症状动物可用动物干扰素肌内注射，1次/天，同时经口给予结晶樟脑，每天2次，每次5～8g，连用3天可收到良好效果。

## 七、公共卫生

人因饲养患病动物、接触患病动物患部或食入患病动物生乳或未经充分消毒的患病动物乳及乳制品而被感染，创伤也可感染。潜伏期2～18天，一般为3～8天。常突然发病，体温升高，头晕，头痛，恶心，呕吐，精神不振；2～3天后，口腔有干燥和灼热感，唇、齿龈、舌面、舌根及咽喉部发生水疱，咽喉疼痛，口腔黏膜潮红，皮肤上的水疱多见于指尖、指甲基部，有时也见于手掌、足趾、鼻翼和面部。持续2～3天后水疱破裂，形成薄痂或溃疡，但大多逐渐愈合，有的病人有咽喉痛、吞咽困难、腹泻、虚弱等症状。一般病程约1周，预后良好。重症者可并发胃肠炎、神经炎和心肌炎等。婴幼儿和老年患者，可有严重的呕吐、腹泻或继发感染，如不及时治疗可致严重后果。有时可并发心肌炎。因此，预防人感染口蹄疫，一定要做好自身的防护，注意消毒，防止外伤，非工作人员不与病畜接触，以防感染和散毒。

# 子项目二　狂　犬　病

狂犬病俗称疯狗病或恐水病，是由狂犬病病毒引起的一种人兽共患接触性传染病。临床特征是患病动物出现极度的神经兴奋、狂暴和意识障碍，最后全身麻痹而死亡。

该病呈世界性分布，是人类最古老的疾病之一，过去我国曾是本病的高发区，现在该病的发病数量虽然已明显减少，但随着犬、猫等宠物养殖量的逐渐扩大，对该病的防控仍需要给予高度的重视。世界动物卫生组织将本病列为B类动物疫病，我国把其列为二类动物疫病。

## 一、病原

狂犬病病毒属于弹状病毒科的狂犬病病毒属。病毒粒子直径为75～80nm，长140～180nm，一端钝圆；另一端平凹，呈子弹状或试管状外观。病毒的核酸为单股RNA，病毒含有一种糖蛋白（GP）、一种核蛋白（NP）和两种膜蛋白（$M_1$和$M_2$）。GP是一种跨膜糖蛋白，构成病毒表面的纤突，是狂犬病病毒与细胞受体结合的结构，在狂犬病病毒致病与免疫中起着关键作用。NP是诱导狂犬病细胞免疫的主要成分，因其更为稳定且高效表达，常应用于狂犬病病毒的诊断、分类和流行病学研究。

本病毒可以凝集鹅和1日龄雏鸡的红细胞，病毒凝集鹅红细胞的能力可被特异性抗体所抑制，故可进行血凝抑制试验。

病毒可在鸡胚绒毛尿囊膜、原代鸡胚成纤维细胞以及小鼠和仓鼠肾上皮细胞培养物中增殖，并在适当条件下形成蚀斑。此外，人二倍体细胞HDCS株等也常用于狂犬病病毒的培养，适应鸡胚成纤维细胞的毒株，如Flury毒株的LEP和HEP株，在细胞培养物中的病毒产量较高，可以用于制备疫苗。

在自然情况下分离的狂犬病流行毒株为街毒，街毒经过在家兔脑和脊髓内的一系列传代，对家兔的潜伏期缩短，但对原宿主（犬）的毒力下降，这种具有固定特性的狂犬病病毒则称为固定毒。固定毒的弱毒特性和免疫原性已被充分肯定，通过动物试验，进而证明由街毒变异为固定毒的过程是不可逆的，用固定毒可制作狂犬病弱毒疫苗。

本病毒对外界因素的抵抗力不强，可被各种理化因素灭活，不耐湿热，56℃、15～30min或100℃、2min均可使之灭活；反复冻融、紫外线和阳光照射以及常用的消毒剂都能使之灭活。

## 二、流行病学

**1. 易感动物**

所有的温血动物都对本病易感，但在自然界中主要的易感动物是犬科和猫科动物，以及翼手类（蝙蝠）和某些啮齿类动物。人被患病动物咬伤后并不全部发病，在狂犬病疫苗使用以前的年代，被狂犬咬伤后的发病率为30%～35%，而目前被狂犬咬伤后如能得到及时的疫苗接种，其发病率可降至0.2%～0.3%。

**2. 传染源**

患病动物和带毒者是本病的传染源，它们通过咬伤、抓伤、舔舐其他动物而使其感染。因此该病发生时具有明显的连锁性，容易追查到传染源。患病动物是本病的主要传染源，无症状带毒动物和顿挫型感染动物可长期通过唾液排毒，并成为更危险的传染源。

**3. 传播途径**

多数患病动物唾液中带有病毒，由患病动物咬伤或伤口被含有狂犬病病毒的唾液直接污染是本病的主要传播方式。此外，还存在着非咬伤性的传播途径，健康动物的皮肤黏膜损伤时如果接触病畜的唾液则也有感染的可能性；人和动物都有经由呼吸道、消化道和胎盘感染的病例。

**4. 流行特点**

本病多为散发，发病率受被咬伤口的部位等因素的影响。春夏比秋冬多发，人类发生本病有明显的年龄、性别特征和季节性，一般以青少年及儿童患者较多，男性较多，温暖季节发病较多。出现这种差别的主要原因是在温暖季节这些人的户外活动较多，与犬类等接触的机会多，增加了被咬伤感染的机会。

## 三、临床症状

潜伏期长短差别很大，短者1周，长者数月或一年以上，一般为2～8周。咬伤头面部及伤口严重者潜伏期较短；咬伤下肢及伤口较轻者潜伏期较长。

**1. 犬**

潜伏期10天至2个月，有时更久。一般可分为狂暴型（兴奋型）和麻痹型两种类型。

(1) 狂暴型（兴奋型） 狂暴型狂犬病按症状特征可分为前驱期、兴奋期和麻痹期。

前驱期为1～2天。病犬精神沉郁，常躲在暗处，不愿和人接近，不听呼唤，强迫牵引则咬畜主。性情、食欲反常，喜吃异物如石块、瓦片、泥土、木片、干草、破布、毛发等，喉头轻度麻痹，吞咽时颈部伸展。瞳孔散大，反射机能亢进，轻度刺激即易兴奋。有的病犬表现不安，用前爪抓地，经常变换蹲卧地点，在院中或室内不安地走动。或者没有任何原因而望空吠叫。只要有轻微的外界刺激，如光线刺激、突然的声响、抚摸等即可使之高度惊恐或跳起。有的病犬搔擦被咬伤之处，甚至将组织咬伤直达骨骼。性欲亢进，嗅舐自己或其他犬的性器官。唾液分泌增多，后躯软弱。

兴奋期 2～4 天。病犬高度兴奋，表现狂暴并常攻击人畜。狂暴发作常与沉郁交替出现，病犬疲惫卧地不动，但不久又立起，表现出一种特殊的斜视和惶恐表情。当再次受到外界刺激时，又可出现一次新的发作，狂乱攻击，自咬四肢、尾及阴部等。病犬在野外游荡，多半不归，到处咬伤人畜。随着病程发展，陷于意识障碍，反射紊乱，狂咬，显著消瘦，吠声嘶哑，夹尾，眼球凹陷，散瞳或缩瞳。

麻痹期 1～2 天。麻痹症状急速发展，下颌下垂，舌脱出口外，流涎显著，不久后躯及四肢麻痹，行走摇摆，卧地不起。最后因呼吸中枢麻痹或衰竭而死。整个病程为 7～10 天。

(2) 麻痹型　病犬以麻痹症状为主，一般兴奋期很短或仅见轻微表现即转入麻痹期。麻痹始见于头部肌肉，病犬表现吞咽困难，使主人疑为正在吞咽骨头，当试图加以帮助时常招致咬伤。张口流涎、恐水，随后发生四肢麻痹，进而全身麻痹以致死亡。一般病程为 5～6 天。

**2. 猫**

一般表现为狂暴型，症状与犬相似，但病程较短，出现症状后 2～4 天死亡。在发作时攻击其他猫、动物和人。因常接近人，且行动迅速，常从暗处忽然跳出，咬伤人的头部，因此猫得病后可能比犬更为危险。

**3. 牛、羊**

多表现为狂暴型。潜伏期变动范围很大，平均为 30～90 天。牛患病初见精神沉郁，反刍、食欲降低，不久咬伤部位发生奇痒，表现起卧不安，前肢搔地，有阵发性兴奋乃至狂暴不安，神态凶恶，意识紊乱。如试图挣脱绳索，冲撞墙壁，跃踏饲槽，磨牙，流涎，性欲亢进，不断号叫，声音嘶哑，因此有些地区称之为“怪叫病”等，一般少有攻击人畜现象。当兴奋发作后，往往有短暂停歇，以后再度发作，并逐渐出现麻痹症状，如吞咽麻痹、伸颈、流涎、反刍停止、瘤胃臌气、里急后重等。最后倒地不起，衰竭而死，病程 3～4 天。羊的狂犬病较少见，症状与牛相似，多无兴奋症状，或兴奋期较短，末期常麻痹而死。

**4. 马、驴**

潜伏期为 4～6 周。病初常见咬伤局部奇痒，以致摩擦出血，性欲亢进。兴奋时亦冲击其他动物或人，有时将自体咬伤、吞食异物等。最后发生麻痹，流涎，不能饮食，衰竭而死，病程 4～6 天。

**5. 猪**

多表现为狂暴型。典型的发病过程是突然发作，共济失调，呆滞和后期的衰竭。病猪兴奋不安，横冲直撞，叫声嘶哑，流涎，反复用鼻掘地，攻击人畜。在发作间歇期常钻入垫草中，稍有声响立即跃起，无目的地乱跑，最后常发生麻痹症状，经 2～4 天死亡。有的猪鼻子反复抽动，随后可能出现衰竭，口齿急速地咀嚼，流涎，全身肌肉发生痉挛。随着病程的发展，痉挛逐渐减弱，最后只见肌肉频繁微颤，病猪不能尖声嘶叫，体温不升高。

**6. 鹿**

常突然发病，病鹿离群，发呆或惊恐，发出怪叫，惊散鹿群。冲撞墙壁，攻击人畜。啃咬自身躯体或其他鹿。有的病鹿出现渐进性运动失调，运步障碍，有时跌倒，进而截瘫。后期倒地不起，角弓反张，咬牙吐沫，眼球震颤，四肢划动，大汗淋漓，常于 1～2 天后死亡。

**7. 野生动物**

其自然感染见于大多数犬科动物和其他哺乳动物。潜伏期差异很大，有短于 10 天的，亦有长于 6 个月的。人工感染狐、臭鼬和浣熊的症状与犬的症状相似，绝大多数表现为狂暴型，也有少数表现为麻痹型。狐的病程持续 2～4 天，而臭鼬的病程可达 4～9 天。

## 四、病理变化

本病无特征性剖检变化，常见尸体消瘦，体表有伤痕，口腔和咽喉黏膜充血或糜烂；胃肠道黏膜充血或出血；内脏充血、实质变性；硬脑膜充血；胃空虚或有异常的胃内容物，如石块、瓦片、泥土、木片、干草、破布、毛发等。

病理组织学检查见有非化脓性脑炎变化，以及在大脑海马角、大脑或小脑皮质等处的神经细胞中可检出嗜酸性包含体——内基（Negri）小体。

## 五、诊断

根据明显的临床症状，结合病史和病理变化可以作出初步诊断。但确诊必须进行实验室诊断。

实验室诊断包括直接染色检查、病毒分离和血清学检验等，现分述如下。

**1. 直接染色检查**

此方法简单、迅速，但不够准确，可快速观察有无内基小体。其方法是剖检病犬取大脑、小脑、延脑等，最好取海马角，置吸水纸上，切面向上，载玻片轻压切面，制成压印标本，室温自然干燥后用塞勒（seller）染色镜检，检查有无特异内基小体。内基小体位于神经细胞胞浆内，呈椭圆形，呈嗜酸性均质着染（鲜红色），但在其中常可见有嗜碱性（蓝色）小颗粒。神经细胞染成蓝色，间质呈粉红色，红细胞呈橘红色。检出内基小体，即可诊断为狂犬病。但并非所有发病动物脑内都可找到包含体，犬脑的阳性检出率为70%左右，在检查犬脑时还应注意与犬瘟热病毒引起的包含体相区别。

**2. 组织学检查**

将脑组织做成切片检查是否有特异内基小体。此法准确但需要较长时间。

**3. 荧光抗体法**

这是一种特异而快速的直接染色检查诊断法。取可疑病例脑组织或唾液腺制成压印片或冷冻切片，用荧光抗体染色，在荧光显微镜下观察，胞浆内出现亮绿色荧光颗粒者为阳性。狂犬病动物脑组织用荧光抗体法检查，阳性检出率很高，可达95%，检出时可报告为阳性结果，但一定要有准确的对照组（包括阳性对照和阴性对照）。

**4. 血清学检验**

可用于病毒鉴定、狂犬病疫苗效果检查以及病人诊断等。常用的方法有中和试验、补体结合试验、间接荧光抗体试验、交叉保护试验、血凝抑制试验以及间接免疫酶试验（HRP-SPA）等。一般实验室常用的血清学诊断法为中和试验。近年来已将单克隆抗体技术用于狂犬病的诊断，特别适用于区别狂犬病病毒与该病毒属的其他相关病毒。

## 六、防治

**1. 控制和消灭传染源**

犬是人类狂犬病的主要传染源，因此对犬狂犬病的控制应采取“管、免、灭、检”，即，包括对犬加强管理，实施有计划的免疫，消灭野犬、可疑犬及病犬，对进出口犬只进行检疫，这是控制和消灭狂犬病最有效的措施。

**2. 咬伤后防止发病的措施**

伤口应及时用大量肥皂水或0.1%新洁尔灭和清水冲洗，再局部应用75%酒精或2%～3%碘酒消毒。局部处理在咬伤后早期（尽可能在几分钟内）进行的效果最好，但数小时或数天后处理亦不应疏忽。局部伤口不应过早缝合。

凡被可疑狂犬病动物咬伤、吮舐过皮肤、黏膜，抓伤或擦伤者均应接种疫苗，同时应注射免疫血清。对咬人已出现典型症状的动物，应立即扑杀，并将尸体焚化或深埋。不能确诊为狂犬病的可疑动物，在咬人后应捕获隔离观察 10 天；扑杀或在观察期间死亡的动物，脑组织应进行实验室检验。

**3. 免疫接种**

给家犬和家猫进行强制性疫苗免疫是控制和消灭狂犬病的最基本措施。

## 七、公共卫生

人患狂犬病大都是由于被患狂犬病的动物咬伤所致。其潜伏期较长，多数为 2～6 个月，甚至几年。发病开始时有焦躁不安的感觉，头痛，体温略升，不适，感觉异常，尤其咬伤部位常感疼痛刺激难忍。随后发生兴奋症状，对光、声极度敏感，瞳孔放大，流涎增加。随着病情发展，咽肌痉挛，由于肌肉收缩使液体反流，大部分患者表现吞吐困难，当看到液体时发生咽喉部痉挛，以致不能咽下自己的唾液，表现为恐水症。呼吸道肌肉也可能痉挛，并有全身抽搐，兴奋期可能持续直至死亡，或在最后出现全身麻痹。有些病例兴奋期很短，而以麻痹期为主。症状可持续 2～6 天，有时可更久，一旦发病，即以死亡告终。

# 子项目三　伪 狂 犬 病

伪狂犬病是由伪狂犬病病毒引起的多种动物的一种以发热、奇痒（猪除外）、呼吸和神经系统疾病为特征的急性高度致死性传染病。

目前该病遍及亚洲、欧洲、美洲、非洲等 40 多个国家和地区。近年来，我国本病发病率不断上升，对畜牧业的影响较大。世界动物卫生组织将本病列为 B 类动物疫病，我国把其列为二类动物疫病。

## 一、病原

伪狂犬病病毒（PRV）属于疱疹病毒科疱疹病毒甲亚科猪疱疹病毒Ⅰ型。目前只有一个血清型，但不同毒株毒力有一定的差异。病毒具有泛嗜性，能在多种细胞中增殖。以兔肾、猪肾（包括原代细胞和传代细胞）最适于病毒的增殖，并产生明显的细胞病变和核内嗜酸性包含体。病毒经绒毛尿囊膜、尿囊腔或卵黄囊接种均可致死鸡胚。

本病毒对外界环境抵抗力较强。在污染的猪舍能存活 1 个月以上，在肉中可存活 5 周以上。在低温潮湿的环境下，pH 6～8 时病毒最稳定，而在 4～37℃、pH 4.3～9.7 的环境中 1～7 天便可失活；在干燥的条件下，特别是在阳光直射时，病毒很快失活。对脂溶剂如乙醚、丙酮、氯仿、酒精等高度敏感，一般的消毒剂都可杀灭病毒。

## 二、流行病学

**1. 易感动物**

猪最易感，其他家畜如牛、羊、犬、猫、兔、鼠等也可自然感染；许多野生及肉食动物也易感染。除猪以外，所有易感动物感染 PRV 都是致死性的。人对 PRV 不具易感性。在近 10 年内，尽管人们在猪场与感染猪群或在实验室与病毒广泛接触，但仍没有关于人感染 PRV 的报道。

**2. 传染源**

病猪、带毒猪和带毒鼠类为本病重要的传染源。猪是伪狂犬病病毒的原始宿主和储存宿主，康复猪可通过鼻腔分泌物及唾液持续排毒。

母猪感染 PRV 后 6～7 天乳中有病毒，持续 3～5 天，乳猪可通过吃奶而感染本病毒。妊娠母猪感染本病时，常可造成垂直传播，使病毒侵害胎儿。感染母猪和所产仔猪可长期带毒，成为本病流行、很难根除的重要原因。牛常因接触病猪而发病并死亡，病死率 100%。

**3. 传播途径**

本病可经消化道、呼吸道、交配、精液、伤口及胎盘感染，被污染的工作人员和器具在传播中起着重要的作用。鼠类可在猪群之间传递病毒。

**4. 流行特点**

本病一年四季都可发生，但以冬春寒冷季节和产仔旺季多发。

## 三、临床症状

本病潜伏期一般为 3～6 天，短者 36h，长者达 10 天。

**1. 猪**

猪感染后其症状因日龄而异，但不发生奇痒。新生仔猪表现高热、神经症状，还可侵害消化系统。成年猪常为隐性感染，妊娠母猪常表现流产、产死胎和木乃伊化胎。

2 周龄以内哺乳仔猪，病初发热，体温升高至 41～41.5℃，呕吐、下痢、厌食、精神不振，有的见眼球上翻，视力减退，呼吸困难，呈腹式呼吸，继而出现神经症状，发抖，共济失调，间歇性痉挛，角弓反张，有的后躯麻痹呈犬坐姿势，有的作前进或后退转动，有的倒地作划水运动。常伴有癫痫样发作或昏睡，触摸时肌肉抽搐，最后衰竭而死亡。有中枢神经症状的猪一般在症状出现 24～36h 死亡。哺乳仔猪的病死率可高达 100%。

3～9 周龄猪主要症状同上，但比较轻微，多便秘，病程略长，少数猪出现严重的中枢神经症状，导致休克和死亡。病死率可达 40%～60%。部分耐过猪常有后遗症，如偏瘫和发育受阻，如果能精心护理，及时治疗，无继发感染，病死率通常不会超过 10%。这些猪出栏时间比其他猪长 1～2 个月。

2 月龄以上猪以呼吸道症状为特征，表现轻微或隐性感染，一过性发热，咳嗽，便秘，发病率很高，达 100%，但无并发症时，病死率低，为 1%～2%。有的病猪呕吐，多在 3～4 天恢复。如体温继续升高，病猪又会出现神经症状：震颤、共济失调，头向上抬，背拱起，倒地后四肢痉挛，间歇性发作。呼吸道症状严重时，可发展至肺炎，剧烈咳嗽，呼吸困难。如果继发有细菌感染，则损失明显加重。

妊娠母猪表现为咳嗽、发热、精神不振，流产、产死胎和木乃伊化胎，且以产死胎为主。流产常发生于感染后的 10 天左右，新疫区可造成 60%～90%的妊娠母猪流产和产死胎；母猪临近足月时感染，则产弱胎；接近分娩期时感染，则所产仔猪出生时就患有伪狂犬病，1～2 天死亡。弱仔猪 1～2 天内出现呕吐和腹泻，运动失调，痉挛，角弓反张，通常在 24～36h 内死亡。感染 PRV 的后备母猪、空怀母猪和公猪病死率很低，不超过 2%。

**2. 牛、羊和兔**

对本病特别敏感，感染后病死率高、病程短，症状比较特殊，主要表现体表任何病毒增殖部位的奇痒，并因瘙痒而出现各种姿势。如鼻黏膜受感染，则用力摩擦鼻镜和面部；眼结膜感染时，以蹄拼命瘙痒，有的因而造成眼球破裂塌陷；有的呈犬坐姿势，使劲在地上摩擦肛门或阴户；有的在头颈、肩胛、胸壁、乳房等部位发生奇痒，奇痒部位因强烈瘙痒而脱毛、水肿，甚至出血。此外，还可出现某些神经症状如磨牙，流涎，强烈喷气，狂叫，甚至神志不清，但无攻击行为。病初体温短期升高，后期多因麻痹而死亡，病程 2～3 天。个别病例发病后无奇痒症状，数小时内即死亡。

**3. 犬和猫**

感染 PRV 的症状是病毒入侵门户范围内瘙痒，有时由于不断地搔抓和啃咬而导致出血。病犬不安，拒食，蜷缩而坐，时常更换蹲坐的地点。体温有时升高，常发生呕吐。经消化道感染的病犬流涎，吞咽困难。病犬舔皮肤受伤处，在几小时后可能产生大范围的烂斑，周围组织肿胀。部分病例还可见类似狂犬病的症状：病犬撕咬各种物体，冲撞墙壁，摔倒在地。部分病犬头部和颈部屈肌及唇肌间断抽搐，呼吸困难。常在24～36h内死亡。猫与犬相似。

## 四、病理变化

猪一般无特征性病变，但经常可见浆液性到纤维素性坏死性鼻炎、坏死性扁桃体炎，口腔和上呼吸道局部淋巴结肿胀或出血。有时可见肺水肿以及肺脏散在有小坏死灶、出血点或肺炎灶。如有神经症状，脑膜明显充血、出血和水肿，脑脊髓液增多。另外，也常发现有胃炎、肠炎和肾脏表面的针尖状出血等变化。仔猪及流产胎儿的脑和臀部皮肤出血，肝、脾表面可见到黄白色坏死灶，心肌出血，肺出血坏死，肾脏出血坏死，扁桃体有出血性坏死灶。流产母猪有轻度子宫内膜炎。公猪有的表现为阴囊水肿。

其他动物主要是体表皮肤局部擦伤、撕裂、皮下水肿，肺充血、水肿，心外膜出血，心包积水。

组织变化见中枢神经系统呈弥漫性非化脓性脑膜炎和神经节炎，有明显血管套和胶质细胞坏死。病变部位的胶质细胞、神经细胞、神经节细胞出现嗜酸性核内包含体。在肺、肾、肾上腺及扁桃体等组织器官具有坏死灶，病变部位周围细胞可见与神经细胞一样的核内包含体。

## 五、诊断

根据病畜典型的临床症状和病理变化，以及流行病学资料，可作出初步诊断。但确诊本病必须进行实验室检查。

### 1. 病毒分离和鉴定

采取流产胎儿、脑炎病例的鼻咽分泌物、脑、扁桃体、肺组织和潜伏感染者的三叉神经节，经处理后接种敏感细胞，在24～72h内细胞折光性增强，聚集成葡萄串状，形成合胞体。可通过免疫荧光、免疫过氧化物酶或病毒中和试验鉴定病毒。初次分离若没有可见的细胞病变时，可盲传一代再次进行观察。无条件进行细胞培养时，可用疑似病料皮下接种家兔，PRV可引起注射部位的瘙痒，并于2～5天后死亡。亦可接种小鼠，但小鼠不如兔敏感。

### 2. 组织切片荧光抗体检测

该法是一种检测组织中PRV的快速、可靠的方法，首选的被检组织是扁桃体，脑、咽组织涂片也可应用。其优点是在1h内可出结果，对于具有典型伪狂犬病症状的新生猪，检验结果与病毒分离具有同效性。但对于育肥猪或成年猪，该法不如病毒分离敏感。

### 3. 血清学诊断

应用最广泛的有微量病毒中和试验、ELISA、乳胶凝集试验（LA）、补体结合试验、间接免疫荧光试验等。

### 4. PCR鉴定PRV

利用聚合酶链式反应（PCR）技术可从患病动物分泌物、组织器官等病料中扩增出PRV基因，从而对患病动物进行确诊。与传统的病毒分离相比较，PCR的优点是能够进行快速诊断，且敏感性很高。

本病应与李斯特杆菌病、猪脑脊髓炎、狂犬病等相区别。

## 六、防治

### 1. 加强检疫和管理

引进动物时进行严格的检疫，防止将野毒引入健康动物群是控制伪狂犬病的一个非常重要和必要的措施。严格灭鼠，控制犬、猫、鸟类和其他禽类进入猪场，禁止牛、羊和猪混养，控制人员来往，搞好消毒及血清学监测对该病的防控都有积极的作用。

**2. 免疫接种**

我国预防牛、羊伪狂犬病的疫苗主要是氢氧化铝甲醛灭活苗，牛每次皮下注射8～10ml，免疫期1年；羊每只皮下注射0.5ml，免疫期半年。

猪伪狂犬病疫苗包括灭活疫苗、弱毒苗和基因缺失活疫苗。我国在猪伪狂犬病的控制过程中没有规定使用疫苗的种类，但最好只使用灭活苗。在已发病猪场或伪狂犬病阳性猪场，建议所有的猪群都进行免疫。灭活疫苗免疫时，种猪（包括公猪）初次免疫后间隔4～6周加强免疫1次，以后每胎配种前注射免疫1次，产前1个月左右加强免疫1次，即可获得较好的免疫效果，并可使对哺乳仔猪的保护力维持到断奶。留作种用的断奶仔猪在断奶时免疫1次，间隔4～6周后加强免疫1次，以后即可按种猪免疫程序进行。育肥仔猪在断奶时接种一次可维持到出栏。应用弱毒疫苗免疫时，种猪第一次接种后间隔4～6周加强免疫1次，以后每隔6个月进行1次免疫。

**3. 根除措施**

美国与欧洲许多国家自实施伪狂犬病的根除计划以来，已经取得了显著成效。这种根除计划是建立在合适的基因缺失苗及相应的鉴别诊断方法基础上的，一定地区对该病的根除计划成功与否取决于从感染群中剔除阳性感染者的力度。根据不同的国情，通常可选择的方法如下。

(1) 全群扑杀——重新建群法，即扑杀感染猪群的所有猪只，重新引入无PRV感染的猪群。

(2) 检测与剔除法，即通过抗体检测剔除猪群中所有野毒感染阳性的猪，因为它们是潜伏感染猪并可能向外界散毒，这种措施应经一定的时间间隔重复实施，直到猪群中再无PRV野毒存在为止。

**4. 治疗**

本病尚无有效药物治疗，紧急情况下用高免血清治疗，可降低病死率，但对已发病到了晚期的仔猪效果较差。猪干扰素用于同窝仔猪的紧急预防和治疗，有较好的效果；利用白细胞介素和伪狂犬基因弱毒苗配合对发病猪群进行紧急接种，可在较短时间内控制病情的发展。

## 子项目四　流行性乙型脑炎

流行性乙型脑炎又称日本乙型脑炎，简称“乙脑”，是由流行性乙型脑炎病毒引起的一种蚊媒性人兽共患传染病。该病属于自然疫源性疾病，多种动物均可感染，其中人、猴、马和驴感染后出现明显的脑炎临床症状、病死率较高，猪群感染最为普遍，主要引起繁殖障碍。

该病于1934年在日本首次发现，我国1939年分离到乙脑病毒。由于本病疫区范围广，危害大，被世界卫生组织列为需要重点控制的传染病，我国将其列入二类动物疫病。

### 一、病原

流行性乙型脑炎病毒属于黄病毒科黄病毒属。病毒粒子呈球形，有囊膜和纤突，能凝集鸡、鸽子、鸭及绵羊的红细胞，能在鸡胚卵黄囊及鸡胚成纤维细胞、仓鼠肾细胞、猪肾传代细胞内增殖，并产生细胞病变和蚀斑。病毒对外界环境的抵抗力不强，在－20℃可保存一年，在50%甘油生理盐水中于4℃可存活6个月。病毒在pH 7以下或pH 10以上，活性迅速下降，常用消毒剂都有良好的灭活作用。

## 二、流行病学

### 1. 易感动物

人和家畜中的马属动物、猪、牛、羊等均有易感性。猪不分品种和性别均易感，发病年龄多与性成熟期相吻合。

### 2. 传染源

猪是本病主要的传染源和增殖宿主。蝙蝠和越冬昆虫是乙脑病毒的储存宿主。

### 3. 传播途径

本病主要通过带病毒的蚊虫叮咬而传播，其中三带喙库蚊为本病主要媒介，病毒通常在蚊—猪—蚊等动物间循环。

### 4. 流行特点

在热带地区，本病全年均可发生。在亚热带和温带地区本病有明显的季节性，主要在7～9月份流行，这与蚊的生态学特征有着密切的关系。

## 三、临床症状

### 1. 猪

突然减食或停食，体温升高至41℃左右。精神沉郁，嗜睡；粪呈干粒状，上附黏液，有的带血。有的病猪可出现后肢轻度麻痹，行走不稳，有的后肢关节肿痛而致跛行。妊娠母猪突发流产、死胎，多数胎衣滞留，阴道流出红褐色或灰褐色黏液。也有的病症消失后才发生流产；有的则超出预产期产下死胎和正常胎儿，活胎大小悬殊较大，产下的活胎出生后1～2天，出现痉挛，倒地死亡。公猪发病多一侧睾丸肿大0.5～1倍，同侧阴囊皮肤肿胀发亮，大多经2～3天逐渐消肿，恢复正常或睾丸缩小变硬，而失去种用价值。

### 2. 牛

多呈隐性感染，自然发病者极为少见。牛感染发病后主要有发热和神经系统症状。发热时，出现食欲废绝，呻吟，磨牙，痉挛，转圈，四肢强直和昏睡。急性者经1～2天，慢性者10天左右可能死亡。

### 3. 山羊

山羊主要是隐性感染。发病后表现为发热和神经症状：肢体出现麻痹，牙关紧咬，嘴唇麻痹流涎，四肢屈伸困难，走路不稳或后肢麻痹无法站立，经5天左右可能死亡。

### 4. 马

自然感染潜伏期为4～15天，其中幼驹对该病非常易感。慢性病表现为发热，食欲缺乏，数日后可自愈；急性重症表现为精神沉郁，反应迟钝，走路不稳或后肢麻痹无法站立，也有兴奋狂暴、乱冲撞者。

## 四、病理变化

### 1. 马

脑脊液增量，脑膜和脑实质充血、出血、水肿，肺水肿，肝、肾浊肿，心内、外膜出血，胃肠有急性卡他性炎症。

### 2. 猪

脑的病理变化与马相似。公猪睾丸肿胀，实质充血，含有点状出血和坏死灶。

### 3. 牛、羊

牛、羊的脑组织学检查，均有非化脓性脑炎变化。

## 五、诊断

本病有严格的季节性，散发，多发生于幼龄动物，有明显的脑炎临床症状，妊娠母猪发生流产，公猪发生睾丸炎。死后取大脑皮质、丘脑和海马角进行组织学检查，发现非化脓性脑炎等，可作为诊断的依据。

**1. 血清学诊断**

血凝抑制试验、中和试验和补体结合试验是本病常用的实验室诊断方法。此外还有荧光抗体法、ELISA、反向间接血凝试验、免疫黏附血凝试验和免疫酶组化染色法等。

**2. 鉴别诊断**

当猪发病时，应注意与猪布鲁杆菌病、猪繁殖与呼吸综合征、猪伪狂犬病、猪细小病毒病等相区别。

## 六、防治

**1. 消灭传播媒介和控制传播源**

防蚊灭蚊，注意环境卫生，填平坑洼，疏通沟渠，排除积水，消除蚊子的滋生场所以及坚持各种消毒制度，同时也可使用驱虫药在猪舍内外经常进行喷洒灭蚊。本病无特效疗法，应积极采取对症疗法和支持疗法。病马在早期采取降低颅内压、调整大脑功能、解毒为主的综合性治疗措施，同时加强护理，可收到一定的疗效。

**2. 免疫接种**

预防本病要定期进行免疫接种。我国已经成功研制出本病动物用疫苗，通常在蚊虫开始活动前1个月对抗体阴性猪或4月龄以上的种猪进行免疫接种，或在配种前1个月注射疫苗，最好在第一次免疫2周后加强免疫1次。以后每年在蚊虫开始活动前或配种前免疫1次。热带地区建议1年免疫2次。

## 七、公共卫生

预防人类乙型脑炎主要靠免疫接种，我国对本病实行计划免疫，即所有儿童都要按时接受疫苗接种。疫苗注射的对象主要为流行区6个月以上10岁以下的儿童。在流行前1个月开始首次皮下注射，间隔7～10天复种1次，以后每年加强注射一次。预防接种后2～3周体内产生保护性抗体，一般能维持4～6个月。

# 子项目五 炭 疽

炭疽是由炭疽杆菌引起的多种家畜、野生动物和人类共患的一种急性、热性、败血性传染病。在临床上常表现败血症，发病动物以急性死亡为主、天然孔出血、血液凝固不良、脾脏显著肿大、皮下、浆膜下组织有出血性胶样浸润。

本病在世界各国几乎都有分布，我国近年不断有该病发生，对养殖业生产和一些从事畜禽生产与产品加工的人员身体健康造成了严重影响。

## 一、病原

炭疽是由炭疽杆菌引起的。该菌为革兰染色阳性产芽孢大杆菌，菌体两端平直，呈竹节状，无鞭毛；在病料检样中多散在或呈2～3个短链排列，有荚膜，在培养基中则形成较长的链，一般不形成荚膜；在普通琼脂平板上生长成灰白色，表面粗糙的菌落，放大观察菌落有花纹，呈卷发状，中央暗褐色，边缘有菌丝射出。在普通肉汤培养基中培养24h，管底形成白色絮状沉淀，下层液体澄清。本菌在病畜体内和未剖开的尸体中不形成芽孢，但暴露于充足氧气和适当温度下能在菌体中央处形成芽孢。细菌的繁殖体对外界的抵抗力不强，一旦形成芽孢则表现出较强的抵抗力。

## 二、流行病学

**1. 易感动物**

各种家畜、野生动物和人都有不同程度的易染性，不分年龄大小。草食动物最易感，猪发病较少，犬、猫易感性最低，家禽一般不感染，野生动物，如狼、狐狸、豹等吞食炭疽尸体而发病，并可成为本病的传播者。人主要通过污染炭疽杆菌的畜产品而感染。

**2. 传染源**

本病的传染源主要是病畜和带菌尸体。病畜的排泄物、分泌物和尸体中的病原体一旦形成芽孢污染环境，可在土壤中长期存活而成为长久的疫源地，随时可以传播给易感畜禽。

**3. 传播途径**

本病可以通过消化道、呼吸道及伤口感染，主要是经采食受污染的饲料、饲草及饮水或饲喂带菌的肉类而感染。

**4. 流行特点**

本病多为散发，偶呈地方流行性，一年四季都可发生，洪水泛滥季节及干旱季节多发。

## 三、临床症状

本病自然感染的潜伏期一般为1～5天，最长可达14天。

**1. 最急性型**

常见于绵羊和山羊，山羊比绵羊更为敏感，羊群中常引起大批死亡。病羊病程很短，常见突然倒地，全身痉挛，瞳孔散大，磨牙，天然孔出血，约数分钟即死亡。有时是头天晚上入圈羊健康如常，次日早上发现死亡。羊群放牧外出时，病羊常掉群、喜卧，不爱吃草，行走摇摆，可视黏膜暗紫色，战栗，心跳加快，呼吸困难，突然倒地，头向后背，咬牙，瞳孔散大，0.5～2h死亡。

**2. 急性型**

多见于牛，病牛常突然发病，体温升高，可视黏膜发紫，肌肉震颤，步行不稳，呼吸困难，心悸亢进，濒死时可见天然孔流血。可于数小时内死亡。

**3. 慢性型**

多发生于猪、马等，猪多表现为慢性咽炎和咽周炎。马多表现为肺痈和肠痈。

本病最急性型和急性型病死率高，可达100%，慢性型也常导致急性发作而死亡，猪则较少死亡。

## 四、病理变化

怀疑为炭疽的病畜尸体在一般情况下禁止剖检。必须进行剖检时，应在专门的剖检室进行，或离开生产场地，准备足够的消毒剂，人员应有安全的防护装备。

**1. 急性型**

常表现败血症的病理变化，尸体迅速腐败而膨胀，尸僵不全，天然孔流出带泡沫的血液。黏膜呈暗紫色，有出血点，剥开皮肤可见皮下、肌肉及浆膜下结缔组织有黄色胶样出血性浸润，并有数量不等的出血点。血液黏稠，颜色为黑紫色，呈煤焦油样，不易凝固。脾脏高度肿大，比正常大3～5倍，包膜紧张，切面脾髓软如泥状，黑红色，用刀可大量刮下。淋巴结肿大，出血。肺充血、水肿。心、肝、肾也有变性。胃肠有出血性炎症。

**2. 慢性型**

慢性炭疽常见肠、咽及肺等局部形成坏疽样病理变化，病灶周围呈胶冻样浸润。

## 五、诊断

炭疽病畜的经过很急，死亡较快，根据临床症状诊断比较困难。确诊要靠死后微生物学检查及血清学诊断。

**1. 临床诊断**

对于原因不明而突然死亡或临诊上出现体温升高、腹痛、痈肿、血便、病情发展急剧、死后天然孔出血、血液凝固不良呈煤焦油样等病状时，首先要怀疑为炭疽病，同时调查本地区有关炭疽发生情况，病畜种类、季节性、发病和死亡率等。调查历年炭疽死尸掩埋情况、炭疽预防注射情况等，为进一步确诊提供依据。

**2. 细菌学诊断**

简便的方法是死畜耳静脉或四肢末梢的浅表血管采取血液涂片，用吉姆萨或瑞氏染色液染色镜检，如看到典型炭疽杆菌，即可确诊。猪体局部炭疽涂片的菌体形态常不典型。如果尸体不新鲜时，要注意与类炭疽杆菌相区别，所以，腐败病料不适于镜检。

**3. 动物接种**

将病料用无菌生理盐水稀释 5～10 倍，对小白鼠皮下注射 0.1～0.2ml，或豚鼠 0.2～0.5ml，经 2～3 天死亡。死亡动物的脏器、血液等抹片，经瑞氏染色镜检，可见多量有荚膜的成短链的炭疽杆菌。

**4. 炭疽沉淀反应**（Ascoli 反应）

这种方法是诊断炭疽简便而迅速的方法，即使腐败的炭疽材料，仍可出现阳性反应，对于基层兽医及时确诊本病具有现实意义，但不是特异性的。

## 六、防治

**1. 定期预防接种**

对炭疽常发地区或威胁地区的家畜，每年应定期进行预防注射，是预防本病的根本措施。目前常用的疫苗有以下两种：一是无毒炭疽芽孢苗，一岁以上马、牛皮下注射 1ml；一岁以下马、牛皮下注射 0.5ml；绵羊、猪皮下注射 0.5ml（对山羊不要应用）。注后 14 天产生免疫力，免疫期为 1 年；二是Ⅱ号炭疽芽孢苗，各种家畜均皮下注射 1ml，注射后 14 天产生免疫力，免疫期为 1 年。不满一个月的幼年动物，临产前两个月的母畜，瘦弱、发热及其他患病畜禽不宜注射。应用时应严格执行兽医卫生制度。

**2. 合理治疗**

抗炭疽血清是治疗炭疽的特效药，病初应用可获良好效果。抗生素和磺胺类药物治疗有效，可选用的药物有青霉素、土霉素、四环素、链霉素及磺胺类药物，尤其以青霉素疗效高，单独使用或青霉素与土霉素、四环素同时使用。

**3. 妥善处理畜禽尸体，全场彻底消毒**

尸体及排泄物、患病动物污染的褥草、饲料、表土等，在指定的地点覆盖生石灰或 20％漂白粉深埋或焚烧。患病动物污染的圈舍、饲养管理用具、车辆等用 10％～20％漂白粉、3％～5％热氢氧化钠水消毒。患病动物污染和停留地的表土要铲除 15～20cm，与 20％漂白粉液混合再深埋。污染的饲料、粪便、垫草和废弃物烧掉。

被炭疽杆菌污染的毛、皮可用 2％盐酸或 10％食盐溶液浸泡 2～3 天消毒。或者用福尔马林熏蒸消毒。

## 七、公共卫生

炭疽杆菌是人类生物恐怖的首选细菌。人的炭疽主要是从事畜禽生产和畜禽产品加工人员从伤口感染或吸入带芽孢的尘埃感染，导致局部痈疽甚至于引起败血症而死亡。常表现为皮肤炭疽、肺炭疽和肠炭疽三种类型，还可继发败血症及脑膜炎，一旦发生应及早送医院治疗。

# 子项目六 结 核 病

结核病是由结核分支杆菌所引起的一种人畜共患慢性传染病。临床特征是进行性消瘦、咳嗽、衰竭，在机体多种组织中形成结核结节和干酪样坏死或钙化病灶。

本病呈世界性分布，在我国奶牛中发生较多，黄牛、猪、鸡也有发生。

## 一、病原

结核分支杆菌分为人、牛、禽三个主型，在形态、培养特性上不完全一致。结核杆菌为革兰阳性菌，用一般染色方法难于着色，常用抗酸染色法，方法是在已干燥、固定好的抹片上，滴加石炭酸复红染色液，加热至发生蒸气，维持3～5min，水洗，用3%盐酸酒精脱色，再用美蓝液复染1min，水洗后镜检，结核杆菌染成红色。由于不能被盐酸酒精脱去红色，所以，属抗酸染色菌。其他细菌一般染成蓝色。

不同型的结核分支杆菌有不同的宿主范围。牛型菌主要感染牛，其中以奶牛发病最多，人次之，马、绵羊、山羊、猪少见，实验动物以家兔最敏感，豚鼠次之。禽型菌主要感染家禽和水禽，但鸭、鹅、鸽子较不敏感。猪可得病，牛和绵羊则少见。人偶然也可得病。实验动物以家兔最敏感，豚鼠感受性较差。人型菌主要侵害人、猿、猴等，牛、猪少见。实验动物以豚鼠最敏感，家兔的感受性较差。人可感染牛型菌，牛也感染人型菌，这种人、牛相互感染的现象应予注意。

本菌在外界环境中生存力强，对干燥、腐败及一般消毒剂的耐受性亦较强。在干燥痰中10个月死亡，尘土中2～7个月死亡，粪、土壤中6～7个月死亡，水中5个月死亡，奶中90天，直射阳光下2～4h死亡。寒冷、低温也不影响生活力。在干燥的条件下，可耐受100℃、20min。对湿热抵抗力不强，加温60℃、30min死亡。因此，牛奶巴氏消毒（65℃、30min）后即饮用。本菌在10%漂白粉和70%酒精中很快死亡。在5%来苏儿48h、5%甲醛溶液12h方可杀死。本菌对酸碱度有一定的耐受性，实验室常用4%氢氧化钠、6%硫酸、3%盐酸来处理病料，有利于细菌分离培养。

本菌对一般及广谱抗生素、磺胺类药不敏感，但对链霉素、异烟肼、对氨基水扬酸等有不同程度的敏感性。

## 二、流行病学

### 1. 易感动物

本病可侵害多种动物，约50种哺乳动物，25种禽类可患病。在家畜中以牛最敏感，其中以奶牛发病最多，其次为黄牛、牦牛、水牛；也常见于猪和鸡；绵羊、山羊少发，单蹄兽罕见。野生动物中猴、鹿多发，狮、豹也有发生。

### 2. 传染源

结核病畜（禽）是主要的传染来源，特别是向体外排菌的开放性畜禽是最危险的传染源。

### 3. 传播途径

本病传染方式有三：一是呼吸道，病牛咳嗽喷出的飞沫，通过呼吸道而传染；二是消化道，污染的草料和饮水被健康动物食入，犊牛多因喝带菌的牛奶而感染，猪、鸡大多经消化道感染；三是交配感染，生殖道结核主要由这种方式传染。

## 三、临床症状

本病的潜伏期长短不一，从十几天到数年不等。具有病程长、治愈慢、易传染、易复发、易恶化的特点。由于患病器官不同，症状也不一致。

**1. 牛**

(1) 肺结核　牛患结核以肺结核为主，潜伏期较长。开始食欲、反刍和精神无明显变化，表现为早晚、起立、运动、吸入冷空气或含尘土的空气时发生有力的干性短咳。随着病情发展，咳嗽次数增加，干咳或变为湿咳。有黏性或脓性鼻液，呼吸次数增多，严重者呼吸困难。胸部听诊时，肺泡音粗粝，有干性或湿性啰音。胸膜发生结核时，还可以听到摩擦音。肺部叩诊时有浊音区。病牛日渐消瘦、贫血和易于疲劳。体表淋巴结肿大。发生全身性粟粒结核或弥漫性结核肺炎，病情恶化时病牛体温升至40℃以上，呈弛张热或稽留热，精神及食欲缺乏，呼吸更加困难，最后因心力衰竭而死亡。

(2) 乳房结核　乳上淋巴结肿大，有局限性或弥散性无痛无热的硬结。泌乳量减少，乳汁初期无明显变化，严重时变为水样、稀薄或混有脓块。有的乳房发生萎缩，两侧不对称，乳头变形，甚至停止泌乳。

(3) 肠结核　多见于犊牛，表现为食欲缺乏，消化不良，发生顽固腹泻，消瘦，粪便半液体状，混有黏液和脓液。

(4) 生殖器官结核　比较少见。病牛表现性机能紊乱，母牛发生流产、不孕，发情频繁，性欲增强，慕雄狂。有的病牛生殖器官形成结节或溃疡，从阴道流出白色或微黄色分泌物，其中混杂有絮片状和黏脓性物质，甚至混杂有血丝，公畜附睾或睾丸肿大，硬而痛。

(5) 淋巴结结核　可见于结核病的各种病型。可见于体表的颌下、肩前、股前、腹股沟、咽及颈部淋巴结。表现为淋巴结肿大、硬结，无热痛，常出现高低不平，不与皮肤粘连。

**2. 猪**

多表现为淋巴结核，如颌下、咽、颈及肠系膜淋巴结肿大，高低不平，有的破溃排出脓块或干酪样物，常形成瘘管，不易愈合，但很少出现临床症状。

**3. 鹿**

常由牛型结核菌引起。肺部结核表现为咳嗽，由干咳变湿咳，早晚多见，病重时呼吸次数增加，呼吸困难，肺部听诊有摩擦音，体表淋巴结肿大，病鹿贫血、消瘦。肠结核时可持续性下痢，最后衰竭死亡。

**4. 禽**

主要危害鸡和火鸡，以成年鸡和老鸡多发。主要经消化道感染。多发生于肝、脾、肠浆膜或内脏器官，临诊上无特殊症状，仅表现为贫血、消瘦、鸡冠萎缩、跛行及产蛋减少或停止。

## 四、病理变化

**1. 牛**

牛结核病灶常见于肺、肺门淋巴结、纵隔淋巴结，其次为肠系膜淋巴结。病牛内脏器官有很多突起的小结节，大小不一，从针头大至鸡蛋大，白色或黄色，坚实。病程呈急性经过的新鲜结节，四周有一圈红色区，并有较小的结节。慢性时结节切开有干燥的坏死物质，形同奶酪，有的见钙化的石灰质，切开时有砂砾感，四周形成较厚的结缔组织。有的干酪样坏死中心变为脓性液体，在肺脏可见坏死溶解组织排出后，形成肺空洞。在胸、腹膜上有时可见到粟粒至豌豆大的小结节，呈灰白色或灰黄色，质硬，似珍珠状，故有“珍珠病”之称。乳房结核多发生于进行性病例，切开乳房可见大小不等的病灶，内含干酪样物质。肠的病变多发生于小肠和盲肠，往往形成大小不一的结核结节或溃疡。

**2. 猪**

猪结核病灶多见于头颈部淋巴结、肠系膜淋巴结和扁桃体。在颌下、咽、肠系膜淋巴结及扁桃体等发生结核病灶，表现为干酪样坏死和钙化。

**3. 鹿**

鹿结核病灶可见肺和肺门淋巴结或内脏器官有很多突起的小结节，大小不一，从针头大至鸡蛋大，白色或黄色，坚实，切开可见干燥的坏死物质，形同奶酪，有的见钙化的石灰质，切开时有砂砾感，四周形成较厚的结缔组织。有的可形成肺空洞。浆膜结核呈“珍珠病”样变。肠结核病变多发生于空肠右后 1/3 处和回肠，形成圆形溃疡，周围隆起呈堤状。

**4. 禽**

禽结核病灶多见于肠道、肝、脾、骨骼和关节，其他部位少见。

## 五、诊断

根据畜群有咳嗽、淋巴结肿大、肺部异常、乳房内有硬结及不明原因的消瘦等表现，可疑为本病。通过病理剖检的特异性病变不难作出诊断。

结核菌素变态反应试验是诊断本病的主要方法，也是国际贸易规定的试验，可列为制度来强制执行。目前各地采用皮内注射法和点眼法同时进行。具体操作及判定按农业部颁发的检疫程序进行。

细菌学检查常采取病料涂片用抗酸染色后镜检，一般不进行细菌分离培养。近年来 ELISA、PCR 等方法也用于本病的诊断，具有较好的应用前景。

## 六、防治

本病的综合性防疫措施包括加强引进动物的检疫、培育健康动物群、加强饲养管理和消毒等工作。

**1. 引进动物严格检疫**

对从异地引进的牛只必须进行检疫，结核菌素变态反应试验健康者方可引进、混群饲养。

**2. 牛群定期检疫**

对牛群每年定期用结核菌素进行变态反应检查，阳性牛全部淘汰。通常 3 个月进行 1 次检疫。连续 3 次均为阴性为健康牛。

**3. 分群隔离饲养**

在定期检疫普查的基础上，将牛分成健康群、假定健康群、结核菌素阳性群和犊牛培育群。各群分隔饲养，固定用具和人员，并坚决执行有关兽医防疫措施。

**4. 培育健康犊牛**

从病牛群培育健康牛只是一项积极的措施。病母牛所产犊牛立即隔离于犊牛群，喂乳 3～5 天，然后喂给消毒奶。生后一个月进行第一次检疫，3～4 个月龄时进行第二次检疫，6 月龄进行第三次检疫，3 次检查都是阴性反应，可放假定健康育成牛群饲养，阳性反应者放入病牛群饲养，或作淘汰处理。

**5. 加强兽医卫生措施**

每年定期进行 2～4 次环境彻底消毒，发现阳性牛时要及时进行 1 次临时大消毒。常用药物为 20%石灰水或漂白粉混悬液。

## 七、公共卫生

牛型和禽型结核杆菌可使人致病，主要通过消化道感染，特别是小孩饮用带菌的生牛奶而患病，所以，牛奶消毒是预防人患结核的重要措施。结核病人不准饲养畜禽，以防人畜互相传染。

## 子项目七　布鲁杆菌病

布鲁杆菌病简称布病，是由布鲁杆菌引起的一种人畜共患慢性传染病，各种动物临床表现不完全一致，以生殖器和胎膜发炎，引起流产（临床上主要以流产为主）、不育和各种组织局部病状为特征。

本病发病广泛呈世界性分布，给畜牧业和人类健康造成危害，我国某些地方人畜均有发生。该病被世界动物卫生组织定为B类传染病，我国也将其列入二类动物疫病。

### 一、病原

本病是由布鲁杆菌引起的。布鲁杆菌属有6个种，即牛、羊、猪、沙林鼠、绵羊和犬布鲁杆菌，共20个生物型。即马耳他布鲁菌（又称羊型）有3个生物型，流产布鲁菌（又称牛型）有9个生物型，猪布鲁菌有5个生物型，沙林鼠布鲁菌、绵羊布鲁菌、犬布鲁菌。这6个种及其生物型的特征，相互间有差别，但形态及染色性无明显差别。本菌为短杆菌，无芽孢和鞭毛，革兰阴性球状短杆菌，用病料涂片镜检时，常密集成堆、成对或单个排列。由于本菌吸收染料过程较慢，较其他细菌难于着色，所以，常用科兹洛夫斯基染色，布鲁杆菌呈红色，其他细菌呈绿色。

本菌为需氧或兼性厌氧菌，在普通培养基上可以生长，但以在肝汤、马铃薯培养基上生长最好，有些菌株生长需要吐温40，流产布鲁菌和绵羊布鲁菌初次分离时需要在10% $CO_2$环境中生长。

本菌的抵抗力较强，在土壤中可存活24～40天，在干燥的胎膜中甚至可以存活更长时间，在咸肉中可存活40天，在羊毛中可存活1.5～4个月，但对湿热和消毒剂较敏感。兽医常用的一般消毒剂，如3%石炭酸、来苏儿、克辽林、5%漂白粉、2%甲醛液、5%石灰水等，都能在较短时间内将其杀死。

### 二、流行病学

**1. 易感动物**

范围很广，主要有羊、牛、猪。一般母畜的易感性大于公畜，年龄上以性成熟后的成年动物最易感，而幼龄动物有抵抗力。人感染有明显的职业性。

**2. 传染源**

病畜或带菌动物（包括野生动物）是主要传染来源。以感染的妊娠母畜最危险，它们在流产或分娩时，大量的细菌随胎儿、羊水、胎衣排出而污染周围环境，流产后3年内阴道分泌物仍带菌，乳汁及感染的公畜精液中也含有布鲁杆菌。

**3. 传播途径**

本病主要经消化道传播，还可经交配、损伤的皮肤、黏膜及呼吸道传播。

**4. 流行特点**

（1）本病流行多见于牧区，虽然各型菌有其主要的感染宿主，但也能转移于其他宿主，在转移储存宿主过程中，常出现由典型株变成非典型株的现象。

（2）有一定季节性，如羊型布鲁杆菌病是春季开始发生，夏季为发病高峰期，秋季逐渐下降。

（3）母畜中以头胎发病较多，可占50%以上，多数母畜只发生一次流产，而二次流产的较少；在老疫区，发生流产的较少，但子宫炎、乳房炎、关节炎、局部脓肿、胎衣不下、久配不妊娠的情况较多。

## 三、临床症状

**1. 母牛**

本病潜伏期长短不一，一般为14～120天。最显著的症状是流产，多发生于妊娠后的第6～8个月（妊娠282天），产出死胎或弱胎儿，流产前有分娩预兆征象，还有生殖道的炎症，流产常见胎衣不下，阴道内继续排出褐色恶臭液体，便可发生子宫炎而长期不孕，流产后的母牛可再度流产，一般流产时间比第一次推迟。公牛常见睾丸炎和附睾炎，初肿胀有热痛，后变坚硬，严重者可能发生坏死，失去配种能力。病牛还常见关节炎，如膝关节和腕关节等，关节肿胀、疼痛，滑液囊炎时出现“水瘤”，初有波动，后被逐渐吸收，甚至关节发生愈着，病牛表现跛行。

**2. 羊**

主要表现也是流产，发生在妊娠后的第3～4个月（妊娠150天），其他症状还有乳房炎、支气管炎、关节炎、滑液囊炎，公羊发生睾丸炎。

**3. 猪**

最明显症状也是流产，大多发生在妊娠的第30～50天或80～110天，早期流产的胎儿和胎衣多被母猪吃掉，常不被发现，极少数流产后胎衣不下，引起子宫炎和不育。公猪主要症状是睾丸炎和附睾炎，一侧或两侧无痛性肿大，有的极为明显。有的病状较急，局部有热痛，并伴有全身症状。有的病猪睾丸发生萎缩、硬化，性欲减退，丧失配种能力。无论公母猪都可能发生关节炎，大多发生在后肢，偶见于脊柱关节。局部关节肿大、疼痛，关节囊内液体增多，出现关节强硬，跛行。

## 四、病理变化

**1. 胎儿**

牛流产胎儿胃水肿，淋巴结、脾和肝肿胀、坏死，皮下肌间有出血性浆液性浸润。浆膜上有絮状纤维素块，胸、腹腔有微红色液体并混有纤维素。第四胃（即真胃）中有黄色或白色黏液和絮状物，有的黏膜上见有小出血点。胃、肠、膀胱黏膜及浆膜上可能有出血点。猪胎儿变化同上，但常有木乃伊化。

**2. 胎衣**

绒毛膜下胶样浸润，胎膜增厚，覆有纤维素和脓性物，呈灰黄色，有时见充血或出血。子叶充血、肿大并发生糜烂。流产的猪胎衣充血、出血和水肿，表面覆盖淡黄色渗出物，有的还见坏死区域。

**3. 母体子宫**

黏膜充血、出血并见炎性分泌物。母猪可见黏膜上有许多如大头针帽至粟粒大的淡黄色化脓或干酪化小结节，内含脓液或豆腐渣样物质。

**4. 公畜生殖器官**

睾丸、附睾有化脓坏死灶，鞘膜腔充满浆性渗出液。慢性者睾丸及附睾结缔组织增生、肥厚及粘连。精囊可能有出血及坏死灶。公猪睾丸及附睾肿大，切开见有豌豆大小的化脓灶和坏死灶，甚至有钙化灶。公猪还见有关节炎，滑液囊有浆液和纤维素，重时见有化脓性炎症和坏死，甚至还见脊柱骨、管骨的炎症或脓肿。

## 五、诊断

根据流行病学、临床症状及病理变化可作出初步的诊断，但确诊有赖于实验室细菌学、血清学及变态反应的检验，特别是本病多呈隐性感染，只有反复多次检验，方可达到早期诊断的目的。

**1. 病原学检查**

病原学检查常取母畜胎衣，绒毛叶水肿液，流产胎儿的胃内容物及有病变的肝、脾、淋巴结涂片，或进行细菌培养，发现本菌即可确诊。

**2. 血清学检查**

（1）凝集试验　最为常用，感染1周即产生凝集抗体，一般流产后1～2周达最高，经半年开始下降，可持续2～4年，具体方法上又分为试管法和平板法。

（2）牛全乳环状试验　适宜于对牛群的初筛，取鲜牛奶1ml于小刻度管中，加环状反应抗原0.5ml，混匀于37℃1h后观察结果，乳柱不显色，而乳脂环显色时为阳性，反之为阴性。

（3）补体结合反应　出现稍迟（感染1～2周产生补反抗体），敏感性比凝集反应高，持续时间也较长，当凝集反应为可疑或阴性时，补体结合反应仍为阳性，但操作术式较复杂，只能作为辅助诊断。

（4）变态反应　仅用于山羊和绵羊布鲁杆菌病的诊断，出现迟，持续1～2年。

## 六、防治

**1. 加强检疫，坚决保护健康畜群**

对从未发生过布鲁杆菌病的健康畜群，必须贯彻预防为主的方针和坚持自繁自养的原则，防止从外部引入病畜，若必须从外单位引进动物时，应从无此病地区购买，购进后隔离观察2个月，并进行检疫，确实健康的方可并群饲养。

**2. 定期进行免疫注射，是控制本病的有效措施**

目前，我国生产有3种布鲁杆菌疫苗，供生产单位应用。

（1）猪布鲁杆菌二号苗　供预防山羊、绵羊、猪和牛布鲁杆菌病之用。可采取口服法、喷雾法、注射法等方法使用。各种动物的免疫期不一样，羊不论口服、喷雾或注射，免疫期均为3年；牛口服菌苗，免疫期暂定2年；猪口服或注射，免疫期暂定1年。

（2）羊布鲁杆菌5号苗　预防牛和羊布鲁杆菌病。免疫方法可采用皮下接种、气雾和灌服免疫。

（3）牛布鲁杆菌19号苗　适用于预防牛、绵羊布鲁杆菌病。对牛的免疫量为600亿～800亿活菌，对绵羊的免疫量为300亿～400亿活菌。牛在5～8月龄时注射1次，必要时在18～20月龄（即第一次配种前）再注射1次。以后可根据牛群布鲁杆菌病流行情况决定是否注射。对牛的免疫力，6年内无显著变化。妊娠牛不得注射。绵羊每年配种前1～2个月注苗1次，妊娠羊严禁注射，对绵羊的免疫期为9～12个月。该苗对猪和山羊不宜注射。

**3. 患病动物群的康复措施**

对患病动物群可采取定期普遍检疫、加强消毒及兽医卫生、妥善处理患病动物和培育健康动物群等措施。对患病动物进行对症治疗，如剥离胎衣，子宫炎时冲洗和治疗，抗生素的应用等。

## 七、公共卫生

人类可以感染布鲁杆菌病，传染的途径是食入、接触和吸入。兽医、实验室工作人员及在牧场、屠宰场、畜产品加工厂都可能感染，特别是患畜流产和分娩时感染机会最多。病人表现出发热、寒战、盗汗、关节炎、神经痛、睾丸炎等多种病症，有的病人可反复发作，多年不愈。因此，除有赖于动物布鲁杆菌病的预防和消灭外，还应开展宣传教育，建立和健全兽医制度，注意个人防护，必要时可进行菌苗注射，保障人们的健康。

# 子项目八　大肠杆菌病

大肠杆菌病是指由致病性大肠杆菌引起的各种动物疾病的总称，各种动物大肠杆菌病的表现形式有所不同。主要危害幼年动物，常发生败血症和腹泻，除此以外可见尿道感染和乳房炎，给畜牧业带来巨大的损失。

本病广泛分布于世界各地，我国广泛存在，是给养殖业带来严重经济损失的重要传染病。

## 一、病原

大肠杆菌为革兰阴性、中等大小的杆菌，无芽孢，多数无荚膜、有鞭毛，能运动。大肠杆菌的抗原构造及血清型极为复杂，由菌体抗原（O抗原）、表面抗原（K抗原）和鞭毛抗原（H抗原）以及菌毛抗原（F抗原）组成。O抗原为多糖-类脂-蛋白质复合物，即内毒素。O、K、H三种抗原，分别已发现至少有165种、100种、60种，按抗原成分不同，可将病原性大肠杆菌分为许多血清型。

根据大肠杆菌的致病机制，将致病性大肠杆菌可以分为四种类型：一是肠致病性大肠杆菌（EPEC），在较温暖季节，引起幼儿流行性腹泻，食物中毒；二是产肠毒素性大肠杆菌（ETEC），产生耐热肠毒素（ST）或不耐热肠毒素（LT），可引起感染者腹泻，动物、婴儿、成人腹泻的重要病原；三是肠侵袭性大肠杆菌（EIEC），主要引起食物中毒；四是肠出血性大肠杆菌（EHEC）多见于猪和绵羊的水肿病。

本菌为需氧或微厌氧，在普通培养基上容易生长。在麦康凯培养基和远藤琼脂培养基上生长良好，可形成红色菌落，是由于大肠杆菌能分解乳糖所致，可与不分解乳糖的细菌相区别。在伊红美蓝琼脂培养基上则形成黑色带金属光泽的菌落。

研究表明，大肠杆菌致病的本质是由于多种毒力因子引起的不同病理过程。

定居与黏附素：ETEC进入小肠后，必须首先克服自然清除机制，黏附于小肠黏膜才能发挥致病作用。正常情况下，小肠前1/3段有少量存在。当抗体缺乏、pH升高、肠道蠕动减弱、机体应激等条件下，可使进入小肠前段的大肠埃希菌（*E. coli*）大量繁殖，如正常动物空肠中段为1万个，腹泻动物可达成10亿个，黏附能力与黏附素有关。黏附素固着于肠黏膜表面细胞的特异性受体上，从而使*E. coli*定居于黏膜。

产肠毒素性大肠杆菌能产生两种毒素，一种是不耐热的肠毒素（LT）；另一种是耐热的肠毒素（ST）。菌株中有单独产生LT或ST者，或同时产生LT、ST者。LT具有抗原性，与霍乱弧菌肠毒素有共同抗原，其作用亦相似，能引起黏膜细胞分泌增加，大量液体渗出，超过肠道再吸收能力，引起腹泻。ST分子量小，无抗原性，其作用是致使肠壁细胞中的电解质向肠腔内释放，引起电解质平衡紊乱而致腹泻。

水肿素的作用：将水肿病猪肠内容物的无菌滤液作仔猪静脉注射，经8～72h发生水肿病。存在于病猪小肠，可致血管损伤，引起眼睑水肿、共济失调等神经症状。经甲醛灭活后用明矾沉淀，可用来免疫。

除此之外具有致病性的因子还有定植因子、侵袭性大肠杆菌、大肠杆菌素。

本菌对热的抵抗力较强，对消毒剂的抵抗力不强，常规浓度在短时间内即可将其杀灭。但本菌的耐药菌株不断增多，药物的耐药谱也很难确定，给本病的防治带来困难。

## 二、流行病学

**1. 易感动物**

多种动物和人都可感染。幼龄比老龄易感。如鸡多发生于3～6周龄；猪的三种病均发生在育肥以前，仔猪黄痢常发生于生后1周以内，以1～3日龄者居多，仔猪白痢常发生于生后10～30天，以10～20日龄者居多，仔猪水肿常发生于生后断乳仔猪；犊牛、羔羊也都在1月龄以内；兔主要侵害20日龄及断奶前后的仔兔和幼兔。另外，不同动物易感菌株的血清型有所差异，猪主要是08、141、148、138、147、157，多带K88；鸡主要是08、10、78、119、1、2、36；牛、羊主要是08、78、101，多带K99；兔主要是010、85、119；人主要是028、0157。不同国家，不同地区，血清型分布也有差异，如人的*E. coli*，亚洲主要为028，0157，其他地区为01、02、078等。

**2. 传染源**

患病动物及带菌动物是本病的主要传染源，主要经粪便排菌。大肠杆菌为消化道主要菌群，大多为非致病菌，也有少量致病性，当有条件时即可致病，另外也可由外源性感染引起。

**3. 传播途径**

主要经消化道感染，牛还可经胎内、脐带，鸡还可经呼吸道、种蛋（鸡胚）感染。皮肤黏膜创伤（鸡脱肛后的感染）也可感染。

**4. 发病诱因**

新生动物未及时吃初乳，饲料不良，饲管不善，冷热刺激，卫生、空气质量差，消毒不彻底，密度过大，其他疾病等均能促使本病发生。

**5. 流行特点**

本病一年四季都可发生，但牛、羊多在冬季，呈散发或地方流行性。猪发生仔猪黄痢时，常波及一窝仔猪的90%以上，病死率可达100%；发生仔猪白痢时，一窝仔猪的发病率可达30%～80%；发生仔猪水肿时，多为地方流行性，发病率可达10%～35%，发病常为生长快的健壮仔猪。雏鸡发病率可达30%～60%，病死率高，可达100%。

## 三、临床症状与病理变化

**1. 仔猪大肠杆菌病**

猪感染致病性大肠杆菌时，根据发病日龄和临床表现可分为仔猪黄痢、仔猪白痢和猪水肿病三种情况。

（1）仔猪黄痢　仔猪黄痢常发生在1周龄以内仔猪，由母体感染，潜伏期8～18h，往往表现一窝猪突然1～2头发病，全身衰竭，迅速死亡，随后全窝发病，拉黄白色水样粪便，带乳片、气泡，腥臭，口渴，但无呕吐现象，精神沉郁，不食，严重脱水，消瘦，皮肤发红，昏迷而死，病程1～2天，往往来不及治疗，致死率高，可达100%。

病理变化主要是皮下水肿，黏膜、浆膜水肿，特别是小肠充满黄色液体和气体，肠系膜淋巴结出血，十二指肠尤为严重，肝、胃有坏死灶。

（2）仔猪白痢　仔猪白痢多发生于10～30日龄仔猪，30日龄以上少见，与环境因素特别是温度有关。表现突然拉灰白色黏糊状黏腻粪便，腥臭，畏寒，弓背，脱水，被毛粗乱，食欲减少，消瘦，病程2～3天，长者1周以上，可反复发作，病死率低，发育迟滞，易继发其他病。

病理变化主要是胃肠道呈卡他性炎症，胃内常积有多量凝乳块。肠壁薄且呈半透明状，肠系膜淋巴结水肿。

（3）猪水肿病　猪水肿病主要发生于断奶前后的仔猪，与高蛋白、高营养有关，发病率较低，但病死率高。表现突然发病，步态不稳，抽搐，四肢游泳状划动，鸣叫，转圈，食欲减少，便秘。颈、腹、皮下、眼部、齿龈、头部水肿，口吐白沫，对刺激敏感，病程一般为1～2天，病死率在90%以上。

病理变化表现为全身多处组织水肿，头部皮下、胃壁及肠系膜的水肿是本病的特征，尤其是胃壁、贲门和大弯部，肠系膜呈胶冻样浸润。淋巴结水肿出血，心包、胸腔积液，肺水肿、出血。有些无水肿变化，但内脏出血常见。

**2. 犊牛大肠杆菌病**

犊牛大肠杆菌病又称犊牛白痢，潜伏期短，一般为几小时至十几小时，在临床上可以分为败血型、肠毒血型和肠炎型三种情况。

(1) 败血型　常见于生后至7日龄犊牛，表现为发热，体温高达40℃，精神沉郁，常于症状出现数小时死亡，症状有衰弱、嗜睡，很快死亡。间有腹泻，或仅在死前出现。病程长者可见多发性关节炎、脑膜炎。病死率可达80%以上。

(2) 肠毒血型　较少见，常突然死亡，病程较长者有神经症状，先兴奋不安，后沉郁昏迷而死，伴有腹泻。

(3) 肠炎型　多见于7～10日龄犊牛，病初体温高达40℃，数小时后开始下痢，体温降至正常。粪便初呈黄色粥样，后变为水样，带有气泡，呈灰白色，并混有没有消化的凝乳块，酸臭有腐败气味，后期可见排粪失禁。病程长的可见关节炎和肺炎症状。

败血型和肠毒血型常无明显病理变化。肠炎型病理变化主要表现为急性胃肠炎变化，如真胃内有大量凝乳块，真胃、肠黏膜充血、水肿、皱褶处出血、覆有黏液；肠内容物混有血液和气泡、水样、恶臭；肠系膜淋巴结充血、肿胀；整个消化道弛缓，肠壁菲薄。

**3. 羔羊大肠杆菌病**

羔羊大肠杆菌病潜伏期一般为几小时或1～2天，按临床表现可分为肠炎型和败血型。

(1) 肠炎型　又称大肠杆菌性羔羊痢疾。多见于7日龄内羔羊，病初体温常高达40.5～41℃，数小时后开始下痢，粪便初呈糊状，后由黄色变为白色，随后粪便变为液状，带有气泡，有时混有血液和黏液，肛门周围、尾部和臀部皮肤被粪便沾污。病羊腹痛，拱背，卧地。

病理变化主要表现为脱水，真胃及肠内容物呈黄灰色半液状，瘤胃和网胃黏膜脱落，真胃及十二指肠中段呈严重的充血、出血。肠系膜淋巴结充血肿胀；脑膜充血。肺可见肺炎病变。

(2) 败血型　多见于2～6周龄以至3月龄羔羊，表现为发热，体温高达41.5～42℃，精神沉郁，结膜充血、潮红，呼吸浅表，神经症状明显，病羊口吐白沫，四肢僵硬，运行失调，卧地磨牙，头向后仰，四肢呈游泳状划动。病羊很少下痢，少数排出带血粪便。死前腹部膨胀，肛门外突，多于发病4～12h死亡，病死率高，很少有恢复者。

常无明显病理变化，主要是在胸、腹腔和心包内可见有大量积液，内有纤维蛋白。某些病例可见关节炎，尤其是肘关节和腕关节肿大，内含混浊液和纤维素性脓性絮片。脑膜充血，有小出血点。

**4. 兔大肠杆菌病**

兔感染大肠杆菌在临床上主要表现为腹泻和流涎，分腹泻型、败血型和混合型三种病型。

(1) 腹泻型　兔腹泻型兔大肠杆菌病以2月龄以下仔兔尤其是断奶前后仔兔容易发生，成年兔发生较少。病兔体温正常或稍低，精神不振，食欲减退，被毛粗乱，腹部膨胀。粪便开始细小，呈串，包有透明胶冻样黏液。稍后出现剧烈腹泻，排出稀薄的黄色乃至棕色水样粪便，沾污肛门周围和后肢被毛。病兔流涎，磨牙，四肢发凉。由于严重脱水，体重迅速减轻、消瘦。最后发生中毒性休克，很快死亡。病程7～10天，病死率高。

病理变化主要表现在消化道。胃膨大，充满多样液体和气体。十二指肠通常充满气体和染有胆汁的黏液。直肠扩张，肠腔内充满半透明胶样液体。回肠内容物呈胶样，粪球细长，两头尖，外面包有黏液，也有的包有一层灰白胶冻样分泌物。结肠扩张，有透明样黏液。回肠和结肠的病变具有特征性。胆囊扩张，黏膜水肿。肝脏、心脏局部有小点状坏死病灶。肝脏呈铜绿色或暗褐色。肾肿大，呈暗褐色或土黄色，表面和切面有大量出血点。肺充血或出血。

（2）败血型　不同日龄的兔均可发生。没有明显的临床症状，常突发死亡，有时可见食欲减少或废绝，呼吸促迫。没有特征性病理变化，一般表现肺气肿，有的有散在的小出血点；心脏扩张；肝稍肿而质脆；有的肝、肾、脾呈暗红色。

（3）混合型　本型兔大肠杆菌病多由腹泻型转变而来，临床表现与病理变化与腹泻型相似，不同的是在肠内和实质性器官中均可检出大量的大肠杆菌。

**5. 水貂大肠杆菌病**

本病主要发生于1月龄左右的仔貂及当年的幼貂，成年貂较少发病。潜伏期一般为2～5天，体温升高可达40～41℃。病初厌食，精神不振，排黄色粥状稀便，随后腹泻，粪便呈灰白色，带有黏液和泡沫，并混有血液和未消化饲料。严重病貂肛门失禁，发生水泻，乏力，弓腰，迅速消瘦，体温下降，死亡。母貂可发生乳房炎死亡。

病理变化主要是肠道有卡他性或出血性炎症，病程稍长的可见大肠壁变薄，肠黏膜脱落，肠内容物呈黏稠状，充有气体或混有血液，肠系膜淋巴结肿大、充血或出血，肝充血肿大或有出血斑点，脾肿大充血或出血，心肌变性，心内、外膜有出血点。

**6. 禽大肠杆菌病**

禽大肠杆菌病是由致病性大肠杆菌引起的各种禽类的急性或慢性传染病，给养禽业带来严重的经济损失。临床表现极其多样化，主要包括以下病型。

（1）急性败血型　病鸡不显症状而突然死亡，或症状不明显；部分病鸡离群呆立，或挤堆，羽毛松乱，食欲减退或废绝，排黄白色稀粪，肛门周围羽毛被沾污。该型发病率和死亡率都较高。

主要肉眼可见病理变化：一是纤维素性心包炎，表现为心包积液，心包膜混浊、增厚、不透明，甚者内有纤维素性渗出物，与心肌相粘连；二是纤维素性肝周炎，表现为肝脏不同程度肿大，表面有不同程度纤维素性渗出物，甚者整个肝脏为一层纤维素性薄膜所包裹；三是纤维素性腹膜炎，表现为腹腔有数量不等的腹水，混有纤维素性渗出物，或纤维素性渗出物充斥于腹腔肠道和脏器间。

（2）卵黄性腹膜炎　又称“蛋子瘟”，多见于产蛋中后期。病鸡的输卵管常因感染大肠杆菌而产生炎症，炎症产物使输卵管伞部粘连，漏斗部的喇叭口在排卵时不能打开，卵泡因此不能进入输卵管而跌入腹腔而引发本病。病鸡外观腹部膨胀、重坠，剖检可见腹腔积有大量卵黄，呈广泛性腹膜炎景象，肠道或脏器间相互粘连。

（3）生殖器官感染　患病母鸡卵泡膜充血，卵泡变形，局部或整个卵泡红褐色或黑褐色，有的硬变，有的卵黄变稀。有的病例卵泡破裂，输卵管黏膜感染时可见出血斑、内有多样渗出物、黄色絮状或块状的干酪样物；常于发病几个月后死亡。公鸡睾丸充血，交媾器充血、肿胀。

（4）关节炎或足垫肿　幼、中雏感染居多。一般呈慢性经过，病鸡消瘦、生长发育受阻，关节肿胀，跛行。

（5）肉芽肿　部分成鸡感染本菌后常在肠道等处产生大肠杆菌性肉芽肿。主要见于十二指肠、盲肠、肝和脾脏，病变可从很小的结节到大块组织坏死。该型少见，但发病后死亡率高。

（6）卵黄囊炎和脐炎　指幼鸡的蛋黄囊、脐部及其周围组织的炎症。主要发生于孵化后期的胚胎及1～2周龄的雏鸡，死亡率为3%～10%，甚至高达40%。表现为蛋黄吸收不良，脐部闭合不全，腹部肿大下垂等异常变化。

（7）全眼球炎　患大肠杆菌性全眼球炎的病鸡，眼睛灰白色，角膜混浊，眼前房积脓，常因全眼球炎而失明。

（8）大肠杆菌性脑病　大肠杆菌能突破鸡的血脑屏障进入脑部，引起病鸡昏睡、神经症状和下痢，不吃不喝，难以治愈，多以死亡而告终。本病可在滑膜支原体病、败血支原体病、传染性鼻炎和传染性喉气管炎的基础上继发或混合感染，又可独立发生。

（9）肿头综合征　本型主要发生于4～6周龄肉鸡，表现为头部皮下组织及眼眶发生急性或亚急性蜂窝织炎。

鸭的大肠杆菌病主要表现为败血症和生殖道感染等，鹅则主要为生殖器官感染和卵黄性腹膜炎等，其他禽类多表现为败血症。

## 四、诊断

根据临床症状、流行病学和病理变化可作出初步诊断，确诊需要进行细菌学检查。

细菌学检查采取病料的部位一般是：败血型为血液、内脏组织；肠毒血型为小肠前段黏膜；肠炎型为发炎肠黏膜。对分离出的大肠杆菌应鉴定血清型。

本病在诊断中应注意与下列疾病相区别。猪：仔猪红痢、猪传染性胃肠炎以及由轮状病毒、冠状病毒等引起的腹泻。牛：犊牛副伤寒。羊：羔羊痢疾。兔：兔副伤寒、魏氏梭菌性肠炎、球虫病、泰泽病、铜绿假单胞菌病。禽：沙门菌病、球虫病，鸭大肠杆菌病还应注意与鸭疫巴氏杆菌病相区别。

## 五、防治

**1. 一般防治措施**

大肠杆菌病是环境性疾病，搞好环境卫生，加强饲养管理是预防本病的关键措施。特别要注意检查水源是否被大肠杆菌污染，如有则应彻底更换；加强分娩舍的卫生及消毒工作，不从有病场引种，固定圈舍、运动场，生产时产房及母畜阴部、乳房用0.1%高锰酸钾消毒，注意营养不良（如日粮成分不均衡，维生素缺乏）及影响乳汁分泌性疾病，仔畜应及时吮吸初乳，注意保温。禽类注意育雏期保温及饲养密度；禽舍及用具经常清洁和消毒；种鸡场应及时集蛋，每天收蛋4次，脏蛋应以清洁细砂擦拭之。

**2. 免疫接种**

（1）猪　在本地区或猪场大肠杆菌血清型调查的基础上，使用与本地区血清型一致的疫苗或其与LT联合疫苗。预防仔猪黄痢，可对妊娠母猪产前6周和2周进行两次注射。一般说，（来自当地流行菌型的）自家场疫苗给妊娠母猪（产前3～4周）经口免疫（多价、不用抗生素）效果较好，灭活苗在产前4～6周和1～2周两次皮下或肌内免疫母猪，也有较好的效果。预防仔猪白痢和仔猪水肿病，可在仔猪出生后接种猪大肠杆菌腹泻基因工程多价苗，灭活苗使用也有较好的效果。

（2）牛　妊娠母牛可用带有K99菌毛抗原的单价或多价苗，也可用从同群母牛采取的血清、γ球蛋白制剂等进行免疫注射，用于预防。

（3）兔　常发本病的兔场，可用本场分离的大肠杆菌制成氢氧化铝甲醛菌苗进行预防注射，一般20～30日龄的仔兔肌内注射1ml，有一定的效果，母兔妊娠早期，每只兔注射本苗1～2ml，对初生仔兔有较好预防效果。

（4）禽　自家灭活菌苗在生产上应用可以控制本病，效果良好。肉鸡在3周龄接种一次即可；蛋鸡在4～5周龄首次接种，4～6周后第2次接种；种鸡18～20周龄接种一次。鹅大肠杆菌也可以用菌苗在母鹅产蛋前15天肌内注射1ml，免疫期4～5个月。

**3. 治疗**

本病治疗的关键是通过药敏试验，选取敏感药物进行合理治疗。

（1）猪　发病后及时选取敏感药物进行治疗。对于仔猪黄、白痢的治疗原则是抗菌、补液，母仔兼治、全窝治疗，常用的药物有庆大霉素、痢特灵、新霉素、磺胺甲基嘧啶等。治疗的同时应给仔猪补液，如口服补液盐或5%的葡萄糖。仔猪黄痢还可用微生态制剂，如NY-10、促菌生、乳康生、调痢生（8501）等都有较好作用。仔猪白痢还可用中兽医疗法：白痢灵注射液、辣蓼注射液、十滴水、羊红膻等治愈率均在90%以上。

（2）牛　发病后及时治疗。注意早期发现，选择敏感药物，投药量初为治疗量的2倍。肠型要配合补液，防止酸中毒。羔羊大肠杆菌病可参照实行。

（3）兔　一旦发生该病应立即隔离病兔，选取敏感药物进行治疗，如氟哌酸、环丙沙星、恩诺沙星等，一般常用链霉素，20mg/kg体重，2次/天，连用3～5天；或用痢特灵口服，15mg/kg体重，2次/天，连用2～3天。对症治疗应用补液、收敛等药物防止脱水，减轻症状。用促菌生治疗，每只病兔每次经口给予2ml菌液（约10亿活菌），1次/天，一般1～3次可治愈。水貂大肠杆菌病可参照实行。

（4）禽　一旦发生本病应该对分离到的大肠杆菌进行药物敏感试验，在此基础上筛选出高效药物用以治疗，如无条件进行药敏感试验的鸡场，在治疗时一般可选用下列药物：氟哌酸$5\times10^{-5}$～$1\times10^{-4}$混料3～5天；四环素类药0.02%～0.06%混料3～4天；敌菌净按0.02%比例溶于饮水3天；个别病鸡可肌内注射庆大霉素0.5万～1万单位/kg或卡那霉素30～40mg/kg或链霉素100～200mg/kg，上述3种药物均为每天注射一次，连续3天。

## 子项目九　沙门菌病

各种动物由沙门菌属细菌引起疾病的总称，即沙门菌病。临床特征是多引起败血症、肠炎和其他组织的局部炎症，主要侵害幼年动物和青年动物。

本病都呈世界性分布，我国广泛存在，对人和动物构成严重威胁，特别是一些沙门菌还能因食品污染而造成食物中毒，在公共卫生方面具有重要地位。

### 一、病原

沙门菌属是由一大群血清上相关的杆菌组成。引起动物和人致病的主要是猪霍乱沙门菌、猪副伤寒沙门菌、肠炎沙门菌、马流产沙门菌、牛病沙门菌、都柏林沙门菌、鼠伤寒沙门菌、鸡沙门菌、雏沙门菌、鸭沙门菌、甲型副伤寒沙门菌等。

该属细菌菌体两端钝圆、中等大小、直杆菌。革兰染色阴性，无芽孢、无荚膜，除鸡白痢沙门菌和禽伤寒沙门菌外，都具有周鞭毛，能运动，绝大多数具有菌毛，能吸附于宿主细胞表面和凝集细胞。

本菌需氧、兼性厌氧，对营养要求不高，在普通培养基上生长良好。鸡白痢沙门菌等在肉汤琼脂上生长较贫瘠，菌落较小。S型菌落圆整，光滑，湿润，半透明。R型菌落表面干燥，无光泽，边缘不整齐。S型菌在肉汤中呈均匀混浊生长；R型则上液清朗，管底有微量沉淀。猪霍乱沙门菌、肠炎沙门菌等在适宜条件下能形成黏液样菌落。在平板培养基上37℃培养1天再放于室温1～2天后，可见菌落外围绕一圈黏液块。

本菌具有菌体（O）抗原、鞭毛（H）抗原、K抗原和菌毛抗原。沙门菌血清定型是用O、H和Vi（K抗原的一种）单因子血清作玻板凝结实验来鉴定待检菌株血清型的。沙门菌具有一定的侵袭力，并产生毒力强大的内毒素，细菌死亡后可释放出内毒素，引起宿主体温升高。白细胞数下降，大剂量时导致中毒症和休克。鼠伤寒沙门菌可产生肠毒素，其性质类似于 ETEC 肠毒素。

本属细菌对热、各种消毒剂和外界环境的抵抗力较强。60℃、15min 可杀死本菌。5%石炭酸、2%氢氧化钠、0.1%升汞液等于数分钟内即可使本菌灭活。本菌对胆盐、亚硒酸盐、亚硫酸钠等的抵抗力强于其他肠道菌，故在含有这类物质的增菌液中仍能生长。本属细菌对抗菌药物的敏感性随耐药菌株日益增多而越来越低。多数菌株能抵抗青霉素、链霉素、四环素、土霉素、林肯霉类、红霉素和磺胺类药物等，但对庆大霉素、多黏菌素 B 等尚有较高敏感性。

## 二、流行病学

**1. 易感动物**

人、各种家畜和家禽及其他动物均有易感性，幼龄动物较成年动物易感。猪：主要发生于 6 月龄以下仔猪，特别是 2～4 月龄仔猪多见。牛：生后 1 个月前后的犊牛最易感。羊：主要是断奶时的羔羊易感。鸡：2 周龄以内的雏鸡最易感。

**2. 传染源**

患病动物及带菌动物是本病主要的传染源，它们可通过粪、尿、乳、流产的胎衣、胎儿、羊水、精液排菌。健康动物带菌（特别是鼠伤寒沙门菌）现象很普遍，潜藏于消化道、淋巴结、胆囊，当动物抵抗力降低时，病菌活化发生内源性传染，也可反复通过易感动物，毒力增强而扩大传播，野鸟、冷血动物（乌龟、蛇、蜥蜴）、鼠、蜱、蝇都有传播作用。

**3. 传播途径**

本病主要是通过污染的饲料和水源经消化道感染健康动物。患病动物和健康动物交配或用患病动物的精液人工授精也可发生感染。此外子宫内也可能感染。

禽沙门菌病常形成较复杂的传染环。传播途径较多，最常见的传播途径是经带菌卵传播。用康复、带菌母鸡产的卵或卵壳污染的卵孵化后，或形成死胚，或孵出病雏鸡。孵化雏鸡在孵化器内可吸入飘浮的细菌，发生呼吸道感染，或通过消化道（粪便带菌）、损伤的皮肤、黏膜、交配感染，经卵育雏感染，耐过鸡直到产卵还带菌，这种带菌卵作种用则能周而复始代代相传。

**4. 流行特点**

本病一年四季均可发生。猪在多雨潮湿季节发病较多，成年牛多于夏季放牧时发生。育成期羔羊常于夏季和早秋发病，妊娠羊则主要在晚冬、早春季节发生流产。一般呈散发或地方流行性，有些动物可表现流行性。

## 三、临床症状与病理变化

**1. 猪沙门菌病**

猪沙门菌病亦称仔猪副伤寒，是由猪霍乱沙门菌、猪伤寒沙门菌、鼠伤寒沙门菌、肠炎沙门菌引起的一种条件性传染病，临床上可分为急性型、亚急性型和慢性型。

（1）急性型　多见于断奶前后（2～4 月龄）仔猪，主要由猪霍乱沙门菌引起。体温升高（41～42℃），拒食，很快死亡，耳根、胸前、腹下等处皮肤出现紫斑，后期见下痢，呼吸困难，咳嗽，跛行，经 1～4 天死亡。发病率低于 10%，病死率可达 20%～40%。

主要表现败血症的病理变化。皮肤有紫斑，脾肿大，暗蓝色，似橡皮，肠系膜淋巴结索状肿大；肝也有肿大，充血、出血，肝实质有黄灰色细小坏死点；全身黏膜、浆膜出血，卡他性-出血性胃肠炎。

（2）亚急性型和慢性型　较多见，表现体温升高（40.5～41.5℃），畏寒，结膜炎，黏、脓性分泌物，上下眼睑粘连，角膜可见混浊、溃疡。呈顽固性下痢，粪便水样，或黄绿色或暗绿色或暗棕色，粪便中常混有血液坏死组织或纤维素絮片。恶臭，时好时坏，反复发作，持续数周，伴以消瘦、脱水而死。部分病猪在病中后期皮肤出现弥漫性痂状湿疹。病程可持续数周，终至死亡或成僵猪。

主要病理变化在盲肠、结肠和回肠。特征是纤维素性坏死性肠炎，表现为肠壁增厚，黏膜潮红，上覆盖一层弥漫性坏死和腐乳状坏死物质，剥离见基底潮红，边缘留下不规则堤状溃疡面，有的病例滤泡周围黏膜坏死，稍突出于表面，有纤维素样的渗出物积聚形成隐约而见的轮状环。肝、脾、肠系膜淋巴结常可见针尖大、灰白色或灰黄色坏死灶或结节。肠系膜淋巴结呈絮状肿大，有的有干酪样变。肺常有卡他性肺炎或灰蓝色干酪样结节。

**2. 牛沙门菌病**

牛沙门菌病又称牛副伤寒。主要是由都柏林沙门菌、鼠伤寒沙门菌、肠炎沙门菌引起的一种传染病，成年牛、犊牛都可以感染发病。

（1）犊牛　多数犊牛2～4周龄后发病，病初体温升高达40～41℃，脉搏、呼吸均增数，24h后出现带有血液、黏液的恶臭下痢，脱水、消瘦、死亡，有的出现关节炎、支气管炎、肺炎等，耐过牛多数发育不良，通常于发病后5～7天死亡，病死率可达50%。

多数呈败血症病理变化，最引人注目的特征性病变见于脾脏及肝脏，脾脏肿大2～3倍，被膜紧张，有出血斑点及坏死灶，肝脏肿大，也可见针尖至针头大坏死结节，肠系膜淋巴结水肿、出血，心壁、腹膜及腺胃、小肠和膀胱黏膜有小点状出血。慢性型肺呈卡他性-化脓性支气管肺炎，关节囊肿大，关节腔中有脓汁或浆液、纤维素性渗出物。

（2）成年牛　主要表现高热，食欲废绝，脉搏频数，呼吸困难，衰竭，继之出现恶臭、含有黏膜、纤维素絮片的血痢，下痢后体温降至正常或略高，及时合理的治疗可降低死亡率，多于1～5天死亡，死亡率可高达50%～100%。妊娠母牛感染后可发生流产（多于6个月）。取顿挫型者，经24h症状减退，不见下痢，但从粪便中还可排菌数天，发病率可达80%，病死率为13%。

主要呈急性黏液性、坏死性或出血性肠炎的病理变化，特别是回肠和大肠，可见肠壁增厚，黏膜潮红、出血、坏死、脱落。其他病理变化与犊牛相似，流产母牛可见到子宫黏膜增厚，绒毛叶坏死，胎盘水肿。

**3. 羊沙门菌病**

羊沙门菌病，是由鼠伤寒沙门菌、羊流产沙门菌、都柏林沙门菌等引起的绵羊和山羊的急性传染病，以下痢和妊娠羊流产为特征。

（1）下痢型　多见于15～20日龄的羔羊，病羊厌食，体温升高至41℃以上，严重下痢，排出大量的灰黄色糊状粪便，污染后躯，迅速出现脱水状态，往往死于败血症或严重脱水。如果母羊群中同时存在羔羊和妊娠羊，则可能出现多种病型，某些病羊可能无前驱症状，而突然死亡。

（2）流产型　流产多发生在妊娠后4～6周。如果不发生产后感染，母羊常不表现明显的症状或出现一过性的体温升高，而且排菌时间很短。部分母羊产死羔或弱羔，而出生时外表正常的羔羊常于2～3周后下痢或死于败血症。母羊的死亡率为10%～15%不等，流产率为10%～75%，甚至更高。

羊沙门菌病病理变化主要呈现败血症的变化，脾脏肿大，有灰色的坏死病灶，脏器充血，急性病例可见胃炎和肠炎，相关淋巴结肿大，肠内系物稀薄，流产胎儿皮下水肿，胸腔有过量的积液，心外膜和肺脏出血，胎盘无明显的肉眼病变。

**4. 兔沙门菌病**

兔沙门菌病是由鼠伤寒沙门菌和肠炎沙门菌引起的兔的一种传染病。以腹泻和流产为特征。

（1）流产型　多发生于妊娠后25天至临产的母兔。病兔表现不安，食欲下降或废绝。渴感增加，体温升高至41℃左右并发生流产。阴道流出黏液性化脓性分泌物。病兔流产后多数死亡，流产后未死亡康复的母兔多不易受孕，哺乳仔兔多数被感染突然死亡。发病率高达75%，流产率为70%，死亡率为44%。

妊娠流产的病兔可见伴有黏膜表面溃疡的化脓性子宫炎。子宫肿大、壁增厚，浆膜和黏膜充血，局部覆盖一层淡黄色纤维素性污秽物。流产的病兔子宫内有木乃伊化或液化的胎儿，阴道黏膜充血，腔内有脓性分泌物。肝有弥漫性或散发性淡黄色针头至芝麻大的坏死灶，胆囊肿大，充满胆汁，脾肿大2～3倍，呈暗红色。肾有针尖样大小的出血点。肠淋巴结水肿，黏膜上有溃疡。

（2）腹泻型　多发生于断奶后仔兔和青年兔，病兔体温升高，食欲缺乏，顽固性下痢，消瘦，常于1～7天死亡，仔猪发病率高达92%，死亡率为96%。

急性死亡病例可见多个脏器淤血，在胸腔、腹腔积有浆液乃至浆液血样液体。亚急性病例在肝脏有小坏死灶，脾脏肿大、淤血，肠淋巴结水肿。有些病例的肠聚合淋巴滤泡有灶性坏死区，肠黏膜上出现淋巴滤泡肿胀，坏死后形成溃疡。有的病例肠黏膜淤血、出血，黏膜下水肿。

**5. 禽沙门菌病**

禽沙门菌病是由沙门菌属中一种或多种细菌引起的禽类的传染病。包括鸡白痢、禽伤寒、禽副伤寒三种不同的疾病。

（1）鸡白痢　鸡白痢是由鸡白痢沙门菌引起的各年龄鸡都可发生的一种传染病。不同日龄的鸡发生该病的临床表现差异较大。

① 雏鸡：潜伏期4～5天。若由带菌蛋孵化时，在孵化期内常发生死亡，或孵出不能出壳的弱胚，或出壳后1～2天即死亡的弱雏。出壳后感染雏鸡，在孵出后3～5天开始发病死亡。到2～3周龄时达到发病和死亡高峰。病雏怕冷，身体蜷缩如球状，常成堆的拥挤在一起，特别喜欢在热源周围；有的尖声鸣叫，两翅下垂，绒毛松乱，精神委顿，眼半闭，嗜眠，不食或少食。病雏出现下痢，排出一种白色、糨糊状的稀粪。有时泄殖腔周围的绒毛上粘着白色、干结成石灰样的粪便，常称为“糊屁股”。由于干结粪便封住泄殖腔，每当排粪时常常发出“吱吱”的尖叫声。多数病雏表现出呼吸困难的症状，伸颈张口。病程4～7天，污染严重种鸡的后代雏鸡白痢的死亡率可达20%～30%。3周龄以上的病雏一般较少死亡，但这样的雏鸡发育迟缓，成为带菌或慢性病鸡。

雏鸡白痢剖检可见肝肿大和淤血，间有出血，胆囊充盈多量胆汁，肺充血或出血。卵黄吸收不全，卵黄囊皱缩，内容物稀薄呈油脂状，或淡黄色豆腐渣样。在肝、肺、心肌有灰褐色或灰白色坏死灶和结节，致使心脏增大变形；有的病雏在肌胃、盲肠、大肠黏膜上亦见坏死和结节，盲肠中有灰白色干酪样物，堵塞于肠腔内。脾肿大或见坏死点；肾肿大、充血或出血，输尿管充满尿酸盐。

② 青年鸡（育成鸡）：多发生于40～80日龄的鸡，本病常突然发生，全群鸡食欲、精神无明显变化，但鸡群中不断出现精神、食欲差和下痢者，常突然死亡，每天都有鸡死亡，数量不一。病程较长，可达20～30天，死亡率可达10%～20%。

育成鸡白痢突出的变化是肝破裂，腹腔内见有凝血块。脾脏肿大，心包增厚，心肌可见数量不一黄色坏死灶。严重的心脏变形、变圆，在肌胃上也可见到类似的病变。肠道有卡他性炎症。

③ 成年鸡：成年鸡不表现明显症状，成为隐性带菌者或慢性经过。在鸡群内不断散播病原菌，扩大传染，不被人们察觉。只可感到母鸡产卵量与受精率下降，孵化率减低。有的感染鸡，可因卵黄性腹膜炎，出现“垂腹”现象。但成年鸡也有急性暴发的病例，要引起重视。

成年母鸡白痢最常见的变化是卵子形状和颜色的改变。卵子失去正常的金黄色，变得晦暗无光泽，呈灰色、褐色、淡青色或墨绿色。同时，卵子形状皱缩不整齐（扁的、椭圆形、凹凸不平的），卵膜变厚、质实，切开时，或见内容物变成油脂样或豆腐渣样。有时还可以看到，鸡卵掉在腹腔内，为炎性组织所包埋，切开呈均匀的淡黄色或污秽黄褐色，易引起腹膜炎，即常称的卵黄性腹膜炎。有时还可看到，卵黄堵塞在输卵管内，从而引起腹膜炎和肠管粘连。同时，还常见有心包炎、心囊积液、混浊、心包膜增厚而混浊，甚至与心肌粘连。

成年公鸡的病变常局限于睾丸和输精管。睾丸极度萎缩、变硬，组织内有点状坏死，并有小脓肿灶。输精管扩大，内含干酪样渗出物。也常伴发心包炎，心包粘连，心包液增多和变混浊。

（2）禽伤寒　禽伤寒是由鸡伤寒沙门菌引起禽的一种败血性传染病。主要发生于青年鸡和成年鸡，鸡、火鸡、珠鸡、孔雀、鹌鹑以及鸭可以自然感染，但鹅、鸽子有抵抗力。一般呈散发。

本病潜伏期一般是4～5天。青年鸡和成年鸡的急性病例突然停食，精神委靡，羽毛松乱，排出黄绿色稀粪，由于发生严重溶血性贫血，冠和肉髯苍白皱缩。体温升高1～3℃。病鸡迅速死亡，一般病程4～10天。亚急性和慢性病例发生贫血，渐进性消瘦，病死率较低。雏鸡、雏鸭发病时，症状与白痢相似。

急性病例不见明显病理变化。病程稍长的可见肝、脾和肾充血肿大。亚急性、慢性病例，肝肿大呈青铜色为其特征。肝和心脏有灰白色的粟粒状坏死灶，心包炎，公鸡发生睾丸炎并有病灶，小鸡的肺、心脏和肌肉可见灰白色病灶。雏鸭可见心包膜出血，脾轻度肿大，肺及肠呈卡他性炎症。

（3）禽副伤寒　禽副伤寒是由鼠伤寒沙门菌、肠炎沙门菌等引起禽的一种地方流行性传染病。常于孵出后2周内发病，6～10月龄损失最大。1月龄以上的家禽一般不引起死亡，成年鸡呈隐性或慢性经过。

经带菌蛋感染或出壳的雏禽在孵化器内感染发病后，呈败血症经过，往往不显任何症状死亡。年龄较大的幼禽则为亚急性经过。各种幼禽副伤寒的症状大体相似。主要表现为精神委靡不振、嗜睡呆立、两翅下垂、羽毛松乱、食欲缺乏或拒食，饮水增加，水样下痢，肛门周围粘有稀粪，怕冷，相互拥挤一隅。雏鸡见有颤抖、喘气及眼睑水肿，常猝然倒地死亡。成年禽一般为慢性带菌者，常不见症状，急性病例极少见，有时出现水样下痢、失水、精神不振、两翅下垂、羽毛松乱等。

急性死亡的雏鸡见不到明显的病理变化。病程稍长的消瘦，失水，卵黄凝固，肝、脾充血并有条纹状出血或针尖状坏死，肾有充血，心包炎及心包粘连。雏鸡可见出血性肠炎，盲肠内有干酪样物。成年禽急性型可见肝、脾、肾充血肿胀，有出血性坏死性肠炎，可见心包炎、腹膜炎。产卵鸡可见到输卵管的坏死和增生，卵巢发生坏死，往往形成腹膜炎。慢性型和肠道带菌者一般无明显病变，但有的可见肠道坏死性溃疡，肝、脾或肾肿大，心脏有结节，卵子变形。

## 四、诊断

根据流行病学、临床症状和病理变化可作出初步诊断，确诊应进行实验室检验。通常采取患病动物的血液、内脏器官、粪便或流产胎儿的胃内容物、肝、脾为病料，做沙门菌的分离，必要时可进一步进行生化试验和血清学分型试验鉴定分离株。

动物感染沙门菌后的隐性带菌和慢性无症状经过较为多见，检出这部分动物是防治本病的重要一环。对鸡白痢可采取鸡的血液或血清做平板凝集试验，鸡白痢标准抗原也可用来对禽伤寒进行凝集试验。猪沙门菌病进行细菌分离鉴定时，值得注意的是亚硒酸盐和四硫磺酸盐两种培养基对猪霍乱沙门菌有毒性，这可能是临床上该菌分离率低的原因之一。

此外，微量快速细菌生化反应试验法对主要肠道沙门菌鉴别效果很好。ELISA 和 PCR 技术也可以用于沙门菌的快速检测。

本病在诊断中应注意与下列疾病相区别。猪：急性型仔猪副伤寒应注意与急性型猪瘟、急性型猪丹毒和急性型猪巴氏杆菌病相区别，亚急性、慢性型仔猪副伤寒应注意与亚急性、慢性型猪瘟相区别。鸡：沙白痢应注意与鸡球虫病、鸡伤寒、鸡副伤寒、曲霉菌病区别。

## 五、防治

**1. 加强饲养管理，坚持自繁自养**

平时应坚持自繁自养，防止传染源的侵入。加强饲养卫生管理，不可宰杀患病动物食用，以免污染环境和引起食物中毒。

**2. 猪常发地区进行免疫接种**

猪：仔猪断奶后接种仔猪副伤寒弱毒冻干菌苗，可有效的控制本病发生，合理使用微生态制剂，促进动物早期建立肠道正常微生态系统，也可有效地防止本病发生。

**3. 针对病情，对症治疗**

通过药敏试验选取敏感药物进行合理治疗，是控制本病的关键环节。

(1) 猪　发病猪应及时隔离治疗，主要是抗菌消炎、止泻补液等。常用抗生素如土霉素、卡那霉素、庆大霉素、新霉素，另外还有磺胺甲基异瘦唑（SMZ）或磺胺嘧啶（SD）等，常有一定的疗效。按规定使用，不能滥用防止产生耐药性。不能长期使用，各种药物交替使用为好。不少中草药有抗菌消炎的作用，可考虑使用。

(2) 牛、羊　发现病牛应及时应用新霉素等抗生素和磺胺类药物进行治疗。

(3) 禽　发现病禽时可选用庆大霉素、土霉素、磺胺类等药物进行治疗，但治愈的家禽可能长期带菌，不能作种用。

# 子项目十　巴氏杆菌病

巴氏杆菌病又称出血性败血症，是由多杀性巴氏杆菌引起多种动物共患的一种传染病。急性型以败血症和炎性出血为特点，慢性型以皮下、关节以及各脏器的局灶性化脓性炎症为特点。

本病分布于世界各地，我国广泛存在，是给养殖业带来严重经济损失的重要传染病。

## 一、病原

多杀性巴氏杆菌属于巴氏杆菌属，为细小球杆菌，多单个存在，革兰染色为阴性。无鞭毛，不形成芽孢。新分离的强毒菌株具有荚膜。在血液和组织的病原菌，用美蓝、瑞氏或吉姆萨液染色，菌体呈明显的两极着色特性，但其培养物的两极着色不明显。

本菌为需氧及兼性厌氧菌，可在普通培养基上生长，如添加血液或血清，则生长良好。在琼脂平板上，形成湿润、光滑、边缘整齐的圆形露珠样灰白色小菌落，不溶血。在肉汤中培养时，初期呈均匀混浊，24h 后上清液清亮，管底有灰白色沉淀物，培养久时，表面形成菌膜。

新分离的细菌，其菌落的荧光性很强。自动物病例分离到 Fg 菌落型和 Fo 菌落型两大菌落型，Fg 菌落型对畜类有强大毒力，Fo 菌落型对禽类有强大毒力。急性病例分离的多为 Fg 型，菌落在肉眼下现微蓝色荧光，在 45 度折射光线下荧光呈蓝绿色而带金光，边缘有红黄色光带。慢性病例或健康带菌者分离的多为 Fo 型，肉眼观察呈乳白色，荧光微弱，折射光线下荧光呈橘红色而带金色，边缘有乳白色光带。不同畜群来源分离的巴氏杆菌，对不同畜禽的毒力和抗原性均有很大差异。另外，还有无荧光型（Nf）。

根据巴氏杆菌特异性荚膜抗原的不同，分为 A、B、C、D、E 和 F 五个血清群，在猪以 A 及 D 型为最常见。根据菌体抗原将多杀性巴氏杆菌分为 1～16 型，两者结合起来形成更多的血清型。不同血清型的致病性和宿主特异性有一定的差异性。

本菌抵抗力不强，一般常用的消毒剂，都可在数分钟杀死本菌，但 10%克辽林在 1h 内尚不能杀死此菌，不宜采用。

## 二、流行病学

**1. 易感动物**

多杀性巴氏杆菌对多种动物（家畜、野生动物和禽类）和人均具有致病性。家畜中以牛、猪、兔和绵羊发病较多，山羊、鹿、骆驼、马、犬和水貂也可以感染发病；禽类以鸡、火鸡和鸭最易感，鹅和鸽子易感性较低。

**2. 传染源**

患病动物和带菌动物是主要的传染源。健康动物带菌的现象比较普遍，健康猪上呼吸道中常带有本菌，但多半为弱毒或无毒的类型。有人检查屠宰猪扁桃体带菌率达 63%。由于猪群拥挤、圈舍潮湿、卫生条件差、长期营养不良、处于半饥饿状态、寄生虫病、长途运输及气候骤变等不良因素，降低了猪体的抵抗力，或发生某种传染病时，病菌乘机侵入机体内繁殖，而增强毒力，引起内源性感染。

**3. 传染途径**

本病主要经过消化道和呼吸道传染，也可经皮肤、损伤的黏膜和吸血昆虫叮咬感染。在不良因素的影响下，降低了动物的抵抗力也可引起内源性感染。

**4. 流行特点**

一年四季都可发生，以秋末春初及气候骤变的时候发病较多，在南方大多发生在潮湿闷热及多雨季节。饲养管理不当、卫生条件过劣、饲料和环境的突然变换及长途运输等，都是发生本病的诱因。一般呈散发，有时可呈地方流行性。

## 三、临床症状与病理变化

**1. 猪巴氏杆菌病**

猪巴氏杆菌病又称猪肺疫或猪出血性败血症，俗称“锁喉风”或“肿脖子瘟”。潜伏期 1～12 天，临床上常分为最急性、急性和慢性三种类型。

（1）最急性型　常见于流行初期，病猪常无明显临诊症状而突然死亡。病程稍长的可见体温升高至 41℃以上，食欲废绝，精神沉郁，寒战，可视黏膜发绀，耳根、颈、腹等部皮肤出现紫红色斑。较典型的症状是急性咽喉炎，颈下咽喉部急剧肿大，呈紫红色，触诊坚硬而热痛，重者可波及卫根和前胸部，致使呼吸极度困难，叫声嘶哑，常两前肢分开呆立，伸颈张口喘息，口鼻流出白色泡沫液体，有时混有血液，严重时呈犬坐姿势张口呼吸，最后窒息而死。病程 1～2 天，病死率很高。

最急性型呈败血症的病理变化，主要表现全身皮下、黏膜有明显的出血。在咽喉部黏膜因炎性充血、水肿而增厚，使黏膜高度肿胀，引起声门部狭窄。周围组织有明显的黄红色出血性胶冻样浸润。淋巴结急性肿大，切面红色，尤其颚凹、咽背及颈部淋巴结明显，甚至出现坏死。胸腔及心包积液，并有纤维素。肺充血、水肿。脾有点状出血，但不肿大。心外膜出血。

（2）急性型　急性型常见，主要表现为肺炎症状，体温升至41℃左右，精神差，食欲减少或废绝，初为干性短咳，后变湿性痛咳，鼻孔流出浆性或脓性分泌物，触诊胸壁有疼痛感，听诊有啰音，呼吸困难，结膜发绀，皮肤上有红斑。初便秘，后腹泻，消瘦无力。大多4～7天死亡，不死者常转为慢性。

急性型病例主要表现肺部炎症。肺小叶间质水肿增宽，有不同时期的肝变期，质度坚实如肝，切面有暗红、灰红或灰黄等不同色彩，呈大理石样。支气管内充满分泌物。胸腔和心包内积有多量淡红色混浊液体，内混有纤维素。胸膜和心包膜粗糙无光泽，上附纤维素，甚至心包和胸膜发生粘连。支气管和肠系膜淋巴结有干酪样变化。

（3）慢性型　初期症状不显，继则食欲和精神不振，持续性咳嗽，呼吸困难，进行性消瘦，行走无力。有时发生慢性关节炎，关节肿胀，跛行。有的病例还发生下痢。如不加治疗常于发病2～3周后衰竭而死。

慢性型病例病理变化表现为尸体消瘦贫血，肺有多处病灶，内含干酪样物质；胸膜及心包膜有纤维素性絮状物附着，肋膜变厚常与病肺粘连；支气管周围淋巴结、肠系膜淋巴结以及关节和皮下组织可见坏死灶。

**2. 牛巴氏杆菌病**

本病又称牛出血性败血症，以高热、肺炎、急性胃肠炎以及内脏器官广泛出血为特征。潜伏期为2～5天，临床上可分为败血型、水肿型和肺炎型。

（1）败血型　病牛体温升高可达41～42℃，精神不振，低头拱背，被毛粗乱无光，脉搏加快，呼吸困难，鼻镜干燥，结膜潮红，有时咳嗽或呻吟。食欲减退或废绝，反刍停止，泌乳减少或停止。患牛腹痛、下痢，粪便混有黏膜或血液，有恶臭。一般因虚脱死亡，甚至突然死亡。

一般无特征性病理变化，只见内脏各器官充血，黏膜、浆膜、肺、舌、皮下组织和肌肉都有出血点。胸腔内有大量积液。

（2）水肿型　多见于牛和牦牛，病牛颈部、咽喉及胸前的皮下结缔组织水肿，触之有热痛感和硬感，同时伴发舌及周围组织高度肿胀，有时舌伸出口外，呈暗红色，呼吸极度困难，眼红肿流泪，急性结膜炎，常因呼吸困难窒息而死亡。病程12～36h。

病理变化主要是水肿部位呈出血性胶样浸润，咽淋巴结和颈前淋巴结高度急性肿胀。

（3）肺炎型　此型常见，主要发生纤维素性胸膜肺炎症状。病牛呼吸困难，痛性干咳，鼻流泡沫样鼻汁，后呈脓性。胸部叩诊时有痛感，有实音区；胸部听诊有杂音及水泡音，有时听到摩擦音。病畜便秘，后期下痢并带有黏膜或血液，恶臭。

肺炎型主要表现纤维素性胸膜肺炎的病理变化。胸腔有大量浆液性渗出液。肺脏和胸膜、心包相粘连。肺组织肝样变，肺切面呈大理石花纹状。肺泡里有大量红细胞，使肺病变区呈弥散性出血现象。如果病程发展，则出现坏死病灶，呈污灰色或暗褐色。胃肠道呈急性卡他性炎，有时为出血性炎。

**3. 绵羊巴氏杆菌病**

本病潜伏期不够清楚，以高热、呼吸困难、皮下水肿等为特征。根据病程可分为最急性、急性和慢性三型。

（1）最急性型　多见于哺乳羔羊，往往突然发病，出现寒战、虚弱、呼吸困难等症状，于数分钟或数小时内死亡。

(2) 急性型　病羊精神沉郁，不食，体温升高到 40～41℃。呼吸困难，咳嗽，鼻孔常出血，有时混有黏液性分泌物，眼结膜潮红，有黏性分泌物。病初期便秘，后期腹泻，有的有血便。颈部、胸下部发生水肿。病羊常虚脱死亡，病程 2～5 天。

病羊皮下有液体浸润和小出血点。胸腔有黄色积液、肺淤血、小点状出血和肝变，偶见黄豆大乃至胡桃大的化脓灶。胃肠道有出血性炎症。脾脏不肿大，其他脏器水肿、淤血。

(3) 慢性型　病羊消瘦，食欲缺乏，流出黏液脓性鼻液，咳嗽，呼吸困难，胸下及腹部发生水肿。病羊腹泻并有恶臭，最后极度衰弱死亡，病程可达 3 周。

病羊尸体消瘦，皮下呈胶冻样液体浸润，常见纤维性胸膜肺炎和心包炎，肝有坏死灶。

**4. 山羊巴氏杆菌病**

山羊巴氏杆菌病以肺炎为特征。病羊表现为发热，咳嗽，黏液性化脓性鼻液，呼吸困难和胸廓两侧有浊音。听诊有支气管呼吸音。病的后期，四肢麻痹、卧地不起而死亡。病程平均 10 天。存活的山羊表现长期咳嗽。

病羊剖检可见一侧或两侧肺脏的前下部有小叶性肝变，肝变区切面干燥，呈颗粒状，暗红色或灰红色。该处胸膜上覆盖一层纤维素膜，有时见有坏死灶或形成空洞，内含有干酪样物。

**5. 兔巴氏杆菌**

兔巴氏杆菌以全身性败血症、鼻炎、结膜炎、子宫积脓、睾丸炎等为特征，潜伏期 4～5 天，可分为以下几种类型。

(1) 败血型　病兔表现精神委靡，呆立不动，不食，呼吸困难，体温升至 41℃以上。鼻孔有浆液性分泌物，有时打喷嚏。粪便软稀。经 1～3 天死亡。

剖检可见浆膜、黏膜、内脏有出血斑点，以心外膜、呼吸道黏膜、肺、淋巴结较为常见。

(2) 亚急性型　主要表现鼻炎和胸膜炎的症状。鼻腔内有黏性分泌物流出，黏附于鼻孔周围。呼吸时发呼噜音响，常打喷嚏。呼吸困难，有时咳嗽。关节肿胀。眼结膜发炎，有黏性分泌物。体温升高，食欲减退或废绝，全身衰竭，皮毛粗糙，不愿活动，病程 1～2 周，长的 1 个月以上，一部分死亡，一部分耐过而成为带菌兔。

剖检可见胸腔积液，胸膜和肺常有纤维素性絮片，鼻腔和气管黏膜充血、出血、有黏液性或脓性分泌物。

(3) 肺炎型　常呈急性经过，很快死亡。病初精神沉郁，食欲缺乏，呼吸困难，表现出肺炎症状，逐渐消瘦，衰竭，直至死亡。

病变常见于肺的前下部，表现为肺充血、出血、实变、脓肿和出现灰色小结节。胸膜、肺泡出血、坏死。血管及支气管周围有淋巴结节。

(4) 鼻炎型　最常见，主要表现出上呼吸道发生卡他性炎症，由鼻孔不断流出浆性-脓性分泌物，在鼻孔外面干结。经常打喷嚏、咳嗽，常用前爪抓鼻部，致使鼻孔周围被毛潮湿、黏结甚至脱落、皮肤红肿，如波及眼及其他部位，则引起化脓性结膜炎、角膜炎、中耳炎或皮下脓肿、乳房脓肿，病兔逐渐消瘦衰弱，有的死亡，多数不死，但病程很长，可达 1 年以上。

剖检可见鼻黏膜充血，鼻窦和副鼻窦黏膜水肿，鼻腔充满白色浆性-脓性分泌物。其他器官常无明显病变。

**6. 禽巴氏杆菌病**

禽巴氏杆菌病又名禽霍乱或禽出血性败血症，急性型以突然发病、下痢为特征，慢性型以肉髯水肿及关节炎为特征。潜伏期为2～5天。根据病程可分为最急性型、急性型和慢性型。

（1）最急性型　常见于流行初期，肥壮、高产的家禽，常呈最急性经过，病禽突然发生不安，倒地挣扎，翅膀扑动几下即死亡。或者，头晚入圈时精神及食欲尚好，次日死亡于禽舍里，病程数小时。

剖检无特异病变，仅见心冠脂肪有小出血点。

（2）急性型　多数病例呈急性型经过。主要表现为精神不振，羽毛松乱，弓背，缩颈闭眼，常藏于翅膀下，离群呆立，不愿运动。食欲减少或废绝，常有剧烈腹泻，粪呈灰黄色、灰色、污绿色，有时混有血液。鸡冠、肉髯水肿、发热和疼痛，呼吸困难，最后昏迷、痉挛而死。病程为1～3天，多归死亡。

剖检可见皮下、呼吸道、胃肠道黏膜、腹腔浆膜和脂肪有小出血点。心外膜及心冠脂肪常有大量的出血点，心包增厚、内积有淡黄色液体。肝脏病变具有特征性，肿大，质脆，呈棕红色或棕黄色或紫红色，肝表面有很多灰白色大头针帽大的坏死点。肠道充血、发炎，尤以十二指肠最严重，肠内容物含有血液，黏膜红肿，有很多出血点或小出血点，黏膜上常覆有黄色纤维素小块。鸡冠、肉髯水肿，内有干酪样物，有时腹膜和卵巢亦有同样的变化。关节炎时，切开可见灰黄色干酪样物。

（3）慢性型　常由急性型转变而来，病鸡精神不振、鼻孔流出少量黏液，食欲减少，常腹泻，逐渐消瘦，鸡冠及肉髯苍白，一侧或两侧肉髯肿大。关节肿胀跛行，甚至不能走动。病程可达数周。

鸭患巴氏杆菌病常以病程短促的急性型为主。一般表现沉郁，停止鸣叫，不愿下水，不愿走动，眼半闭，少食或不食，口渴，鼻和口中流出黏液，呼吸困难，张口，病鸭粪恶臭。有的发生关节炎或瘫痪，不能走动。用抗生素或磺胺类药物治疗时，死亡率显著下降，但停药后又复发生，如此可断续零星发生，尤以种鸭或填鸭群于气候骤变后易发生。鸡群亦有此现象。

成年鹅的症状与鸭相似，仔鹅发病和死亡均较严重，常以急性为主。

鸭、鹅患巴氏杆菌病的病理变化与鸡相似。

## 四、诊断

根据流行病学、临床症状、病理变化可以作出初步诊断，确诊需进行实验室诊断。本病的实验室诊断主要是采取急性病例的心、肝、脾或体腔渗出物以及其他病型的病变部位、渗出物、脓汁等病料做如下检查。

### 1. 涂片镜检

用心血、肝、脾组织涂片，瑞氏或美蓝染色后镜检，可见两极着色的小杆菌。

### 2. 细菌培养

将病料接种于鲜血琼脂、血清琼脂等培养基上，置37℃培养24h，观察结果，必要时可进一步做生化反应。

### 3. 动物试验

将病料用生理盐水做成1∶10乳液，取上清液0.2ml接种小鼠、鸽子或鸡，接种动物在1～2天后发病，呈败血症死亡，再取病料涂片检查，或作血液琼脂培养，可得以确诊。

### 4. 鉴别诊断

（1）猪　急性病例注意与猪瘟、丹毒相区别，最急性病例，咽喉部的肿胀和炎症，剖检时的胶冻样浸润都与败血型的炭疽相区别。

（2）鸡　注意与鸡新城疫相区别。

（3）牛　注意与炭疽、气肿疽和恶性水肿相区别。

（4）羊　注意与肠毒血症、急性肺炎、链球菌病相区别。

## 五、防治

**1. 一般性防治措施**

预防本病必须贯彻“预防为主”的方针，加强饲养管理，注意通风换气和防暑防寒冷，合理密养，消除降低动物机体抵抗力的一切不良因素，以增强动物机体的抵抗力，防止发生内源性感染，做好兽医卫生工作，定期消毒，杀灭环境中的病原体。坚持全进全出的饲养管理制度。

**2. 定期免疫接种**

猪、牛、羊、禽和兔等动物可按计划每年定期免疫接种。如猪每年春秋两季定期用猪肺疫氢氧化铝菌苗或猪肺疫弱毒冻干菌苗进行免疫接种；禽在常发地区可考虑注射禽霍乱氢氧化铝甲醛菌苗。禽和兔必要时可用自家灭活苗以提高防治效果。

**3. 合理治疗**

发病时应及时隔离患病动物，并对墙壁、地面、饲管用具进行严格消毒，在严格隔离的条件下对患病动物进行治疗。常用药物中青霉素、链霉素和广谱抗生素以及磺胺类药物有一定疗效。也可使用高免血清或康复动物的抗血清（效果良好）。周围的假定健康动物应及时进行紧急预防接种或药物预防，但应注意弱毒菌苗紧急预防接种时，被接种动物应于接种前后至少 1 周内不得使用抗菌药物。

# 子项目十一　破　伤　风

破伤风又名强直症，俗称锁口风，是由破伤风梭菌经伤口感染引起的一种急性中毒性多种动物共患病。临床上以骨骼肌持续性痉挛和神经反射兴奋性增高为特征。

本病广泛分布于世界各国，呈散在性发生。

## 一、病原

破伤风梭菌，又称强直梭菌，为革兰阳性厌氧性的芽孢杆菌，大小（0.5～1.7）μm×（2.1～18.1）μm，长度变化很大，多单个存在。本菌在动物体内外均可形成芽孢，其芽孢在菌体一端，似鼓槌状或球拍状，多数菌株有周鞭毛，能运动。不形成荚膜。

破伤风梭菌在动物体内和培养基内均可产生几种破伤风外毒素，最主要的为痉挛毒素，是一种作用于神经系统的神经毒，是仅次于肉毒梭菌毒素的强毒性细菌毒素，是引起动物特征性强直症状的决定性因素。以 $10^{-11}$～$9^{-11}$ 的剂量即能致死一只豚鼠。它是一种蛋白质，对热较敏感，65～68℃经 5min 即可灭活，通过 0.4%甲醛脱毒 21～31 天，可将它变成类毒素。其他毒素如溶血毒素和非痉挛毒素，在本病的致病作用上意义不大。

本菌繁殖体抵抗力不强，一般消毒剂均能在短时间内将其杀死，但芽孢体抵抗力强，在土壤中可存活几十年，阳光照射 18 天以上，煮沸经 1～3h 才能杀死。消毒剂 10%漂白粉和 10%碘酊 10min、5%石炭酸 15min、1%升汞和 1%盐酸 30min 可将其杀死。

## 二、流行病学

**1. 易感动物**

各种家畜均有易感性，其中以单蹄兽最易感，猪、羊、牛次之，犬、猫仅偶尔发病，家禽自然发病罕见。实验动物中豚鼠、小鼠均易感，家兔有抵抗力，幼龄动物的易感性更高。人的易感性也很高。

**2. 传染源和传播途径**

本菌广泛存在于自然界，人畜粪便都可带有，尤其是施肥的土壤、腐臭淤泥中。感染常见于各种创伤，如断脐、去势、手术、断尾、穿鼻、产后感染等，在临床上有些病例查不到伤口，可能是创伤已愈合或可能经子宫、消化道黏膜损伤感染。

**3. 流行特点**

本病无明显的季节性，多为散发，但在某些地区的一定时间里可出现群发。

## 三、临床症状

本病潜伏期长短与动物种类及创伤部位有关，最短 1 天，最长可达数月，一般 1～2 周。

**1. 单蹄兽**

最初表现对刺激的反射兴奋性增高，稍有刺激即高举其头，瞬膜外露，接着出现咀嚼缓慢、步态僵硬等症状，以后随病情的发展，出现全身性强直性痉挛症状。轻者口少许开张，采食缓慢，重者开口困难、牙关紧闭，无法采食和饮水，由于咽肌痉挛致使吞咽困难，唾液积于口腔而流涎，头颈伸直，两耳竖立，鼻孔开张，四肢、腰背僵硬，腹部蜷缩，粪尿潴留，甚则便秘，尾根高举，行走困难，形如木马，各关节屈曲困难，易于跌倒，且不易自起，病畜此时神志清楚，有饮食欲，但应激性高，轻微刺激可使其惊恐不安，痉挛和大汗淋漓，末期患畜常因呼吸功能障碍（浅表、气喘、喘鸣等）或循环系统衰竭（心律不齐，心搏亢进）而死亡。体温一般正常，死前体温可升至 42℃，病死率 45%～90%。

**2. 羊**

多由剪毛引起。成年羊病初症状不明显，病的中、后期才出现与马相似的全身性强直性痉挛症状，常发生角弓反张和瘤胃臌气，步行时呈现高跷样步态。羔羊的破伤风常起因于脐带感染，可呈现畜舍性流行，角弓反张明显，常伴有腹泻，病死率极高，几乎可达 100%。

**3. 牛**

较少发生。症状与马相似，但较轻微，反射兴奋性明显低于马，常见反刍停止，多伴随有瘤胃臌气。

**4. 猪**

较常发生，多由于阉割感染。一般是从头部肌肉开始痉挛，牙关紧闭，口吐白沫，叫声尖细，瞬膜外露，两耳竖立，腰背弓起，全身肌肉痉挛，触摸坚实如木板，四肢僵硬，难于站立，病死率较高。

## 四、诊断

根据本病的特殊临床症状，如神志清楚，反射兴奋性增高，骨骼肌强直性痉挛，体温正常，并有创伤史，即可确诊。对于轻症病例或病初症状不明显病例，要注意与马钱子中毒、癫痫、脑膜炎、狂犬病及肌肉风湿等相鉴别。

## 五、防治

**1. 预防注射**

在本病常发地区，应对易感家畜定期接种破伤风类毒素。牛、马等大动物可在阉割等手术前 1 个月进行免疫接种，可起到预防本病作用。对较大较深的创伤，除作外科处理外，应肌内注射破伤风抗血清 1 万～3 万国际单位。

家畜每年定期皮下注射破伤风类毒素 1ml，幼畜减半。注射 3 周后产生免疫力，免疫期 1 年。第二年再注射 1 次，免疫期可达 4 年。

**2. 防止外伤感染**

平时要注意饲养管理和环境卫生，防止家畜受伤。一旦发生外伤，要注意及时处理，防止感染。阉割手术时要注意器械的消毒和无菌操作。

**3. 治疗原则**

(1) 创伤处理　尽快查明感染的创伤和进行外科处理。清除创内的脓汁、异物、坏死组织及痂皮，对创深、创口小的要扩创，以5%～10%碘酊和3% $H_2O_2$ 或1%高锰酸钾消毒，再撒以碘仿硼酸合剂，然后用青霉素、链霉素作创周注射，同时用青霉素、链霉素作全身治疗。

(2) 药物治疗　早期使用破伤风抗毒素，疗效较好，剂量20万～80万国际单位，分3次注射，也可一次全剂量注入。临床实践上，也常同时应用40%乌洛托品，大动物50ml，犊牛、幼驹及中小动物酌减。

(3) 对症治疗　当病畜兴奋不安和发生强直性痉挛时，可使用镇静解痉药。一般多用氯丙嗪肌内注射或静脉注射，每天早晚各一次。也可应用水合氯醛（25～40g与淀粉浆500～1000ml混合灌肠）或与氯丙嗪交替使用。可用25%硫酸镁作肌内注射或静脉注射，以解痉挛。对咬肌痉挛、牙关紧闭者，可用1%普鲁卡因溶液于开关、锁口穴位注射，每天一次，直至开口为止。人的预防也以主动或被动免疫接种为主要措施。

## 六、公共卫生

人的破伤风多由创伤感染引起，病初低热不适、头痛、四肢痛、咽肌和咀嚼肌痉挛，继而出现张口困难、牙关紧闭、呈苦笑状，随后颈背、躯干及四肢肌肉发生阵发性强直性痉挛，不能坐起，颈不能前伸，两手握拳，两足内翻，咀嚼困难，饮水呛咳，有时可出现便秘和尿闭，严重时呈角弓反张状态。任何刺激均可引起痉挛发作或加剧。强烈痉挛时有剧痛并出现大汗淋漓，痉挛初为间歇性以后变为持续性，患者虽表情惊恐，但神志始终清楚，大多体温正常，病程一般为2～4周。

一旦出现创伤后，应正确处理伤口，防止厌氧环境形成是防止破伤风的重要措施，并及时注射破伤风类毒素，或注射抗毒素和抗生素进行预防和治疗。此外，还应注意要用新法接产，防止新生儿脐带感染。

# 子项目十二　李斯特杆菌病

李斯特杆菌病是由单核细胞增多症李斯特杆菌引起的人畜共患传染病。家畜主要表现脑膜脑炎、败血症和孕畜流产；家禽和啮齿类动物则表现出坏死性肝炎和心肌炎，有的还可出现单核细胞增多。

20世纪80年代以来，人类因食用被污染的动物性食物而屡发李斯特杆菌病，受到人们广泛关注。

## 一、病原

病原是单核细胞增多症李斯特杆菌。为革兰阳性小杆菌，在抹片中单个分散，或两菌排成“V”形并列。本菌在分类上属于李斯特杆菌属。现在已知7个血清型、16个血清变种。本菌不耐酸，pH 5.0以上才能繁殖，至pH 9.6仍能生长。对食盐耐受性强，对热的耐受性比大多数无芽孢杆菌强，常规巴氏消毒法不能杀灭它，65℃经30～40min才杀灭。对青霉素、链霉素、硫酸新霉素、四环素、磺胺类药物敏感。

## 二、流行病学

**1. 易感动物**

本病的易感动物广泛，目前已证实可感染40多种动物，自然感染以绵羊、猪和家兔较多，牛和山羊次之。

**2. 传染源**

患病动物和带菌动物是本病的传染源。由患病动物的粪、尿、乳汁、精液以及眼、鼻、生殖道的分泌液都曾分离到本菌。

**3. 传播途径**

李斯特杆菌病一般可经消化道、呼吸道、眼结膜等传染。也可经过吸血昆虫的刺螯和外伤等传染。

**4. 流行特点**

本病发生的季节多在冬春两季，呈散发性流行。如卫生条件不好、舍内猪只拥挤、运动不足等都是本病的诱因。

## 三、临床症状

自然感染的潜伏期为 2～3 周。有的只有数天，也有的长达两个月。

**1. 牛**

病初患牛突然出现食欲废绝，精神沉郁，呆立，低头垂耳，轻热，流涎，流鼻液，流泪，不随群行动，不听驱使的症状。不久就出现头颈一侧性麻痹和咬肌麻痹，该侧耳下垂、眼半闭，乃至丧失视力，沿头的方向旋转或作圆圈运动，遇障碍物则以头抵靠不动。颈项强硬，有的呈现角弓反张。由于舌和咽麻痹，水和饲料都不能咽下。有时于口颊一侧积聚多量没嚼烂的草料，可见持续性流涎且量大，可闻及严重的鼻塞音。最后倒地不起，发出呻吟声，四肢呈游泳样动作，死于昏迷状态。病程短的 2～3 天，长的 1～3 周或更长。犊牛除脑炎症状外，有时呈急性败血症，主要表现为发热、精神沉郁、虚弱、消瘦及下痢等。

**2. 羊**

病羊短期发热，精神抑郁，食欲减退，多数病例表现脑炎症状，如转圈、倒地、四肢呈游泳状姿势、颈项强直、角弓反张、颜面神经麻痹、嚼肌麻痹、咽麻痹、昏迷等。孕羊可出现流产；羔羊多以急性败血症而迅速死亡，病死率甚高。

**3. 猪**

病初有的发低热，至后期下降，病初意识障碍，作圆圈运动，或无目的地行走，或不自主地后退。肌肉震颤、强硬，颈部和颊部尤为明显。有的表现阵发性痉挛，口吐白沫，侧卧地上，四肢泳动。有的在病初两前肢或四肢发生麻痹，不能起立。一般经 1～4 天死亡。长的可达 7～9 天。较大的猪有的身体摇摆，共济失调，步态强拘，有的后肢麻痹，不能起立，拖地而行，病程可达 1 个月以上。仔猪多发生败血症，体温显著上升，精神高度沉郁，厌食，口渴；有的表现全身衰弱，僵硬，咳嗽，腹泻，呼吸困难，耳部和腹部皮肤发绀，病程 1～3 天，病死率高。妊娠母猪常发生流产。

**4. 兔**

临床上以患兔突然死亡或妊娠母兔流产为特征，典型症状表现为发热、精神呆滞、食欲废绝，出现神经质，如全身震颤、眼球突出、扭头转圈、身体倒向一侧抽搐等，妊娠母兔流产，并从阴道排出棕褐色或红色分泌物。

**5. 家禽**

主要为败血症，表现精神沉郁，停食，下痢，短时间内死亡。病程较长的可能表现痉挛、斜颈等神经临床症状。

## 四、病理变化

有神经临床症状的病畜，脑膜和脑可能有充血、炎症或水肿的变化，脑脊液增加，稍混浊，含很多细胞，脑干变软，有小脓灶，血管周围有以单核细胞为主的细胞浸润。败血症的病畜，有败血症变化，肝脏有坏死。家禽心肌和肝脏有小坏死灶或广泛坏死。流产的母畜可见到子宫内膜充血以致广泛坏死，胎盘子叶常有出血和坏死。

## 五、诊断

病畜如表现特殊神经临床症状、妊娠畜流产、血液中单核细胞增多，可疑为本病。

**1. 细菌学诊断**

肝、脾、脑组织等涂片、革兰染色、镜检，可见革兰阳性的呈 V 字排列的小杆菌。

**2. 血清学试验**

可用凝集试验和补体结合反应。

诊断时应注意与表现出神经临床症状的其他疾病（如脑包虫病、伪狂犬病、乙型脑炎、猪传染性脑脊髓炎、牛散发性脑脊髓炎等）进行鉴别。

## 六、防治

应注意加强饲养管理和卫生消毒工作，长途运输过程中注意保暖，不要过于拥挤，给予充足的饮水，夏季运输过程中要防暑防晒，注意通风；不从病区购买家畜；做好灭鼠和消灭寄生虫的工作；可选择复方磺胺嘧啶等药物进行治疗。

在病畜禽饲养或剖检尸体时，应注意自身防护。病畜（禽）肉及其产品需经无害化处理后才能利用。平时应注意饮食卫生，防止通过被污染的蔬菜或乳、肉、蛋而感染。人李斯特杆菌病的诊断主要依靠细菌学检查。对原因不明发热或新生儿感染者，应采取血、脑脊液、新生儿脐带残端及粪尿等进行镜检、分离培养和动物接种试验。

# 子项目十三　衣原体病

本病是由衣原体所引起的传染病，使多种动物和禽类发病，人也有易感性。动物衣原体病由 Marange（1892 年）在阿根廷首都布宜诺斯艾利斯首次发现，与鹦鹉接触的人会突然发病，从而最终肯定了鹦鹉在人类感染和罹病中的重要作用，并提出了鹦鹉热这一新病名。

本病分布于世界各地，我国也有发生，对养殖业造成了严重的危害，成为兽医和公共卫生的一个重要问题。

## 一、病原

衣原体呈球状，有细胞壁，含有 DNA 和 RNA。易被嗜碱性染料着染，革兰染色阴性。衣原体只能在细胞内繁殖，繁殖过程会产生两种大小不同的颗粒，较小的称为原体（EB），直径为 0.2～0.5μm，呈球形或卵圆形，是具有感染性的形态。较大的称为网状体（RB），直径为 0.6～1.5μm，呈球形或不规则形，是具有繁殖性的形态。在衣原体的发育周期中，还有一种过渡形态，称为中间体（IB）。

衣原体对高温的抵抗力不强，而在低温下则可存活较长时间，如 4℃可存活 5 天，0℃存活数周。衣原体对青霉素、四环素族、红霉素等抗生素敏感，对链霉素、杆菌肽等有抵抗力。常用消毒剂如 0.5%石炭酸、0.1%福尔马林等。

## 二、流行病学

**1. 易感动物**

衣原体具有广泛的宿主，但家畜中以羊、牛、猪较为易感，禽类中以鹦鹉、鸽子较为易感。各年龄均可感染，但不同年龄的畜禽其临床症状表现不一。

**2. 传染源**

发病动物和所有带菌动物都是本病的传染源。

**3. 传播途径**

衣原体随传染源的分泌物和排泄物、污染水源及饲料等，经消化道感染健畜，亦可由污染的尘埃和散布于空气中的液滴，经呼吸道或眼结膜感染。病畜与健畜交配或用病公畜的精液人工授精可发生感染，子宫内感染也有可能。厩蝇、蜱也可传播本病。

**4. 流行特点**

本病的流行形式多种多样，妊娠牛、羊、猪流产常呈地方流行性，羔羊、仔猪发生结膜炎或关节炎时多呈流行性，而牛发生脑脊髓炎时则为散发性。过分密集的饲养、运输途中拥挤、营养扰乱等应激因素可促进本病的发生和发展。

本病季节性不明显，但犊牛肺、肠炎病例冬季多于夏季，羔羊关节炎和结膜炎常见于夏秋。

## 三、临床症状

**1. 猪**

(1) 流产型　多发生在初产母猪，母猪一般不表现其他异常变化，只是在妊娠后期突然发生流产、早产、产死胎或弱仔，弱仔多在数日内死亡。

(2) 种公猪患病　尿道炎、睾丸炎、附睾炎、精液品质差，导致受胎率下降，即使受孕，流产、死胎率明显升高。

(3) 肺炎型　多见于断奶前后仔猪，患猪体温升高，干咳，颤抖，呼吸迫促，鼻孔流出浆液性分泌物，食欲差，发育不良。

(4) 肠炎型　多见于断奶前后仔猪，临床表现腹泻、脱水，死亡率高。

(5) 多发性关节炎型　多见于架子猪。关节肿大、跛行，有的体温升高。

(6) 脑炎型　神经症状，表现兴奋、抽搐，不久死亡。

(7) 结膜炎型　多见于仔猪、架子猪，流泪，结膜充血，眼角分泌物增多。

**2. 牛**

妊娠后期的母牛，特别是初次怀孕的母牛，常发生流产。青年公牛发生精囊炎，其特征是精囊、附性腺、附睾和睾丸呈慢性发炎。6月龄以内的犊牛，临诊表现肺炎和胃肠炎，多见于夏季。2岁以下的牛，多表现散发性脑脊髓炎，病初体温突然升高，不食、消瘦、衰竭。体重迅速减低。流涎和咳嗽明显。行走摇摆，常呈高跷样步伐，有的病牛有转圈运动或以头抵硬物。四肢主要关节肿胀、疼痛。

**3. 羊**

(1) 流产型　潜伏期50～90天。流产通常发生于妊娠的中后期，一般观察不到征兆，临诊表现主要为流产、死产或娩出生命力不强的弱羔羊。流产后往往胎衣滞留，流产羊阴道排出分泌物可达数日。有些病羊可因继发感染细菌性子宫内膜炎而死亡。羊群首次发生流产，流产率可达20%～30%，以后则流产率下降。流产过的母羊，一般不再发生流产。在本病流行的羊群中，可见公羊患有睾丸炎、附睾炎等疾病。

(2) 关节炎型　鹦鹉热衣原体侵害羔羊，可引起多发性关节炎。感染羔羊于病初体温升高达41～42℃。食欲减退，掉群，不适，肢关节（腕关节、跗关节）肿胀、疼痛，一肢或四肢跛行。患病羔羊肌肉僵硬，或弓背而立，或长期卧地，体重减轻，生长发育受阻。有些羔羊同时发生结膜炎。发病率高，病程2～4周。

(3) 结膜炎型　结膜炎主要发生于绵羊，特别是肥育羔和哺乳羔。病羔一眼或双眼均可患病，眼结膜充血、水肿，大量流泪。病后2～3天，角膜发生不同程度的混浊，出现血管翳、糜烂、溃疡或穿孔。

**4. 禽**

禽类感染后称为鹦鹉热或鸟疫。禽类感染后多呈隐性，尤其是鸡、鹅、野鸡等。鹦鹉、鸽子、鸭、火鸡等可呈显性感染。患病鹦鹉精神委顿、不食，眼和鼻有黏性分泌物。腹泻，后期脱水，消瘦。幼龄鹦鹉常归于死亡，成年者则临床症状轻微，康复后长期带菌。病鸽精神不安，眼和鼻有分泌物，厌食，腹泻，成鸽多数可康复成带菌者，雏鸽大多归于死亡。病鸭眼和鼻流出浆性或脓性分泌物，不食，腹泻，排淡绿色水样便，病初震颤，步态不稳，后期明显消瘦，常发生惊厥而死亡，雏鸭死亡率一般较高，成年鸭多为隐性经过。

## 四、诊断

根据流行特点、临床症状仅能怀疑为本病，确诊需进行实验室诊断。

**1. 微生物学诊断**

根据不同的发病对象及病期采集不同的病料涂片，用吉姆萨染色（EB 被染成红色，RB 被染成蓝紫色，胞浆内包含体被染成紫红色）、斯坦帕（Stamp）染色（背景呈淡绿色，衣原体被染成鲜红色）。

**2. 血清学诊断**

可用免疫荧光试验、间接血凝试验、补体结合试验等。

**3. 鸡胚或动物接种**

将病料制成悬液，接种于 6～7 日龄鸡胚的卵黄囊，37℃孵育。鸡胚接种后 5 天死亡，卵黄囊血管明显充血，在卵黄囊膜上可检出包含体。也可将病料经腹腔、鼻内接种于 3～4 周龄小白鼠，死后可见十二指肠膨胀，肝和肠表面覆一层薄的黏性渗出物，脾肿大，肝有坏死灶。

## 五、防治

（1）坚持卫生消毒、全进全出、自繁自养　不从疫区引种、隔离制度、消灭场内的鼠类等啮齿类动物。

（2）疫区内的母羊可于配种前接种羊衣原体性流产疫苗　阳性猪场每年对种公猪和繁殖母猪群用猪衣原体流产灭活苗免疫一次，连续 2～3 年。

（3）药物预防和治疗　可选用四环素、青霉素、金霉素、泰乐菌素、土霉素等进行衣原体的预防和治疗。

（4）发病时处理　发生本病时对流产胎儿、死胎、胎衣要集中无害化处理，同时用 2%～5%来苏儿或 2%苛性钠等有效消毒剂进行严格消毒。

## 六、公共卫生

人类鹦鹉热是一种急性传染病，呈现以发热、头痛、肌痛和阵发性咳嗽为主要表现的间质性肺炎。人类鹦鹉热通常是由于吸入染病鸟类的羽毛或粪便的尘埃或被染病鸟类咬伤所致，多为职业性（如家禽加工和饲养者）。妇女感染后可引起输卵管炎和阴道炎，能造成宫外孕和不孕，男性附睾炎有 2/3 是由衣原体感染引起，也导致不孕。一旦感染发病，应立即选用四环素或多西环素治疗，至少连用 10 天。病人必须卧床休息，必要时输氧及镇咳。

# 子项目十四　钩端螺旋体病

钩端螺旋体病又称为细螺旋体病，是由致病性钩端螺旋体引起的一种人畜共患传染病。本病在世界各地流行，热带、亚热带地区多发。临诊表现形式多样，主要有发热、黄疸、血红蛋白尿、流产、皮肤和黏膜坏死、水肿等。

我国许多省区都有本病的发生和流行，并以盛产水稻的中南、西南、华东等地区发病最多。

## 一、病原

病原为钩端螺旋体科，细螺旋体属的似问号钩端螺旋体，细螺旋体属共有6个种，其中似问号钩端螺旋体对人、畜有致病性。钩端螺旋体，个体纤细，呈螺旋状，一端或两端弯曲呈钩状，能扭转运动，革兰阴性。常用吉姆萨染色呈淡红色，镀银染色呈棕黑色。

钩端螺旋体在一般的水田、池塘、沼泽里及淤泥中可以生存数月或更长，对热、酸和碱均敏感，适宜的酸碱度为7.0～7.6。一般常用消毒剂的常用浓度均易将之杀死，对链霉素、土霉素、四环素、强力霉素敏感。

## 二、流行病学

**1. 易感动物**

钩端螺旋体的动物宿主非常广泛，几乎所有温血动物都可感染。现已证明爬行动物、两栖动物、节肢动物、软体动物和蠕虫等亦可自然感染钩端螺旋体。其中猪、牛、犬、羊的感染率较高。

**2. 传染源**

发病动物和所有带菌动物都是本病的传染源。其中鼠类和犬是重要的传染源。

**3. 传播途径**

本病主要通过皮肤、黏膜和经消化道食入而传染，也可通过交配、人工授精和在菌血症期间通过吸血昆虫等传播。人和家畜常由于在污染的低湿草地、池塘、水田等放牧、耕作，钩体经皮肤侵入而引起感染。

**4. 流行特点**

本病发生于各年龄段的家畜，但以幼畜发病较多。本病流行多为散发性或地方流行性。一年四季均可发生，其中以夏秋季、气候温暖、潮湿多雨、鼠类繁多地区多发。

## 三、临床症状

**1. 猪**

急性型主要见于大猪和中猪，表现为突然发病，体温升高至40℃，稽留3～5天，厌食、沉郁，皮肤干燥，后期坏死，有时见病猪用力在栏杆或墙壁上摩擦至出血，1～2天全身皮肤和黏膜泛黄，尿液茶样或血尿，少数病例几天或数小时内突然惊厥致死。病死率高达50%以上。亚急性型与慢性型多发生于断奶前后至体重30kg以下的小猪，呈地方流行性或暴发，常引起严重的损失。表现为病初有不同程度的体温升高，眼结膜潮红，有时有浆液性鼻液，食欲减退，精神不振。几天后，眼结膜有的潮红水肿、有的泛黄。皮肤的变化也不一致，有的发红奇痒，有的轻度泛黄，有的在上下颌、头部、颈部甚至全身水肿，指压凹陷，俗称“大头瘟”。尿液变黄、茶尿、血红蛋白尿甚至血尿，一进猪栏就闻到腥臭味。有的粪干硬。有时腹泻。病猪逐渐消瘦，无力。病程由十几天至1个多月不等。病死率很高，达50%～90%，恢复的猪往往生长迟缓，甚至成为“僵猪”。妊娠母猪感染钩端螺旋体可能发生流产，流产率20%～70%，母猪在流产前后有时兼有其他临床症状，甚至流产后发生急性死亡。流产的胎儿有死胎、木乃伊化胎儿，也有弱仔，常于产后不久死亡。

**2. 牛、羊**

最急性者突然不食，体温上升，呼吸和心跳加快，结膜发黄，尿呈红色，贫血，腹泻，常于一天内窒息而死。多见于犊牛。急性者体温上升，精神沉郁或偶有兴奋症状，饮食与反刍停止。尿血，腹泻或便秘，黏膜发黄，贫血，乳中带血，皮肤干裂、坏死，齿龈、唇内和舌面等处发生溃疡、坏死，消瘦。妊娠牛可发生流产。慢性者显著贫血和消瘦。羊的症状和牛相似。

**3. 犬**

由黄疸出血型钩端螺旋体所引起的病犬，开始高热，但第二天就下降至常温或以下。不久在眼结膜和口腔黏膜上出现黄疸。病犬体质虚弱，食欲缺乏，呕吐，精神沉郁，四肢（尤其后肢）乏力。尿量减少，呈黄红色，大便中有时混有血液。由犬型钩端螺旋体引起的病犬，黄疸症状不明显，一般表现呕吐，排血便，腹痛，口腔恶臭，黏膜发生溃疡，舌部坏死、溃烂，腰部触压时敏感，多尿，尿内含有大量蛋白质、胆色素，病大多因尿毒症而死亡。

## 四、病理变化

大多在皮下组织、浆膜、黏膜有不同程度的黄疸；心内膜、肠系膜、肠、膀胱黏膜出血；胸腔和心包积液；肝肿大，棕黄色；肾肿大、淤血。

## 五、诊断

**1. 微生物学诊断**

生前采取发热期血液，中后期采取脊髓液或尿液3～5ml，死后取肝、肾、脾、脑等。液体病料差速离心取沉渣暗视野下检查，组织制成触片、冰冻切片，采用吉姆萨染色或镀银染色，镜检有无钩体。

**2. 血清学检查**

炭凝集试验已广泛用于本病的检疫。间接血凝试验能检出血清中微量抗体，可作为本病的早期诊断法。DNA探针技术和PCR正逐渐用于临床诊断。

## 六、防治

（1）采取综合防治措施　即消除带菌、排菌的各种动物。消除和清理被污染的水源、污水、淤泥、牧地、饲料、场舍、用具等以防止传染和散播。实行预防接种和加强饲养管理，提高家畜的特异性和非特异性抵抗力。污染场所和用具可用1%石炭酸或0.5%福尔马林消毒。

（2）畜群发病的处理　当畜群发现本病时，及时用钩端螺旋体病多价苗进行紧急预防接种。

（3）药物预防和治疗　带菌治疗，一般认为链霉素和四环素族抗生素有一定疗效。在猪群中发现感染，应全群治疗，饲料加入土霉素连喂7天，可以解除带菌状态和消除一些轻型临床症状。在治疗的同时结合对症疗法是非常必要的，其中葡萄糖、维生素C静脉注射及强心利尿药的应用对提高治愈率有着重要的作用。

## 七、公共卫生

人群普遍对钩体易感，但发病率高低与接触疫水的机会和机体免疫力有关。以农民、支农外来人员、饲养员及农村青少年发病率较高。患者突然发热、头痛、肌肉疼痛，尤其是腓肠肌疼痛并有压痛，腹股沟淋巴结肿痛，并有蛋白尿及不同程度的黄疸、皮肤黏膜出血等临床症状。钩体对多种抗生素敏感，但以青霉素效果最好，对过敏者可用庆大霉素或金霉素。对流行区的居民、矿工、饲养员及外来易感人员进行多价钩体死疫苗接种。

## 【项目小结】

本项目是本课程重点学习的内容之一。主要介绍了主要的多种动物共患传染病。在学习过程中应根据常见、多发病以及危害性较大的传染病病原及流行特点，重点掌握具体的诊断方法和防治措施。

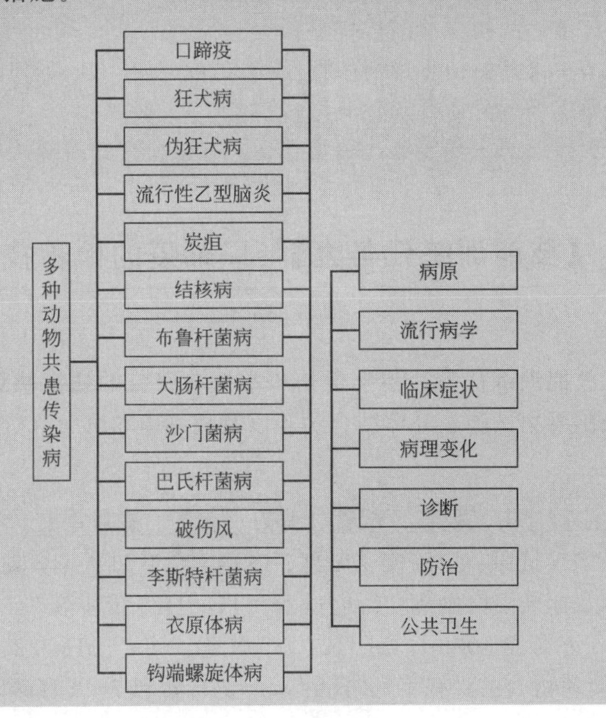


## 【复习思考题】

1. 口蹄疫病毒有几种血清型？口蹄疫难以控制和消灭的原因有哪些？如何应用综合性防治措施来预防和扑灭口蹄疫？

2. 简述狂犬病主要传播方式和感染途径。犬发生狂犬病时有哪些临床特征？怎样防治狂犬病？

3. 猪伪狂犬病的主要临床症状是什么？规模化猪场如何采取综合性防治措施来防治猪伪狂犬病？

4. 猪日本乙型脑炎具有哪些临床特征，如何防治？

5. 炭疽的诊断要点有哪些？发生炭疽后的具体防治措施？

6. 结核病的典型临床症状有哪些？以奶牛为例谈谈如何进行结核病的综合防治？

7. 猪布鲁杆菌病的临床表现有哪些？怎样防治？

8. 大肠杆菌引起猪的传染病有几种情况？流行病学、临床症状和病理变化各有何特点？

9. 禽大肠杆菌病有哪些临床类型？各有什么症状？

10. 犊牛大肠杆菌病有几种临床类型？各有什么症状和病理变化特点？

11. 禽沙门菌病有哪些临床症状和病理变化？如何防治？

12. 仔猪副伤寒有哪些临床症状和病理变化？如何防治？
13. 猪肺疫有哪些主要临床症状和病理变化？有这种情况的猪场怎么办？
14. 禽霍乱有哪些主要临床症状和病理变化？如何防治？
15. 简述破伤风的临床主要症状。当动物有深创时如何处理来防治破伤风的发生？
16. 简述牛恶性水肿的临床症状和病理变化特点。
17. 李斯特杆菌病的初步诊断依据是什么？
18. 肉毒梭菌中毒症的初步诊断依据及确诊方法是什么？如何防治？
19. 牛羊衣原体病各分为哪几种病型？
20. 钩端螺旋体病的主要传播途径是什么？怎样检查钩端螺旋体？

## 【技能训练任务九】 口蹄疫的检验技术

### 一、训练目标

通过完成本次技能训练任务，使学生初步掌握口蹄疫的病毒感染相关抗原琼脂扩散试验、反向间接红细胞凝集试验、补体结合试验以及病毒中和试验（VN）等。

### 二、训练材料

1ml 注射器及注射针头、吸管、试管、剪刀、镊子、橡胶手套、平皿、吸管、金属打孔器（外径 4mm）、VIA 抗原、口蹄疫（A 型、O 型、C 型和 $Asia_1$ 型）鼠化毒及标准阳性血清、猪水疱病病毒及标准阳性血清、待检血清、Tris-HCl 缓冲液（Tris 2.42g，NaCl 3.8g，$NaN_3$ 0.2g，无离子水加至 100ml，用 HCl 调 pH 至 7.6）、pH 7.2 0.01mol/L PBS、琼脂糖（电泳用）、实验动物（主要有 1～2 日龄、5～7 日龄和 7～9 日龄乳鼠）等。

### 三、训练内容与方法步骤

1. 口蹄疫病毒感染相关抗原琼脂凝胶免疫扩散试验（VIA-AGID）

本方法的原理是抗原、抗体在琼脂凝胶中，各以其固有的扩散系数扩散，当二者相遇时，在比例适当处发生结合而形成肉眼可见的沉淀带。

本方法用于检测被检动物血清中是否含有口蹄疫病毒感染相关（VIA）抗体（口蹄疫多型抗体），以证实被检动物是否感染过口蹄疫病毒。本试验适用于易感动物的检疫、疫情监测和流行病学调查。操作方法如下。

（1）血清处理　被检血清和阳性血清均以 56℃灭能 30min。

（2）琼脂糖平板的制备　取琼脂糖 1g，Tris-HCl 缓冲液 100ml，装入三角瓶中，于沸水中加热或高压，将琼脂糖彻底融化。然后吸取 8ml 琼脂液加到平皿里，制成 3mm 厚的琼脂板。待琼脂完全凝固后，加盖置于湿盒中，储藏在 4℃冰箱中备用。

（3）打孔　将模板放在琼脂板上，用打孔器垂直通过模板的孔在琼脂板上打孔，打完孔后拿走模板，用细针头轻轻挑出孔中的琼脂块，并将平皿底部在酒精灯上略烤封底。

（4）加样　用微量移液器每孔加样 20μL。按图 3-1 方式进行，即中心孔加 VIA 抗原，1 孔和 4 孔加 FMD 阳性高免兔血清，2 孔、3 孔、5 孔、6 孔加被检血清。

（5）扩散　将加样的琼脂平皿置于湿盒里，于室温（15～25℃）任其自然扩散。

（6）观察　于 24h 进行第一次观察，72h 做第二次观察，120h 做最后观察。观察时，可借助灯光或自然光源，特别是弱反应需借助于强光源才能看清沉淀线。

(7) 结果判定

当1孔和4孔标准阳性血清与抗原中心孔之间形成沉淀线时，本试验成立。若被检血清孔与中心孔之间也出现沉淀线，并与阳性沉淀线末端相融合，则被检血清判为阳性；被检血清孔与中心孔之间虽不出现沉淀线，但阳性沉淀线的末端向内弯向被检血清孔，则被检血清判为弱阳性；如被检血清孔与中心孔之间不出现沉淀线，且阳性沉淀线直向被检血清孔，则被检血清判为阴性。如图所示，2孔被检血清为阳性，5孔被检血清为弱阳性，3孔、6孔被检血清为阴性。

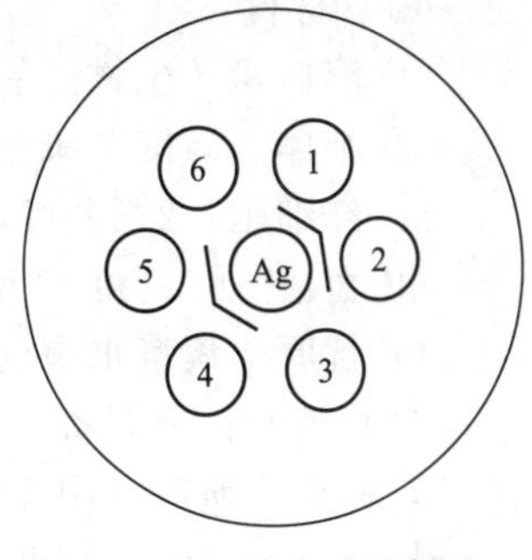

图 3-1 口蹄疫琼脂凝胶免疫扩散试验

2. 反向间接红细胞凝集试验

(1) 病料处理

① 用 pH 7.2、0.01mol/L 磷酸缓冲盐水（或生理盐水）洗 2～3 次，并用消毒滤纸吸去水分。

② 称重，加少许玻璃砂研磨，制成 1∶3 悬液，室温浸毒 1h 或 4℃冰箱中过夜。

③ 3000～4000r/min，离心 20min，收集上清液。

④ 58℃水浴箱灭能 40min（或不灭能）。

⑤ 3000～4000r/min，离心 20min，收集上清液即为被检抗原，置 4℃冰箱中备用。

(2) 被检抗原的稀释　试管架上摆上 8 支试管，自第 1 管开始由左至右用稀释液进行倍比稀释（即 1∶6，1∶12，1∶24，…，1∶768），每管体积 0.5ml。

(3) 滴加被检抗原　取有机玻璃反应板，在第 1 至第 4 排每排的第 8 孔滴加第 8 管稀释抗原 2 滴，每排的第 7 孔滴加第 7 管稀释抗原 2 滴，以此类推至第 1 孔，每排的第 9 孔滴加稀释液 2 滴，作为阴性对照，每排的第 10 孔按顺序分别滴加 A、O、C、$Asia_1$ 四种标准抗原（1∶30 稀释）各 2 滴，作为阳性对照（注意每型换滴管 1 支）。

(4) 滴加红细胞诊断液　用前将红细胞诊断液摇匀，于反应板第 1 至第 4 排孔分别滴加 A 型、O 型、C 型、$Asia_1$ 型红细胞诊断液 1 滴。轻轻振摇反应板，使红细胞均匀分布。室温放置1.5～2h 后判定结果。

(5) 结果判定

① 判定标准　按以下标准判定红细胞凝集程度。

++++　——完全凝集

+++　——75%凝集

++　——50%凝集

+　——25%凝集

－　——不凝集

② 观察反应板上各排孔的凝集图形。假如只 1 排孔凝集，且阴性对照孔不凝集（阴性），阳性对照孔凝集（阳性），其余 3 排孔不凝集，则证明此种凝集是与 A 型红细胞诊断液同型病毒所致的特异性凝集，被检抗原即判为 A 型，若只第二排孔凝集，其余 3 排孔不凝集，则被检抗原判为 O 型。以此类推。

③ 致敏红细胞凝集（凝集图形为++以上者）的抗原最高稀释度为其凝集效价。

④ 某排孔的凝集效价高于其余排孔的凝集效价 2 个对数（以 2 为底）滴度以上者即可判为阳性。

3. 补体结合试验

（1）材料

① 溶血素　生物药品厂出品。

② 补体　新鲜健康公豚鼠血清或冻干补体。

③ 红细胞　2%公绵羊红细胞悬液。

④ 血清　口蹄疫O型、A型、C型、Asia型高免豚鼠血清。

⑤ 抗原　病畜水疱皮中的病毒。

（2）被检抗原制备（由已知血清鉴定未知病毒）　将发病牛、羊、猪的新鲜水疱皮病料洗净，称重，研磨，用生理盐水制成（1∶2）～（1∶3）的乳剂，在室温浸出1～2h，或在4℃浸一昼夜，摇动，以3000r/min离心10min，取上清液于58℃灭菌40min，即成被检抗原。

（3）溶血素滴定　溶血素的滴定按一般程序进行。使用溶血素的工作量为试验滴定度的4倍。如果试验滴定度为1∶4 000，则使用工作量为1∶1 000（表3-1）。以后溶血素的滴定每1～2个月进行1次即可。

**表3-1　溶血素滴定表**

| 溶血素稀释度 | 1∶100 | 1∶1 000 | 1∶2 000 | 1∶4 000 | 1∶5 000 | 1∶6 000 | 1∶7000 | 1∶8 000 |
|---|---|---|---|---|---|---|---|---|
| 稀释溶血素量/ml | 0.5 | 0.5 | 0.5 | 0.5 | 0.5 | 0.5 | 0.5 | 0.5 |
| 1∶20补体/ml | 0.5 | 0.5 | 0.5 | 0.5 | 0.5 | 0.5 | 0.5 | 0.5 |
| 2%红细胞/ml | 0.5 | 0.5 | 0.5 | 0.5 | 0.5 | 0.5 | 0.5 | 0.5 |
| 37～38℃水浴箱中15min | | | | | | | | |
| 结果判定 | － | － | － | － | ＋ | ＋＋＋＋ | ＋＋＋＋ | ＋＋＋＋ |

（4）补体的滴定　滴定补体用1∶20（即5%）补体，7个剂量（表3-2）。于7支试管中分别加0.05ml、0.10ml、0.15ml、0.20ml、0.25ml、0.30ml和0.35ml，在每个试管中补加生理盐水至0.5ml。然后每个试管加工作量的溶血素0.5ml和2%的红细胞悬液0.5ml。于37～38℃的水浴箱中放15min，完全溶血的补体的最小量，即为补体的滴定度（在补体滴定表内为2%）。

补体的工作量是滴定度再加1%（习惯上叫两个单位）。如滴定度为0.2ml，也就是在1个剂量内含2%的纯补体，则其工作量应该是3%。本补反试验，要用4个补体量。如果两个单位是3%，则其余3个量为：三个单位是3.5%，四个单位是4%，五个单位是4.5%。故此条件下，补体的滴定度不能低于0.25ml。否则5%的补体就不能用了。

**表3-2　补体滴定表**

| 每剂量中含纯补体的百分数 | 0.5 | 1.0 | 1.5 | 2.0 | 2.5 | 3.0 | 3.5 |
|---|---|---|---|---|---|---|---|
| 1∶20补体/ml | 0.05 | 0.10 | 0.15 | 0.20 | 0.25 | 0.30 | 0.35 |
| 生理盐水的量/ml | 0.45 | 0.40 | 0.35 | 0.30 | 0.25 | 0.20 | 0.15 |
| 溶血素的量/ml | 0.5 | 0.5 | 0.5 | 0.5 | 0.5 | 0.5 | 0.5 |
| 2%红细胞/ml | 0.5 | 0.5 | 0.5 | 0.5 | 0.5 | 0.5 | 0.5 |
| 37～38℃水浴箱中15min | | | | | | | |
| 结果 | ＋＋＋＋ | ＋＋＋＋ | ＋＋＋ | － | － | － | － |

（5）鉴定试验和对照试验　以上准备试验就绪后，就可进行病毒鉴定试验。操作步骤见表3-3。

**表 3-3 毒型鉴定试验表**

| 血清型别 | O | | | | A | | | | C | | | | Asia | | | |
|---|---|---|---|---|---|---|---|---|---|---|---|---|---|---|---|---|
| 被检抗原/ml | 0.2 | 0.2 | 0.2 | 0.2 | 0.2 | 0.2 | 0.2 | 0.2 | 0.2 | 0.2 | 0.2 | 0.2 | 0.2 | 0.2 | 0.2 | 0.2 |
| 已知血清/ml | 0.2 | 0.2 | 0.2 | 0.2 | 0.2 | 0.2 | 0.2 | 0.2 | 0.2 | 0.2 | 0.2 | 0.2 | 0.2 | 0.2 | 0.2 | 0.2 |
| 补体单位/ml | 2 | 3 | 4 | 5 | 2 | 3 | 4 | 5 | 2 | 3 | 4 | 5 | 2 | 3 | 4 | 5 |
| 补体量/ml | 0.2 | 0.2 | 0.2 | 0.2 | 0.2 | 0.2 | 0.2 | 0.2 | 0.2 | 0.2 | 0.2 | 0.2 | 0.2 | 0.2 | 0.2 | 0.2 |
| 37～38℃水浴箱中 20min | | | | | | | | | | | | | | | | |
| 溶血素加红细胞/ml | 0.4 | 0.4 | 0.4 | 0.4 | 0.4 | 0.4 | 0.4 | 0.4 | 0.4 | 0.4 | 0.4 | 0.4 | 0.4 | 0.4 | 0.4 | 0.4 |
| 37～38℃水浴箱中 30min | | | | | | | | | | | | | | | | |
| 结果 | — | — | — | — | ++++ | ++++ | ++++ | ++++ | — | — | — | — | — | — | — | — |

注：血清一般做（1∶3）～（1∶5）稀释。

进行鉴定试验时，须做血清的抗补体对照及抗原溶血和抗补体对照，操作步骤见表 3-4。

**表 3-4 对照试验表**

| | | | | | | | | |
|---|---|---|---|---|---|---|---|---|
| 血清 | O | 0.2 | — | — | — | — | — | — |
| | A | — | 0.2 | — | — | — | — | — |
| | C | — | — | 0.2 | — | — | — | — |
| | Asia | — | — | — | 0.2 | — | — | — |
| 正常血清/ml | | — | — | — | — | 0.2 | — | — |
| 被检抗原/ml | | — | — | — | — | — | 0.2 | 0.2 |
| 补体单位/ml | | 2 | 2 | 2 | 2 | 2 | 3 | — |
| 补体量/ml | | 0.2 | 0.2 | 0.2 | 0.2 | 0.2 | 0.2 | — |
| 生理盐水/ml | | 0.2 | 0.2 | 0.2 | 0.2 | 0.2 | 0.2 | 0.4 |
| 37～38℃水浴箱中 20min | | | | | | | | |
| 溶血素加红细胞/ml | | 0.4 | 0.4 | 0.4 | 0.4 | 0.4 | 0.4 | 0.4 |
| 37～38℃水浴箱中 30min | | | | | | | | |
| 结果 | | — | — | — | — | — | — | ++++ |

（6）评定结果　全部反应时间结束后，可以立即评定结果，也可以 6～12h 后再评定 1 次。

反应管完全溶血，记：“—”；

阻止 25%溶血，记：“+”；

阻止 50%溶血，记：“++”；

阻止 75%溶血，记：“+++”；

完全不溶血，记：“++++”。

各型血清中四管都全溶血或仅第一管记“+”的，为阴性反应；补体三单位（第二管）以上，记“++++”的，为阳性反应；仅第一管记“++++”的为可疑，须重复试验。

根据以上试验结果，该被检材料为 A 型口蹄疫。

（7）补体结合反应毒型鉴定用的口蹄疫材料的采集、保存和运送办法

① 为鉴定口蹄疫的毒型，应采集 2～3 头病畜的水疱皮，可由兽医师和现地防疫员于每次发生口蹄疫时采集，送到有关单位鉴定。

② 牛的水疱皮应自舌的表面采取，猪的自鼻面采取，羊的自上颌牙齿边采取。

③ 应采新鲜成熟、未破裂、无异味的水疱皮紧密组织。

④ 先用水将牛舌洗净，用消毒剪刀剪下水疱皮，置于盛有50%甘油生理盐水的瓶中，或盛有pH7.6磷酸盐缓冲液的瓶内。保存溶液1000ml加杞奴锁1g。每次采取的水疱皮材料，不能小于10g，而保存液与组织之比不应低于10∶1。

⑤ 采取的病料应注明采取的地点、时间、动物种类及数量。

⑥ 将采取的材料密封加印冷藏，并派专人送有关实验室鉴定。

4. 病毒中和试验（VN）

（1）材料

① 标准阳性血清。

② 血清样品的采集和处理　无菌操作采集动物血，每头不少于10ml。自然凝固后无菌分离血清装入灭菌小瓶中，可加适量抗生素，加盖密封后冷藏保存。每瓶贴标签并写明样品编号、采集地点、动物种类、时间等。待检血清56℃水浴灭能30min。

③ 病毒　口蹄疫病毒O型、A型、Asia-1型及SVDV中和试验用种毒分别适应于$BHK_{21}$或IB-RS-2单层细胞。收获的病毒液测定$TCID_{50}$后，分成1ml装的小管，－60℃保存备用。

④ 细胞　$BHK_{21}$或IB-RS-2传代细胞。

⑤ 细胞维持液和营养液

a. 细胞维持液　Eagle′-MEM（最低限度必需氨基酸营养液）与0.5%水解乳蛋白/Earle′液等量混合配成，pH 7.6～7.8。在中和试验中作稀释液用。

b. 细胞营养液　细胞维持液加10%犊牛血清（pH 7.4），培养细胞用。

（2）操作程序

① 稀释血清　将血清作2倍连续稀释。一般含4个稀释度［如（1∶4）～（1∶32）］。如有特殊需要，可做6个稀释度［（1∶4）～（1∶128）］。

稀释方法如下。

a. 先向96孔微量板A2～A4、B2～B4各孔加稀释液，25μL/孔。

b. 将1∶4稀释的待检血清加入A1孔、B1孔、A2孔、B2孔、25μL/孔。

c. 稀释：将A2孔、B2孔中的稀释液和血清混匀后吸出25μL移至A2孔、B2孔。再混匀后吸出25μL移至A4孔、B4孔。混匀后吸出25μL弃去。

② 对照

a. 血清对照　如A5孔、B5孔为血清对照孔，先加稀释液25μL/孔，再加1∶4稀释的标准阳性血清25μL/孔（血清1/8稀释）。

b. 空白对照　至少2孔，如A6孔、B6孔，加稀释液100μL/孔。

c. 细胞对照　至少2孔，如A7孔、B7孔，加稀释液50μL/孔。

d. 病毒对照　至少2孔，如A8孔、B8孔，加稀释液25μL/孔。

③ 稀释病毒和加样　按$TCID_{50}$/50μL滴定结果，稀释病毒至200$TCID_{50}$/50μL。然后加入各血清稀释度孔和病毒及阳性对照孔（A8孔、B8孔），每孔25μL。

④ 中和作用　加盖，37℃振荡1h。

⑤ 加入细胞　将2～3日龄单层丰满、形态正常的$BHK_{21}$或IB-RS-2细胞按常规消化，离心（1000r/min，10min）收集细胞，加细胞营养液制成（1～2）×$10^6$个/ml细胞悬液（pH 7.4）。然后加入除空白对照（A6孔、B6孔）孔外的各试验孔，每孔50μL。

⑥ 加盖　37℃振荡10min。置二氧化碳培养箱37℃静止培养2～3天。

(3) 结果判定　FMDV 致 $BHK_{21}$ 或 IB-RS-2 细胞的致细胞病变作用（CPE）很典型，在普通显微镜下易于识别，通常在 48h 后用倒置显微镜观察即可判定结果。

试验成立的条件：①标准阳性血清孔无 CPE 出现；②细胞对照孔中细胞生长已形成单层，形态正常；③病毒对照孔无细胞生长，或有少量病变细胞存留。

血清中和滴度为 1∶45 或更高者判为阳性。血清中和滴度为（1∶16）～（1∶32）判为可疑，需进一步采样做试验，如第二次血清滴度为 1∶6 或高于 1∶16 判为阳性。血清中和滴度为 1∶8 判为阴性。

5. 乳鼠接种试验

(1) 被检病毒液的制备　将病猪的水疱皮先用灭菌的生理盐水或磷酸缓冲盐水冲洗两次，并用灭菌滤纸吸去水分，称重，剪碎，研磨，然后用每毫升加青霉素、链霉素各 1000IU 的无菌生理盐水或无菌磷酸缓冲盐水做成 10 倍稀释乳剂，在 4～10℃ 冰箱中作用 2～4h 或 37℃ 温箱中作用 1h，备用。

(2) 乳鼠接种病毒液　选择营养良好，并有母鼠哺乳的 1～2 日龄和 7～9 日龄乳鼠各 4～8 只，分为两组，分别于其背部皮下各注射被检病毒液 0.1ml，待全部注射完毕后放回母鼠所在处。注射时需用镊子夹着小鼠的背部皮肤提出，不要用手接触，以免吃奶小鼠体表因染上人体气味而被母鼠吃掉，如果手触碰了小鼠，可在注射后于其体表擦少许乙醚以除去气味。

结果判定：注射后观察 7 天，乳鼠如发病多在 24～96h 死亡，如 1～2 日龄和 7～9 日龄乳鼠均死亡，即可认为是口蹄疫；如 1～2 日龄乳鼠发病死亡，而 7～9 日龄乳鼠仍健活，即可认为是猪水疱病。

6. 中和试验

(1) 体外中和试验　5～7 日龄小白鼠对人工接种口蹄疫病毒易感染，可以产生特征性症状和规律性死亡。因此利用这一特性进行乳鼠中和试验。操作步骤如下。

① 将待检血清用生理盐水或 pH 7.6 的 0.1mol/L PBS 稀释成 1∶4、1∶8、1∶16、1∶32、1∶64，分别与等量的 $10^{-3}$ 口蹄疫乳鼠适应毒混合，37℃ 水浴保温 60min。

② 每次试验应设阴性血清（1∶8）与 $10^{-3}$ 病毒的混合液作为阴性对照；已知阳性血清与 $10^{-3}$ 病毒的混合液作为阳性对照，处理方法同步骤（①）。

③ 每一稀释度血清中和组分别于颈背皮下接种 5～7 日龄乳鼠 4 只，对照组接种 2 只，0.2ml/只，由母鼠哺乳，观察 5 天判定结果。

④ 判定标准：先检查对照鼠，阴性对照鼠应于 48h 内死亡；阳性对照鼠应健活。待检血清任何一组的乳鼠健活或仅死两只，判定该份血清为阳性。以能保护 50% 接种乳鼠免遭病毒感染的血清最大稀释度为乳鼠中和效价。

该法特异性强，结果可靠，简单易行，基层可采用。但存在需时较长、乳鼠易被母鼠吃掉或咬死、敏感性低等缺点。

(2) 体内中和试验　将待检血清稀释成 1∶5，接种乳鼠 12h 或 24h 后，用 $10^{-3}$ 病毒攻毒，同时设阴性血清和已知阳性血清（均为 1∶5 稀释）作为对照。

观察 5 天后判定结果。在阴性和阳性血清对照成立的前提下，待检血清组的乳鼠健活，判定该份血清为阳性，反之，则判为阴性。

该法多用于定性检测，一般不作为定量检测手段。

## 四、训练报告

口蹄疫病毒毒型鉴定的意义为何？鉴定口蹄疫病毒毒型的主要方法有几种？试述其优缺点。

## 【技能训练任务十】 鸡白痢的检疫

### 一、训练目标

熟悉和掌握鸡白痢的血清学检疫方法。

### 二、训练材料

玻璃板、灭菌试管、注射针头、带柄不锈金属环（环直径约4.5mm）、巴氏滴管、移液器、玻璃铅笔、鸡白痢全血平板凝集抗原、试管凝集反应抗原、鸡白痢阳性血清和阴性血清等。

### 三、训练内容与方法步骤

1. 快速全血平板凝集反应

（1）操作方法

先将鸡白痢全血平板凝集抗原瓶充分摇匀，用滴管吸取抗原，垂直滴一滴（约0.05ml）于玻片上，然后使用注射针头刺破鸡的翅静脉或冠尖，以金属环蘸取血液一满环（约0.02ml）混入抗原内，随即搅拌均匀，并使散开至直径约2cm为度。

（2）结果判断

① 抗原与血清混合后在2min内发生明显颗粒状或块状凝集者为阳性。

② 2min以内不出现凝集，或出现均匀一致的极微小颗粒，或在边缘处由于临干前出现絮状者判为阴性反应。

③ 除上述情况之外而不易判断为阳性或阴性者，判为可疑反应。

（3）注意事项

① 抗原应在2～15℃冷暗处保存，有效期内使用。

② 本抗原适用于产卵母鸡及1年以上公鸡，幼龄鸡敏感度较差。

③ 本试验应在20℃以上室温中进行。

2. 血清凝集反应

（1）血清试管凝集反应

① 被检血清制备　以20或22号针头刺破鸡翅静脉，使之出血，用一清洁、干燥的灭菌试管靠近流血处，采集2ml血液，斜放凝固以析出血清，分离出血清，置4℃待检。

② 抗原　试管凝集反应抗原，必须具有各种代表性的鸡白痢菌株的抗原成分，对阳性血清有高度凝集力，对阴性血清无凝集力，使用时将抗原稀释成每毫升含菌10亿，并把pH调到8.2～8.5，稀释的抗原当天用完。

③ 操作方法　在试管架上依次摆3支试管，吸取稀释抗原2ml置第1管，再吸取各1ml分置第2管、第3管。先吸取被检血清0.08ml注入第1管，充分混合后从第1管吸取1ml移入第2管，充分混合后再从第2管吸取1ml移入第3管，混合后从第3管吸取1ml弃去，最后将三支试管摇振数次，使抗原与血清充分混合，在37℃温箱中孵育20h后观察结果。

④ 结果判断　试管1、2、3的血清稀释倍数依次为1∶25、1∶50、1∶100，凝集阳性者，抗原显著凝集于管底，上清液透明；阴性者，试管呈均匀混浊；可疑者介于前两者之间。在鸡1∶50以上凝集者为阳性，在火鸡1∶25以上凝集者为阳性。

（2）血清平板凝集反应

① 抗原　与试管凝集反应相同，但浓度比试管法的大50倍，悬浮于含0.5%石炭酸的12%氯化钠溶液中。

② 操作方法　用一块玻板以玻璃铅笔按约 $3cm^2$ 画成若干方格，每一方格加被检血清和抗原各 1 滴，用牙签充分混合。

③ 结果判定　观察 30～60s，凝集者为阳性，不凝集者为阴性。试验应在 10℃以上室温进行。

## 四、训练报告

（1）试比较鸡白痢的快速全平板凝集反应与血清凝集反应的异同点。

（2）我国绝大多数鸡群鸡白痢的阳性率比较高，试分析其原因和拟订防治对策。

（3）对一约有 500 只不安全母鸡的鸡场，应采取哪些措施，方可成为无鸡白痢的鸡场？

# 【技能训练任务十一】　巴氏杆菌病的实验室诊断

## 一、训练目标

学会巴氏杆菌病的微生物学诊断步骤和方法。

## 二、训练材料

外科刀、外科剪、镊子、玻片、研磨器、一次性注射器、酒精灯、酒精棉球、无菌的平皿和试管、美蓝染液、革兰染液、吉姆萨染液、显微镜、香柏油、鲜血琼脂、血清琼脂、小鼠等。

## 三、训练内容与方法步骤

1. 检验材料

大家畜采集新鲜的待检实质器官：肝、脾、肾、肺脏等器官和心血等材料，另做心血和实质器官的涂片数张；小动物或家禽可取完整的尸体。

2. 镜检

取病料涂数片，分别进行美蓝、革兰、吉姆萨等染色，然后镜检。多杀性巴氏杆菌呈卵圆形或球杆状，两极浓染。血液涂片用瑞氏或吉姆萨染色时，细菌被染成蓝色或淡青色，红细胞染成淡红色（家禽的红细胞含有紫色的核）。

3. 培养

将病料分别接种于鲜血琼脂、血清琼脂和普通肉汤中，于 37℃进行培养。多杀性巴氏杆菌在鲜血琼脂上长出较平坦、半透明的水滴样菌落，不溶血；在血清琼脂上生长旺盛，在 45°折射光线下镜检，可见不同色泽的荧光。如 Fg 型的菌落呈现蓝绿色而带金光，边缘有狭窄的红黄光带；Fo 型的菌落较大，有水样湿润感，橘红色而带金光，边缘有乳白色光带。在普通肉汤中呈均匀混浊，以后便有沉淀，振摇时沉淀物呈瓣状升起。

当分得纯培养后，可由培养物做涂片检查（在由培养基上的培养物所做的涂片中，大部分不表现两极染色特性，而常呈球杆状或双球状）。观察其形态、染色特性（革兰氏染色）、培养特性以及生理生化鉴定。

本菌的生理生化特性见表 3-5。

**表 3-5　多杀性巴氏杆菌的主要生化特性**

| 项目 | 血琼脂溶血 | 麦糠凯琼脂生长 | 靛基质 | 硫化氢 | 葡萄糖 | 甘露醇 | 蔗糖 | 卫矛醇 | 乳糖 | 鼠李糖 | 菊糖 |
|---|---|---|---|---|---|---|---|---|---|---|---|
| 特征 | — | — | + | + | A | A | A | A | — | — | — |

4. 动物试验

无菌环境下取病料，将其研磨成糊状，用灭菌生理盐水稀释成（1∶5）～（1∶10）乳剂，接种于实验动物皮下或肌内，剂量为0.2～0.5ml。猪、牛、羊等家畜的病料可接种小鼠或家兔；家禽的病料可接种鸽子、鸡或小鼠。

实验动物如于接种后18～24h死亡，则采取心血及实质脏器做涂片镜检和分离培养。根据病原菌的形态、染色、培养、生化等特性加以鉴定。在采取病料作培养、镜检完毕后，还需要对病死动物尸体进行剖检并观察病理变化。在接种局部可见肌肉及皮下组织发生水肿和发炎灶；胸腔和心包有浆液性纤维素性渗出物；心外膜有多数出血点；淋巴结水肿并增大；肝脏淤血（如接种鸡，可见有密布的针尖至针头大灰白色小坏死灶）。

动物巴氏杆菌病常与其他疾病并发，或继发于其他疾病。所以，用微生物学方法鉴定出病料中有多杀性巴氏杆菌后，还应注意有无其他疾病存在，尤其是要注意检查猪瘟、鸡新城疫、小鹅瘟、兔出血症等严重危害相应动物的传染病。

## 四、训练报告

（1）简述动物巴氏杆菌病的微生物学诊断程序。

（2）当猪群中同时有猪肺疫和猪瘟存在的可疑时，从猪体分得巴氏杆菌是否可以确定猪肺疫的诊断？为什么？

# 【技能训练任务十二】 牛结核病的检疫

## 一、训练目标

学会应用变态反应诊断牛结核病的方法。

## 二、训练材料

牛型提纯结核菌素、卡尺、注射器、针头、点眼器、酒精棉球、硼酸棉球、工作服、帽子、口罩、胶靴、记录表等。

## 三、训练内容与方法步骤

1. 结核菌素变态反应试验

（1）结核菌素皮内注射法

① 操作方法

a. 注射部位及术前处理　将牛只编号后，在颈侧中部上1/3处剪毛（3月龄以内犊牛可在肩胛部），直径约10cm，用卡尺测量术部中央皮皱厚度并做好记录。

b. 注射剂量　用结核菌素原液，3月龄以内的小牛0.1ml；3月龄至1岁的牛0.15ml；1岁以上的牛0.2ml。

c. 注射方法　先以酒精消毒术部，然后皮内注入定量的牛结核菌素，注射后局部应出现小疱。如注射有疑问时，另选15cm以外的部位或对侧重做。

d. 观察反应　注射后应分别在72h、120h进行两次观察，注意局部有无热、痛、肿胀等炎性反应，并用卡尺测量术部肿胀面积及皮皱厚度，做好详细记录。

② 结果判定

a. 阳性反应　局部发热，有痛感，并呈现不明显的弥漫性水肿，质地如面团，肿胀面积在35mm×45mm以上者，或上述反应较轻，而皮厚增加8mm以上者，为阳性反应，记为（+）。

b. 疑似反应　局部炎性水肿不明显，肿胀面积在35mm×45mm以下者，皮厚增加在5～8mm者，为疑似反应，记为（±）。

c. 阴性反应　局部无炎性水肿，或仅有无热、坚实、界限明显的硬块，皮厚增加不超过 5mm 者，为阴性反应，记为（一）。

（2）结核菌素点眼法

① 操作方法　点眼前对两眼做详细检查，正常时方可点眼，有眼病或结膜不正常者，不可做点眼检疫。

牛结核菌素点眼，每次进行两回，间隔时间为 3～5 天。一般点左眼，左眼有病时可点右眼，但必须在记录上说明。两次必须点于同一眼中，用量为 3～5 滴，即 0.2～0.3ml。

在点眼时，助手固定牛只，术者用 1%硼酸棉球擦净眼部周围的污物，以左手示指与拇指使瞬膜与下眼睑形成凹窝，右手持点眼器（或滴管）注入 3～5 滴结核菌素，如点眼器接触结膜或被污染时，必须消毒后再使用。

点眼后，注意将牛拴好，防止风沙侵袭，避免阳光直射及牛只自己摩擦。应于 3h、6h、9h 各观察 1 次，必要时可观察至 24h，并及时做好记录。注意观察结膜与眼睑有无肿胀、流泪及分泌物的性质与量的多少，由于结核菌素而引起的饮食减少以及全身战栗、呻吟、不安等其他异常反应，均应做详细记录。

② 结果判定

a. 阳性反应　有两个米粒大小或 2mm×10mm 以上的黄白色脓性分泌物自眼角流出，或散布眼的周围，或积聚在结膜囊及其眼角内，或上述反应较轻，但有明显的结膜充血、水肿、流泪并有其他全身反应者，为阳性反应，记为（＋）。

b. 疑似反应　有两个米粒大或 2mm×10mm 以上的灰白色、半透明的黏液性分泌物积聚在结膜囊内或眼角处，但无明显的眼睑水肿及其他全身症状者，为疑似反应，记为（±）。

c. 阴性反应　无反应或仅有结膜轻微充血、流出透明浆液性分泌物者，为阴性反应，记为（一）。

（3）结合判定　结核菌素皮内注射与点眼两种方法中的任何一种呈阳性反应者，即可判为结核菌素阳性反应牛；两种方法中任何一种为疑似反应者，判定为疑似反应牛。

（4）复检　凡判定为疑似反应的牛只，单独隔离饲养，在 25～30 天后再进行第二次检疫，如仍为可疑时，经半个月再进行第三次检疫，如仍为疑似反应时，再酌情处理。

如在健康牛群中检出阳性反应牛只时，应于 30～45 天进行复检，连续 3 次检疫不再发现阳性反应牛时，可仍判定为健康牛群。

2. 提纯结核菌素变态反应试验

提纯结核菌素较结核菌素性质稳定，特异性高，非特异性反应低，使用方法简便，检出率高。

（1）操作方法

① 注射部位及术前准备　将牛只编号后在颈侧中部上 1/3 处剪毛（3 月龄以内的犊牛可在肩胛部），直径约 10cm，用卡尺测量术部中央皮皱厚度并做好记录。

② 注射剂量　不论牛只大小，一律皮内注射 1 万国际单位，如将牛型提纯结核菌素稀释成每毫升 10 万国际单位后，皮内注射 0.1ml，冻干菌素稀释后，应当天用完。

③ 注射方法　先以酒精棉球消毒术部，然后皮内注射定量的牛型提纯结核菌素，注射后局部应出现小疱，如注射有疑问时，应另选 15cm 以外的部位或对侧重做。

④ 观察反应　皮内注射后经 72h 判定，观察局部有无热、痛、肿胀等炎性反应，并用卡尺测量皮皱厚度，做好详细记录。对注射有疑问时，应在另一侧以同一批菌素和同一剂量进行第二回皮内注射，再经 72h 后观察反应。如有可能，对阴性和疑似反应牛只，于注射后 96h 和 120h 再分别观察 1 次，以防个别牛出现较迟的迟发型变态反应。

（2）结果判定

① 阳性反应　局部有明显的炎性反应，皮厚差等于或大于 4mm 以上者，记为（+）。对进出口牛的检疫，皮厚差大于 2mm 者，均判为阳性。

② 疑似反应　局部炎性反应不明显，皮厚差在 2.1～3.9mm 者，记为（±）。

③ 阴性反应　无炎性反应，皮厚差在 2mm 以下者，记为（−）。

（3）复检　判定为疑似反应的牛只，于第 1 次检疫 30 天后进行复检，其结果仍为可疑反应时，经 30～45 天后再复检，如仍为疑似反应，应判为阳性。

## 四、训练报告

简述牛结核病变态反应的诊断方法。

# 【技能训练任务十三】　布鲁杆菌病的检疫

## 一、训练目标

学会布鲁杆菌病的检疫方法。

## 二、训练材料

1cm 口径小试管、试管架、0.5ml 吸管、1ml 吸管、10ml 吸管、布鲁杆菌试管凝集抗原、平板凝集抗原（使用时用 0.5%石炭酸生理盐水做 1∶2 稀释）、布鲁菌琥红平板凝集抗原、布鲁杆菌水解素、全乳环状反应抗原、标准阳性血清和阴性血清。

## 三、训练内容与方法步骤

1. 细菌学检查

家畜布鲁杆菌病的检疫，即通过流行病学调查、临床检查、细菌学检查、血清学诊断及变态反应等方法，检出畜群中的患畜。

试验材料可取患病动物的流产胎儿、胎盘、阴道分泌物、胃内容物、肝、脾、淋巴结、乳汁、血液、精液等。

（1）显微镜检查　通常取胎盘或胎儿胃液等做镜检。将病料涂片后，采用改良的 Ziehl-Neelsen 抗酸染色法或改良 Koster 染色法染色，前者将布鲁杆菌染为红色，杂菌为蓝色，但胎儿弧菌和衣原体也呈红色，可以从形态上加以区别，后者将布鲁杆菌染为红色。

（2）分离培养　将病料制成乳剂，选 350～400g 健康的雄性豚鼠，皮下或腹腔接种 1～2ml，经 25～30 天后剖杀，取脾或接种部位附近的淋巴结，接种于肝汤或胰蛋白胨液体培养基中。在 10% $CO_2$ 的空气中培养，有轻度混浊时，移种于血琼脂平板上，培养 4～6 天后可见菌落长出，如未见生长，每隔 4 天移植 1 次，直到 4 周后仍不生长，则为阴性。布鲁杆菌在血琼脂上为不溶血、灰白色、细小、隆起的菌落。

（3）分离菌的鉴定

① 涂片镜检　初次分离的布鲁杆菌呈小球状，继代后，猪型和牛型呈杆状，羊型仍为球杆状。

② 生化试验　不液化胆胶，不产生靛基质，能还原硝酸盐为亚酸硝酸盐，能分解尿素，能在半固体培养基中发酵糖类，见表 3-6。

③ 玻片凝集试验区　取少许菌落与布鲁杆菌阳性血清在玻片上混合，如出现凝集，就可确定为布鲁杆菌，不发生凝集则为阴性。

2. 血清学试验

布鲁杆菌病的血清学试验方法有多种，其中以凝集试验和补体结合试验较为常用。

**表 3-6 布鲁杆菌的糖分解反应**

| 菌 型 | 麦芽糖 | 鼠李糖 | 蔗 糖 |
|---|---|---|---|
| 羊型布鲁杆菌 | — | — | — |
| 牛型布鲁杆菌 | — | + | — |
| 猪型布鲁杆菌 | + | — | + |

注："+"代表分解；"—"代表不分解。

(1) 试管凝集试验

① 被检血清的稀释度 一般情况下，牛、马和骆驼用1∶50、1∶100、1∶200、1∶400四个稀释度；猪、山羊、绵羊和犬用1∶25、1∶50、1∶100、1∶200四个稀释度。大规模检疫时也可用两个稀释度，即牛、马和骆驼用1∶50和1∶100；猪、羊、犬用1∶25、1∶5。

② 稀释血清和加入抗原的方法（表3-7） 以羊、猪为例的是每份被检血清用5支小试管（8～10ml），第1管加入稀释液2.3ml，第2管不加，第3管、第4管、第5管各加入0.5ml，用1ml吸管取被检血清0.2ml，加入第1管中，混匀（一般吹吸3～4次）后吸混合液分别加入第2管和第3管各0.5ml，将第3管混匀，吸取0.5ml加入到第4管，第4管混匀吸取0.5ml加入到第5管，第5管混合后弃去0.5ml。如此稀释后，从第2管起血清稀释度分别为1∶12.5、1∶25、1∶50和1∶100。然后将1∶20稀释的抗原由第2管起，每管加入0.5ml，血清的最后稀释度由第2管起分别为1∶25、1∶50、1∶100和1∶200。

**表 3-7 试管凝集试验术式**

| 管 号 | 1 | 2 | 3 | 4 | 5 | 6 | 7 | 8 |
|---|---|---|---|---|---|---|---|---|
| 稀释倍数 | 1∶12.5 | 1∶25 | 1∶50 | 1∶100 | 1∶200 | 抗原对照 | 阳性血清对照(1∶25) | 阴性血清对照(1∶25) |
| 0.5%石炭酸生理盐水/ml | 2.3 | | 0.5 | 0.5 | 0.5 | — | — | — |
| 被检血清/ml | 0.2 | 0.5 | 0.5 | 0.5 | 0.5 | — | 0.5 | 0.5 |
| 抗原(1∶20)/ml | — | 0.5 | 0.5 | 0.5 | 0.5 | 0.5 | 0.5 | 0.5 |

牛和骆驼的血清稀释和加入抗原的方法与前述者一致，不同的是仅第1管加稀释液2.4ml及被检血清0.1ml，加抗原后从第2管起到第5管血清的稀释度依次为1∶50、1∶100、1∶200和1∶400。

每次试验必须做3种对照，每批凝集试验应有阳性血清对照（1∶25）、阴性血清对照（1∶25）和抗原对照。

③ 所有试管充分振荡后置于37～38℃温箱中22～24h，然后观察并记录结果。

④ 结果判定 根据各管中上层液体的透明度、抗原被凝集的程度及凝块的形状，来判定凝集反应的强度。

++++：液体完全透明，菌体完全凝集，呈伞状沉于管底，振荡时，沉淀物呈片状、块状或颗粒状（100%菌体被凝集）。

+++：液体基本透明（轻微混浊），75%菌体被凝集，沉于管底，振荡时情况如上。

++：液体不甚透明，50%菌体被凝集，沉于管底，振荡时有块状或小絮片状物。

+：液体不透明、混浊，有25%菌体被凝集，沉于管底。

—：液体不透明，管底无凝集，振荡后均匀混浊，菌体完全不凝集。

出现"++"（50%）以上凝集的最高血清稀释度，即是该份血清的凝集价（效价）。

牛、马和骆驼的血清于1∶100稀释度呈现"++"或以上时，判为阳性反应；于1∶50

稀释度呈现“＋＋”时，判为可疑反应。

猪、羊和犬的血清于1∶50稀释度呈现“＋＋”或以上时，判为阳性反应；于1∶25稀释度呈现“＋＋”时，判为可疑反应。

可疑反应的动物，经3～4周后采血重检，牛、羊重检时仍为可疑，判为阳性。猪和马重检时，如仍为可疑，且群体中从未有过阳性反应时，判为阴性；如群体中出现过阳性反应时，判为阳性。

（2）平板凝集试验

① 操作步骤　取洁净无油脂光滑的玻璃板一块，用蜡笔画成约4$cm^2$的5个小格，第一格写血清编号，用0.2ml吸管将每份血清以0.08ml、0.04ml、0.02ml和0.01ml的剂量加入4个小格内，吸管必须稍斜并接触玻璃板。接着在每格血清上垂直滴加抗原0.03ml，然后用牙签搅拌，将血清与抗原混合均匀。一份血清用一根牙签，以0.01ml、0.02ml、0.04ml及0.08ml的顺序混合均匀，并于酒精灯上稍微加热，5～8min内记录反应结果（加热时防止温度过高，尤其要注意被检液干涸或玻璃板破损）。

平板凝集试验的血清量0.08ml、0.04ml、0.02ml和0.01ml，加入抗原后，其效价相当于试管凝集价的1∶25、1∶50、1∶100和1∶200，每批次必须要有阴性血清对照、阳性血清对照。

② 判定标准

＋＋＋＋：100％凝集，出现大凝集片或小颗粒状物，液体完全清亮。

＋＋＋：75％凝集，有明显的凝块或颗粒，液体几乎完全透明。

＋＋：50％凝集，有可见凝集块或颗粒，液体不甚透明。

＋：25％凝集，可见少量颗粒，液体不透明。

－：无凝集，液体均匀混浊。

本法和试管凝集反应一样，在确定凝集价时，按出现“＋＋”以上凝集现象为准。牛、马和骆驼的血清价1∶100以上，判为阳性；1∶50为疑似。羊、猪和犬的血清价1∶50以上，判为阳性；1∶25为疑似。

（3）乳汁环状试验　采取母牛四个乳头的混合乳作待检乳。取待检乳1ml于小管中，加入乳汁环状试验抗原0.1ml，混合后，置37～38℃温箱中1h，或水浴40min，取出立即判定。

① 阳性反应（＋）　上层乳脂环着色明显（蓝色或红色），下层乳柱为白色或着色轻淡。

② 可疑反应（±）　乳脂环与乳柱的颜色相似。

③ 阴性反应（－）　乳脂层白色或轻微着色，乳柱显著着色。

乳汁环状试验所用抗原为苏木紫或四氮唑染色抗原，前者为蓝色，后者为红色。此试验不能用于发酵乳、腐败乳、脱脂乳和煮沸乳。

3. 变态反应试验

布鲁杆菌变态反应抗原的种类很多，在我国用于羊和猪的是布鲁杆菌水解素。使用时，按《羊布鲁氏杆菌病变态反应技术操作规程及判定标准》进行。

（1）操作方法　使用细针头，将水解素注射在羊尾根皱褶或肘关节无毛处，猪在耳根后，皮内注射0.2ml，注射前应将注射部位用酒精棉球消毒。如注射正确应在注射部位形成绿豆大小的硬包。

（2）结果判定　注射后24h和48h各观察1次。判定标准如下。

① 注射部出现肉眼可见的明显肿胀和发红者，判为阳性（＋）。

② 注射部肿胀不明显，需经触诊并与对侧比较才能查出者，判为可疑（±）。

③ 注射部无反应或仅有一小硬结者，判为阴性（—）。

④ 检疫完毕后，可按表 3-8 格式将结果等通知畜主。

**表 3-8 布鲁杆菌检疫结果通知单**

<table>
<tr><td rowspan="2">畜主</td><td rowspan="2"></td><td>送检日期</td><td colspan="3"></td><td colspan="2">检送日期</td><td colspan="2"></td><td rowspan="2">编号</td></tr>
<tr><td>送检人</td><td colspan="3"></td><td colspan="2">通知日期</td><td colspan="2"></td></tr>
<tr><td rowspan="2">畜号</td><td rowspan="2">畜别</td><td colspan="4">凝 集 试 验</td><td colspan="2">补 反</td><td rowspan="2">变态反应</td><td rowspan="2">判定</td><td rowspan="2">注解</td></tr>
<tr><td>1∶25</td><td>1∶50</td><td>1∶100</td><td>1∶200</td><td>1∶5</td><td>1∶10</td></tr>
<tr><td></td><td></td><td></td><td></td><td></td><td></td><td></td><td></td><td></td><td></td><td></td></tr>
<tr><td>检验单位</td><td colspan="7"></td><td>送检人</td><td></td><td></td></tr>
</table>

阳性牲畜，应立即隔离；可疑牲畜必须于注射后一个月进行复检，如仍为可疑则按阳性处理，如为阴性则视为健畜。

## 四、训练报告

布鲁杆菌病常用的检测方法有哪些？其优缺点各是什么？

# 项目四 猪主要传染病

【学习目标】

1. 重点掌握猪丹毒、猪瘟、猪繁殖与呼吸综合征、猪细小病毒病等病的病原、流行特点、临床症状、诊断方法及防治措施。

2. 掌握猪链球菌病、猪气喘病、猪传染性胸膜肺炎、猪传染性萎缩性鼻炎、猪梭菌性肠炎、猪痢疾、猪水疱病等病的流行特点、诊断方法及防治措施。

3. 了解猪痘、猪增生性肠炎、猪附红细胞体病等病的临床特征和分布状况。

【技能目标】

1. 能够运用所学知识对猪主要传染病作出初步诊断并提出初步防治措施。

2. 会进行猪瘟、巴氏杆菌病的实验室诊断。

## 子项目一 猪 丹 毒

猪丹毒是由猪丹毒杆菌引起的一种急性热性传染病。急性型呈败血症变化；亚急性型在皮肤上出现紫红色疹块，俗称“打火印”；慢性型则主要以关节炎为特点，有时也表现为赘生性心内膜炎。

本病流行已有一百多年历史，并呈世界性分布，是危害养猪业的一种重要传染病。

### 一、病原

猪丹毒杆菌又称为红斑丹毒丝菌，属丹毒杆菌属，革兰染色阳性，兼性厌氧。在急性病例组织的直接涂片或培养物中，本菌细长，呈直或稍弯的杆状，单在、成对或小丛存在。该菌无芽孢和荚膜，无鞭毛，不能运动。在血清琼脂上呈针尖状如露珠的透明细小菌落；在血液琼脂上生长形成带有浅绿色溶血环的微小菌落；明胶穿刺呈试管刷状。显微镜观察血清培养基上的菌落，可分为光滑（S）型、粗糙（R）型和介于两者之间的中间（I）型三种类型。光滑型菌落表面光滑细致，菌落较小，边缘整齐，有较强的蓝绿色荧光，菌株毒力极强，来自于急性病猪的分离物；粗糙型菌落较大，表面粗糙，边缘不整，呈无荧光的土黄色，毒力很低，来自于慢性病猪或带菌猪的分离物；中间型呈金黄色，弱荧光，毒力介于光滑型和粗糙型之间。

本菌对不良环境有相当的抵抗力，能抗干燥，干燥状态下存活至少3周，尸体中细菌可存活几个月，对湿热敏感。一般的消毒剂和热（60℃，15min）可将其杀死，但在0.5%石炭酸中抵抗力强，故可用0.5%石炭酸生理盐水从污染病料中分离病原。

### 二、流行病学

**1. 易感动物**

包括人在内的多种动物均可感染，主要发生于猪。以3～12月龄的猪最为易感。

**2. 传染源**

病猪、带菌猪和其他带菌畜禽是本病的传染来源。病猪或带菌猪的分泌物和排泄物含有大量的病菌，污染饲料、饮水、用具以及土壤等也是本病的传染源。

**3. 传播途径**

其感染途径是消化道和损伤的皮肤，吸血昆虫也可传播本病，使该病的流行有一定的季节性。

**4. 流行特点**

本病具有明显的季节性，夏季多发，多呈散发和地方流行性；但在某些气温偏高且四季气温变化不大的地区，发病无季节性。

## 三、临床症状

**1. 急性型**

急性型（又称败血型）主要呈败血症变化。突然发病，一头或几头猪突然死亡。病猪体温高达42～43℃，精神不振，步行不稳，全身皮肤尤其是胸部、腹部、四肢内侧和耳部等皮肤较薄处出现不规则的鲜红斑块，常为特征性的方形或菱形，初为淡红色，渐渐变为浅紫红色或暗紫色，指压褪色，停止按压则又恢复。有时后肢麻痹，呼吸困难，寒战，绝食，多数1～2天死亡，或转为慢性型。

**2. 亚急性型**

亚急性型猪丹毒以皮肤出现疹块为特征，所以又叫疹块型猪丹毒。病初精神不振，食欲降低，体温升高，便秘，呕吐。1～2天后，在背部、胸颈和四肢等处皮肤出现方形、圆形或菱形的疹块，初坚硬后变为红色，突出于皮肤表面，中间苍白，界限明显，有时许多小疹块合并成大疹块。病程6～8天，疹块颜色渐退，形成干痂，脱落而自愈，或转为慢性型和败血型。

**3. 慢性型**

慢性型一般由上述两型转化而来，也有原发性的。慢性型猪丹毒主要表现为关节炎，四肢关节肿胀热痛，行走困难，跛行。有时发生心内膜炎，消瘦，贫血，喜卧，呼吸和心脏机能障碍，咳嗽，呼吸困难，生长发育不良，体质虚弱，常因心肌麻痹而突然死亡。

## 四、病理变化

**1. 急性型**

急性病例以急性败血症的全身变化和皮肤表面弥漫性出血而形成疹块为特征。胃黏膜充血、出血，胃底黏膜脱落，小肠黏膜主要在十二指肠和空肠前半部有出血性炎症。脾充血肿大，呈樱桃红色，切面外翻隆起，脆软的髓质易于刮下。淋巴结充血，肿大和点状出血。肝充血，红棕色。肾淤血肿胀，严重者呈蓝紫色，纵切皮质有点状出血。

**2. 亚急性型**

亚急性病猪耳、颈、背、腹、四肢等处的皮肤上产生许多疹块，与周围皮肤界限明显，由于皮肤肿胀压迫血管，使疹块中央变为苍白色，周围绕有一圈红晕。

**3. 慢性型**

慢性型病变特征为关节炎、心内膜炎和皮肤坏死。增生性、非化脓性关节炎，常发生在腕关节、肘关节、跗关节和膝关节。关节肿胀，有多量浆液性、纤维素性渗出物，黏稠或带红色。后期滑膜绒毛增生肥厚。心内膜炎主要发生在二尖瓣，瓣膜上附有大片血栓性赘生物，菜花状。

## 五、诊断

**1. 临床诊断**

根据流行特点、临床症状和病理变化，结合青霉素治疗有效，一般可以初步诊断。但在流行初期，往往呈急性败血症变化、无特征性临床症状，需做实验室检查才能确诊。

**2. 细菌学诊断**

从活的病猪耳静脉或疹块边缘采集血液样品，或采集病死猪心、肝、脾、肾、关节滑液以及心内膜赘生物等制片，染色镜检，如发现革兰染色阳性、较细长、单在、成对或成丛状排列的杆菌时，可初步确诊。同时可以用血清培养基培养后镜检和进行生化鉴定后确诊。

**3. 血清学诊断**

血清培养凝集试验方法检出率很高，而且快速。荧光抗体检查法也是猪丹毒快速检疫的方法之一。Dot-PAA-ELISA 方法操作简便、快速准确、结果可存档、重复性和稳定性好，适合基层检疫单位和养猪企业用于猪群免疫监测和猪丹毒流行病学调查。

## 六、防治

**1. 预防**

加强饲养管理，定期消毒，保持圈舍干燥、卫生，提高机体抗病能力。对于新购进的猪至少隔离 30 天。定期注射猪丹毒菌苗。目前市售的主要有猪丹毒弱毒菌苗、猪丹毒氢氧化铝甲醛苗和猪瘟、猪丹毒、猪肺疫三联苗。加强农贸市场、屠宰场和交通环节的检疫。发现病情立即封锁疫点，及时隔离治疗，对污染的环境及用具彻底消毒。

**2. 治疗**

青霉素是治疗该病的特效药，其次土霉素、金霉素、四环素等都可用于治疗。不能停药过早，否则容易复发或转为慢性。

**3. 妥善处理畜禽尸体，全场彻底消毒**

尸体和内脏有显著猪丹毒病变者作工业用；有轻微病变者，肉尸、内脏高温处理后出场，脂肪用于炼制，猪皮消毒后出场，血液工业用。死亡猪要化制，彻底消毒，防止病原菌扩散。

# 子项目二 猪链球菌病

链球菌病是一种人畜共患传染病，是由多种不同群的链球菌引起的猪的不同临床类型多种疾病的总称。表现为急性出血性败血症、心内膜炎、脑膜炎、关节炎等。

猪链球菌病是世界各国常见的猪传染病，危害严重。近年来猪Ⅱ型链球菌病在我国各地均有发生，并且出现了人感染猪链球菌的病例，已成为我国当前一种新而重要的人畜共患病症。

## 一、病原

链球菌（*Streptococcus*）种类繁多，广泛存在于自然界，是人和动物呼吸道、肠道、生殖道等处的常在菌。单个细菌呈圆形或卵圆形，多个呈链状或成对排列，菌链长短不一，不形成芽孢，一般无鞭毛（D 群某些菌株除外），有的菌株在血液、腹水、组织涂片中可见有荚膜。革兰染色阳性。

本菌具有群特异性的多糖类抗原（C 抗原）、型特异性蛋白质抗原（表面抗原）和核蛋白抗原（P 抗原）三种抗原。应用群特异性的 C 抗原，根据兰氏血清学分类，可分为 A～V（缺 I、J）20 个血清群。使猪致病者，主要是 C 群、D 群、E 群、L 群。

本菌多为需氧或兼性厌氧菌。致病性链球菌对营养要求高，对培养要求较严格，需用血液培养基，37℃培养 24～48h，形成湿润半透明的露滴样菌落，并且在鲜血琼脂培养基周围形成 β 溶血。

本菌对外界环境抵抗力较强，4℃条件下在腐烂的尸体中可存活6周，对湿热敏感，60℃ 30min可杀死，煮沸立即死亡。阳光直射2h死亡。对常用的消毒剂如2%石炭酸、0.1%新洁尔灭等较敏感。

## 二、流行病学

**1. 易感动物**

马属动物、牛、羊、鸡、兔、水貂等动物和人均可感染，但自然条件下猪最易感，不同品种、性别、年龄的猪均易感，其中以仔猪、架子猪的发病率最高。

**2. 传染源**

病猪和病愈后带菌猪为自然流行的主要传染源。病猪的鼻液、唾液、尿液、血液、脓汁等，未经严格处理的尸体、内脏、肉类及废弃物，是散布本病的主要传染源。

**3. 传播途径**

本病主要是直接传播，可以通过呼吸道、消化道或伤口等途径感染发病，病猪与健康猪接触，或由病猪排泄物污染的饲料、饮水以及器物等可引起猪只的大批发病而造成流行。

**4. 流行特点**

季节性不明显，但以夏、秋季多发，特别是潮湿闷热天气。呈散发或地方流行性。但在新疫区，多呈急性暴发，发病率和死亡率均高，给养猪业带来严重的经济损失。转群、运输、阉割、免疫、气候突变及猪群饲养密度过大、猪舍卫生条件差、通风不良等各种应激因素都可诱发本病的发生和流行，并可加重病情。

## 三、临床症状

本病潜伏期较短，自然感染潜伏期多为1～3天，长的可达6天以上。根据临床症状及病程可分为急性败血型、脑膜炎型、关节炎型和淋巴结脓肿型四个类型。

**1. 急性败血型**

病原为C群马链球菌兽疫亚种及类马链球菌，D群、L群链球菌也能引发本病。本型以仔猪发病较多，架子猪次之。

在流行初期常有最急性病例，往往不见症状而死亡或仅停食1～2顿，体温升高（41℃以上），呼吸困难，黏膜发绀，口鼻流出淡红色泡沫液体，腹下有紫红斑，突然倒地死亡。急性病例，病程2～4天，常精神沉郁，体温41～42℃，高热稽留，震颤，食欲废绝，结膜潮红，流泪，流鼻液，便秘，少数病畜在发病后期皮肤（耳尖、四肢末端、腹下）有出血斑点。有的病猪出现共济失调、磨牙、空嚼或昏睡等神经症状。病程后期出现呼吸困难。常在2～5天死亡，死前天然孔流出暗红色血液，病死率达80%～90%。

**2. 脑膜炎型**

主要由C群链球菌所引起，多见于哺乳或断奶仔猪，也可发生于较大的猪，哺乳仔猪发病常与母猪带菌有关。

病猪体温升高，不食，有浆液性或黏液性鼻液，很快出现神经症状，共济失调，后肢摇摆不稳，作盲目运动或转圈运动，空嚼、磨牙，继而后肢麻痹，侧卧于地，四肢不断划动，经1～2天死亡，最急性的几小时内死亡，有的可转为慢性关节炎型，生长不良，关节肿胀。

**3. 慢性型**（关节炎型）

多由急性败血型转变而来。主要表现为多发性关节炎。病猪体温时高时低，精神、食欲时好时坏，主要表现为一肢或多肢关节肿痛，高度跛行，甚至不能站立，严重者后肢瘫痪。病程较长，可达2～3周，病猪因心力衰竭、麻痹而死亡，或逐渐好转而恢复。

**4. 淋巴结脓肿型**

主要由E群链球菌引起，以淋巴结化脓性炎症、形成脓肿为特征。多见于架子猪，发病率低。病猪脓肿破溃后，脓汁污染饲料、饮水、环境，带菌猪扁桃体容易分离本菌。病愈猪带菌可达半年之久。颌下淋巴结化脓性炎症最常见，其次为咽部、耳下和颈部淋巴结。可见局部隆起，触诊坚硬，有热有痛，可影响采食、咀嚼、吞咽，甚至呼吸，直至脓肿成熟，可自行破溃而自愈。病程 3～5 周，一般不引起死亡。

此外，C 群、D 群、E 群、L 群 β 型溶血性链球菌也可经呼吸道感染，引起肺炎或胸膜肺炎，经生殖道感染则引起不育和流产。

## 四、病理变化

**1. 急性败血型**

以出血性败血症和浆膜炎变化为主。死亡猪只尸僵较缓，血液凝固不良，急性死亡猪只天然孔有暗红色血液流出，在颈、胸、腹下及四肢末端等处皮肤呈现紫红色出血斑或出血点。喉头、气管充血，常见大量泡沫样分泌物。黏膜、浆膜下出血。肺充血，间质水肿，体积增大，表面有出血点，有时可见纤维素性渗出物附着。全身淋巴结不同程度肿大、充血或出血。心包积液呈淡黄色，心内膜有出血斑点，有的可见纤维素性心包炎，心肌柔软，色淡似煮肉样。病程稍长者可见纤维素性胸膜炎。多数病例脾淤血肿大，柔软易脆裂，有时周边可见黑红色梗死区。肾脏多为轻度肿大，充血和出血。膀胱黏膜充血或见点状出血。胃和小肠黏膜有不同程度的充血和出血。

**2. 脑膜炎型**

脑膜充血、出血，脑切面可见白质和灰质均有小出血点。心包、胸腔、腹腔有不同程度的纤维素性炎症。全身淋巴结不同程度肿大，充血或出血。肺、胆囊、胃壁、头颈水肿，肠系膜胶冻样水肿。

**3. 慢性型**（关节炎型）

关节肿大、关节炎，切开关节有黄色渗出液。有时可引起化脓性关节炎，关节内形成纤维素性、脓性物质。

**4. 淋巴结脓肿型**

剖检可见关节腔内有黄色胶冻样或纤维素性、脓性渗出物，淋巴结脓肿。有些病例心瓣膜上有菜花样赘生物。

## 五、诊断

由于本病临床表现多样，因此必须结合流行规律及其特点，典型症状以及病理剖检变化，对诊断本病才具有实际意义。

**1. 临床诊断**

主要根据流行特点、典型症状、结合死后血液暗红凝固不良、心内外膜出血、脾肿大有黑色梗死灶等剖检变化，作出初步诊断。但是由于本病的败血型症状、病理变化复杂，无特征性，易与其他许多败血型传染病相混淆，要进一步确诊，必须采集病料作微生物学检查。

**2. 微生物学诊断**

根据不同病型采取不同的病料，病猪的肝、脾、肺、血液、淋巴结、脑、关节囊液及胸、腹腔积液等均可。将上述采集到的病料或脓液制片染色镜检。应注意与双球菌和两极着色的巴氏杆菌等区别。可应用鲜血琼脂在 37℃的环境下培养 24～48h，多数产生 β 溶血，菌株鉴定可通过生化试验、血清学试验。还可用病料悬液或培养物接种兔等试验动物，动物死后，再进行分离和鉴定。

**3. 血清学诊断**

目前常用的血清学诊断方法有免疫荧光抗体技术、SPA 协同凝集试验、乳胶凝集试验和 ELISA 等。其中 ELISA 具有特异性强、敏感性高、简便快速等优点，对于本病的诊断、检疫和流行病学调查有一定实用价值。

## 六、防治

**1. 加强饲养管理**

链球菌是条件性致病菌，因此改善饲养环境，加强通风，减少应激，合理搭配饲料，提高动物机体的抗病能力，建立规范的消毒制度是预防本病的重要措施。坚持全进全出或自繁自养。引进种猪实行严格检疫，观察 1～2 个月方可入群。一旦发现病猪应及时淘汰或隔离治疗。病死猪应进行高温处理，污染环境要彻底消毒，可用 10%生石灰乳或 2%烧碱等进行消毒。同时防止外伤，新生仔猪要注意脐带无菌结扎和碘酒消毒。

**2. 定期预防接种**

根据当地发病情况定期进行猪链球菌疫苗的免疫接种。由于链球菌血清群和血清型较多，交叉免疫保护程度低，因此应用多价苗才有可能获得较好效果。分离本地菌株制备自家菌苗，免疫效果可能会更好。还可以进行药物预防，饲料中加入阿莫西林，连喂两周，可有效预防本病的发生。

**3. 及时治疗**

注意尽早、足量用药和耐药性的问题。猪链球菌病多为急性型，而且对药物特别是抗生素容易产生耐药性，因此必须早期用药，药量要足，最好通过药敏试验选用最有效的抗菌药物。一般来说，青霉素、阿莫西林等都可选用，阿莫西林敏感性更高一些。本病病原对四环素和链霉素等有耐药性。若已经形成脓肿，待脓肿成熟时，可切开排脓，以 3%双氧水或 0.1% $KMnO_4$ 液体冲洗，涂以碘酊或撒上消炎粉，并内服抗菌药物。

# 子项目三　猪气喘病

猪气喘病又称猪地方流行性肺炎或猪支原体肺炎，是由猪肺炎支原体引起的一种慢性接触性呼吸系统传染病。其主要症状为咳嗽和气喘，病变特征是肺的尖叶、心叶、中间叶和膈叶前缘呈“肉样”或“虾肉样”实变。本病遍布全球，特别是现代集约化养殖的猪场，发病率高，给世界养猪业造成巨大的经济损失。

## 一、病原

猪气喘病的病原为猪肺炎支原体（*Mycoplasma hyopneumoniae*），是一种无细胞壁、呈多形性的微生物，有球状、环状、点状、杆状和两极状，革兰染色阴性，不易着色，吉姆萨染色或瑞氏染色良好。兼性厌氧，能在无细胞的人工培养基上生长，但对生长条件要求极为苛刻。可用含水解乳蛋白、酵母浸出液和猪血清的液体培养基分离培养。在固体培养基上生长较慢，在含 5%～10% $CO_2$ 的湿润条件下培养 10 天左右，可见到圆形、边缘整齐的针尖或露珠样菌落，但不呈“煎荷包蛋样”，而猪鼻支原体则呈典型的“煎荷包蛋样”。

猪肺炎支原体对外界环境抵抗力不强，在外界环境中存活不超过 36h，病肺组织块内的病原体在－15℃可保存 45 天。常用的化学消毒剂均能将其杀灭。

## 二、流行病学

**1. 易感动物**

自然感染病例仅发生于猪，不同品种、年龄、性别的猪均易感，其中以哺乳仔猪和断奶仔猪最易感，其次是妊娠后期的母猪和哺乳母猪，育肥猪发病较少。母猪和成年猪多呈慢性和隐性感染。

**2. 传染源**

病猪和带菌猪是本病的主要传染源。病原体存在于病猪及带菌猪的呼吸道及其分泌物中，在猪体内存在的时间很长，病猪在症状消失之后半年至一年多仍可排菌。猪场发生本病主要是由于引进带菌猪所致，仔猪常通过带菌母猪感染。

**3. 传播途径**

呼吸道是本病的传播途径。病原体随病猪咳嗽、气喘和喷嚏的分泌物排出体外，形成飞沫，经呼吸道感染健康猪。

**4. 流行特点**

本病四季均可发生，没有明显的季节性，但以冬春寒冷季节多见。猪场首次发生本病常呈暴发性流行，多呈急性经过，症状重，病死率高。在老疫区猪场多为慢性或隐性经过，症状不明显，病死率低。猪舍通风不良、猪群拥挤、气候突变、阴冷潮湿、饲养管理和卫生条件不良可促进本病发生和加重病情，如继发感染或混合感染多杀性巴氏杆菌、肺炎球菌、胸膜肺炎放线杆菌、猪副嗜血杆菌和猪繁殖与呼吸综合征病毒等病原体，则病情更重，继而导致严重的经济损失。

## 三、临床症状

本病的潜伏期一般为 11～16 天。根据病程和临床表现可分为急性型、慢性型和隐性型。最常见的是慢性型和隐性型。

**1. 急性型**

常见于新发支原体肺炎的猪群。病初精神不振，呼吸加快，不愿走动。继之出现剧喘，腹式呼吸，呈犬坐姿势，时发痉挛性咳嗽。食欲减退，日渐消瘦。体温一般正常，有继发感染则体温升高。病程为 1～2 周，病猪常因窒息而死，死亡率高。耐过猪常转为慢性。

**2. 慢性型**

多数病例一开始就取慢性经过，少数病例由急性转变而来。症状为长时间咳嗽，夜间、清晨、运动时及进食后最为明显，严重的可发生痉挛性咳嗽。症状随饲养管理条件和气候环境的改变而改变。病猪体温不高，但消瘦，发育不良，饲料利用率低。病程长达 2～3 个月，有的甚至在半年以上，发病率高，死亡率低。病猪易发生继发感染，造成猪群死亡率增加。

**3. 隐性型**

病猪无明显的临床表现，或偶见个别猪轻度咳嗽和气喘，生长发育一般正常，只有剖检或 X 射线检查时才能发现肺炎病变。隐性型病猪在老疫区猪群中占有相当大的比例，往往被忽视而成为危险的传染源。

## 四、病理变化

剖检时，病变主要在肺脏、肺门和纵隔淋巴结。肺脏病变主要见于心叶、尖叶、中间叶和膈叶的前缘。两侧肺病变大致对称，病变呈间质性肺炎变化，病变区与正常区界限明显。病变部分切面湿润、平滑、呈半透明状，似肉样，称“肉变”。严重病例，可见病变部颜色加深，半透明状不明显，称“胰变”或“虾肉样变”。如继发细菌感染，可引起肺和胸膜的纤维素性、化脓性和坏死性病变。肺门淋巴结和纵隔淋巴结肿大呈灰白色，切面湿润稍外翻，边缘有时见到轻度充血。

## 五、诊断

**1. 临床诊断**

根据流行特点、慢性干咳、生长受阻、发育迟缓、死亡率低、反复发作等症状，以及肺脏的病变区和正常区界限明显等特征性病理变化可作出初步诊断。

**2. 物理学诊断**

X射线检查对慢性和隐性感染的病猪有重要的诊断价值。检查时，病猪在肺野内侧区和心膈角区呈现不规则的云絮状渗出性阴影，阴影密度中等，边缘模糊。病期不同，病变阴影表现各有差异。

**3. 血清学诊断**

20世纪80年代以来，血清学诊断也取得一定进展，如ELISA、补体结合试验、免疫荧光试验等都有助于本病的快速诊断。

## 六、防治

**1. 平时饲养管理措施**

保持猪群合理、均衡的营养水平，增强猪的抵抗力；采用全进全出的饲养方式；严格执行消毒程序；饲养密度要合理，保持栏舍的清洁、干燥以及保证舍内适合的温度，加强通风，减少各种应激。

**2. 免疫接种**

免疫接种能有效地预防和控制猪气喘病，因此对猪群要定期进行免疫接种。目前世界上常用的疫苗仍然以灭活疫苗为主，我国已研制出弱毒菌苗。肌内注射疫苗效果不佳，多采用胸腔注射。据报道，现有一种“苏气”穴肺内免疫，效果良好。

**3. 药物防治**

猪肺炎支原体对土霉素、泰妙菌素、泰乐菌素、恩诺沙星、利高霉素（林可霉素和壮观霉素以1∶2的比例混合）和卡那霉素等有较高的敏感性，对青霉素、磺胺类药物不敏感。定期在饲料中添加药物能有效预防猪气喘病。药物预防时可采用脉冲式给药方法，保育期给药2～3天，停药5～10天，再重复进行，育肥初期给药5天，育肥后期和妊娠母猪给药5～7天，其他时间停药。通过分时间段给药，提高猪群健康水平，改善饲料转化率，提高日增重。

# 子项目四　猪传染性胸膜肺炎

猪传染性胸膜肺炎是由胸膜肺炎放线杆菌引起的猪的一种高度接触性的传染性呼吸系统疾病。急性和亚急性病例以纤维素性出血性胸膜肺炎、慢性病例以纤维素性坏死性胸膜肺炎为主要特征。

自1957年发现以来，本病已广泛存在于世界所有养猪国家，特别是对现代集约化养猪危害更大，已经成为影响养猪业发展的最为严重的疾病之一。

## 一、病原

猪传染性胸膜肺炎的病原为胸膜肺炎放线杆菌，巴氏杆菌科放线杆菌属成员，是革兰染色阴性、具有荚膜的小球杆菌。人工培养具有多形性。本菌兼性厌氧。

胸膜肺炎放线杆菌可分两个生物型，培养需要NAD的生物Ⅰ型，培养不需NAD的生物Ⅱ型。生物Ⅰ型菌株毒力强，生物Ⅱ型菌株毒力弱。目前生物Ⅰ型又分为12个血清型，生物Ⅱ型分为2个血清型。我国流行的猪传染性胸膜肺炎为多血清型感染，其中以生物Ⅰ型中的血清7型为主。各血清型间缺乏交叉免疫性，给本病的免疫防治带来了很大的困难。

将生物Ⅰ型胸膜肺炎放线杆菌均匀涂布于血琼脂平板，再在其上划线接种能够产生NAD的金黄色葡萄球菌，37℃过夜培养，发现生物Ⅰ型菌株多沿葡萄球菌生长线附近生长，呈卫星现象。显微镜下观察，菌落呈黏液型蜡样菌落，中间凸起，闪光不透明，底部陷入培养基，不易刮下。

胸膜肺炎放线杆菌对外界环境抵抗力不强，易被常用消毒剂和热杀灭，一般60℃、15～20min即可灭活。

## 二、流行病学

### 1. 易感动物

猪是其高度专一宿主。各年龄猪均易感，6～8周龄之后的猪多发。

### 2. 传染源

病猪和带菌猪是猪传染性胸膜肺炎的主要传染源。病原体胸膜肺炎放线杆菌是一种呼吸道寄生菌，主要存在于病猪和带菌猪的肺部和扁桃体，最急性和急性期还在血液和鼻液中大量存在。

### 3. 传播途径

本病的传播途径主要是带菌猪和健康猪的直接接触传播。也可以通过咳嗽、喷嚏喷出的飞沫进行传播。污染的器具、饲养人员的衣物、小啮齿类动物和鸟类也可能传播此病。人工授精不会传播本病。

### 4. 流行特点

本病的发生一般无明显的季节性，但以秋冬气候恶劣的季节为多。外界因素对其影响很大，饲养密度过大、气温的突然改变、潮湿、通风不良以及应激，均可促发本病，从而导致发病率和死亡率增加。一般转群频繁的大群猪比单独饲养的小群猪发病概率更高。猪传染性胸膜肺炎是一种分布广泛的世界性疾病，各国猪群存在的病原血清型不尽相同，并且同一猪场也存在不同的血清型，这给本病的防治带来很大困难并造成严重的经济损失。

## 三、临床症状

根据免疫状态、环境条件、感染程度和病程可将猪传染性胸膜肺炎分为最急性型、急性型、亚急性型和慢性型4种。

### 1. 最急性型

猪群中一头或几头突然发病，并可在无明显症状下死亡，随后，疫情发展很快，病猪体温升高达41.5℃以上，精神委顿，食欲减退或废绝，呼吸困难，常呈犬坐姿势，口鼻流出血性泡沫样分泌物，鼻端、耳及四肢末端皮肤发绀，可于24～36h死亡，死亡率高。新生仔猪多因急性败血症死亡。

### 2. 急性型

往往在同一猪舍或不同猪舍的许多猪发病，病猪精神沉郁，食欲缺乏或废绝，体温可达40.5～41℃，呼吸困难和咳嗽严重，有时张口呼吸，心血管系统衰竭。鼻端、耳及四肢末端皮肤发绀。转归取决于肺脏病变的面积以及治疗情况。

### 3. 亚急性型和慢性型

常由急性型转化而来，病猪不爱活动，喜卧，体温不升高或略有升高，有一过性或间歇性咳嗽，食欲缺乏，料肉比降低。慢性感染猪群临床症状表现不明显，但可能被支原体、细菌性病原体、病毒性病原体感染而导致病情恶化。个别猪可发生关节炎、心内膜炎以及不同部位的脓肿。首次暴发可导致母猪流产。

## 四、病理变化

肉眼可见的病理变化主要在呼吸系统。肺炎病变呈双侧性，并多在心叶、尖叶和膈叶出现病灶，与正常组织界限分明。

**1. 最急性型**

最急性死亡的病猪气管、支气管中充满血性泡沫状液体，肺炎坏死区色暗、硬固，不出现纤维素性胸膜炎。

**2. 急性型**

急性期死亡的病猪可见明显的泛发性纤维素性出血性胸膜肺炎，并有败血症变化，肺脏暗红色，肿胀充实，肺脏切面呈紫红色肝样变，喉头充满血性液体。随着病程发展，纤维素性胸膜肺炎蔓延至整个肺脏，使肺脏和胸膜粘连难以分离。

**3. 亚急性型**

肺脏可能发现大的干酪样病灶或含有坏死碎屑的空洞。继发感染时可发生化脓性肺炎病理变化，常与胸膜发生纤维素性粘连。

**4. 慢性型**

慢性型病例以纤维素性坏死性胸膜肺炎为特征，常见膈叶上有大小不同的坏死结节，周围形成厚的结缔组织包囊，并在其上附有纤维素性渗出物，与胸壁、心包或者肺叶间粘连。

## 五、诊断

根据临床症状，剖检病变及流行病学可作出初步诊断，确诊需进行微生物学、血清学、分子生物学等病原学诊断。

**1. 临床诊断**

临床上，传染性胸膜肺炎在急性暴发期易于诊断。剖检时可发现明显的带有胸膜炎的肺部病变特征。慢性感染病例可见肺脏有硬的、界线分明的囊肿，同时伴有纤维素性胸膜肺炎。

**2. 微生物学诊断**

细菌学检查对本病的防治及减少其潜在的经济损失是极为重要的。将无菌方法采集到的新鲜的支气管、鼻腔分泌物及肺部病变部分进行抹片或涂片，革兰染色发现大量阴性球杆菌，即可初步诊断为猪传染性胸膜肺炎。也可将疑似病料处理后在划有金黄色葡萄球菌十字线的血琼脂平板上进行培养，过夜培养后若见十字线附近有小菌落，呈卫星现象，可确诊为胸膜肺炎放线杆菌感染。

**3. 血清学诊断**

猪传染性胸膜肺炎的血清学诊断方法很多，有荧光抗体、凝集试验、乳胶凝集试验、ELISA 等。目前国际公认的方法是改良补体结合试验。血清学诊断是一个猪群免疫状况的指南和猪群净化的一种手段。

## 六、防治

**1. 预防**

（1）实行全进全出，提早断奶，隔离饲养　进猪必须来自无本病原的猪群。有慢性感染的猪场，对新购进的血清学阴性猪应先进行基础免疫，2 周后再转入猪场。

（2）认真做好综合防治，搞好猪场环境和舍内卫生　加强消毒，消除发病诱因和应激因素。搞好防寒保温。

（3）认真观察猪群　定期进行血清学检查，及时淘汰阳性猪和本病病猪；阴性健康猪进行药物预防。

（4）对母猪和仔猪特殊预防　母猪产前 2 月及 1 月分别接种猪传染性胸膜肺炎灭活苗以提高母源抗体滴度；仔猪在 6～8 周龄和 8～10 周龄两次肌内注射猪传染性胸膜肺炎多价油乳苗或灭活苗。

**2. 治疗**

疾病早期抗生素治疗能有效减少死亡率。由于胸膜肺炎放线杆菌容易产生耐药性，因此药物治疗时间不宜过长，并要随时检测细菌的药敏性以便有计划的定期轮换使用。青霉素、头孢菌素、氨苄青霉素为首选药物。磺胺、庆大霉素、四环素、泰妙菌素、金霉素及阿莫西林对猪传染性胸膜肺炎的防治也有良好效果。

药物治疗尽管在临床上会有一定的效果，但并不能在猪群中消灭感染。慢性感染或隐性感染猪都是潜在的传染源，所以，对愈后不良的重病猪应予以宰杀。通过免疫接种、药物治疗、淘汰以及血清学监测等净化措施可以建立无传染性胸膜肺炎猪群。要有计划的淘汰阳性母猪直至整个猪群全部转为血清学阴性。在净化期，要用药物预防的方法来保护猪群免受胸膜肺炎放线杆菌的感染。

## 子项目五　猪传染性萎缩性鼻炎

猪传染性萎缩性鼻炎主要是由支气管败血波氏杆菌和产毒素性多杀性巴氏杆菌感染引起的猪的一种慢性呼吸道传染病。临床主要以慢性鼻炎、鼻甲骨萎缩，特别是鼻甲骨下卷曲萎缩、颜面变形和生长迟缓为特征。

本病在世界各地均有发生，严重危害各国养猪业，是集约化养殖场的一个重要呼吸系统传染病。我国以前没有本病，主要由于进口检疫不严，导致本病在我国广泛传播。

### 一、病原

现已证实，传染性萎缩性鼻炎是一种多因素性疾病。支气管败血波氏杆菌的Ⅰ相菌（*Bordetella bronchiseptica*，Bb）和多杀性巴氏杆菌毒素源性菌株（Pm）是引起传染性萎缩性鼻炎的主要病原。

支气管败血波氏杆菌Ⅰ相菌为革兰染色阴性细小球杆菌，两极染色，不形成芽孢，有的有荚膜，具有周身鞭毛、能运动；需氧，培养基中加入血液或血清可助其生长。能在麦康凯琼脂上生长，菌落中等大小，透明，略呈茶色。鲜血琼脂上产生β溶血。本菌对外界环境和理化因素抵抗力不强，一般常用的消毒剂均可将其杀死。

产毒素性多杀性巴氏杆菌是荚膜血清A型、D型株，所产生的耐热毒素，能使皮肤坏死，并能致死小鼠。与Bb相比，仅少数猪场可分离到Pm，而且Pm单独感染猪群，即可发生猪传染性萎缩性鼻炎，并造成经济损失。

### 二、流行病学

**1. 易感动物**

任何年龄的猪都可感染本病。支气管败血波氏杆菌主要侵害幼龄猪，初生5周内仔猪被感染时，在发生鼻炎后，多引起鼻甲骨萎缩；断奶猪被感染时，则鼻炎消失后，可能不发生或只发生轻度的鼻甲骨萎缩，以后成为带菌猪。3月龄以上的猪感染，一般不发病。A型和D型产毒素性多杀性巴氏杆菌感染则可引起不同年龄的猪鼻甲骨萎缩。品种不同的猪，易感性也有差异，国内土种猪较少发病。

**2. 传染源**

病猪和带菌猪是主要传染源，猫、大鼠和兔携带的支气管败血波氏杆菌也可引起猪发生传染性萎缩性鼻炎。

**3. 传播途径**

本病的主要传播途径是飞沫传播，通过接触经呼吸道感染，多数是由带菌母猪传染给仔猪。污染的环境、器具、饲养人员的衣物也可以促进本病传播。

**4. 流行特点**

本病在猪群传播比较慢，多呈散发或地方流行性。主要发生于春秋两季，如果猪圈潮湿、拥挤，蛋白质、赖氨酸、钙、磷等矿物质和维生素缺乏时，可促进本病发生。此外，有的病猪可能有其他微生物参与产生致病作用，使其病情加重。

## 三、临床症状

最初呈现鼻炎症状，多见于6～8周龄仔猪。表现为喷嚏（当饲喂和运动时表现尤为剧烈）、剧烈地用鼻端在周围的墙、物上摩擦，鼻腔流出浆性、黏性或脓性鼻汁，吸气时鼻开张，发出鼾声，严重的张口呼吸。由于鼻泪管阻塞，同时可见流泪，由于灰尘附着于眼内角下形成弯月形的黄、黑色泪斑。

继鼻炎后而出现鼻甲骨萎缩，致使鼻腔和面部变形，是本病的特征性症状。如两侧鼻甲骨病损相同时，外观鼻短缩，此时因皮肤下组织正常发育，使鼻盘正后部皮肤形成较深的皱褶；若一侧鼻甲骨萎缩严重，则使鼻弯向一侧；鼻甲骨萎缩额窦不能正常发育，使两眼间宽度变小和头部轮廓变形。体温一般正常，病猪生长停滞，难以肥育，有的成为僵猪。但多数病猪出现鼻甲骨萎缩与感染周龄和是否发生重复感染以及其他应激因素存在与否的关系非常密切。感染时年龄愈小，则发生鼻甲骨萎缩的愈多，也愈严重。一次感染后，若没发生新的重复或混合感染，萎缩的鼻甲骨可以再生。有的鼻炎延及筛骨板，则感染可经此而扩散至大脑，发生脑炎。此外，病猪常发生肺炎，其原因可能是由于鼻甲骨损坏，异物和继发性细菌侵入肺部，也可能是主要病原直接作用的结果。因此，鼻甲骨的萎缩促进肺炎的发生，而肺炎又反过来加重鼻甲骨萎缩病演的过程。

## 四、病理变化

特征性病变是鼻腔的软骨、鼻甲骨发生软化和萎缩，萎缩最常见于鼻甲骨的下卷曲。严重病例，鼻甲骨完全消失，鼻中隔弯曲，使鼻腔变为一个鼻道。

鼻腔常有大量的黏液性、脓性甚至干酪样渗出物，随病程长短和继发性感染的性质而异。鼻黏膜充血、水肿、苍白、肥厚。

## 五、诊断

**1. 临床诊断**

根据流行病学，临床症状及病理变化，对本病常在地区较易确诊。

**2. 病理解剖学诊断**

在两侧第一、第二对臼齿间或第一臼齿与犬齿间的连线锯成横断面，可观察鼻甲骨的形态和变化。发生萎缩时，卷曲变小而钝直，甚至消失。

**3. 微生物学诊断**

急性症状的患病仔猪有较高的检出率，但确诊需作细菌的分离鉴定。用灭菌鼻拭子探进鼻腔的1/2深处，小心转动数次，取黏液性分泌物作细菌分离培养，最常用的培养基是含1%葡萄糖的血清麦康凯琼脂，37℃、48h后观察，如菌落呈烟灰色，中等大小、透明，培养物有特殊腐霉气味，为革兰染色阴性杆菌，用支气管败血波氏杆菌的兔免疫血清进行玻板凝集反应为阳性，则移植于肉汤、琼脂进一步作生化鉴定。最后用抗O、抗K血清作凝集反应来确认Ⅰ相菌。

**4. 血清学诊断**

目前本病的血清学诊断方法主要是针对支气管败血波氏杆菌，有试管凝集试验、平板凝集试验等。此外还可应用荧光抗体检测技术诊断本病。

## 六、防治

**1. 控制传染源**

引种时严格检查，不再引进带菌猪，对于已存在本病的猪场，则应做到就地控制和消灭，不留后患，最好的方法是在严格封闭的情况下，全部催肥屠宰肉用。

**2. 切断感染途径**

淘汰或隔离感染母猪是净化措施的关键，虽然母仔隔离育成，施行人工哺乳或健猪寄养，可避免接触感染，但实施上多有困难。近年来推行早期隔离断奶技术有助于本病的预防。

**3. 药物防治**

用土霉素等抗生素及磺胺类药物防治本病有效。土霉素拌料，连喂3天，可防止新病例出现，产前1个月、产后1～3个月长期投予，有预防效果，能提高增重率和饲料利用率，但难以消除带菌状态。对出现临床症状的病猪，于鼻腔内用25%硫酸卡那霉素喷雾或用1%～2%硼酸和高锰酸钾溶液冲洗鼻腔，同时注射氟苯尼考加丁胺卡那霉素，连用3～5天。也可选用恩诺沙星、环丙沙星、泰妙菌素、强力霉素、阿莫西林等进行治疗。

**4. 定期预防接种**

可用自家苗或中国农业科学院哈尔滨兽研所研制的二联灭活疫苗。对新生仔猪接种或对妊娠母猪接种，可按以下程序进行免疫：初产母猪，产前4周和2周各免疫一次，经产母猪在产前2～4周免疫一次，公猪每年一次，非免母猪所产仔猪，在7～10日龄和3～4周龄各免疫一次。

# 子项目六　猪附红细胞体病

猪附红细胞体病是由猪附红细胞体寄生于红细胞表面而引起的一种血液传染病，以高热、贫血、黄疸和消瘦为主要特征。

该病近几年来在我国各地广泛流行，随着生猪饲养规模的扩大和饲养密度的不断增加，发病率居高不下，给我国养殖业造成了严重的经济损失。

## 一、病原

猪附红细胞体病的病原是猪附红细胞体（*E. suis*），为血液寄生虫，大小0.8～2.5μm，呈多形性，多数为环形、球形或卵圆形，少数呈顿号形或杆状。常单独或呈链状附着于红细胞表面，也可游离于血浆中。附红细胞体发育过程中，形状和大小常发生变化。

猪附红细胞体对于革兰染色呈阴性，吉姆萨染色的血液涂片上，病原体呈淡红色或淡紫红色，苯胺色素易于着色，瑞氏染色为淡蓝色。

猪附红细胞体对干燥和化学消毒剂抵抗力弱，但对低温的抵抗力强，5℃可保存15天，冰冻的血液中可存活31天。一般的消毒剂均能杀死该病原，如病原体在0.5%的石炭酸溶液或0.5%的来苏儿中，5min就被杀死，56℃、30min即可被杀灭。

## 二、流行病学

**1. 易感动物**

各年龄以及不同品种和性别的猪均易感。

**2. 传染源**

患病猪及隐性感染猪是重要的传染源。

**3. 传播途径**

可通过摄食血液、舔食尿液、互相斗殴、吸血昆虫传播。吸血昆虫（如刺蝇、蚊虫、蜱等）是该病的主要传播媒介。消毒不严的外科手术器械和注射用针头也可造成机械性传播。

**4. 流行特点**

该病于温暖的夏秋季发病较多，尤其是蚊虫较多时最易发病，常呈地方流行性。长途运输、饲养管理不良、气候恶劣、寒冷或其他疾病感染等情况可使隐性感染猪发病。

## 三、临床症状

**1. 急性型**

仔猪精神不振，食欲减退或拒食。皮肤和黏膜苍白，黄疸，呼吸困难，体温高达42℃，稽留热。四肢末端，特别是耳郭出现大理石样条纹或暗红色，这是本病的特征性症状。在发热期，采取猪的血液稀薄呈水样，不黏附管壁。

**2. 慢性型**

病猪明显消瘦，贫血，耳郭发绀，尤其边缘坏死。有时出现荨麻疹或病斑，全身大部分皮肤为红色，指压不褪色，俗称“红皮猪”。母猪进入产房后3～4天出现症状。急性期的母猪表现厌食，发热高达42℃，乳房和外阴水肿，可持续1～3天，产奶量下降，缺乏母性。隐性感染的母猪出现繁殖障碍，如受胎率低，不发情。妊娠母猪流产，产死胎，产弱仔。

## 四、病理变化

主要病理变化为贫血及黄疸。皮下及黏膜苍白，血液稀薄、色淡、不易凝固，全身性黄疸，皮下组织水肿，多数有胸水和腹水，心包积液；肝肿大呈黄棕色，表面有黄色条纹状或灰白色坏死灶；脾脏肿大变软，呈暗黑色，边缘柔软易脆；肾肿大而有积液，膀胱里充满尿液，膀胱壁上有出血点；胆囊含有浓稠的胶冻样胆汁；淋巴结肿大，腹股沟淋巴结肿大明显。

## 五、诊断

**1. 临床诊断**

根据断奶后仔猪和架子猪多发，病猪表现为持续高温、耳郭边缘发绀、皮肤苍白、黏膜苍白、黄疸、血液稀薄、全身皮肤发紫等症状，可初步确诊。

**2. 微生物学诊断**

取耳静脉血或抗凝血涂片进行吉姆萨染色镜检是比较方便简单的方法，显微镜下可见红细胞表面有许多圆形、椭圆形或杆状的紫红色虫体，当微调显微镜时，虫体折光性较强，中央发亮，形似气泡，红细胞边缘不光滑，凹凸不平。

**3. 血清学诊断**

补体结合试验、间接血凝试验、ELISA和荧光抗体试验均可用于本病检测。荧光抗体试验最早应用于牛附红细胞体检测，后也被用于猪附红细胞体检测，效果较好。ELISA常用作群体检测，以进行流行病学调查和疾病监测。

## 六、防治

**1. 预防**

加强饲养管理，保持猪舍、饲养用具卫生，减少不良应激等是防止本病发生的关键。夏秋季节要经常喷洒杀虫药物，防止昆虫叮咬猪群，切断传染源。在实施诸如预防注射、断尾、打耳号、阉割等饲养管理程序时，均应更换器械，严格消毒。该病多因断奶、阉割、长途运输等应激因素诱发，且多发于仔猪，故在有应激因素发生前后，应多服用抗应激多维及抗生素，以防该病发生。

**2. 治疗**

确诊该病后，长效土霉素是首选药物，其他可用金霉素、强力霉素等。发病猪应用长效土霉素 20mg/kg 体重肌内注射，隔天注射一次，连续 3 次即可痊愈。仔猪和慢性感染猪还应进行补铁。需要注意的是：猪附红细胞体病临床上经常与猪瘟、蓝耳病等混合感染，以及继发感染肠炎、肺炎等疾病，治疗时应在治疗原发病的同时，对继发病和并发症进行治疗，才可取得最好的治疗效果。

## 子项目七　猪梭菌性肠炎

猪梭菌性肠炎又称仔猪坏死性肠炎、仔猪红痢，是初生仔猪的一种急性传染病，主要发生于 1 周龄内的仔猪，尤以 1～3 日龄仔猪多发，以血性下痢，小肠后段弥漫性出血和坏死为特征，发病快，病程短，死亡率高，对养殖业生产造成了严重影响。

### 一、病原

本病病原为魏氏梭菌，又叫 C 型产气荚膜梭菌，革兰染色为阳性，能产生芽孢。无鞭毛，不能运动。在动物体内及含血清的培养基中能形成荚膜，是本菌特点之一。

本菌为厌氧菌，在马丁血液琼脂平板上，菌落呈圆形，边缘整齐，表面光滑、隆起，有明显的溶血环。在厌氧肉肝汤中生长较快，如在 37℃条件下培养 2～3h 即开始生长，肉汤呈均匀混浊，并产生大量气体，还可产生强烈的致死毒素，引起仔猪肠毒血症、坏死性肠炎。牛乳培养基的暴烈发酵为本菌特征性的生化反应。接种培养 8～10h 后，牛乳即被酸凝，同时产生大量的气体，使凝乳块变成多孔的海绵状，严重的被冲成数块，甚至喷出管外。其繁殖体的抵抗力不强，一旦形成芽孢后，对热力、干燥和消毒剂的抵抗力就显著增强，需 80℃、15～30min 或 100℃几分钟才可将其杀死。

### 二、流行病学

**1. 易感动物**

本病主要发生在 1～3 日龄的仔猪，1 周龄以上的猪很少发病。

**2. 传染源**

C 型产气荚膜梭菌在自然界分布较广，可存在于土壤、饲料、污水、粪便以及人畜的肠道中。因此通过被病原污染的母体、乳头、垫草、泥土等可传染给初生仔猪导致发病。

**3. 传播途径**

本病可以通过消化道感染，从环境中吞进细菌芽孢而感染发病。

**4. 流行特点**

发病快，病程短，死亡率极高。发病率最高可达 100%，死亡率 50%～90%。本病没有季节性，一年四季都可发生。

### 三、临床症状

本病临床症状随免疫状况和仔猪感染程度的不同而不同，在同一猪群和不同猪群之间存在很大差异，可分为最急性型、急性型、亚急性型和慢性型四种类型。

**1. 最急性型**

仔猪出生当天就发病，可出现出血性腹泻（血痢），后躯粘满带血稀粪；病猪精神不振，走路摇晃，随即虚脱或昏迷、抽搐而死亡；部分仔猪无血痢，突然衰竭死亡。

**2. 急性型**

病程一般可维持2天左右，拉带血的红褐色水样稀粪，其中含有灰色坏死组织碎片，病猪迅速脱水、消瘦，最终衰竭死亡。

**3. 亚急性型**

发病仔猪一般在出生后5～7天死亡。病猪开始精神、食欲尚好，持续性的非出血性腹泻，粪便开始为黄色软便，后变为清水样，并含有坏死组织碎片，似米粥样。随病程发展，病猪逐渐消瘦、脱水，最终死亡。

**4. 慢性型**

病程一至数周，呈间歇性或持续性腹泻，粪便为灰黄色黏液状，后躯沾满粪便的结痂。病猪生长缓慢，发育不良，消瘦，最终死亡或形成僵猪。

## 四、病理变化

剖检可见，发病猪胸腔和腹腔有多量含血的积液，主要病变在空肠，有时也可延至回肠，十二指肠一般无病变。

**1. 最急性型**

空肠呈暗红色，与正常肠段界线分明，肠腔内充满暗红色液体，有时包括结肠在内的后部肠腔也有含血的液体。肠黏膜及黏膜下层广泛性出血，肠壁可能出现气肿，肠系膜淋巴结鲜红色。

**2. 急性型**

出血不十分明显，以肠坏死为主，病变肠段黏膜坏死，可形成坏死性伪膜，易于剥离。同时可见肠壁变厚，弹性消失，色泽变黄。坏死肠段浆膜下可见高粱米粒大小或小米粒大小、数量不等的小气泡，肠系膜淋巴结充血，其中也有数量不等的小气泡，肠黏膜呈黄色或灰色，肠腔内有稍带血色的坏死组织碎片松散地附着于肠壁。

**3. 亚急性型**

病变肠段黏膜坏死，可形成坏死性伪膜，易于剥下。受感染肠段可能互相粘连。

**4. 慢性型**

肠管外观正常，但肠壁有局灶性增厚，黏膜上有坏死性伪膜牢固附着于增厚区，其他实质器官变性，并有出血点。

## 五、诊断

根据本病的流行特点一般可以作出诊断，如有必要可进行实验室诊断。

**1. 微生物学诊断**

无菌采取心、肝、脾、肺、肾等脏器以及血液、胸水、腹水、十二指肠和空肠内容物等抹片，革兰染色阳性，发现两端钝圆的单个或成对杆菌，有荚膜，芽孢位于菌体的中央。肠内容物在80℃水浴加热15min杀死一些无芽孢细菌后，接种于被固体石蜡密封的肉肝汤培养基中，37℃培养4h，开始出现小气泡，18h后大量的气体将试管中固体石蜡冲至试管顶部，培养基均匀混浊，由橙色变成黄色，肝片不变黑而呈肉红色。血平板接种，厌氧培养4h，有溶血。

**2. 毒力试验**

采取刚死亡的急性病猪的空肠内容物或腹腔积液，加等量生理盐水搅拌均匀后，以3000r/min离心30～60min，取上清液静脉注射体重为18～22g的小鼠5只，每只注射0.2～0.5ml，同时以上述滤液与C型魏氏梭菌抗毒素混合，作用40min后，注射于另一组小鼠，以作对照。如注射滤液的一组小鼠迅速死亡，而对照组不死，可确诊为本病。

## 六、防治

本病发病急、病程短，往往治疗效果不佳，因此重在预防。将发病仔猪及时隔离，病情严重者予以淘汰。对常发病猪场，产前1个月及产前半个月给妊娠母猪分别肌内注射C型魏氏梭菌氢氧化铝菌苗5～10ml，以后每次在产仔前半个月注射3～5ml，能使母猪产生坚强的免疫力。初生仔猪可从免疫母猪的初乳中获得抗体，对仔猪的保护力几乎可达100%。产房要清扫干净，并用消毒剂进行消毒，母猪乳头用清水擦干净，以减少本病的发生和传播。还可在仔猪出生后，用抗生素如青霉素、链霉素、土霉素、痢特灵进行预防性口服。

# 子项目八　猪　痢　疾

猪痢疾又称弧菌性痢疾、血痢、黏液性出血性腹泻，是由猪痢疾蛇形螺旋体引起的一种以大肠黏膜发生黏液性、出血性以及坏死性炎症，水样下痢和粪便充满血液为特征的肠道传染病。

## 一、病原

猪痢疾的病原为猪痢疾蛇形螺旋体，蛇形螺旋体属成员，革兰染色阴性，呈舒展的螺旋状，有4～6个疏螺弯曲，两端尖锐。在暗视野显微镜下观察较活泼，常以长轴为中心旋转活动。

它是一种耐氧的厌氧微生物，对氧有一定的耐受力。该病原对阳光照射、干燥、加热以及一般消毒剂等抵抗力较弱。

## 二、流行病学

### 1. 易感动物

自然条件下只有猪易感，各年龄猪均可感染，一般以2～3月龄的猪发病较多。小猪发病率和死亡率比大猪高。

### 2. 传染源

本病的传染源主要是病猪和带菌猪，康复猪可带菌长达数月。带菌猪正常情况下不发病，饲养管理条件下降导致猪的免疫力降低时，可促发本病。

### 3. 传播途径

本病主要通过消化道感染。病猪排出带有大量猪痢疾蛇形螺旋体的粪便，污染地面、饲料、饮水和周围环境，导致猪痢疾的传播。饲养员的衣物、用具和车辆也可携带传播。

### 4. 流行特点

猪痢疾的发病无明显季节性，流行过程缓慢，持续时间长，并可能周期性发生。

## 三、临床症状

潜伏期一般为7～14日，长的可达2～3个月。猪群起初暴发本病时，常呈急性，后逐渐缓和转为亚急性和慢性。最常见的症状是不同程度的腹泻。

### 1. 最急性型

见于流行初期，死亡率很高。病程仅数小时，个别突然死亡，无症状，多数病例表现废食，剧烈下痢，粪便开始时呈黄灰色软便，迅速转为水样，夹有黏液、血液或血块，最后粪便中混杂脱落的黏膜或纤维素性渗出物形成的碎片，气味腥臭。重症者在1～2天间粪便中充满血液和黏液。病猪肛门松弛，粪便色黄稀软或呈红褐色水样从肛门中流出，排便失禁，弓腰缩腹，眼球下陷，高度脱水，寒战，抽搐而死，病程12～24h。

**2. 急性型**

多见于流行初、中期。病初排出黄色至灰红色的软便，同时表现为精神沉郁，食欲减退，体温升高（40～40.5℃），腹痛并迅速消瘦。继之，发生典型的腹泻，当持续下痢时，可见粪便带有大量半透明的黏液而呈胶冻状，夹杂棕色、红色或黑红色血液或血凝块及褐色脱落黏膜组织碎片。此时，病猪常出现明显的腹痛，弓背；显著脱水，极度消瘦，虚弱；体温由高下降至常温，有的死亡，有的转为慢性。死亡前则低于常温。急性型病程一般为7～10日。

**3. 亚急性型和慢性型**

多见于流行的中、后期。下痢时轻时重，反复发生。下痢时粪便中常常有血液和黏液，粪呈黑色（称黑痢）。食欲正常或稍减退，进行性消瘦，贫血，生长迟滞。呈恶病质状态。少数康复猪经一定时间复发，甚至多次复发。亚急性病程为2～3周，慢性为4周以上。

## 四、病理变化

眼观猪痢疾死亡猪消瘦，被毛粗乱。剖检可见特征病变存在于大肠。大肠壁和肠系膜充血水肿，肠系膜淋巴结肿大，腹腔内有少量透明积液，浆膜面有白色突出于表面的病灶。黏膜肿胀明显，已无皱褶，表面覆盖着由黏液和带有血液的纤维素性渗出物形成的伪膜。病程稍长的慢性病例，黏膜表面通常覆盖着一层致密的纤维素性渗出物，浅表性坏死。

## 五、诊断

**1. 临床诊断**

根据流行病学、临床症状、剖检可以作出初步诊断。

**2. 微生物学诊断**

拭子采集结肠黏膜或粪便样品制备涂片，镜下观察有数量较多的呈螺旋形，两端尖锐的微生物，可确诊为猪痢疾。或将样品制成悬滴液置于暗视野显微镜下观察，可见活泼的旋转运动的螺旋状微生物即可确诊。要注意与肠道正常存在的小螺旋体或类螺旋体相区别，后者较小，一个螺弯，两端钝圆。

**3. 血清学诊断**

微量凝集试验、免疫荧光试验、平板凝集试验、ELISA和琼脂凝胶免疫扩散试验等血清学方法均可用于诊断猪痢疾。

## 六、防治

至今尚无有效菌苗用于预防，因此只有采取综合防治措施和药物防治来控制本病。

坚持自繁自养，尽量少引进猪只；禁止从疫区引进种猪，引进猪应隔离检疫，观察两月以上方可混群；保持猪舍和环境卫生，严格执行消毒程序，处理好粪便；病猪及时治疗，痢菌净、磺胺、硫酸新霉素、泰乐菌素、庆大霉素、金霉素、二甲硝基咪唑、维吉尼霉素和林肯霉素等对本病有效；在使用抗生素进行预防和治疗之前，应对病原体作药敏试验，才能取得良好效果。该病易复发，必须坚持治疗，并改善饲养管理条件，才能减少本病的发生。发病猪群应全群淘汰，彻底清扫和消毒，并空圈2个月以上。

# 子项目九　猪增生性肠炎

猪增生性肠炎又称猪增生性肠病、猪增生性出血性肠炎等，是由胞内劳森菌引起的一种以小肠和结肠黏膜呈现腺瘤样增生性炎症为主要特征的一种接触性传染性肠道综合征。本病呈全球性流行，虽然死亡率不高，但严重影响病猪的生长，延长上市时间，大大降低了猪的生产效益，因而是一种具有重要经济意义的世界性疾病。

## 一、病原

胞内劳森菌是一种专性细胞内寄生菌。胞内劳森菌主要寄生在病猪肠黏膜细胞中，在常规的培养基或鸡胚中不能生长，但能在 Campy-BAP 血琼脂、鼠、猪和人的肠细胞系上生长。其形态和进入宿主黏膜细胞的过程与其他专性胞内菌特别是立克次体相似。细菌在生长过程中对宿主细胞具有依赖性。细菌多呈小弯曲形、逗点形、S 形或为直的杆菌，无鞭毛，无柔毛，革兰染色阴性，抗酸染色阳性，采用改进的银浸染技术可取得较好效果。该菌微嗜氧，在 5～15℃环境中至少能存活 1～2 周。细菌培养物对季铵消毒剂和含碘消毒剂敏感。在感染动物中，胞内劳森菌主要存在于肠道细胞的细胞质内，也可见于粪便中。

## 二、流行病学

**1. 易感动物**

胞内劳森菌主要侵害猪，其次为仓鼠、雪貂、狐狸、大鼠、马、鹿、鸵鸟、兔等。断奶仔猪至成年猪均有发病报道，但以 6～16 周龄生长育肥猪易感，发病率为 5%～30%。

**2. 传染源**

病猪和带菌猪是本病的主要传染来源，尤其是无症状的成年带菌猪更是仔猪感染的危险的传染源。病猪主要是通过粪便排菌，也能通过其他分泌物排菌，经污染饲料、饮水和饲养用具等方式传播。

**3. 传播途径**

由消化道而感染发病，主要是经病猪和带菌猪而感染。

**4. 流行特点**

自然感染潜伏期为 2～3 周，感染猪排菌时间不定，但至少为 10 周。含有大量病菌的感染猪粪便是猪场的主要传染源，其次为污染的器具、场地。某些应激因素，如天气突变、长途运输、饲养密度过大等均可促进本病的发生。

## 三、临床症状

猪增生性肠炎多为慢性，病程长的可持续 1 年。根据病程长短，该病可分为急性型、慢性型和亚临床型。

**1. 急性型**

较少见，可发生于 2.5～5 月龄育肥猪。表现为血色水样腹泻，病程稍长时，排沥青样黑色稀粪，后期转为黄色稀粪，皮肤苍白，精神沉郁，不久虚脱死亡。有些突然死亡的猪仅见皮肤苍白而粪便正常。

**2. 慢性型**

最为常见，多发生于 1.5～3 月龄的生长猪。通常只有 10%～15%的猪出现临床症状。主要表现为食欲减退或废绝，病猪消瘦、贫血、精神沉郁、生长发育不良。出现间歇性下痢，粪便变软、变稀，呈糊状或水样，颜色较深，有时混有血液或坏死组织碎片。有的轻微下痢。如无继发感染，死亡率不超过 5%，但有些猪成为僵猪而被淘汰。

**3. 亚临床型**

猪虽然有病原体存在，却无明显临床症状，也可能发生轻微的下痢，并未引起人们的注意，生长速度和饲料利用率明显下降。

## 四、病理变化

慢性病例最常见的病变位于小肠末端 50cm 处和邻近结肠 1/3 处。肠管胀满，外径变粗，切开可见肠黏膜增厚，重症者肠黏膜出血，有弥漫性、坏死性炎症，浆膜和肠系膜水肿。急性病猪病变常发生于回肠末端和结肠，有时可以看到其表面有黄灰色假膜附着，刮去假膜可见溃疡面，有的直肠渗出的血液和粪便混合成沥青样黑色粪便。肠系膜淋巴结肿大，颜色变浅，切面多汁。

根据病理变化不同，可分成不同的类型。

**1. 坏死性肠炎**

典型病变部位常有炎性分泌物，形成有被膜的坏死灶。坏死组织的质地坚韧，与黏膜或黏膜下层牢固的粘连，伴有少量出血和肌层水肿。肠黏膜增厚，有灰黄色干酪样物附着。其表面常黏附食物微粒。

**2. 局限性回肠炎**

典型病变是肠腔缩小，下部小肠变硬，俗称“软肠管”，肠管的感染部位位于末端。打开肠管，可见线条状溃疡，相邻的黏膜呈岛状或带状突出。肉芽组织突起，外膜肌肉肥大是其最典型特征。

**3. 急性出血性增生性肠炎**

常发生于回肠末端和结肠。表现为感染肠增厚，有一定程度的肿大和浆膜水肿，肠腔中有血块而无血液或食物。肠道感染部位黏膜有少量粗糙的损伤，出血点、溃疡或糜烂少见。

## 五、诊断

**1. 临床诊断**

本病的临床症状不典型，依其作出诊断有困难，容易误诊，因此主要靠病理剖检和实验室检查来确诊。

**2. 微生物学诊断**

尸体解剖时，对肠黏膜涂片，用抗酸染色法和吉姆萨染色法检查细胞内细菌是最为简单的技术，最为省时，且不需要复杂的设备。也可用 Warthin-Starry 镀银染色法着色显示组织中存在的胞内菌。采用电镜可取得较好的效果，胞内劳森菌为直或弯曲的细菌，带有革兰阴性菌特有的波浪状 3 层外壁。在增殖的肠病变部位可能发现多种弯曲杆菌，但这些细菌接种猪不能使猪感染，只在继发感染中起作用。

**3. 血清学诊断**

ELISA 是检测抗血清中胞内劳森菌抗体的一种可靠方法，适于批量检测，试验结果容易判断，而且在确定胞内劳森菌阳性或阴性上没有偏离。

**4. 分子生物学诊断**

PCR 是一种敏感的检测方法，对于那些很难利用传统分离方法和显微镜或免疫诊断方法检测的微生物特别有效。这种方法可以检测低浓度的微生物病原体，特别是胞内微生物。可成功检测感染动物的排泄物、黏膜或来自其他组织的胞内劳森菌。

## 六、防治

**1. 预防**

加强饲养管理，减少外界环境不良因素的应激，提高猪体的抵抗力。实行全进全出饲养制度，猪出栏后，圈舍彻底冲洗、消毒，空栏 2 周后，再引进下一批猪。做好圈舍环境卫生，保持圈舍清洁，及时处理粪便以消灭传染源是有效控制猪增生性肠炎的方法。

胞内劳森菌虽然抗原单一，但目前尚无理想的商品疫苗来预防猪增生性肠炎。

**2. 治疗**

发现病猪后先隔离，同时应用药物治疗。泰乐菌素、恩诺沙星、林可霉素、金霉素、硫酸黏杆菌素等都是有效的药物，同时静脉滴注或口服补液盐防脱水，以利增加机体的电解质，保持酸碱平衡，增加抗病能力。

## 子项目十　猪　　瘟

猪瘟俗称烂肠瘟，是由猪瘟病毒（HCV）引起的猪的一种高度传染性和致死性传染病。其特征是发病急、高热稽留和细小血管壁变性，从而引起广泛性出血、梗死和坏死。该病呈世界性分布，在各养猪国家都有不同程度流行。当前我国猪瘟发病状况具有一定的多样性，猪瘟流行呈现典型猪瘟和非典型猪瘟共存、持续感染与隐性感染共存、免疫耐受与带毒综合征共存。

### 一、病原

猪瘟病毒属于黄病毒科瘟病毒属。病毒粒子呈球形，有囊膜，直径为38～50nm，呈二十面体对称，核酸类型为单股正链RNA，具有感染性。本病毒目前认为只有1个血清型，但病毒株的毒力有强、中、低之分。猪瘟病毒分布于病猪全身体液和各组织内，以淋巴结、脾和血液含毒量最高。病猪尿液、粪便等分泌物和排泄物都含有大量病毒，发热期含毒量最高。猪瘟病毒对外界抵抗力较强，在尿、血液和腐败尸体中能存活2～3天，骨髓中能存活15天，78℃经1h才能致死，日光直射9h仍不能杀死，在腌猪肉中能活80天。升汞、石炭酸等杀灭猪瘟病毒的效力不大，2%氢氧化钠溶液是最合适的消毒剂。5%石灰乳及5%漂白粉等药液均能杀死本病毒。

### 二、流行病学

**1. 易感动物**

本病在自然条件下只感染猪，不同年龄、性别、品种的猪和野猪都易感。

**2. 传染源**

病猪是主要传染源，病猪排泄物和分泌物、病死猪尸体和脏器、急宰病猪的血、肉、内脏、废水、废料污染的饲料、饮水都可散播病毒。

**3. 传播途径**

本病主要通过直接接触或间接接触方式传播，一般经消化道感染，也可经呼吸道、眼结膜感染或通过损伤的皮肤、阉割时的创口感染。此外，患病和弱毒株感染的母猪也可以经胎盘垂直感染胎儿。

**4. 流行特点**

本病一年四季均可发生，一般以春、秋多发。目前，我国一种病型温和，病势缓慢，病变局限，并呈散发的非典型猪瘟时常发生。同时，由于免疫不当引起免疫失败，及一些管理方面的因素，也可引起典型猪瘟发生，造成较大的经济损失。近年来，猪瘟的流行特点发生了新的变化。从频发的大流行转变为周期性、波浪式的地区散发性流行，流行速度缓慢，发病率和死亡率降低，潜伏期及病程延长；临床症状和病理变化由典型转为非典型，并出现了亚临床感染、母猪繁殖障碍、妊娠母猪带毒综合征、胎盘感染、出生仔猪先天性震颤、仔猪持续性感染及先天免疫耐受等。这些现象已引起学术界的广泛关注及兽医行政管理、防疫部门的高度重视。

### 三、临床症状

潜伏期一般为5～7天，短的2天，长的可达21天。

**1. 最急性型**

多见于流行初期，主要表现为突然发病，高热稽留，体温高达41℃以上，全身痉挛，四肢抽搐，皮肤和可视黏膜发绀，有出血斑点，很快死亡，病程不超过5天，死亡率为90%～100%。

**2. 急性型**

病猪表现呆滞，弓背，怕冷，低头垂尾，食欲减退或废绝。体温升高达41～42℃，持续不退，脓性结膜炎，两眼有黏性或脓性分泌物。先便秘，后腹泻，粪便呈灰黄色，偶见带血带脓；全身皮肤（主要腹下、鼻端、耳和四肢内侧等少毛部位）出血、发绀非常明显。母猪流产。公猪包皮内积尿液，用手挤压可流出混浊恶臭尿液。哺乳仔猪发生急性猪瘟时，主要表现为神经症状，如磨牙、痉挛、角弓反张或倒地抽搐，最终死亡。病程1～2周，死亡率为50%～60%。

**3. 慢性型**

发病初期病猪食欲缺乏，精神沉郁，体温升高，通常在40～41℃，并持续数周不降，便秘与腹泻交替发生，被毛粗乱，皮肤有紫斑或坏死痂；腹部蜷缩，行走无力。妊娠母猪一般不表现症状，但病毒可通过胎盘传染给胎儿，引起产死胎、早产等。病猪日渐消瘦，后期常因衰竭而死亡。病程1个月以上，死亡率为10%～30%。

**4. 非典型猪瘟**

非典型猪瘟又叫温和型猪瘟，多发生于11周龄以下，而且多呈散发或在局部地区的少数养猪场发生，流行速度缓慢，症状较轻且不典型。患猪体温在41℃左右，多数腹下有轻度淤血或四肢下部发绀，有的四肢末端坏死，俗称紫蹄病；有的耳尖、尾尖呈紫黑色，出现干耳、干尾现象，甚至耳壳脱落；有的病猪皮肤有出血点。患猪采食量下降，精神欠佳，发育迟缓，后期四肢瘫痪，不能站立，部分病猪跗关节肿大。病程半个月以上，有的可经2～3个月才能逐渐康复。

## 四、病理变化

**1. 最急性型**

多无特征性变化，仅见浆膜、黏膜和肾脏等处有少量的点状出血，淋巴结轻度肿胀、潮红或有出血病变。

**2. 急性型**

在皮肤、浆膜、黏膜和内脏器官有不同程度的出血。全身淋巴结特别是颌下、支气管、肠系膜及腹股沟等处淋巴结肿胀、充血或出血，外表呈紫褐色，切面为大理石样，这种病变有诊断意义。脾脏不肿胀，边缘常可见到紫黑色突起（出血性梗死），有时很多的梗死灶连接成带状，一个脾出现几个或十几个梗死灶，检出率为30%～40%。肾脏色较淡，呈土黄色，表面点状出血非常普遍，量少时出血点散在，多时则布满整个肾脏表面，宛如麻雀蛋模样，出血点颜色较暗，切面肾皮质和髓质均只有点状和绒状出血，肾乳头、肾盂常有严重出血。目前大多数猪瘟病例主要表现为黏膜表面的针尖状出血点；多数病猪的扁桃体出现坏死；部分病猪小肠、大肠黏膜有充血和出血点；盲肠（特别是回盲瓣处）和结肠的淋巴组织坏死，并形成突出于黏膜表面的灰色纽扣状溃疡。

**3. 慢性型**

出血和梗死变化不明显，但回肠末端、盲肠和结肠常有特征性的坏死和溃疡变化，呈纽扣状，呈褐色或黑色。

**4. 非典型猪瘟**

多数病猪尸体剖检无典型的肾、膀胱出血及脾出血性梗死。有时可见到淋巴结水肿和边缘充血、出血。有的仅见肾色泽变浅及少量针尖大小出血点或肾发育不良。

## 五、诊断

根据临床症状、病理变化和流行特点，可作出相当准确的诊断，但对慢性型、温和型猪瘟（即非典型猪瘟），必须进行实验室检查才能确诊。常用的实验室诊断方法有以下几种。

**1. 免疫荧光抗体试验**

采取早期病猪的扁桃体和淋巴结或晚期病猪的脾和肾或肺组织，作冰冻切片或组织切片，用猪瘟荧光抗体染色检查，细胞浆内呈现明亮的黄绿色荧光者为阳性。正常对照猪组织细胞浆内应为无黄绿色荧光。

**2. 正向间接血凝试验**

本法操作简单，要求条件不高，便于基层推广应用。主要用于监测猪瘟免疫抗体水平，一般认为，间接血凝的抗体水平在1∶16以上者能抵抗强毒攻击。

**3. 兔体免疫交叉试验**

兔体免疫交叉试验对猪瘟诊断确实可靠，但所需时间长。具体方法是：采取病猪的病料通过青霉素、链霉素处理后，接种到兔体内，接种的家兔7天以后再用猪瘟兔化弱毒疫苗经过耳静脉注射，经过1天以后每隔6h测温一次，连测3天，如果发生定型热反应，则为阴性，不是猪瘟病毒，如无任何反应就说明存在猪瘟病毒。

**4. 病毒分离与鉴定**

取猪扁桃体、淋巴结、脾或肾组织加双抗后磨成乳剂，滤过、离心后取上清，接种PK-15细胞等，接种48～72h后取出接毒后的细胞片，用HC免疫荧光抗体法或免疫酶染色法检查，结果判定同上。也可用新城疫病毒强化实验鉴定分离物。

## 六、防治

预防猪瘟必须采取综合性预防措施，把好引种关，有条件的坚持自繁自养，实施全进全出的饲养管理制度；建立免疫监测制度，及时淘汰隐性感染猪和带毒种猪；认真执行免疫接种程序，定期检测免疫效果；做好消毒工作，减少猪瘟病毒的侵入。

免疫接种是防治猪瘟的主要手段。目前市场上预防猪瘟的疫苗主要有以下三种：猪瘟兔化弱毒疫苗、猪瘟细胞苗、猪瘟脾淋组织苗。仔猪一般在20日龄和60日龄各接种1次疫苗，猪瘟流行严重的猪场可采取超前免疫，即在仔猪出生后未吃初乳前，接种1～2头份猪瘟疫苗，注苗后1～2h后再自由哺乳，于70日龄第2次免疫。超前免疫可避免母源抗体对疫苗的干扰，而达到较好的防疫效果，可考虑推广应用，但本方法在实际应用中有一定难度，在生产管理过程中应严格控制吃初乳的时间，否则难以达到理想效果。种猪每半年加强一次，种母猪在每次配种前25天免疫1次。为了确保免疫效果，可适当加大免疫剂量，以下剂量仅供参考：种猪4～5头份，仔猪2～3头份，断奶前仔猪可接种4头份，以防母源抗体干扰。

曾经出现免疫失败的猪场，尤其是有繁殖障碍型、温和型猪瘟存在的情况下，可选用猪瘟脾淋组织苗进行免疫，效果较好。

**附：非洲猪瘟**

非洲猪瘟是猪的一种急性、发热性、高致死性、高度接触传染性疾病，该病以高热、皮肤发绀及淋巴结和内脏器官的严重出血为特征，且发病过程短，死亡率高。非洲猪瘟在症状上与急性猪瘟相似。目前，本病在我国还未见报道，由于其危害严重，在引种猪和产品贸易交往中应高度警惕、严格检疫。

（1）病原　非洲猪瘟病毒（ASFV）为双链DNA病毒，具有囊膜，是非洲猪瘟病毒科中唯一成员。病毒对乙醚及氯仿等脂溶剂敏感，对热、腐败、干燥的抵抗力较强，在室温下保存18个月的血清和血液仍可分离到病毒。病毒在感染猪制成的火腿中能存活5～6个月，在土壤中可存活3个月，经60℃ 30min可灭活病毒。

(2) 流行病学　自然感染只感染猪，包括野猪和家猪，非洲和西班牙有几种软蜱是ASFV的储藏宿主和媒介。家猪高度易感，且无明显的品种、年龄和性别差异。该病主要通过接触或采食被ASFV污染的物品而经口传染，短距离内可经空气传播，也可通过蜱、蚊、虻等吸血昆虫叮咬传播。蜱叮咬感染经口传染；短距离内可经空气传播，也可通过蜱、蚊、虻等吸血昆虫叮咬传播。直接接触感染的潜伏期一般为5～19天，蜱叮咬感染的潜伏期一般不超过5天。不同毒株有所差异，强毒株可导致猪在12～14天内100%死亡，中等毒力毒株导致的病死率一般为30%～50%，低毒力毒株仅可引起少量猪只死亡。

(3) 临床症状　病猪体温突然上升，达40.5℃以上，稽留约4天。体温下降或死前1～2天才开始出现精神沉郁，食欲减退，全身衰弱，四肢无力行走，心跳急速，呼吸加快，并伴有咳嗽，眼鼻浆液性或脓性分泌物，鼻端、耳、腹部等处常有紫绀。病程4～7天，病死率95%～100%。慢性病猪主要呈慢性肺炎症状，时有咳嗽，呼吸加快以致困难，猪只生长缓慢、发育迟缓、瘦弱。皮肤上会出现坏死性小片和慢性皮肤溃疡，病程数周至数月，但死亡率低于30%。

(4) 病理变化　病理变化与猪瘟相似，耳、鼻端、腹壁、腋下、外阴等无毛或少毛部位的皮肤出现紫红色斑块，界限明显。四肢气瓤壁等处有出血斑。全身淋巴结充血甚厉，有水肿，在肾与肠系膜等部的淋巴结最严重，外观似血瘤。脾外表变小，少数有肿胀、局部充血或梗死，喉头、会厌部有严重出血。胸腔、腹腔和心包内有较多的黄色积液，偶尔混有血液，心包积液。心内外膜有出血点。肺小叶间水肿，气管黏膜有瘀斑。结肠浆膜、肠系膜水肿，呈胶样浸润。胃肠黏膜有斑点状或弥漫性出血或有溃疡。肝有时充血和肿胀。胆囊肿大，充满胆汁。盲肠大，膀胱黏膜有出血斑。小肠有不同程度的炎症，盲肠和结肠充血、出血或溃疡。

慢性病例极为消瘦，较为明显的病变是浆液性纤维素性心外膜炎。心包膜增厚，与心外膜及邻近肺脏粘连。心包积有污灰色液体，其中混有纤维素团块。肺呈支气管肺炎，胸腔、关节有黄色液体。

(5) 诊断　病猪发热后4天才出现临床症状，并在出现症状时，体温开始下降。本病来势凶猛，病猪一般呈超急性死亡；无毛或少毛区皮肤发紫，界限明显。耳部紫绀区常肿胀。腹壁、四肢等处皮肤有出血斑，中央黑色，四周干枯；淋巴结，尤其是腹腔淋巴结严重出血，状如血瘤；胸腹腔及心包内大量积液，色黄或浅红；肺间质、结肠黏膜和浆膜、肠系膜、胆囊壁水肿，呈胶样。

急性非洲猪瘟与猪瘟的症状和病变都很相似，须通过详细的病情调查，观察多头病猪的症状和病变，才能做出初步诊断。也可通过动物接种试验加以区别：取病猪抗凝血、脾、淋巴结等作成组织悬液，加抗生素处理后接种猪瘟免疫猪和易感猪，如均在5天后发病则为非洲猪瘟，仅易感猪发病则为猪瘟。

(6) 防治　目前尚无有效的治疗药物和疫苗。在无本病的国家和地区应事先建立快速诊断方法和制订一旦发生本病时的扑灭计划，防止ASFV的传入。

## 子项目十一　猪繁殖与呼吸综合征

猪繁殖与呼吸综合征（PRRS）是由猪繁殖与呼吸综合征病毒（PRRSV）引起的以母猪繁殖障碍、仔猪和育成猪呼吸道症状及高死亡率为主要特征的一种传染病。该病的特征为母猪厌食、发热及流产、早产、产死胎、木乃伊化胎等繁殖障碍，新生仔猪表现呼吸道症状和高死亡率。由于部分病猪的耳部发紫，本病又称猪蓝耳病。该病于1987年在美国初次被发现，并呈地方流行性。我国于1996年在暴发流产的胎儿中分离到PRRSV，由于猪繁殖与呼吸综合征病毒变异毒株引起的“高热综合征”在我国暴发，该病已成为危害我国养猪业的新传染病之一，我国将其称为“高致病性猪蓝耳病”，并列入一类动物传染病。

## 一、病原

猪繁殖与呼吸综合征病毒属动脉炎病毒科动脉炎病毒属。在美国被称为猪繁殖与呼吸综合征病毒，而在欧洲则称其为来利斯塔德病毒（LV）。病毒粒子呈卵圆形，是有囊膜的RNA病毒。本病毒不能凝集猪、羊、牛、鼠、马、兔、鸡和人O型红细胞。血清学试验及结构基因序列分析表明，PRRSV可分为两种基因型，即欧洲型（简称A亚群）（代表株为LV）和美洲型（简称B亚群）（代表株为VR-2332）。前者主要流行于欧洲地区，后者主要流行于美洲和亚太地区。

病毒对热敏感，37℃、48h、56℃、45min完全失去感染力。对低温有很强的抵抗力，－70℃或－20℃下可以长期保存，在4℃中保存约一个月。对乙醚、氯仿等敏感。

## 二、流行病学

**1. 易感动物**

猪和野猪是PRRSV的唯一自然宿主。各年龄和品种的猪对PRRSV均易感，但以妊娠母猪和一月龄内的仔猪最易感。

**2. 传染源**

病猪和带毒猪是本病的主要传染源。可通过粪、尿、鼻腔分泌物等排出病毒，感染健康猪。

**3. 传播途径**

本病主要通过呼吸道或通过公猪的精液经生殖道在同猪群间进行水平传播，也可以进行母子间的垂直传播。此外，风媒传播在本病的流行中具有重要意义。污染的器械、用具和人员、携带病毒的昆虫和鸟类等这些因素在传播中的作用也不能完全被忽视。

**4. 流行特点**

本病的发生在新疫区常呈地方性流行，老疫区则多为散发。病毒在猪群间传播速度极快，在2～3个月内一个猪群的95%以上均变为血清学抗体阳性，并在其体内保持16个月以上。由于不同毒株的毒力和致病性不同，猪抵抗力不同，以及细菌或病毒的混合感染等多种因素的影响，发病后的严重程度也不同。近几年PRRS有一些新的流行特点，感染后的临床表现出现多样化，混合感染也日趋严重，PRRSV的毒力有增强的趋势。2006年夏秋季节，我国南方部分地区发生猪“高热病”疫情。对猪“高热病”病因进行调查分析。通过对分离到的病毒采用全基因序列分析、回归本动物感染试验等技术手段，锁定了新的变异猪蓝耳病病毒。最终确定变异猪蓝耳病病毒是猪“高热病”主要病原，并定名为高致病性猪蓝耳病。

## 三、临床症状

本病的潜伏期差异较大，最短为3天，最长为28天，一般自然感染为14天。受病毒毒株、免疫状态及饲养管理因素和环境条件等的影响，本病的临诊症状变化很大。

**1. 繁殖母猪**

主要表现为精神倦怠，厌食，发热。出现不同程度的呼吸困难。少数母猪（1%～5%）

耳朵、乳头、外阴、腹部、尾部和腿部发绀。妊娠后期发生流产、早产、产死胎、木乃伊化胎及弱仔，这种现象往往持续数周。少数母猪表现为产后无乳、胎衣停滞及阴道分泌物增多。有的母猪表现出肢体麻痹性神经症状。母猪流产率可达50%～70%，死胎率可达35%以上，产木乃伊化胎可达25%。部分新生仔猪表现呼吸困难、运动失调及轻瘫等症状，产后1周内死亡率明显增高（40%～80%）。

**2. 仔猪**

新生仔猪和哺乳仔猪呼吸症状常较为严重，表现为张口呼吸、喷嚏、流涕等。体温升高达40.5～42℃，肌肉震颤，共济失调，渐进性消瘦，眼睑水肿。少部分仔猪可见耳部、体表皮肤发紫。断奶前仔猪死亡率可达80%～100%，断奶后仔猪的增重降低，死亡率升高(10%～25%)。耐过猪生长缓慢，易继发其他疾病。

**3. 公猪**

公猪感染后出现食欲缺乏、高热，其精液的数量和质量下降，可以在精液中检查到PRRSV。并可以通过精液传播病毒而成为重要的传染源。

**4. 育肥猪**

老龄猪和育肥猪受PRRSV感染的影响小，仅出现短时间的食欲缺乏、轻度呼吸系统症状及耳朵皮肤发绀现象，但可因继发感染而加重病情，导致病猪的发育迟缓或死亡。

## 四、病理变化

肉眼变化不明显，个别母猪可见在真皮内形成色斑、水肿和坏死。剖检仔猪仅见头部水肿、胸腔和腹腔有积水，个别仔猪可见化脓性脑炎和心肌炎的病变。患病哺乳仔猪肺部出现重度多灶性乃至弥漫性黄褐色或褐色的肝变，对本病的诊断具有一定的意义。此外，尚可见到脾脏肿大，淋巴结肿胀，心脏肿大并变圆，胸腺萎缩，心包、腹腔积液，眼睑及阴囊水肿等变化。

## 五、诊断

本病主要根据流行病学、临床症状、病毒分离鉴定及血清抗体检测进行综合诊断。根据各年龄猪只均出现程度不同的临床表现，但以妊娠中后期的母猪和哺乳仔猪最多发等现象，可作出初步诊断，确诊则必须依靠实验室检测。

**1. 病毒分离与鉴定**

将病猪的肺、死胎儿的肠和腹水、胎儿血清、母猪血液、鼻拭子等进行病毒分离。

**2. 血清学试验**

取耐过猪的血清进行间接免疫荧光抗体试验或ELISA，灵敏度高，特异性强，目前有标准试剂盒供应市场，无论欧洲毒株或美洲毒株感染均可检测。

**3. 鉴别诊断**

当发现猪繁殖障碍时，应与猪细小病毒感染、猪瘟、猪伪狂犬病、钩端螺旋体病、猪日本乙型脑炎、猪流感等疫病鉴别。

## 六、防治

防治本病目前尚无特效药物，预防本病应严把种猪引进关，严禁从疫区引进种猪，引进的种猪要隔离观察两周以上，确保安全后方可入群。采取全进全出的饲养方式。定期对种母猪、种公猪进行本病的血清学监测，及时淘汰可疑病猪。

疫苗免疫是控制本病的有效方法，对于正在流行或流行过本病的商品猪场可用弱毒疫苗紧急预防接种或免疫预防。后备母猪在配种前进行2次免疫，首免在配种前2个月，间隔1个月进行二免。小猪在母源抗体消失前首免，母源抗体消失后进行再次免疫。公猪和妊娠母猪不能接种弱毒疫苗。

我国研制出了高致病性猪蓝耳病灭活疫苗和活疫苗，安全性高但免疫效果差，需要进行多次免疫。为做好高致病性猪蓝耳病防控工作，农业部采取了一系列措施，及时制定并下发了《高致病性猪蓝耳病防治技术规范》和《猪病免疫推荐方案》，指导切实落实各项防控措施。

## 子项目十二 猪流行性感冒

猪流行性感冒（SI）简称猪流感，是由A型猪流感病毒引起的一种急性、热性、高度接触性的呼吸道传染病。以发病急骤，传播快，咳嗽，呼吸困难，发病率高，病死率低为特征。

本病自1918年在美国首次报道，1931年Shope首次分离到猪流感病毒以来，在世界范围内分布。现世界上许多国家都先后发现猪流感病毒和与之相应的抗体。2009年4月，墨西哥公布发生人传人的甲型H1N1流感案例，引起世界的高度关注，此在公共卫生方面具有重要意义。

### 一、病原

猪流感的病原是猪流感病毒（swine influenza virus，SIV），是猪群中一种可引起地方性流行性感冒的正黏液病毒（orthomyxoviruses）。世界卫生组织2009年4月30日将此前被称为猪流感的新型致命病毒更名为H1N1甲型流感（influenza A，H1N1）。甲型H1N1流感病毒是A型流感病毒，携带有H1N1亚型猪流感病毒毒株，包含有禽流感、猪流感和人流感三种流感病毒的核糖核酸基因片段，同时拥有亚洲猪流感和非洲猪流感病毒特征。本病毒目前常见的血清型有H1N1、H1N2、H3N1、H3N2等，都能导致猪感染。与禽流感不同，甲型H1N1流感能够以人传人。2009年4月，墨西哥公布发生人传人的甲型H1N1流感案例，是一宗由H1N1病毒感染给人的病例，并在基因分析的过程发现基因内有猪、鸡及来自亚洲、欧洲及美洲人种的基因。

本病毒能在鸡胚内繁殖，也可在猪肾、犊牛肾、狗肾、人胚肾、胎猪肺、鸡胚成纤维细胞和人双倍体等多种细胞上生长繁殖，并能引起细胞病变。本病毒能凝集鸡、大鼠、小鼠、马和人的红细胞。

本病毒对热比较敏感。56℃、30min，60℃、10min，65～70℃数分钟即可灭活。病毒对低温抵抗力较强，在－70℃稳定，冻干冷冻可保存数年。病料中的病毒在50%甘油生理盐水中可存活40天。福尔马林、酚类、乙醚、氨离子、卤素化合物（如漂白粉和碘制等）、重金属离子等一般消毒剂和灭活剂对本病毒均有灭活作用。尤其对碘蒸气和碘溶液敏感。医学测试显示，目前主流抗病毒药物对这种毒株有效。

### 二、流行病学

**1. 易感动物**

不同年龄、性别和品种的猪都可感染发病。人也可感染。病毒主要在呼吸道黏膜上皮细胞内增殖，随着喷嚏和咳嗽排出体外，经呼吸道感染。

**2. 传染源**

病猪、带毒猪和隐性感染猪是本病的主要传染源。

**3. 传播途径**

主要传播途径可能是猪与猪通过鼻咽途径直接传播。在感染的急性发热期，鼻分泌物存在大量病毒，对易感动物提供了丰富的感染材料。在实验条件下，将病毒液滴入鼻腔或者吸入颗粒气溶胶，猪都很容易被感染。接触传播也很容易发生，在猪群密集、通风不良等环境，空气传播可引起大范围的暴发流行。在常发生本病的地区，也可以散发。

**4. 流行特点**

本病的流行有一定的季节性，多发生于气候骤变的晚秋和早春及寒冷的冬季，其他季节也可发生。

本病传播迅速，常呈地方性流行或大流行。本病发病率高，死亡率低（4%～10%）。

本病的流行特点是发病急，病程短，发病突然，当存在胸膜肺炎放线杆菌、多杀性巴氏杆菌、猪 2 型链球菌等混合或继发感染，病程延长，病死率增高。

## 三、临床症状

本病潜伏期很短，几小时到数天，自然发病时平均为 4 天。典型猪流感的症状是：发病急骤，1～2 天内大批猪发病。患猪精神沉郁，食欲减少或废绝，体温升高到 40～41℃，呼吸急促，张口呼吸，口流白沫，眼、鼻有浆液性至黏液性分泌物，不活动，蜷缩，肌肉和关节疼痛，常卧地不起。体重明显下降，身体衰弱。病程短，若无并发症，多数病猪在 7～10 天后恢复。临诊典型的急性暴发通常发生于完全易感的血清学阴性猪群。

在非典型发病时，传播慢，病猪数量少。患猪食欲减退，持续咳嗽，消化不良，瘦弱，病程较长。若有伴发症常常引起死亡。

妊娠母猪感染时，可出现流产，严重者引起死亡。康复母猪往往造成木乃伊化胎儿、死仔和仔猪出生后发育不良和死亡率增高。

## 四、病理变化

猪流感的病理变化主要有呼吸器官。鼻、咽、喉、气管和支气管的黏膜充血、肿胀，表面覆有黏稠的液体，小支气管和细支气管内充满泡沫样渗出液。胸腔、心包腔蓄积大量混有纤维素的浆液。肺脏的病变常发生于尖叶、心叶、膈叶等的背部与基底部，与周围组织有明显的界限，颜色由红至紫，塌陷、坚实、韧度似皮革，脾脏肿大，颈部淋巴结、纵隔淋巴结、支气管淋巴结肿大。

## 五、诊断

根据流行病史、发病情况、临床症状和病理变化，可初步诊断该猪群为流行性感冒继发猪副嗜血杆菌病。

类症鉴别：由于猪的流行性感冒不一定总是以典型的形式出现，并且与其他呼吸道疾病又很相似，所以，临床诊断只能是假定性的。在秋季或初冬，猪群中发生呼吸道疾病就可怀疑为猪流行性感冒。

暴发性地出现上呼吸道综合征，包括结膜炎、喷嚏和咳嗽以及低死亡率，可以将猪流行性感冒与猪的其他上呼吸道疾病区别开，在鉴别诊断时，应注意猪气喘病和本病的区别，二者最易混淆。

## 六、防治

本病无有效疫苗和特效疗法，平时应加强饲养管理，提高猪群的营养需求，定时清洁环境卫生。发病后重要的是加强护理，保持猪舍清洁、干燥、温暖、无贼风袭击。供给充足的清洁饮水，康复的头几天，饲料要限制供给。在发病中不得骚扰或移动病猪，以减少应激死亡。

患病猪要及时进行隔离治疗，主要是对症治疗，防止继发感染。可选用：15%盐酸吗啉胍（病毒灵）注射液，按猪体重每千克用25mg，肌内注射，每日2次，连注2天。30%安乃近注射液，按猪体重每千克用30mg，肌内注射，每日2次，连注2天。如全群感染，可用中药拌料喂服。中药方：荆芥、金银花、大青叶、柴胡、葛根、黄芩、木通、板蓝根、甘草、干姜各25～50g（以每头计、体重50kg左右），把药晒干，粉碎成细面，拌入料中喂服，如无食欲，可煎汤喂服，一般1剂即愈，必要时第2天再服1剂。

为了防止人畜共患，饲养管理员和直接接触生猪的人宜做有效的防护措施。注意个人卫生，经常使用肥皂或清水洗手。避免接触患猪，平时应避免接触有流感样症状（发热、咳嗽、流涕等）的病人或有肺炎等呼吸道疾病的病人：尤其在咳嗽或打喷嚏后。避免接触生猪或前往有猪的场所；避免前往人群拥挤的场所。咳嗽或打喷嚏时用纸巾捂住口鼻，然后将纸巾丢到垃圾桶。对死因不明的生猪一律焚烧深埋再做消毒处理。如人不慎感染了猪流感病毒，应立即向上级卫生主管部门报告，接触患者的人群应做医学隔离观察，时间为7天。

## 子项目十三　猪　痘

痘病是由痘病毒引起的各种家畜、家禽和人类的一种急性、热性、接触性传染病。哺乳动物痘病的特征是在皮肤上发生痘疹，禽痘则在皮肤产生增生性和肿瘤样病变。各种禽痘病毒与哺乳动物痘病毒间不能交叉感染或交叉免疫，但各种禽痘间在抗原上极为相似，其他属的同属病毒的各成员之间也存在着许多共同抗原和广泛的交叉中和反应。

猪痘由两种病毒引起：由猪痘病毒引起的猪痘，主要由猪血虱传播，其他昆虫如蚊、蝇等也有传播作用，多发生于4～6周龄仔猪及断奶仔猪，成年猪有抵抗力；由痘苗病毒引起的猪痘，各年龄的猪均可感染发病，常呈地方流行性。

### 一、病原

痘病毒属于痘病毒科脊椎动物痘病毒亚科，与痘病有关的有6个属（正痘病毒属、山羊痘病毒属、禽痘病毒属、兔痘病毒属、猪痘病毒属和副痘病毒属），痘病毒为双股DNA病毒，有囊膜，病毒粒子呈砖形或椭圆形。病毒对低温和干燥的抵抗力较强，在干燥的痂皮内可存活，对温度敏感，55℃经20min、37℃经24h均可使病毒灭活。常用消毒剂如0.5%福尔马林、0.01%碘溶液数分钟内可将其杀死。

### 二、临床症状

潜伏期4～7天。病猪体温升高，精神、食欲缺乏，眼结膜和鼻黏膜潮红、肿胀，并有分泌物。痘疹主要发生于腹下、股内侧、背部或体侧部皮肤。开始为深红色突出于皮肤表面的硬实结节，以后见不到水疱即转为脓疱，并很快结痂，脱落后遗留白色斑块而痊愈。病程10～15天，多取良性经过，病死率不高。

### 三、诊断

根据病猪典型痘疹，结合流行病学可以作出诊断。区别猪痘由何种病毒引起，可将病料接种家兔，痘苗病毒可在接种部位引起痘疹，而猪痘病毒不感染家兔。必要时可进行病毒的分离鉴定。

### 四、防治

加强猪群的饲养管理，搞好卫生，消灭猪血虱和蚊、蝇。对新购入猪隔离观察1～2周，防止带入病原。发现病猪要及时隔离治疗，可试用康复猪血清或痊愈猪全血治疗，剥去痘痂，用0.1%高锰酸钾溶液洗涤患处，再涂龙胆紫或碘甘油。病猪康复后可获得坚强免疫力。对病猪污染的环境及用具要彻底消毒，垫草焚毁。

## 子项目十四 猪水疱病

猪水疱病（SVD）是由猪水疱病病毒引起的猪的一种急性、热性、接触性传染病。该病流行性强，发病率高，以蹄部、口部、鼻端和腹部、乳头周围皮肤和黏膜发生水疱为特征。在症状上与口蹄疫极为相似，但牛、羊等家畜不发病。世界动物卫生组织将其列为A类动物疫病，我国将其列为一类动物疫病。

### 一、病原

猪水疱病病毒呈球形，由裸露的二十面体对称的衣壳和含有单股RNA的核心组成，无囊膜。本病毒不能凝集人和家兔、豚鼠、牛、绵羊、鸡、鸽子等动物的红细胞，只有一个血清型。

病毒对环境和消毒剂抵抗力较强。病毒对乙醚不敏感。对pH 3.0～5.0表现稳定。60℃、30min和80℃、1min即可灭活，在低温中可长期保存。病毒在污染的猪舍内存活8周以上，在泔水中可存活数月之久。病猪肉腌制后3个月仍可检出病毒。3%NaOH溶液在33℃、24h能杀死水疱皮中的病毒，1%过氧乙酸60min可杀死病毒。

### 二、流行病学

**1. 易感动物**

本病在自然流行中，仅发生于猪，不同年龄、性别、品种的猪均可感染。牛、羊等家畜不发病。人类有一定易感性。

**2. 传染源**

病猪、潜伏期的猪和病愈带毒猪是本病的主要传染来源，通过粪、尿、水疱液、奶排出病毒。被病毒污染的饲料、垫草、运动场、用具以及饲养员等往往造成本病的传播。

**3. 传播途径**

本病主要通过直接接触和消化道传播。

**4. 流行特点**

本病的发生无明显的季节性。由于传播不如口蹄疫病毒快，所以流行较缓慢，不呈席卷之势。

### 三、临床症状

潜伏期，自然感染一般为2～5天，有的7～8天或更长。临床上可分为典型型、温和型和亚临床型（隐性型）。

**1. 典型型**

水疱主要发生在主趾和附趾的蹄冠上，也可见于鼻盘、舌、唇和母猪的乳头上，仔猪则在鼻盘出现水疱。早期症状为蹄冠上皮苍白肿胀，36～48h，水疱明显凸出，充满水疱液，数天后很快破裂形成溃疡，真皮暴露，颜色鲜红，严重时蹄壳脱落。部分猪因继发细菌感染而成化脓性溃疡。因蹄部疼痛病猪发生跛行，甚至呈犬坐乃至爬行姿势。病猪在出现水疱后，约2%的猪只出现中枢神经系统紊乱的症状，表现为前冲、转圈，用鼻摩擦或咬啮猪舍用具，眼球转动，有时出现强直性痉挛。

病猪体温升高到40～42℃，水疱破裂后体温下降至正常。精神沉郁、食欲减退或停食，一般情况下，如无并发或继发感染不引起死亡，病猪很快康复，病愈后2周创面可完全痊愈，如蹄壳脱落，则相当长时间后才能恢复。初生仔猪可造成死亡。

**2. 温和型**

只见少数猪只出现水疱，病的传播缓慢，症状轻微，不易察觉。

**3. 隐性型**

没有临床症状，但感染猪体内可产生高滴度的中和抗体，并能排出病毒，造成同群猪的隐性感染。

## 四、病理变化

本病的特征性病变主要是在蹄部、鼻盘、唇、舌面及乳房出现水疱。水疱破裂后水疱皮脱落，暴露出的创面有出血和溃疡。个别病例心内膜有条状出血斑。组织学变化表现为非化脓性脑膜炎和脑脊髓炎病变，大脑中部较背部病变更严重。

## 五、诊断

根据临床症状和病理变化很难与口蹄疫、猪水疱性口炎等区分开，特别是与口蹄疫的区分更为重要，必须进行实验室诊断加以区别。

**1. 生物学诊断**

将病料分别接种于1～2日龄和7～9日龄乳小鼠，如两组乳小鼠均死亡，该病料为感染口蹄疫病料；如1～2日龄乳小鼠死亡，7～9日龄乳小鼠不死亡，该病料为感染水疱病病料。

**2. 反向间接血凝试验**

用口蹄疫A型、O型、C型、$Asia_1$型的豚鼠高免血清与猪水疱病血清免疫球蛋白致敏绵羊红细胞，制备成反向间接血凝试剂，使用该方法可在2～7h内快速诊断出猪水疱病和口蹄疫。

此外，荧光抗体试验、补体结合试验、放射免疫、对流免疫电泳、中和试验等都可作为猪水疱病的诊断方法，国内已研制出猪水疱病病毒单克隆抗体诊断药盒，使用方便、诊断快速。也可用PCR法作快速鉴别诊断。

## 六、防治

本病的重要防治措施是加强交易时动物及其产品的检疫，防止将病原体带入清净地区，特别应对运输工具及屠宰下脚料等进行严格消毒。发生本病时，要及时向上级动物防疫部门报告，对可疑病猪进行隔离，对污染的场所、用具要严格消毒，粪便、垫草等堆积发酵消毒。确认本病时，疫区实行封锁，并控制猪及猪产品出入疫区。必须出入疫区的车辆和人员等要严格消毒。扑杀病猪并进行无害化处理。对疫区和受威胁区的猪，可进行紧急接种。

用猪水疱病高免血清和康复血清进行被动免疫有良好效果，应用豚鼠化弱毒疫苗和细胞培养弱毒疫苗对猪免疫，其保护率达80%以上，免疫期6个月。用水疱皮和仓鼠传代毒制成的灭活疫苗也有良好的免疫效果，保护率为75%～100%。

## 七、公共卫生

猪水疱病病毒与人的柯萨奇B5病毒密切相关，实验人员和饲养人员可因感染猪水疱病病毒而得病，症状与柯萨奇B5病毒感染相似。常发生于与病猪接触的人或从事本病研究的人员，因此应当注意个人防护，以免受到感染。

# 子项目十五　猪细小病毒病

猪细小病毒病是由猪细小病毒引起的猪的一种繁殖障碍性病，其特征是受感染母猪产出死胎、畸形胎、木乃伊化胎及病弱仔猪，而母猪本身无明显临床症状。

本病于1967年在英国首次报道，目前各个国家几乎均有本病的发生。我国自20世纪80年代从上海、北京和江苏等地也相继分离到猪细小病毒，是当前引起猪繁殖障碍的一种主要病毒性传染病。

## 一、病原

猪细小病毒（PPV）属于细小病毒科细小病毒属。病毒粒子呈圆形或六角形，无囊膜，呈二十面体立体对称，基因组为单股DNA。PPV只有一个血清型，但其毒力有强弱之分，本病毒能凝集鼠、大鼠、人O型、猴、小白鼠、鸡和猫的红细胞。本病毒对外界抵抗力极强，在56℃恒温48h，病毒的传染性和凝集红细胞能力均无明显改变。70℃经2h处理后仍有感染性，80℃经5min加热才可使病毒失去血凝活性和感染性。本病毒对乙醚、氯仿等脂溶剂有抵抗力。2%氢氧化钠溶液5min可杀死该病毒。

## 二、流行病学

**1. 易感动物**

猪是本病的唯一易感动物，不同年龄、性别的家猪和野猪都可感染。但只有母猪表现繁殖障碍。

**2. 传染源**

病猪和带毒猪是主要的传染源。病毒可通过胎盘传给胎儿，感染本病毒的母猪所产死胎、活胎、仔猪及子宫分泌物中均含有高滴度的病毒，是本病的重要传染源。

**3. 传播途径**

本病可经胎盘垂直感染和交配感染，公猪、育肥猪、母猪主要通过被污染的食物、环境，经呼吸道、消化道感染。

**4. 流行特点**

本病的流行常发生于春秋产仔季节。常见于初产母猪，一般呈地方性流行或散发，一旦发生，猪场可能连续几年不断地出现母猪繁殖失败。母猪妊娠期感染后，其胚胎死亡率可达80%～100%。

## 三、临床症状

仔猪和后备母猪的急性感染通常都表现为亚临床病例，但在其体内很多组织器官（尤其是淋巴组织）中均可发现有病毒存在。仅妊娠母猪表现症状，母猪在妊娠期的不同阶段感染，分别造成死胎、木乃伊化胎、流产等不同症状：在妊娠30～50天感染时，主要生产木乃伊化胎儿；妊娠50～60天感染时多出现死胎；妊娠70天时常出现流产症状；而妊娠70天后感染的母猪则多能正常产活仔猪。此外还表现产弱仔、母猪发情不正常、久配不孕等。

## 四、病理变化

该病缺乏特异性的眼观病变，仅见母猪子宫内膜有轻微炎症，胎儿在子宫溶解、吸收。受感染的胎儿可见充血、水肿、出血、体腔积液、木乃伊化及坏死等病变。

## 五、诊断

如果猪场发生流产、死胎、胎儿发育异常等现象，而母猪本身和同一场内的公猪没有明显的临床症状，可怀疑为该病。但最后确诊必须依靠实验室检验。

**1. 实验室检验**

可取妊娠70天前流产的木乃伊化胎儿、胎儿肺送实验室进行诊断。妊娠70天后的木乃伊化胎儿、死产仔猪和初生仔猪则不宜送检，因其中可能含有干扰检验的抗体。检验方法可选择病毒的细胞培养和鉴定、血凝试验、荧光抗体染色试验。

**2. 鉴别诊断**

本病诊断时应与猪伪狂犬病、猪繁殖与呼吸综合征、猪日本乙型脑炎等疾病相区别。

## 六、防治

本病尚无特效的治疗方法，应在免疫预防的基础上，采取综合性预防措施。

防止带毒猪传入猪场。加强检疫措施防止尚未感染的其他种猪场引入阳性猪只。引进种猪时应通过血清学或病原学检查，当血凝抑制试验或病毒抗原检测阴性时方可混群饲养，阳性猪只则应进行合理的处理。

免疫接种对本病有良好的预防效果。疫苗有灭活疫苗和弱毒疫苗两种，其中以灭活疫苗多用，灭活疫苗包括氢氧化铝灭活疫苗和油乳剂灭活疫苗。疫苗接种可在母猪配种前的1～2个月内进行，2周后二免，可预防本病的发生。仔猪的母源抗体可持续14～24周，在HI抗体效价大于1∶80时可抵抗猪细小病毒感染，因此，在断奶时将仔猪从污染猪群移到没有本病污染的地区饲养，可以培育出血清阴性猪群。

# 子项目十六　猪传染性胃肠炎

猪传染性胃肠炎（TGE）是由猪传染性胃肠炎病毒引起的猪的一种急性、高度接触性肠道传染病。临床上以发热、呕吐、严重腹泻和脱水为特征。

该病于1945年首次在美国被发现，目前分布于许多养猪国家和地区。各年龄的猪都可感染发病。危害最严重的是哺乳仔猪，10日龄以内的仔猪死亡率最高，可达100%，但5周龄以上的猪死亡率很低。

## 一、病原

猪传染性胃肠炎病毒属于冠状病毒科冠状病毒属，有囊膜，形态多样，呈圆形、椭圆形和多边形等。本病毒主要存在于空肠、十二指肠及回肠的黏膜。本病毒只有一个血清型，但近年来许多国家都发现了该病毒的变异株，即猪呼吸道冠状病毒。该病毒不耐热，56℃、45min或65℃、10min即全部死亡。对光敏感，在阳光下曝晒6h即可死亡，紫外线能使病毒迅速灭活。病毒对乙醚、氢氧化钠、石炭酸、甲醛、氯仿等消毒剂敏感。

## 二、流行病学

**1. 易感动物**

本病仅发生于猪，各年龄的猪均易感，10日龄以内仔猪的发病率和死亡率很高，病势及死亡率与仔猪年龄呈负相关，日龄越小，病势越重，死亡率越高。随着年龄的增长死亡率降低，断奶猪、育肥猪和成年猪的症状较轻。

**2. 传染源**

病猪和带毒猪是主要传染源，它们从粪便、呕吐物、鼻液以及呼出气体中排出病毒，污染饲料、饮水、空气及用具等传染给易感猪。

**3. 传播途径**

本病主要通过消化道和呼吸道传播。

**4. 流行特点**

本病多发生于冬春寒冷季节。在新疫区呈流行性发生，传播迅速，使各年龄组的猪群发病。10日龄以内的猪病死率高达100%，但断奶猪、育肥猪和成年猪发病后多能自然康复；在老疫区则呈地方流行性或散发性发生，发病率低。

## 三、临床症状

本病潜伏期短，一般为15～18h，长的可达2～3天。

仔猪突然发病，首先呕吐，继而发生急剧水样腹泻，粪便黄色、淡绿色或白色，常混有未消化的凝乳块，恶臭味。病猪明显脱水、消瘦、极度口渴，少部分重症患猪卧地不起。10日龄以内的仔猪多在2～7日死亡。日龄越小，病程越短，死亡率越高，有时死亡率可达100%，病愈仔猪发育不良，成为僵猪。

断奶猪、育肥猪及成年猪临床表现轻微，主要表现为食欲减退或消失，个别猪出现水样腹泻、呕吐，有应激因素或继发感染时病死率可能增加。

哺乳母猪则表现为泌乳减少或停止，体温升高，呕吐，食欲缺乏，腹泻，一般经3～7天病情好转，恢复，极少死亡。但也有的母猪与病仔猪接触，而本身无可见症状。

## 四、病理变化

眼观病变主要在胃肠道。胃内充满凝乳块，胃底黏膜充血、出血。有时日龄较大的猪胃黏膜有溃疡灶，且靠近幽门处有较大的坏死区。小肠壁变薄，弹性降低，肠管扩张呈半透明状。在低倍显微镜下观察小肠黏膜，可见到小肠绒毛变短、萎缩及上皮细胞变性、坏死和脱落。

## 五、诊断

根据流行病学（寒冷季节发生、10日龄以内的病死率高）、临床症状（腹泻、呕吐和脱水）、病理变化（小肠壁变薄、肠管扩张、内容物稀薄、小肠绒毛萎缩）可作出初步诊断，确诊必须进行实验室检查。

### 1. 病毒分离与鉴定

取病猪的肛拭、粪、肠内容物或空肠、回肠段为病料，经口感染5日龄仔猪，盲传2代以上，分离病毒。用标准抗猪传染性胃肠炎病毒的血清做中和试验进行鉴定。

### 2. 荧光抗体检查

取腹泻早期病猪空肠和回肠的刮削物作涂片或以这段肠管作冰冻切片，进行直接或间接荧光染色，在荧光显微镜下检查，见上皮细胞及肠绒毛细胞浆内呈现荧光者为阳性。此法快速，可在2～3h内作出诊断。

### 3. 血清学诊断

常用的方法包括血清中和试验、ELISA、间接血凝抑制试验、间接免疫荧光试验等。取急性和康复期双份血清，56℃灭能30min，测定中和抗体，据血清抗体消长规律确定猪传染性胃肠炎（TGE）感染情况，是最确实的诊断方法。

本病诊断时应与症状相似的其他疾病如仔猪黄痢、仔猪白痢、猪流行性腹泻和轮状病毒感染等相区别。

## 六、防治

对于本病目前尚无特效药物，发病后一般采取对症治疗措施。及时进行疫苗的免疫接种是控制该病的有效方法之一。

### 1. 药物治疗

用抗生素和磺胺类药物等仅可起到防止病猪继发细菌感染和缩短病程的作用。

（1）补充体液，以防脱水和酸中毒。让仔猪自由饮服下列配方溶液：氯化钠3.5g，氯化钾1.5g，碳酸氢钠2.5g，葡萄糖20g，水1000ml。另外，还可于腹腔注射一定量的5%葡萄糖盐水加灭菌碳酸氢钠。

(2) 使用抗病毒药物。可肌内注射病毒灵、病毒唑、双黄连等。对重症病猪可用硫酸阿托品注射控制腹泻，对失水过多的重症病猪可静脉注射葡萄糖、生理盐水等。

**2. 免疫接种**

用传染性胃肠炎弱毒疫苗对母猪进行免疫接种。母猪分娩前 5 个星期经口给予 1 头份，分娩前 2 个星期经口给予 1 头份，同时肌内注射 1 头份。两种接种方式结合可产生局部性体液免疫和全身性细胞免疫，效果好，新生仔猪在出生后通过初乳获得被动免疫，保护率可达 95%以上；对于未接种 TEG 疫苗且受到本病威胁的仔猪，在生后 1～2 日进行口服接种，4～5 天产生免疫力。

# 子项目十七　猪流行性腹泻

猪流行性腹泻（PED）是由猪流行性腹泻病毒引起的猪的一种急性肠道传染病。其临床特征为腹泻、呕吐和脱水。本病的流行特点、临床症状和病理变化与猪传染性胃肠炎极为相似。该病于 1971 年首先发生在英国，20 世纪 80 年代初在我国陆续发生。目前，只有中国、比利时、法国、英格兰、德国分离到了猪流行性腹泻病毒。

## 一、病原

猪流行性腹泻病毒（PEDV）属于冠状病毒科冠状病毒属。病毒粒子呈圆形，有囊膜。病毒只能在肠上皮组织培养物内生长，对外界环境和消毒剂的抵抗力不强，一般消毒剂都可将其杀灭，对乙醚和氯仿敏感。

## 二、流行病学

该病仅发生于猪，病毒传入猪群的途径可能是通过运输病猪或被污染的饲料、车辆，以及被病毒污染的靴、鞋或其他携带病毒的污染物。粪-口途径是该病传播的主要方式，健康猪的自然感染主要是经口接触了含毒粪便污染物。

**1. 易感动物**

本病仅发生于猪，各年龄猪均可感染，仔猪和育成猪的发病率通常为 100%，母猪为 15%～90%。

**2. 传染源**

病猪是主要传染源。病毒存在于肠绒毛上皮细胞和肠系膜淋巴结，随粪便排出后，污染环境、饲料、饮水、交通工具及用具等而传染。

**3. 传播途径**

本病主要通过消化道感染。

**4. 流行特点**

本病多发生在寒冷季节，我国多在 12 月至次年的 2 月寒冬季节发生。本病有流行自限性，一般在流行约 5 周后自行终止。

## 三、临床症状

潜伏期一般为 5～8 天，人工感染潜伏期为 8～24h。

临床症状与猪传染性胃肠炎相似，只是程度较轻，传播速度也比猪传染性胃肠炎慢得多。主要表现为水样腹泻，有时可能伴有呕吐。腹泻物呈灰黄色、灰色，或呈透明水样，顺肛门流出。感染猪只在腹泻初期或在腹泻出现以前可出现急性死亡，特别是应激性高的猪死亡率更高。症状的轻重随年龄的大小而有差异，年龄越小，症状越重。7 日龄内的新生仔猪发生腹泻后3～4天，呈现严重脱水而死亡，死亡率可达50%～100%，病猪体温正常或稍高，精神沉郁，食欲减退或废绝。断奶仔猪、母猪常表现精神委顿、食欲下降和持续性腹泻，约1周后，逐渐恢复正常。育肥猪感染后发生腹泻，1周后康复，死亡率1%～3%。成年猪症状较轻。

## 四、病理变化

病死猪尸体消瘦、脱水，皮下干燥，胃内有多量黄白色的凝乳块。小肠病变具有特征性，肠管膨满、扩张，肠壁内充满黄色液体，小肠黏膜、肠系膜充血，个别试验猪小肠黏膜有轻度点状出血，其他实质性器官均未见有肉眼病变。显微镜或放大镜下观察可见小肠绒毛缩短，显著萎缩。

## 五、诊断

本病的流行病学、临床症状、病理变化基本上与猪传染性胃肠炎相似，只是病死率比猪传染性胃肠炎稍低，在猪群中传播速度也稍缓慢一些。根据上述特点可作出初步诊断。确诊要依靠实验室诊断。

**1. 荧光抗体法**

本法是最为敏感、快速和可靠的方法。取发生腹泻48h内的猪小肠，制成小肠黏膜抹片或冷冻切片，之后用丙酮固定，加荧光抗体染色后镜检。一般感染18h后，小肠各段均能发现荧光阳性细胞，出现腹泻6h后荧光细胞数达高峰。空肠和回肠90%～100%阳性，十二指肠70%～80%阳性。

**2. 酶联免疫吸附试验**

此法可用于检测病猪粪便、小肠内容物中的病毒抗原。也可用于检测病猪血清中的特异性抗体，但通常需要采取发病初期和间隔2～3周病愈猪的双份血清进行检测。

**3. 微量血清中和试验**

用已适应于传代细胞生长的猪流行性腹泻病毒与被检血清进行微量中和试验，测定待检血清中的特异性抗体。

## 六、防治

目前本病尚无特效的治疗方法。

**1. 疫苗免疫预防**

目前常用的疫苗有轮状病毒、流行性腹泻二联苗，流行性腹泻、传染性胃肠炎、轮状病毒三联苗。于每年的10月中旬，仔猪、架子猪和育肥猪每头注射1头份，生产母猪每头注射2头份。对于正在发病的猪群于母猪产前20～30天注射3头份。

**2. 加强管理和消毒工作**

加强饲养管理，饲喂营养丰富的饲料，做好仔猪、哺乳猪的保温和保健工作。做好场内的卫生消毒工作，用消毒威、百毒杀等消毒剂对猪舍进行消毒，用干石灰铺设走道和运动场。

**3. 对症治疗**

目前本病无特效的治疗方法，发病猪可以让其自由饮水以减轻脱水，对育肥猪适当限饲；为预防继发感染和加快康复，可以试投一些抗菌药物和助消化药。保持猪舍温度和干燥环境。注意保持猪舍良好的卫生，严格控制猪只的调动以及人员、猪场运输工具的流动。接种疫苗是目前预防本病有效而可靠的方法，猪流行性腹泻甲醛氢氧化铝灭活疫苗保护率达85%以上，可用于预防本病。

# 子项目十八　猪圆环病毒感染

猪圆环病毒感染PCV是由猪圆环病毒Ⅱ型（PCV2）引起的猪的一种多系统功能障碍性传染病，临床上以新生仔猪先天震颤和断奶仔猪多系统衰弱综合征为其主要的表现形式，并出现严重的免疫抑制，从而容易导致继发或并发其他传染病，被世界各国的兽医公认为最重要的猪传染病之一。

本病于1991年首先在加拿大被发现，1996年暴发于世界许多国家，病死率为10%～30%。我国首次报道于2000年，2001～2002年在我国大部分地区暴发，给养猪业造成了严重的经济损失。

## 一、病原

猪圆环病毒（PCV）属于圆环病毒科、圆环病毒属成员。病毒粒子呈二十面体对称，无囊膜，病毒基因组为单股环状DNA，为已知的最小动物病毒之一。PCV存在两种血清型，即PCVⅠ和PCVⅡ。PCVⅠ无致病性，广泛存在于正常猪体各器官组织及猪源细胞；PCVⅡ对猪有致病性，是引起断奶仔猪多系统衰竭综合征的主要病原，与PCVⅠ核苷酸序列同源性低于80%。PCVⅠ和PCVⅡ的血清学交叉反应有限。

## 二、流行病学

**1. 易感动物**

猪对PCVⅡ具有较强的易感性，不同年龄、品种的猪均可被感染，哺乳期的仔猪、育肥猪和母猪最易感。

病猪和成年带毒猪（多数为隐性感染）为本病的主要传染源。病毒存在于病猪的呼吸道、肺脏、脾脏和淋巴结中，从鼻液、粪便和精液等排出病毒。在感染猪群中仔猪的发病率差异很大，发病后的严重程度也明显不同。发病率通常为8%～10%，也有报道可达20%左右。

**2. 传染源**

病猪和带毒猪为本病的主要传染源。病毒存在于病猪的呼吸道、肺脏、脾和淋巴结中，从鼻液和粪便中排出。

**3. 传播途径**

主要经呼吸道、消化道和精液及胎盘传染，也可通过污染管理人员、饲养人员、工作服、用具和设备传播。

**4. 流行特点**

本病的发生无季节性。常与猪繁殖与呼吸综合征病毒、猪细小病毒、伪狂犬病病毒及副猪嗜血杆菌、猪肺炎支原体、多杀性巴氏杆菌和链球菌等混合或继发感染。饲养管理不良、饲养条件差、饲料质量差、环境恶劣、通风不良、饲养密度过大，不同日龄的猪只混群饲养，以及各种应激因素的存在均可诱发本病，并加重病情的发展，增加死亡率。

## 三、临床症状

猪圆环病毒感染主要引起断奶仔猪多系统衰竭综合征和仔猪先天性震颤。

**1. 断奶仔猪多系统衰竭综合征**

病猪表现精神沉郁，食欲缺乏，发热，被毛粗乱，进行性消瘦，生长迟缓，呼吸困难，咳嗽，喘气，贫血，皮肤苍白，体表淋巴结肿大。有的表现皮肤与可视黏膜发黄，腹泻，嗜睡。临床上约有20%的病猪呈现贫血与黄疸症状，具有诊断意义。

**2. 仔猪先天性震颤**

又名抖抖病，主要发生于2～7日龄仔猪，其临床症状的变化性很大，震颤程度不等，同窝仔猪的发病数量也不定，通常表现为双侧性震颤，当仔猪休息或睡觉时可得到缓和，但受到寒冷或噪声等外界刺激时，震颤可重新激发或加重。1周龄内出现严重震颤的仔猪往往由于不能得到哺乳而死亡，1周龄以上的仔猪常常能耐过，也有震颤症状延至生长期或育肥期的。

此外，在临床上还能见到与PCVⅡ相关的中枢神经系统疾病、增生性坏死性肺炎、肠炎和关节炎等。这些情况多见于猪繁殖与呼吸综合征阳性猪继发感染PCVⅡ所致。

## 四、病理变化

发生断奶仔猪多系统衰竭综合征时，剖检可见的主要病理变化为患猪消瘦，贫血，皮肤苍白，部分病猪出现黄疸；淋巴结肿大3～4倍，切面为均匀的白色；肺脏肿胀，坚硬似橡皮样；肝脏发暗，肝小叶间结缔组织增生；肾脏水肿、苍白，被膜下有坏死灶。脾脏轻度肿胀、坏死。胃、肠、回盲瓣黏膜有出血、坏死。

## 五、诊断

根据流行特点，结合本病的临床症状、病理变化等特点一般可以作出初步诊断，确诊需要进行实验室诊断。目前，可用的病原学检测方法包括间接免疫荧光法、免疫组化法、PCR等。检测抗体的方法主要是ELISA。

## 六、防治

目前，国内外尚无特效的治疗方法，也没有切实可行的疫苗预防猪圆环病毒感染。无论是对仔猪先天性震颤，还是对断奶仔猪多系统衰竭综合征均没有有效的预防措施。一般性建议包括实行全进全出饲养管理制度，保持良好的卫生及通风状况，确保饲料品质和使用抗生素控制继发感染，以及对发病猪只进行及时淘汰、扑杀处理。

**1. 严格实行“全进全出”制度，落实生物安全措施**

猪舍要清洁卫生，保温，通风良好，饲养密度要适中，不同日龄的猪应分群饲养，不得混养；减少各种应激因素，创造一个良好的饲养环境。

**2. 定期消毒，杀死病原体，切断传播途径**

生产中应用3%的氢氧化钠溶液、0.3%的过氧乙酸溶液及0.5%的强力消毒灵和抗毒威消毒效果良好。

**3. 免疫预防**

可使用以杆状病毒表达PCV2的衣壳蛋白、表达PCV1的衣壳蛋白嵌合病毒和灭活的PCV2为免疫原的三种疫苗。前两种疫苗用于3～4周龄的商品猪免疫。第三种疫苗用于母猪免疫。免疫后，可减少断奶衰竭综合征发生，降低死亡率，提高料肉比。

**4. 药物预防，控制继发感染**

如应用支原净、丁胺卡那霉素、强力霉素、庆大霉素、磺胺嘧啶钠、抗病毒药等治疗，同时肌内注射维生素$B_{12}$、维生素C及肌苷和静脉滴注葡萄糖注射液等有一定的治疗效果。

# 【项目小结】

本项目介绍了猪的主要传染病，是本课程重点学习的内容之一。在学习过程中应在学习多种动物共患传染病的基础上，将猪群常见的传染病进行总结，如按临床表现进行归类，并对猪群传染病的发生及流行形成一个初步认识，重点掌握常见、多发病以及危害性较大的传染病的流行特点、具体的诊断方法和防治措施。

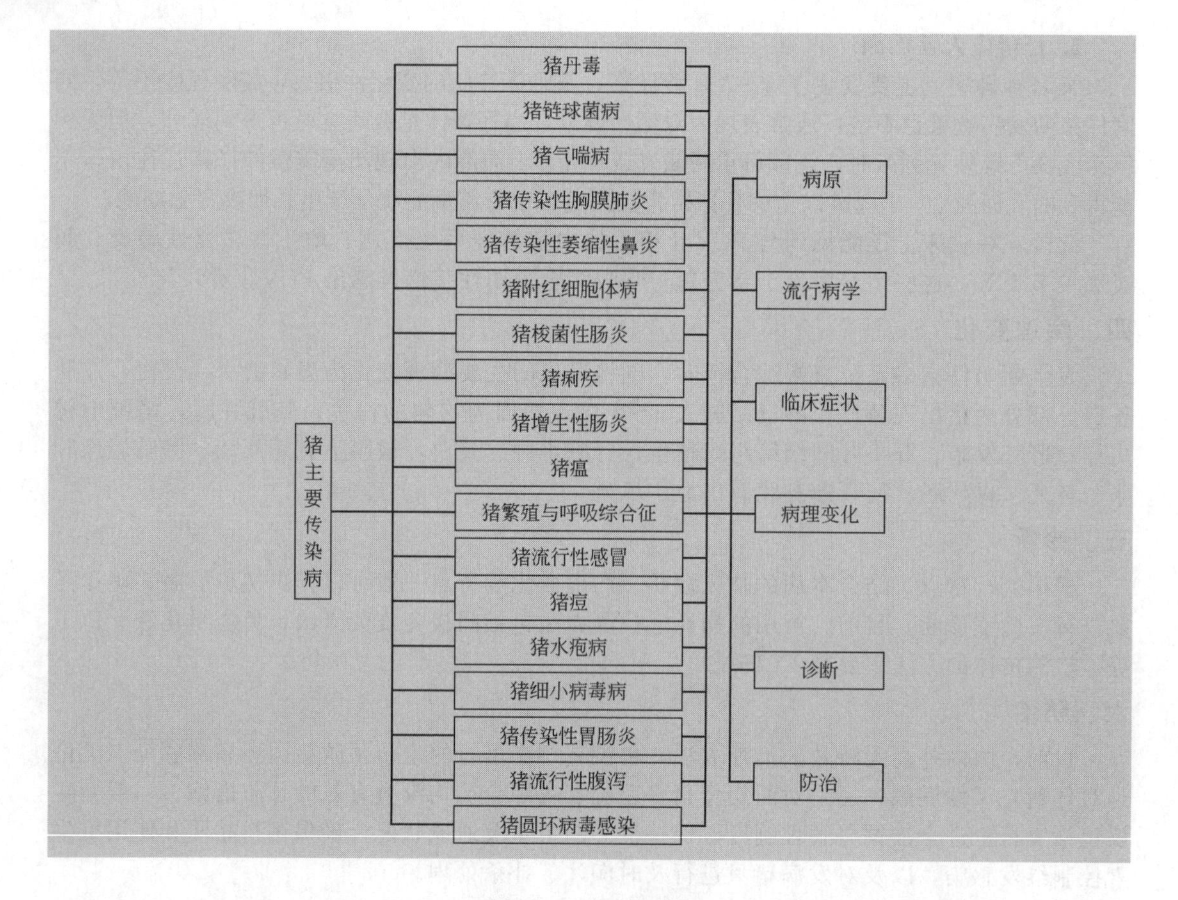


## 【复习思考题】

1. 试述猪急性败血型链球菌病的症状和病变特点。如何防治本病？
2. 简述猪痢疾的病变特点。如何防治本病？
3. 试述猪传染性萎缩性鼻炎的症状特点。
4. 简述猪气喘病的临床症状及病变特点。
5. 猪传染性胸膜肺炎病原是什么？是一种什么性质的传染病？如何进行防治？
6. 猪附红细胞体病的流行病学特点和病理变化有哪些？
7. 试述猪瘟的临床症状，病理变化及防治措施。
8. 近年来，国内外都报道一种所谓温和型猪瘟，它具有哪些主要特点？
9. 猪繁殖与呼吸综合征的流行特点、症状和病变特征是什么？目前如何防治？
10. 试述猪细小病毒病的临床特征与防治措施。
11. 从病原学和流行病学特点简要介绍猪传染性胃肠炎与猪流行性腹泻的异同。
12. 典型的猪水疱病病猪表现出哪些主要临床症状？
13. 以呼吸困难为主要症状的猪传染病有哪些？说明各自的特点。
14. 以繁殖障碍为主要症状的猪传染病有哪些？说明各自的特点。
15. 以腹泻为主要症状的猪传染病有哪些？说明各自的特点。
16. 猪圆环病毒感染具有哪些临床特征？
17. 简述急性猪瘟、急性猪巴氏杆菌病、急性仔猪副伤寒和急性猪丹毒的鉴别诊断要点。

# 【技能训练任务十四】 猪瘟的诊断

## 一、训练目标

学会猪瘟的现场诊断和实验室诊断方法。

## 二、训练材料

手术剪、手术刀、镊子、接种环、酒精灯、酒精棉球、麦康凯琼脂培养基、血液琼脂培养基、抗猪瘟荧光抗体、磷酸缓冲盐水、猪瘟酶标抗体、过氧化氢、叠氮钠等。

## 三、训练内容与方法步骤

1. 临床诊断和尸体剖检诊断

详细询问猪群的发病情况（包括发病经过、发病头数、主要症状、治疗措施及效果、病程和死亡情况），发病猪的来源及接种情况，发病猪群附近其他猪群的情况。详细检查病猪的临床症状，包括精神状态、体温变化、食欲、粪便的形状、口腔黏膜、体表可触及淋巴结的肿大情况等。病猪剖检，检查各内脏器官的眼观病理变化，特别注意淋巴结、肾脏、膀胱、咽喉部、胆囊、肠道等脏器的出血性变化。

2. 细菌学检查

采取刚死亡不久的病猪或急宰猪的血液、淋巴结、脾脏等材料，接种于血液琼脂和麦康凯琼脂平板上，培养24～48h，检查有无疑似的病原菌，如有需要进一步鉴定做动物接种试验。猪瘟诊断中细菌检查的目的是为了确定发病猪是否存在并发或继发细菌感染，有时也为了排除猪瘟。

3. 家兔接种试验

本试验是利用猪瘟强毒不引起家兔发病，但能使家兔产生免疫力，再注射猪瘟兔化弱毒疫苗时不会引起家兔体温升高，以此来判定给兔注射的病料中是否有猪瘟强毒。

（1）选择体重在1.5kg以上的清洁健康家兔4只，分2组，试验前3天测温，每天3次，体温正常兔可供试验用。

（2）取病猪脾脏、淋巴结等病料制成1∶10悬液，离心后取上清液加青霉素、链霉素各1000IU处理后，给试验组兔每只肌内注射5ml。另一组兔不注射，供对照。

（3）继续测温，每隔6h一次，连测3天。

（4）7天后，给两组家兔静脉注射1∶20稀释的猪瘟兔化弱毒疫苗，每只1ml。接种后每6h测温1次，连续3天。

（5）如果试验组兔体温正常、对照组兔出现定型热反应，即可诊断为猪瘟。如果试验组兔与对照组兔都出现定型热反应则不是猪瘟。

4. 荧光抗体诊断

（1）取病猪扁桃体、淋巴结、脾脏等组织，制成冰冻切片或压印片，自然干燥。

（2）滴加冷丙酮液数滴，置－20℃固定15～20min，用磷酸缓冲盐水溶液冲净，阴干。

（3）滴加猪瘟荧光抗体（盖满标本面），37℃温盒内浸染30min，取出，倒掉荧光抗体。

（4）用pH 7.2～7.6磷酸缓冲盐水溶液漂洗3次，每次5～10min。

（5）干后在标本上滴加缓冲甘油1滴，加盖玻片封闭，用荧光显微镜观察。

（6）如果被检组织细胞的胞浆内有弥漫性、絮状或点状的亮的黄绿色荧光，为猪瘟。只呈现无荧光的暗绿色或灰色则不是猪瘟。

5. 酶标记抗体检查

（1）采病猪血液加抗凝剂静置2h，取血浆，经离心取白细胞沉淀涂片；或用病猪扁桃体、淋巴结、脾等做压印片、晾干。用冷丙酮固定1min，晾干后待检。

(2) 取磷酸缓冲盐水（pH 7.2，0.015mol/L）100ml盛入染色缸中再加入1%过氧化氢和1%叠氮钠各1ml，混匀，将上述待检片放入，室温30min，倒去缸中液体，加入磷酸缓冲盐水，浸泡1～2min，倒掉，如此反复泡洗5～6次。再用无离子水同样泡洗3次，取出玻片，晾干。

(3) 取猪瘟酶标记抗体（如为冻干酶标记抗体，用pH 7.2、0.015mol/L磷酸缓冲盐水做1∶8到1∶10稀释），滴加在上述处理的标本片上。放入饱和湿度箱盒内作用30min，37℃浸染45min。取出标本片，倒掉酶标抗体，置染色缸内，按上法用磷酸缓冲盐水泡洗6次，取出。

(4) 取Tris-HCl缓冲液（pH 8.0，0.0125mol/L）100ml，加入3,3-二氨基联苯胺四盐酸盐76mg，避光搅拌溶解，加入1%过氧化氢0.5ml，倒入染色缸中，将上述洗好的标本片放入，避光放置30min。用无离子水泡洗6次，晾干。

(5) 显微镜检查　先在低倍镜下找到细胞，然后用高倍镜或油镜查找，细胞浆呈棕黄色，细胞核不染色或呈淡黄色，则为猪瘟。

显微镜检查时应设对照，即用同样处理的标本片不经酶标抗体染色，在显微镜下观察时，细胞浆应无色或与背景呈同样颜色。

## 四、训练报告

根据技能训练内容拟定一份诊断猪瘟的报告。

# 项目五　家禽主要传染病

【学习目标】

1. 理解和掌握下列名词：新城疫、真性鸡瘟、病毒性腱鞘炎、蓝翅病、鸭疫里氏杆菌病。

2. 重点掌握新城疫、禽流感、马立克病、鸡痘、鸡传染性法氏囊病、鸡传染性支气管炎、鸡传染性喉气管炎、鸭瘟、小鹅瘟等病的病原、流行特点、临床症状、诊断方法及防治措施。

3. 掌握禽脑脊髓炎、鸡减蛋下降综合征、鸡传染性鼻炎、鸡葡萄球菌病、禽曲霉菌病等病的流行特点、诊断方法及防治措施。

4. 了解鸡传染性贫血、鸡病毒性关节炎、鸭病毒性肝炎、鸭传染性浆膜炎、鸡白血病等病的临床特征和分布状况。

【技能目标】

1. 能够用所学知识对发病家禽主要传染病作出初步诊断并会提出初步防治措施。

2. 会凝集反应、琼脂凝胶免疫扩散试验、血凝和血凝抑制试验的操作技能。

## 子项目一　新　城　疫

新城疫又称亚洲鸡瘟或伪鸡瘟，是由新城疫病毒引起的一种禽类急性、高度接触性传染病。常呈败血症经过，主要特征是呼吸困难、下痢、神经症状、产蛋量及蛋壳品质下降、黏膜和浆膜出血。

本病1926年首次发现于印尼，同年发生于英国新城，故名新城疫，呈世界性分布。1928年我国就有本病的记载。于1948年分离到新城疫病毒，是严重危害我国养鸡业的重要疾病之一。被世界动物卫生组织定为A类传染病，我国定为一类传染病。

### 一、病原

新城疫病毒（NDV）属于副黏病毒科腮腺炎病毒属，呈球形，多数呈蝌蚪状，为单股RNA。有囊膜，在囊膜的外层呈放射状排列的突起物称为纤突，纤突中含有刺激宿主产生血凝抑制和病毒中和抗体的抗原成分。

NDV能在鸡胚中生长繁殖，以尿囊腔接种9～10日龄非免疫或SPF（无特定病原）鸡胚，由于毒株不同，其致死鸡胚的能力和时间亦不同。死亡胚胎全身出血，以头部、足趾、翅膀出血最为明显，尿囊液清亮且含毒量最高。接种弱毒或非致病性毒株可获得的病毒滴度很高。

NDV能在多种细胞培养物上生长，引起细胞病理变化形成蚀斑。因此，NDV在细胞培养中，可通过中和试验、蚀斑减数中和试验、血吸附抑制试验来鉴定病毒。NDV存在于病鸡的所有组织和器官内，包括血液、分泌物和排泄物，以脑、脾和肺含毒量最高，骨髓含毒时间最长。因此，分离病毒时多采用病鸡的肺、脾和脑作为接种材料。

NDV 另一个很重要的生物学特性是能吸附于鸡、火鸡、鸭、鹅及某些哺乳动物的红细胞表面，并引起红细胞凝集（HA），这种特性与病毒囊膜上纤突所含血凝素和神经氨酸酶（NA）有关。这种血凝现象能被抗 NDV 的抗体所抑制（HI），因此可用 HA 和 HI 试验来鉴定病毒和进行流行病学调查。

从不同地区和鸡群分离到的 NDV 只有一个血清型，但对鸡的致病性有明显差异。根据 NDV 毒力强弱及感染鸡的表现不同，可以分为以下几种类型：①速发型或强毒型毒株，引起各年龄的鸡急性致死性感染；②中发型毒株，仅引起易感的幼龄鸡死亡；③缓发型或低毒型或无毒型毒株，表现为轻微的呼吸道感染或无临床症状的肠道感染。判断一株 NDV 属于哪一型，必须进行生物学试验测定 3 个指数，即鸡胚平均死亡时间（MDT）、1 日龄雏鸡脑内接种致病指数（ICPI）和 6 周龄鸡静脉注射致病指数（IVPI）。

NDV 对高温、日光及消毒剂抵抗力不强。一般在 100℃经 1min，55℃经 45min 死亡。在 30℃可存活 30 天。病毒在直射阳光下 30min 死亡。在冷冻尸体内可存活 6 个月以上。常用的消毒剂如 2%氢氧化钠、5%漂白粉等，20min 即可将其杀死。

## 二、流行病学

### 1. 易感动物

鸡、火鸡、珠鸡及野鸭对本病均有易感性，以鸡最易感。各年龄的鸡均可感染，但以幼雏和中雏易感性最强。哺乳动物对本病有很强的抵抗力，但人可感染，表现为结膜炎或类似流感临床症状。

NDV 宿主范围广泛，可以感染禽类 50 个目中的 27 个目，240 种以上禽类。NDV 对不同宿主致病性差异较大，除鸡外，尚有鸽子、鸵鸟、鹌鹑、山鸡、鸬鹚、鹧鸪、孔雀等发病的报道，表明 NDV 感染的宿主范围正在扩大。近年来世界各地不断有 NDV 感染水禽造成发病和流行的报道。在我国水禽饲养密集的地区引起鹅发病和死亡的现象越来越普遍。

### 2. 传染源

本病的主要传染源是病鸡以及在流行间歇期的带毒鸡，但鸟类的作用也不可忽视。受感染的鸡在出现临床症状前 24h 即可通过口、鼻分泌物及粪便排出病毒。一般在临床症状消失后 5～7 天停止排毒。但有的康复鸡在临床症状消失后 2～3 个月仍然带毒、排毒。

### 3. 传播途径

传播途径主要是消化道和呼吸道，其次是眼结膜，创伤及交配也可引起感染。空气和饮水传播，人、器械、车辆、饲料、垫草、昆虫的机械携带，以及带毒的鸽子、麻雀等禽类的传播对该病具有重要的流行病学意义。

### 4. 流行特点

本病一年四季均可发生，但以冬春两季较多。不同品种、日龄和性别的鸡均可感染，但幼龄雏鸡的发病率和死亡率明显高于成鸡。纯种鸡比杂交鸡易感，死亡率也高。某些土种鸡和观赏鸡对本病有相当强的抵抗力。近年来，在我国屡有免疫鸡群发生新城疫的现象，给防治新城疫工作带来较大困难。

## 三、临床症状

自然感染的潜伏期一般为 3～5 天，根据临床表现和病程长短，可分为最急性、急性、亚急性或慢性 3 种类型。

### 1. 最急性型

多见于雏鸡流行初期。突然发病，常无特征临床症状而迅速死亡。

### 2. 急性型

病初体温升高达 43～44℃，食欲减退或废绝，有渴感，精神沉郁，不愿走动，翅膀下垂，闭目缩颈，呈昏睡状，鸡冠及肉髯呈暗红色或暗紫色。母鸡产蛋率和蛋壳品质下降。病鸡咳嗽，呼吸困难，张口呼吸，常发出“咯咯”的怪叫声。嗉囊内充满液体内容物，倒提时常有大量酸臭液体从口腔流出。粪便稀薄，呈黄绿色、草绿色或黄白色，有时混有少量血液，后期排出蛋清样的排泄物。发病后期（约1周）出现神经系统的临床表现，如翅、腿麻痹、扭头、转圈、前冲或后退等，最后体温下降，昏迷死亡。病程2～5天。1月龄内的雏鸡病程较短，临床症状不明显，病死率高。

**3. 亚急性型或慢性型**

初期临床症状与急性型相似，但临床症状较轻，且病情逐渐减轻，出现神经症状。病鸡翅、腿麻痹，跛行或站立不稳，头颈向后或向一侧扭转，常伏地旋转，运动失调，反复发作，最终瘫痪或半瘫痪，一般经10～20天死亡。此型多发生于流行后期的成年鸡，病死率较低。少数耐过的病鸡，其神经症状可达数月之久。

非典型新城疫主要发生于免疫鸡群，发病率不高，病死率也较低，临床表现不明显，病理变化不典型，且不同个体差异较大，缺乏典型新城疫的特征。仅表现呼吸道和神经症状，产蛋鸡有时仅表现产蛋量下降。

火鸡感染新城疫时，临床表现大体与鸡相似，但成年火鸡临床症状不明显或无临床症状；鸽子感染新城疫表现为下痢、神经症状、呼吸道症状；鹌鹑感染新城疫时，幼龄鹌鹑主要表现为神经症状，产蛋鹌鹑出现产蛋量及蛋壳品质下降。成年鹌鹑缺乏新城疫的典型临床症状和病理变化。

## 四、病理变化

本病的主要病理变化是全身黏膜和浆膜出血，淋巴系统肿胀、出血和坏死，尤其以消化道和呼吸道最为明显。嗉囊充满酸臭味的稀薄液体和气体。食管与腺胃交界处、腺胃乳头、腺胃与肌胃交界处、肌胃角质膜下有出血或溃疡、坏死，这是新城疫的特征性病理变化。由小肠到盲肠和直肠黏膜有大小不等的出血点，肠黏膜上有纤维素性坏死性病理变化，有的形成假膜，假膜脱落后即成“枣核状”溃疡，具有诊断意义。盲肠扁桃体常见肿大、出血和坏死。

气管出血或坏死，周围组织水肿。心冠脂肪可见针尖大小的出血点。产蛋母鸡卵泡和输卵管显著充血，卵泡膜极易破裂以致卵黄流入腹腔引起卵黄性腹膜炎。肝、脾、肾无特殊病理变化；脑膜充血或出血。

免疫鸡群发生新城疫时，其病理变化不典型，仅见黏膜卡他性炎症，喉头和气管黏膜充血，腺胃乳头出血少见，但多剖检数只，可见有的病鸡腺胃乳头有少数出血点，直肠黏膜和盲肠扁桃体多见出血。

鸽新城疫的主要病理变化在消化道，如十二指肠、空肠、回肠、直肠、泄殖腔等多有出血性变化。有的在腺胃、肌胃角质膜下有少量出血点，颈部皮下广泛出血。

鹅感染新城疫时病理变化主要以消化道、脾脏、胰脏等广泛性渗出和坏死为特征。

## 五、诊断

根据本病的流行特点、典型临床症状和特征性病理变化，可作出初步诊断。确诊需进行实验室检查。病毒分离和鉴定是诊断新城疫最可靠的方法，常用的是鸡胚接种、HA试验、HI试验、中和试验及荧光抗体技术。但应注意，从鸡体内分离出NDV不一定是强毒，还不能证明该鸡群流行新城疫。因为有的鸡群存在强毒和中等毒力的NDV，必须针对分离的毒株作毒力测定后，才能最后确诊。还可应用ELISA和免疫组化来诊断本病。

**1. 病毒分离**

采取发病初期病死鸡的脾或脑，发病后期取脑或骨髓，如果鸡只已腐败，最好从骨髓分离。一定要注意无菌采取病料，将病料用微量匀浆器研成乳剂，按1∶4加入灭菌的生理盐水制成悬浮液，离心后取上清液。每毫升上清液加入青霉素、链霉素各1000～2000IU，置37℃温箱中作用30～60min或置冰箱中作用4～8h。取上清液0.1～0.2ml接种9～11日龄鸡胚尿囊腔，若分离病毒为强毒株，则在接种后30～60h即可致死鸡胚。若为弱毒株，接种后3～6天鸡胚死亡。收获死亡鸡胚的尿囊液做病毒的鉴定。

**2. 病毒的鉴定**

用上述收取的尿囊液做红细胞凝集抑制试验（HA），如果具有血凝特性，必须与已知的抗NDV血清进行血凝抑制试验（HI），如果所分离的病毒能被这种特异性抗体所抑制，则证明所分离的病毒为NDV。所分离的NDV为强毒株、中毒株还是弱毒株，还需进行毒力测定，主要依据鸡胚平均死亡时间、1日龄雏鸡脑内接种致病指数和6周龄鸡静脉注射致病指数来判定。

**3. 荧光抗体技术**

荧光抗体技术是将荧光染料结合到抗体上，成为荧光染料标记抗体。当此标记抗体与相应的抗原相遇，可发生特异性结合形成抗原抗体复合物。该复合物在紫外光的照射下，可产生特定的荧光，可在荧光显微镜下观察到。荧光抗体技术对NDV的检查具有高度的特异性和敏感性，而且快速。

**4. ELISA**

此方法能够检验新城疫病毒在细胞中的生长情况，若有新城疫病毒生长，则在细胞边缘可见到明显棕褐色酶染斑点，无新城疫病毒生长的细胞，则完全看不见酶染斑点。此方法比HA、HI、免疫荧光抗体技术更加敏感，特异性强。

**5. 鉴别诊断**

本病与禽霍乱、传染性支气管炎、禽流感、传染性喉气管炎等容易混淆，临床上应注意区分。

## 六、防治

**1. 一般措施**

新城疫具有高度的传染性，易于通过直接接触传播。因此，在预防接种的同时，必须采取严格的综合防治措施。建立严格的卫生防疫制度，采取严格的生物安全措施，防止病毒入侵鸡群；对用具、运输工具、鸡笼鸡舍等严格消毒；饲料、种蛋和鸡苗应从非疫区购进；新购入的鸡应隔离观察两周以上，期间必须进行新城疫免疫接种，证明健康者方可混群。

**2. 免疫接种**

免疫接种是预防新城疫的重要措施之一，通过制订科学的免疫程序，有计划、有目的地进行预防接种，可以提高鸡群免疫力，降低其易感性，减少新城疫造成的损失。

（1）疫苗种类　目前，我国生产和使用的新城疫疫苗有两大类。一类是活疫苗，如Ⅰ系苗、Ⅱ系苗（B1株）、Ⅲ系苗（F株）、Ⅳ系苗及克隆化疫苗等。其中Ⅰ系苗属于中等毒力疫苗，多采用注射的方法，该苗具有产生免疫力快、免疫力坚强和保护期长的特点，适用于广大农村养鸡场，或该病严重流行区和受威胁区，一般用于2月龄以上的鸡只，也可用于鸡群发病时紧急预防接种。Ⅱ系苗、Ⅲ系苗、Ⅳ系苗都是弱毒疫苗，大小鸡均可使用。其中Ⅱ系苗免疫后7～9天产生免疫力，适用于肌内注射、点眼、滴鼻、气雾等多种免疫方法，该苗对呼吸道免疫效果最佳，在气管、肺、呼吸道等部位有形成局部免疫的性能，能产生中和抗体，可用喷雾接种法供紧急预防。Ⅲ系苗可用于雏鸡免疫，饮水免疫效果很好，滴鼻或肌内注射有时引起轻微的呼吸道临床症状，翅膀刺种的免疫效果有时很理想。Ⅳ系苗多用于B1株或F株初免后的加强免疫。另一类是灭活苗，如油乳剂灭活疫苗，安全性好，母源抗体对其影响小，产生的免疫力和免疫期超过任何种类的新城疫活苗，采用注射方法。在新城疫流行严重的地区，常将两类疫苗同时使用，以提高预防效果。

（2）免疫程序制订　应根据生产的具体情况，包括疫苗种类、鸡龄、母源抗体水平、机体的健康状况、环境条件等因素。坚持定期免疫检测，随时调整免疫计划，来制订合适的免疫程序，以期达到预期的防治效果。

**3. 扑灭措施**

发生新城疫后的控制措施：发生新城疫后，应采取紧急措施，防止疫情扩大。首先应采取隔离饲养，一旦确诊，应及时上报当地政府，划定疫区进行封锁。其次受威胁鸡群尽快用新城疫疫苗紧急接种，一般用Ⅳ系苗或克隆-30 等 3～4 倍量紧急接种。最后对场地、物品、用具、鸡笼、鸡舍等严格消毒，做好病死禽的无害化处理。当疫区内最后一只病鸡死亡或扑杀后，经过两周的观察，如果再无新的病例出现，经严格的终末消毒后，方可解除封锁。

## 子项目二　禽　流　感

禽流感（AI）又称真性鸡瘟或欧洲鸡瘟，是禽流行性感冒的简称，它是一种由 A 型流感病毒引起的人和多种禽类急性、热性、高度接触性传染性疾病。禽类感染后，可表现为无症状带毒、亚临床症状、轻度呼吸系统疾病、产蛋下降或急性全身致死性疾病。

本病于 1878 年首次在意大利鸡群暴发，当时称为鸡瘟。1955 年，证实鸡瘟病毒实际上就是 A 型流感病毒，呈世界性分布，是危害养禽业的一个重要传染病。近年来流行广泛，而且不断有人感染导致死亡的报道。被世界动物卫生组织定为 A 类传染病，我国将高致病性禽流感定为一类传染病。

### 一、病原

流感病毒属于正黏病毒科，可分为 A、B、C 三型，分别属于正黏病毒科下设的 A 型流感病毒属、B 型流感病毒属和 C 型流感病毒属。典型的病毒粒子呈球形，有囊膜，囊膜上有两种不同类型的呈辐射状致密镶嵌的纤突，一种是血凝素，是棒状的糖蛋白多聚体；另一种是神经氨酸酶，呈蘑菇状，是完全不同于某些正常细胞中相应酶的糖蛋白多聚体。病毒均有内部抗原和表面抗原。内部抗原为核蛋白（NP）和基质蛋白（M1），很稳定，具有种特异性，用血清学试验可将病毒区分开；表面抗原为 HA 和 NA，A 型流感病毒的 HA 和 NA 容易变异，已知 HA 有 16 个亚类（H1～H16），NA 有 9 个亚类（N1～N9），它们之间的不同组成，使 A 型流感病毒有许多亚型，各亚型之间无交互免疫力；B 型流感病毒的 HA 和 NA 则不易变异，无亚类之分。C 型流感病毒的形态、大小与 A 型、B 型相似。HA 在 4℃ 条件下能凝集马、驴、猪、羊、牛、鸡、鸽子、豚鼠和人的红细胞，但在 37℃时，由于 NA 对受体的破坏作用，使病毒迅速从红细胞上释放。根据此特性可应用血凝试验和血凝抑制试验诊断。

病毒可以在发育鸡胚肾、牛胚肾、猴胚肾和人胚肾细胞内增殖，各毒株产生细胞病变的能力有一定差异。但以 9～10 日龄的鸡胚的增殖效果最好。

目前，禽流感病毒常见的血清型有 H5N1、H5N2、H7N1、H9N1，根据 A 型流感病毒致病性的不同可将其分为高致病性毒株和低致病性毒株，高致病性毒株，如 H5、H7 中少数亚型引起禽类的大批死亡，而低致病性毒株，如 H9 中的某些亚型多引起轻微的呼吸道症状，主要引起产蛋鸡产蛋下降和产蛋品质下降等症状。

流感病毒对外界环境的抵抗力不强，对乙醚、丙酮等有机溶剂敏感，对热也敏感。56℃

30min 或 60℃ 20min 可使病毒灭活。一般消毒剂对病毒均有作用。

## 二、流行病学

**1. 易感动物**

禽流感主要以鸡、鸭和火鸡最易感，珍珠鸡、鹌鹑、雉鸡、鹧鸪、八哥、孔雀、鸭、鹅及各种候鸟都可感染发病。据国外报道，已发现带毒的鸟类达 88 种之多。我国在 17 种野鸟中发现禽流感病毒。

**2. 传染源**

病禽和带毒禽是主要的传染源，病愈后可长期带毒。病毒存在于病禽和带毒禽的鼻液或气管、支气管渗出液以及肺和肺淋巴结内。

**3. 传播途径**

主要的传播途径是经呼吸道传播。禽流感病毒除可通过呼吸道传播外，还可通过病禽的各种排泄物、分泌物和尸体等污染饮水和饲料，经消化道或伤口传播。没有证据表明流感病毒可以垂直传播。

**4. 流行特点**

本病多发在秋末、春初气候骤变的季节和寒冷冬季。一般情况下，禽流感只在禽间发生传播和流行。饲养管理、环境卫生条件差、营养不良、体内外寄生虫病都可促进本病的发生和流行。常呈地方性流行或大流行。

## 三、临床症状

**1. 鸡**

潜伏期为 3～5 天。高致病性禽流感常突然暴发，流行初期的急性病例可出现无任何征兆突然死亡。病程稍长的，出现体温升高，达 41.5℃以上，精神沉郁，食欲减退或废绝，羽毛松乱，头翅下垂，呈昏睡状态。冠与肉髯呈黑紫色，有淡色的皮肤坏死区。头、颈部出现水肿，眼睑、冠髯和跗关节肿胀，结膜发炎，分泌物增多，鼻有黏液性分泌物，病鸡常甩头，企图甩出分泌物。口腔黏膜有出血点，甚至有纤维蛋白渗出物。腿部角质鳞片下出血。产蛋鸡产蛋量下降。病死率可达 50％～100％。亚急性病鸡有的出现神经症状，惊厥、瘫痪、失明、共济失调。病程往往很短，常于症状出现后数小时内死亡。

温和型禽流感的表现从无症状直至出现严重的呼吸道症状，产蛋鸡产蛋量明显下降。病死率 0～15％。

**2. 鸭**

潜伏期与病毒毒株的强弱、感染剂量、感染途径有关。短的几小时，长的可达数天。有些雏鸭感染后，无明显症状，很快死亡，但多数病鸭会出现呼吸道症状。病初打喷嚏，鼻腔内有浆液性或黏液性分泌液，鼻孔经常堵塞，呼吸困难，常有摆头、张口喘息症状。一侧或两侧眶下窦肿胀。慢性病例，羽毛松乱，消瘦，生长发育缓慢。

## 四、病理变化

口腔、腺胃、肌胃角质层下和十二指肠出血，头、眼睑、肉垂、颈和胸等部位的肿胀组织呈淡黄色，气管黏膜出现水肿，并伴有浆液性到干酪样不等的渗出物，肝脏、脾脏、肾脏和肺常可见到坏死灶，胰脏常有淡黄色的坏死斑点和暗红色区域。气囊增厚并有纤维素性或干酪样渗出物，腹膜和输卵管表面有黄色渗出物，并常见纤维素性心包炎。

鸭流感的主要病变是鼻腔黏膜发炎，在鼻腔和眶下窦中充有浆液或黏液，有的病例则呈干酪样。鼻咽部和气管黏膜充血，气囊混浊、水肿，或有纤维素性炎症。

组织学可见非化脓性脑炎的变化，出现血管袖套现象，神经细胞变性，坏死灶周围有神经细胞增生。脾有细胞性淋巴结节坏死。

## 五、诊断

根据病的流行特点、临诊表现和病理变化可作出初步诊断，确诊有赖于实验室诊断。

**1. 病毒的分离和鉴定**

用灭菌棉拭子取鼻咽部分泌物，置于1～2ml的肉汤中，每毫升肉汤中加青霉素1万单位，硫酸链霉素2mg，庆大霉素1mg，卡那霉素650μg，两性霉素B 20μg，以控制细菌和霉菌的污染。或者将病变的组织磨碎后用上述肉汤做成10%悬液，离心沉淀除去组织碎屑，每份病料以各0.2～0.3mg剂量接种于孵化9～11天的鸡胚尿囊腔和羊膜腔内，在37℃培养4天，收获24h以后的死胚及培养4天仍存活的鸡胚尿囊液，分装标记后，稀释鸡胚液，测其血凝价。如尿囊液为HA阴性，则应再同以上方法盲传2～3代，以免病毒量小而将病毒丢失。

**2. 血凝和血凝抑制试验**

在证明鸡胚液有HA活性之后，首先要排除新城疫病毒，取一滴1∶10稀释的正常鸡血清（最好是SPF鸡血清）和一滴新城疫抗血清，置于一块玻璃板上，将有HA活性的鸡胚液各一滴分别与上述血清混合，再各加上一滴5%鸡红细胞悬液。如果这两滴血清中都出现HA活性，即证明没有新城疫病毒的存在。如果新城疫抗血清抑制了HA活性，即证明有新城疫病毒的存在。

琼脂凝胶免疫扩散试验也可用于检测禽类血清中的抗体，效果较好，但不能分辨病毒的亚型。此外，病毒的中和试验、神经氨酸酶抑制试验、ELISA等也可以用于诊断。

**3. 鉴别诊断**

本病易与新城疫、传染性喉气管炎、减蛋下降综合征及传染性支气管炎等相混淆，应注意鉴别诊断，禽流感与鸡新城疫、鸡传染性喉气管炎鉴别诊断见表5-1和表5-2。

**表5-1 禽流感（AI）与鸡新城疫（ND）的鉴别诊断**

| 鉴别项目 | AI | ND |
|---|---|---|
| 鸡冠、肉髯、眼睑肿胀 | +++ | − |
| 气囊壁增厚、纤维素性渗出 | +++ | − |
| 出血性素质 | ++++ | ++ |
| 心肌弛缓、柔软 | +++ | − |
| 肠管伪膜性、溃疡性病变 | − | +++ |
| 心脏、肝脏灶状坏死 | +++ | − |
| 肝脏的铁反应 | ++++ | ++ |
| 脾脏的铁反应 | 在动脉管周围 | 在红髓区内 |
| 肾小球坏死 | ++++ | − |
| 肾髓质及集合管坏死 | ++++ | + |
| 淋巴组织坏死 | + | +++ |
| 脑神经细胞坏死 | +++ | + |
| 脚鳞出血 | ++ | − |
| 鸡新城疫血凝抑制(HI)试验 | − | + |
| 禽流感血凝抑制(HI)试验 | + | − |
| 禽流感琼脂凝胶免疫扩散试验 | + | − |
| 凝集马、驴、骡、绵羊、山羊红细胞 | + | − |

表 5-2 禽流感（AI）与鸡传染性喉气管炎（ILT）的鉴别诊断

| 鉴别项目 | AI | ILT |
|---|---|---|
| 呼吸困难 | ++ | ++++ |
| 咳出血样渗出物 | − | ++ |
| 鸡冠、肉髯、头、颈肿胀 | +++ | − |
| 喉头、气管内干酪样凝固物 | + | ++++ |
| 出血性素质(皮下及胸内脂肪、腺胃及泄殖腔等处) | +++ | − |
| 喉头、气管上皮细胞核内包含体 | − | + |
| 禽流感琼脂凝胶免疫扩散试验 | + | − |
| 禽流感血凝抑制试验 | + | − |
| 鸡传染性喉气管炎琼脂凝胶免疫扩散试验 | − | + |

## 六、防治

目前预防禽流感主要采用综合性防疫措施。加强饲养管理，搞好环境卫生，定期消毒，严格检疫，杜绝病原的传入。疫苗的研究虽然取得了很大的进展，但由于禽流感病毒的抗原成分复杂，而且易变异，亚型间缺乏明显的交叉免疫性，给防疫工作带来很大困难。目前对于禽流感已研制多种类型的疫苗，并在临床上得以成功应用。如禽流感的灭活苗、H5N1 重组禽流感病毒灭活苗、禽流感 H5 和 H9 的二联疫苗、H5 亚型禽流感-鸡新城疫重组活疫苗等。

发病后，应及时对病禽进行隔离、诊断并上报疫情。坚持“早、快、严、小”的指导原则，对疫区进行封锁。以疫点为中心，将半径 3km 内的区域划为疫区；将距疫区周边 5～10km 内的区域划为受威胁区。扑杀疫点、疫区内所有禽类，关闭禽类产品交易市场，禁止易感活禽进出和易感禽类产品运出；对禽类排泄物、被污染饲料、垫料、污水等按有关规定进行无害化处理；对被污染的物品、交通工具、用具、禽舍和场地进行严格彻底消毒，消灭疫源。对受威胁区所有易感禽类采用国家批准使用的疫苗进行紧急强制免疫接种，非疫区也要做好各项防疫工作，完善疫情应急预案，加强疫情监测，防止疫情再发生。疫区内所有禽类及其产品按规定处理后，经过 21 天以上的监测，未出现新的疫源，由动物防疫监督人员审验合格后，由当地兽医行政管理部门向发布封锁令的人民政府申请解除封锁。

# 子项目三 马立克病

马立克病是由疱疹病毒引起的鸡的一种高度接触传染的淋巴组织增生性肿瘤疾病，以外周神经、性腺、虹膜、各种脏器肌肉和皮肤的单核性细胞浸润为特征。

该病不仅因造成严重的经济损失而受到兽医界的广泛关注，而且可作为研究肿瘤的发生、发展和免疫的重要动物模型。因为此病为世界上第一个能用疫苗预防的肿瘤疾病，也受到医学界的关注。是世界养鸡业的主要疾病之一。

## 一、病原

马立克病病毒（MDV）属于疱疹病毒科 α-疱疹病毒，双股 DNA，属于细胞结合性疱疹病毒 B 群。病毒有两种存在形式，第一种是细胞结合病毒，称为不完全病毒（裸体病毒），呈六角形，直径为 85～100nm，有严格的细胞结合性；第二种是有囊膜病毒，又称为完全病毒，直径 130～170nm，主要见于羽囊角化层中，多数是有囊膜的完整病毒粒子，非细胞结合性，可脱离细胞而存在。

根据 MDV 毒株的抗原差异可分为三个血清型，即血清 1 型、血清 2 型和血清 3 型。其中血清 1 型为所有致瘤的 MDV，由于致瘤性或毒力的差异较大，又可分为不同的致病型，如强毒株、中等毒力株、低毒力株、超强毒株等，代表毒株有 CV1988/Rispens 株、Cu-2 株、JM 株、584A 株等；血清 2 型为所有不致瘤的 MDV，这些毒株广泛存在于禽群中，起免疫保护作用，代表毒株有美国的 SB-1 株、301B/1 株等；血清 3 型为火鸡疱疹病毒（HVT）毒株及变异毒株，代表毒株是 Fc-126 株。

血清 1 型病毒株初次分离时可在鸭胚成纤维细胞（DEF）和鸡肾细胞（CK）上缓慢生长并产生小蚀斑。血清 2 型和血清 3 型病毒在鸡胚成纤维细胞上生长最好。被感染的细胞培养 5～14 天后出现蚀斑。蚀斑由数目不等的圆形、折光性强的细胞构成，有些感染细胞融合在一起，形成合胞体。感染细胞内亦可见到核内包含体。除细胞培养外，MDV 也可在发育鸡胚和雏鸡体内繁殖，接种 4 日龄鸡胚的卵黄囊，18 日龄左右可以看到在绒毛尿囊膜上有白色痘斑。

MDV 既可在细胞结合状态下又可在脱离细胞下存活，而这两种状态下生存特征有很大差别。有严格的细胞结合性的 MDV 与细胞紧密结合在一起，随着细胞的破裂死亡而被灭活，可以说二者共生死，在外界环境中生存活力很低。非细胞结合性，可脱离细胞而存在。对外界环境抵抗力强，污染的垫料和羽屑在室温下其传染性可保持 4～8 个月，在 4℃至少保持 10 年，常随鸡的皮屑及灰尘散播，在传播本病方面有极其重要的作用。常用的消毒剂，如 5%福尔马林、3%来苏儿、2%氢氧化钠等 10min 即可杀死病毒。

## 二、流行病学

**1. 易感动物**

鸡是最重要的自然宿主，此外，鹌鹑、山鸡、火鸡也可感染。但使火鸡感染致病的毒株与引起鸡发病的毒株不同。各种哺乳动物对强毒 MDV 无感受性。不同品种或品系的鸡均能感染 MDV，但对发生马立克病（肿瘤）的抵抗力差异很大。感染时鸡的年龄对发病有很大影响，特别是出雏室和育雏室的早期感染可导致很高的发病率和死亡率。年龄大的鸡发生感染，病毒可在体内复制，并随脱落的羽毛、皮屑排出体外，但大多不发病。母鸡比公鸡对马立克病更易感。

**2. 传染源**

病鸡和带毒鸡是最主要的传染源。在羽囊上皮细胞中复制的病毒，随羽毛、皮屑排出，使鸡舍内的灰尘成年累月保持传染性。很多外表健康的鸡可长期持续带毒、排毒，故在一般条件下 MDV 在鸡群中广泛传播，于性成熟时几乎全部感染。

**3. 传播途径**

本病的传播途径是病毒通过直接或间接接触经气源传播。本病不发生垂直传播。经口感染不是重要的传播途径。而经卵垂直传播即使存在也属罕见，对本病的流行无实际意义。

**4. 流行特点**

各种环境因素如存在应激、并发感染、饲养管理不当、密度过大等都可使马立克病的发病率和死亡率升高。鸡群中存在法氏囊病毒、鸡传染性贫血病毒、呼肠孤病毒、球虫等引起严重免疫抑制的感染均可加重马立克病的损失。

## 三、临床症状

本病是一种肿瘤性疾病，潜伏期较长，受病毒的毒力、剂量、感染途径和鸡的遗传品系、年龄和性别的影响，可以存在很大差异。自然感染的雏鸡，可在 3 周龄时发病，多是在出雏室或育雏室的早期感染所致，但多数发生于 2～5 月龄的鸡。根据临床症状和病理变化发生部位的不同，马立克病在临诊上可分为 4 种类型：神经型、内脏型、皮肤型和眼型。

**1. 神经型**

本型又称古典型，主要侵害外周神经。由于侵害神经部位不同，临床症状也不同。以侵害坐骨神经最为常见。病鸡步态不稳，发生不完全麻痹，后期则完全麻痹，不能站立，蹲伏在地上，或表现为一腿伸向前方；另一腿伸向后方的特征性“劈叉”姿势。臂神经受侵害时，一侧或双侧翅膀下垂；当侵害支配颈部肌肉的神经时，病鸡发生头下垂或头颈歪斜；当迷走神经受侵时则可引起失声、嗉囊扩张以及呼吸困难；腹神经受侵时则常有腹泻。

**2. 内脏型**

多呈急性暴发，常见于幼龄鸡群，初期以大批鸡精神委顿，食欲减退，羽毛松乱，鸡冠和肉髯苍白或萎缩，下痢为主要特征，几天后部分病鸡出现共济失调，随后出现单侧或双侧肢体麻痹。部分病鸡死前无特征临床症状，很多病鸡表现脱水、消瘦和昏迷。

**3. 皮肤型**

较少见。一般缺乏明显的临床症状，往往在宰后拔毛时发现羽囊增大，形成淡白色小结节或瘤状物。此种病理变化常见于大腿部、颈部及躯干背面生长粗大羽毛的部位。

**4. 眼型**

很少见到。病鸡虹膜受害，表现一侧或两侧虹膜正常色素消失，由正常的橘红色变为灰白色，俗称“灰眼病”，呈同心环状或斑点状以至弥漫的灰白色。瞳孔开始时边缘变得不齐，后期则仅为一针尖大小孔，病鸡视力减退或消失。

上述各型的临诊表现经常可以在同一鸡群中存在。在鸡群中，死亡常由饥饿和脱水直接造成，因为病鸡多因肢体麻痹而不能接近饲料和饮水。同栏鸡的踩踏也是致死的直接原因。

肉鸡感染马立克强毒或超强毒时，特别是在一周龄内感染，主要引起鸡群生长缓慢、消瘦、瘫痪，造成免疫抑制，抗病力下降，从而导致大肠杆菌病、新城疫、慢性呼吸道病以及其他一些传染病发生。抗生素和疫苗的防治效果差，死亡率增高。有少数鸡在出栏前有马立克病的病理变化。

## 四、病理变化

最恒定的病理变化部位是外周神经，以腹腔神经丛、前肠系膜神经丛、臂神经丛、坐骨神经丛和内脏大神经最常见。受害神经横纹消失，变为灰白色或黄白色，有时呈水肿样外观。病理变化常为单侧性，将两侧神经对比有助于诊断。除神经组织受损外，性腺、肝、脾、肾等内脏器官也会形成肿瘤。

内脏器官最常被侵害的是卵巢、肾、脾、肝、心、肺、胰、肠系膜、腺胃和肠道。肌肉和皮肤也可受害。其中以肝脏和腺胃的发生率最高。肝脏表现为肿大、质脆，有时为弥漫型的肿瘤，有时见粟粒大至黄豆大的灰白色肿瘤，几个至十几个不等。肿瘤质韧，稍突出于肝表面，有时肝脏的肿瘤如鸡蛋黄大小。腺胃肿大、增厚、质地坚实，浆膜苍白，切开后可见黏膜出血或溃疡。心脏的肿瘤常突出于心肌表面，米粒大至黄豆大。卵巢呈菜花状，肿大4～10倍不等。肺脏呈实质样变，质硬，在一侧或两侧可见灰白色肿瘤。脾脏肿大3～7倍不等，表面可见针尖大小或米粒大的肿瘤结节。肌肉肿瘤多发生于胸肌，呈白色条纹状。有时呈弥漫性肿大。

法氏囊的病理变化具有诊断意义。通常萎缩，极少数情况下发生弥漫性增厚的肿瘤变化，由肿瘤细胞的滤泡间浸润所致。

皮肤病理变化常与羽囊有关，但不限于羽囊，病理变化可融合成片，呈清晰的带白色结节，拔毛后的胴体尤为明显。胸腺有时严重萎缩，累及皮质和髓质，有的胸腺亦有淋巴样细胞增生区，在变性病理变化细胞中有时可见到考德里（Cowdry）氏A型核内包含体。

此外，大冠状动脉、主动脉和主动脉分支以及其他动脉出现眼观的类似人的脂肪动脉粥样变。

## 五、诊断

MDV具有高度接触性和传染性，在鸡群中广泛存在，但在感染鸡中仅有一小部分发生马立克病。此外，接种疫苗的鸡虽能得到保护不发生马立克病，但仍能感染MDV强毒。因此，是否感染MDV不能作为诊断马立克病的标准，必须根据疾病特异的流行病学、临床症状、病理变化和实验室检查作出诊断。

虽然检查鸡群感染MDV情况对建立马立克病诊断并无多大帮助，但对流行病学监测和病毒特性研究具有重要意义。常用的方法有病毒分离、检查组织中的病毒标记和血清中的特异抗体。病毒分离常用DEF和CK（1型毒）或对成纤维细胞（CEF）（2型毒、3型毒），分离物用型特异单抗进行鉴定。组织中的病毒标记，可用荧光素标记抗体（FA）、AGP和ELISA等方法查病毒抗原，或用DNA探针查病毒基因组。FA、AGP和ELISA等方法也可用于检查血清中MDV特异抗体。

**1. 病毒分离**

取鸡的血液或血液棕黄层细胞经卵黄囊或绒毛尿囊膜接种4日龄鸡胚，分别于接种后4～6天或10～11天在绒毛尿囊膜上产生痘样病理变化。

**2. 琼脂凝胶免疫扩散试验**（AGP）

以马立克病标准阳性血清检测羽根或羽囊浸出物，或以马立克病阳性抗原检测鸡的血清，若出现白色沉淀线，则说明检测鸡感染过马立克病，排毒或有马立克病抗体存在。

**3. 免疫荧光技术**

取鸡的淋巴细胞接种鸭胚或鸡胚成纤维细胞，培养5～7天后可出现蚀斑，以MDI型单抗做间接荧光试验，若为附阳性则说明分离毒为MDI型病毒。

**4. 鉴别诊断**

马立克病的内脏肿瘤与鸡淋巴细胞性白血病（LL）在眼观变化上相似，临诊时应注意鉴别（表5-3）。

**表5-3　马立克病与鸡淋巴细胞性白血病的鉴别要点**

| 病　　名 | 马立克病 | 鸡淋巴细胞性白血病 |
|---|---|---|
| 病原 | Ⅱ型疱疹病毒 | 反转录病毒 |
| 最早发病日龄 | 3周 | 经典的:14周以上<br>J型:5周 |
| 常发日龄 | 2～5月龄 | 经典的:16周至12月龄<br>J型:性成熟前后 |
| 死亡率 | 10%～80% | 经典的:3%～5%<br>J型:5%～20% |
| 经蛋传染 | 不经蛋传播 | 经蛋传播 |
| 法氏囊 | 萎缩或弥漫性肿瘤 | 经典的:结节状肿瘤<br>J型:萎缩 |
| 瞳孔边缘不齐、缩小 | 经常出现 | 无 |
| 周围神经病理变化 | 常见 | 无 |
| 瘫痪或轻瘫 | 常见 | 无 |
| 皮肤肿瘤 | +++ | − |
| 肝、脾、肾、肺、性腺肿瘤 | +++ | +++ |
| 肿瘤类型 | T-细胞样 | B-细胞样 |

## 六、防治

### 1. 综合防治措施

加强饲养管理，改善鸡群生活条件，增强鸡体抵抗力，对于预防本病有很大作用。饲养管理不善，环境条件差或某些疾病如球虫病等常是重要的诱发因素。坚持自繁自养，执行全进全出的饲养制度，避免不同日龄鸡混养；实行网上饲养和笼养，减少鸡只与羽毛、粪便接触；严格执行卫生消毒制度，尤其是种蛋、出雏器和孵化室的消毒，常选用熏蒸消毒法，防止雏鸡的早期感染，这是非常重要的，否则即使出壳后即刻免疫有效疫苗，也难防止发病。消除各种应激因素，注意对传染性法氏囊病毒（IBD）、禽白血病病毒（ALV）、禽网状内皮组织增生病病毒（REV）等的免疫与预防；加强检疫，及时淘汰病鸡和阳性鸡。

### 2. 免疫接种

疫苗接种是预防本病的关键。

（1）马立克病疫苗的种类　用于制造疫苗的病毒有三种：第一种是人工致弱的1型MDV，如荷兰Rispens氏等的CV1988、美国Witter氏的MD11/75/R2，国内哈尔滨兽医研究所的K株（814）等；第二种是自然不致瘤的2型MDV，如美国的$SB_1$、301B/1和国内的$Z_4$；第三种是3型MDV（HVT），如全世界广泛使用的FC-126。HVT与MDV有交叉免疫作用，对鸡和火鸡均不致瘤，用它免疫后能抵抗强毒MDV的致瘤作用。HVT疫苗使用最广泛，因为生产成本低，而且可制成冻干制剂，便于保存和使用。细胞结合的HVT苗比冻干疫苗效果更好，且受母源抗体影响较小。多价疫苗主要由2型MDV和3型MDV或1型MDV和3型MDV组成。由于1型MDV和2型MDV之间存在很强的免疫协同作用，所以保护率比单价疫苗要高。双价疫苗不仅能抵抗强毒的攻击，而且对存在母源抗体干扰和早期感染威胁的鸡群也能提供较好的保护。国外生产的HVT＋SB1双价苗，免疫效果良好。

1型毒和2型毒只能制成细胞结合疫苗，需在液氮条件下保存，影响其在基层的使用。液氮疫苗的使用方法：用长镊子从液氮中取出疫苗安瓿，立即放入38℃（或按产品说明）的温水中，并且不断轻轻摇动安瓿使超低温冷冻的疫苗在1min内融化。操作时需带防护眼镜和手套以防安瓿爆裂；用消毒碘酒棉和酒精棉擦拭安瓿表面后打开安瓿瓶口，再用注射器（带16～18号针头）从安瓿中吸出疫苗注入疫苗稀释液中，使0.2ml稀释液中含1羽份（即每1000羽份/支应稀释至200ml）；将稀释后的疫苗轻轻摇匀，每只1日龄雏鸡肌内注射或皮下注射0.2ml。

注意事项：保存疫苗的液氮罐应定期补充液氮，在疫苗运输或保存过程中，如液氮意外渗漏或蒸发完，疫苗失效不能继续使用；稀释疫苗和接种用的注射器、针头等器材，用高压或蒸馏水煮沸消毒、生理盐水冲洗后使用，切忌用消毒剂浸泡消毒；疫苗附带的专用稀释液，如有混浊、沉淀现象不能使用；疫苗速融后应立即稀释，在1h内用完并在注苗过程中经常轻轻摇动，至少每3～5min摇1次，以保证细胞成分均匀地悬浮于稀释液中，剩余疫苗必须消毒后废弃，不能冻结保存和使用；稀释后的疫苗应避免放置于环境温度过高和日光直射的地方，最好放在冰浴中，使用时间越短越好。

（2）马立克病疫苗的接种方法　疫苗的接种必须在雏鸡刚出壳后（24h内）立即进行，接种途径为颈部皮下注射，0.2ml/只。不论哪种疫苗，使用时应注意以下问题：雏鸡在1日龄接种，稀释疫苗应放在冰箱内，并要在1～2h用完；疫苗接种要有足够的剂量；防止雏鸡早期感染，它可能是引起免疫鸡群超量死亡最重要的原因，因为疫苗接种后需7天才能产生坚强免疫力，而在这段时间内在出雏室和育雏室都有可能发生感染，所以种蛋在入孵前必须对蛋壳、孵化箱、孵化室、育雏室、笼具等严格消毒；雏鸡应在严格隔离的条件下饲养，不同日龄的鸡只不能混养。

关于肉鸡的免疫，大多数人认为商品肉鸡由于饲养期短，出栏前极少出现因为马立克病而死亡的现象，因此肉鸡不需要接种马立克病疫苗。但随着疾病不断出现新的变异，饲养环境也不断发生改变，一些传染病的发病日龄提前。作为一种免疫抑制病，马立克病不仅本身会造成鸡的大批死亡，而且会影响鸡对法氏囊病、新城疫等病毒病的免疫抑制。最新研究认为，对肉鸡接种马立克病疫苗不仅可以提高其成活率，还有助于提高增重和饲料转化效率，提高胴体质量。因此建议商品快大型肉鸡也要注射马立克病疫苗，为了降低成本，可以选择价格较便宜的 HVT 冻干疫苗。

# 子项目四　鸡　　痘

禽痘是由禽痘病毒属的病毒引起的禽类的一种常见传染病。其特征是在无毛或少毛的皮肤上发生痘疹，或在口腔、咽喉部黏膜形成纤维素性坏死性假膜，又名禽白喉。有的病禽，两者可同时发生。禽痘病毒和哺乳动物痘病毒之间无交叉免疫。各种禽痘病毒之间抗原性极近似。病毒接种鸡胚，在鸡胚绒毛尿囊膜上可形成痘斑。该病被世界动物卫生组织定为 B 类传染病，我国也将其列入二类动物疫病。

## 一、病原

禽痘病毒属痘病毒科禽痘病毒属。禽痘病毒是以鸟类为宿主的痘病毒的总称。目前认为禽痘病毒中包括鸡、鸽、火鸡、金丝雀、鹌鹑、麻雀等痘病毒。在自然条件下每一种病毒只对同种宿主有易感性。禽痘病毒科的各属成员的形态一致，在所有的病毒中，痘病毒体积最大，(300～400)μm×(170～260)μm。在病变的皮肤表皮细胞和感染的鸡胚的绒毛尿囊膜上皮细胞的细胞浆，可以看到一种卵圆形或圆形的包含体，叫 Bollinger 体。

禽痘病毒能在 10～12 日龄鸡胚成纤维细胞上生长繁殖，并产生特异性病变（CPE），细胞先变圆，继之变性和坏死。

不同的禽痘之间有一定的交叉保护。如鸡痘病毒和鸽痘病毒两者在抗原上非常类似，鸽痘病毒对鸡的致病性很低，但具有很强的保护性，故可用鸽痘病毒制成疫苗用来预防鸡痘。

病毒大量存在于病禽的皮肤和黏膜病灶中。病毒对外界自然因素抵抗力相当强，上皮细胞屑片和痘结节中的病毒可抗干燥数月不死；阳光照射数周仍可保持活力；60℃加热 1.5h 才能杀死；－15℃下保持多年仍有致病性。1%烧碱、1%醋酸 5～10min 可将其杀死。

## 二、流行病学

**1. 易感动物**

禽痘以鸡的易感性最高，不同年龄、性别和品种都可感染，其次是火鸡和野鸡（雉），鸽子、鹌鹑也有时发生，鸭、鹅等水禽虽也有发生，但无严重症状。鸡以雏鸡最常发病，其中最易引起雏鸡大批死亡。

**2. 传染源和传播途径**

禽痘主要是通过机械性传播将病毒传播到受损伤的皮肤和黏膜而引起的，脱落和碎散的痘痂是病毒散布的主要形式。蚊子及体表寄生虫可传播本病。蚊子的带毒时间可达 10～30 天。

**3. 流行特点**

本病一年四季均可发生，以春秋两季和蚊子活跃的季节最易流行。拥挤、通风不良、阴暗、潮湿、体表寄生虫、维生素缺乏和饲养管理不良，可促使疾病的发生。鸡和火鸡的发病率一般很低，如有传染性鼻炎、慢性呼吸道等病合并感染，可造成大批死亡。鸽子的发病率和死亡率与鸡相似。

## 三、临床症状和病理变化

鸡、火鸡和鸽子自然感染的潜伏期为4～10天。根据侵犯部位不同，分为皮肤型、黏膜型、混合型，偶有败血型。

**1. 皮肤型**

以头部皮肤，有时见于腿、脚、泄殖腔和翅内侧等无毛或少毛的部位形成一种特殊的痘疹为特征。常见于冠、肉髯、喙角、眼皮和耳球上，在这些部位形成局灶性上皮组织增生。起初出现细薄的麸皮状覆盖物，迅速长出结节，初呈灰色，后呈黄灰色，逐渐增大如豌豆，表面凹凸不平，呈干而硬的结节，内含有黄脂状糊块。有时结节数目很多，互相连接融合，产生大块的厚痂，以致眼睛完全闭合。一般常无明显的全身症状，病重的小鸡则有精神委靡、食欲废绝、体重减轻等全身症状。产蛋鸡可引起产蛋减少或完全停止。

**2. 黏膜型**

病初呈鼻炎症状。病禽流浆液性、黏液鼻汁，后转为脓性。如蔓延至眶下窦和眼结膜，则出现眼睑肿胀，结膜充满脓性或纤维蛋白渗出物。严重的可引起角膜炎导致失明。2～3天后，口腔、咽喉、气管等处黏膜出现黄白色稍突起的小结节，随后增大融合而成一层黄白色干酪样假膜，覆盖于黏膜的表面，随后变厚而成棕色痂块。凹凸不平，且有裂缝。痂块不易剥落，撕下假膜，则露出红色出血性溃疡面，假膜扩大和增厚，可能阻塞口腔和喉头，引起呼吸和吞咽困难，甚至窒息而死。死亡率较高，有时达30%～50%。

**3. 混合型**

即皮肤黏膜均被侵害。病变与临床表现相似。口腔黏膜的病变有时可蔓延到气管、食管和肠。肠黏膜可能有小点状出血。肝、脾和肾常肿大。组织学检查，见病变部位的上皮细胞内呈典型的空泡化或发生水肿样变性，胞浆内有大型的噬酸性包含体。气管黏膜分泌黏液的细胞病初肥大、增生，继而含有嗜酸性胞浆包含体的上皮细胞肿胀。常可见成堆的如乳头状瘤的上皮细胞。

火鸡发病时，病初可见在眼睑、冠髯和头部的其他部位出现细小的淡黄色疹块，发炎区域常见覆盖着黏稠浆液性渗出物。嘴角、眼睑和口腔黏膜也常受到侵害，有时病变可波及身体有羽毛覆盖的部位。幼龄火鸡的头部、腿部以及足趾部可完全被病灶覆盖。严重的在输卵管、泄殖腔和肛门周围皮肤出现增生性病灶。

**4. 败血型**

很少发生，以严重的全身症状开始，继而发生肠炎，病禽迅速死亡，有的急性症状消失，转为慢性腹泻而死。

## 四、诊断

根据临床症状和发病情况，不难作出诊断。应用组织学方法寻找感染上皮细胞内的大型嗜酸性包含体和原生小体，也具有诊断意义。

**1. 病毒的检出和分离**

用灭菌的剪刀切取痘疹病变，切成薄片做电镜检查。病毒分离时，将病变组织置于灭菌的乳钵内，加入石英砂后充分研磨，加入Hanks液或生理盐水，作成10%乳剂。室温下感作1～2h后低速离心沉淀，吸取上清液做接种用。如为黏膜型，可取口腔或咽喉部的伪膜，按上述方法制备乳剂。

**2. 鸡胚接种**

选用9～12日龄鸡胚，接种0.1ml病料于绒毛尿囊膜上，接种后将鸡胚置37℃继续孵化5～7天，检查绒毛尿囊膜上是否出现白色痘斑。非典型病变者，对病灶组织的镜检或继续传代具有参考价值。

**3. 幼龄鸡接种**

取上述乳液涂抹在划破的冠、肉髯或皮肤上以及拔去羽毛的毛囊内，如有痘病毒存在，被接种鸡在5～7天出现典型的皮肤痘疹症状。并常扩散到冠和身体的其他部位。

此外也可采用琼脂凝胶免疫扩散试验、血凝试验、荧光抗体技术和ELISA等方法进行诊断。

## 五、防治

平时加强饲养管理，搞好禽场及周围环境的清洁卫生，做好定期消毒、灭蚊，尽量减少蚊虫叮咬，避免各种原因引起的啄癖或机械性外伤。有计划地进行预防接种。我国目前使用的是鸡痘鹌鹑化弱毒疫苗，一般初次免疫在15日龄左右，开产前进行第二次免疫。

一旦发生本病，应隔离病鸡，轻者治疗，重者淘汰，死者深埋或焚烧，健康家禽应进行紧急预防接种，污染场所要严格进行消毒。对病鸡皮肤上的痘疹一般不需治疗。如治疗时可先用1%高锰酸钾液冲洗痘痂，而后用镊子小心剥离，伤口用碘酊或龙胆紫消毒。口腔病灶可先用镊子剥去假膜，用0.1%高锰酸钾液冲洗，再涂碘甘油，或撒上冰硼散。

# 子项目五　鸡传染性法氏囊病

鸡传染性法氏囊病是由病毒引起的幼鸡的一种免疫抑制性、高度接触性传染病。本病发病突然，传播迅速，严重腹泻。特征性的病理变化为法氏囊水肿、出血，肾脏肿大，肾脏和输尿管有尿酸盐沉积，胸肌和腿肌出血。

本病造成的经济损失巨大，一方面是鸡只死亡、淘汰率增加、影响增重等所造成的直接损失；另一方面是免疫抑制，使接种了多种疫苗的鸡免疫应答反应下降，或无免疫应答，也由于免疫机能下降，患鸡对多种病原的易感性增加。目前本病在世界上养鸡的国家和地区广泛流行，也是近年来严重威胁我国养鸡业的重要传染病之一。该病被世界动物卫生组织定为B类传染病，我国也将其列入二类动物疫病。

## 一、病原

传染性法氏囊病病毒（IBDV）属于双RNA病毒科，禽双RNA病毒属。病毒具有单层衣壳，无囊膜，无红细胞凝集特性。

目前已知IBDV有2个血清型，即血清Ⅰ型（鸡源性毒株）和血清Ⅱ型（火鸡源性毒株）。采取交叉中和试验，血清Ⅰ型毒株可分为6个亚型（包括变异株）。这些亚型毒株在抗原性上存在明显的差别，亚型间的相关性在10%～70%，这种毒株之间抗原性差异可能是免疫失败的原因之一。血清Ⅱ型病毒为火鸡源性毒株，一般对鸡和火鸡无致病性。IBDV变异性较大，易发生毒力和抗原的变异。

IBDV在宿主体内主要分布于法氏囊和脾脏，其次是肾脏。病毒血症期间血液和其他脏器中也有较多病毒。病毒能在鸡胚上生长繁殖，分离病毒最佳接种途径是鸡胚绒毛尿囊膜（CAM）。病毒经接种后，鸡胚3～5天死亡，胚胎全身水肿，头部和趾部充血并有小点状出血，肝有斑驳状坏死。

病毒对外界环境因素的抵抗力强。耐干燥，鸡舍中的病毒可存活2～4个月。病毒耐热，耐阳光及紫外线照射。56℃加热5h仍存活，60℃可存活0.5h，70℃则迅速灭活。病毒对乙醚和氯仿不敏感。对来苏儿溶液、过氧乙酸、福尔马林消毒液敏感。

## 二、流行病学

**1. 易感动物**

IBDV 的自然宿主是鸡和火鸡。但只有鸡感染鸡发病。不同品种的鸡均有易感性。土种散养的鸡较少发生。3～6 周龄的鸡最易感。138 日龄的鸡也发生本病。

**2. 传染源和传播途径**

病鸡是主要传染源，病鸡的粪便中含有大量病毒。鸡可通过直接接触和污染了 IBDV 的饲料、饮水、垫料、尘埃、用具、车辆、人员、衣物等间接传播，老鼠和甲虫等也可间接传播。本病毒可通过消化道、呼吸道和眼结膜等途径感染易感动物。

**3. 流行特点**

本病一年四季均可发生，夏季多发。传染性强，传播快。一般发病率高而死亡率低，伴发新城疫、大肠杆菌混合感染时死亡率明显升高。本病且在同一鸡场反复发生。

## 三、临床症状

潜伏期为 2～3 天，易感鸡群感染后发病突然，病程一般为 1 周左右。

典型发病鸡群的死亡曲线呈尖峰式。发病鸡群的早期临床症状之一是有些鸡啄自己的泄殖腔，随即病鸡出现腹泻，排出白色黏稠或水样稀便。随着病程的发展，采食减少，颈和全身震颤，病鸡步态不稳，羽毛蓬松，畏寒，精神委顿，卧地不动，体温常升高，泄殖腔周围的羽毛被粪便污染。病鸡脱水严重，趾爪干燥，眼窝凹陷，最后衰竭死亡。急性病鸡可在出现临床症状 1～2 天后死亡，鸡群 3～5 天达死亡高峰，以后逐渐减少。在初次发病的鸡场多呈显性感染，临床症状典型，死亡率高。以后发病多转入亚临诊型。

非典型感染主要见于老疫区或具有一定免疫力的鸡群，以及感染低毒力毒株的鸡群。该病型感染率高，发病率低，症状不典型。主要表现少数鸡精神不振，轻度腹泻，死亡率一般在 3%以下。

## 四、病理变化

病死鸡表现为脱水，腿部和胸部肌肉有条纹状或斑块状出血。法氏囊的病理变化具有特征性，可见法氏囊内黏液增多，法氏囊浆膜、黏膜水肿和出血，体积增大，重量增加，呈土黄色，外包裹有胶冻样透明渗出物。几天后法氏囊开始萎缩。一些严重病例可见法氏囊严重出血，呈紫黑色，如紫葡萄状。切开后黏膜表面有点状出血或弥漫性出血。腺胃和肌胃交界处有条状出血点。盲肠扁桃体肿大、出血。肾脏有不同程度的肿胀，常有尿酸盐沉积，输卵管有大量的尿酸盐而扩张。

## 五、诊断

根据本病的流行特点、临床症状和病理变化，可作出诊断。由 IBDV 变异株感染的鸡，只有通过法氏囊的病理组织学观察和病毒分离才能作出诊断。

**1. 病原的分离鉴定**

IBDV 在早期引起全身性感染，其中法氏囊和脾中的含毒量最高，其次为肾脏。因脾污染杂菌的机会较少，所以常用脾来分离病毒。用 SPF 鸡胚或不带母源抗体的鸡胚，在 9～11 日龄时经绒毛尿囊膜接种，被接种鸡胚常在 3～7 天死亡。鸡胚出现腹部水肿，皮肤充血、出血，肝有斑点状坏死和出血斑，肾充血并有少量斑状坏死，肺高度充血，脾苍白并偶有小坏死点，趾关节和脑部偶有出血，绒毛尿囊膜偶有小出血点，鸡胚的法氏囊没有明显变化。分离出的病毒可通过中和试验鉴定。

**2. 琼脂凝胶免疫扩散试验**（AGP）

常用于 IBD 的诊断。可以检测康复鸡的 IBDV 的群特异性抗体，采集接种标准强毒后

3～4天的法氏囊匀浆制备抗原。法氏囊匀浆用灭菌盐水作1∶1混匀，反复冻融3次，离心取上清液作抗原。试验时将待检血清作2倍系列稀释，沉淀抗体在感染后的7～10天可被检出，并维持一年以上。也可用标准血清来检测IBDV群特异性抗原。

其他实验室诊断方法如荧光抗体技术、中和试验、免疫组化、ELISA、对流免疫电泳等均可用于本病的诊断。但是，在本病的抗体检测中，无论哪种方法，一般都无法区分免疫抗体和自然感染抗体，因此应根据具体情况对所测结果进行分析，最后作出正确诊断。

**3. 鉴别诊断**

本病主要应与雏鸡白痢、肾型传染性支气管炎相区别。

## 六、防治

平时加强饲养管理，搞好环境卫生，严格消毒，注意切断各种传播途径。不同年龄的鸡尽可能分开饲养，最好采用全进全出的饲养方式。

提高种鸡的母源抗体水平。生产中应提高种鸡的母源抗体水平，保护子代雏鸡避免早期感染。应用油乳剂灭活疫苗对18～20周龄种鸡进行第一次免疫，于40～42周龄时第二次免疫，母源抗体能保护雏鸡至2～3周龄。

雏鸡的免疫接种。雏鸡的母源抗体只能维持一定的时间。首次接种应于母源抗体降至较低水平时进行，因为母源抗体高会影响疫苗免疫效果，过迟接种疫苗会使IBD感染母源抗体低或无的雏鸡，所以确定鸡只的首免日龄非常重要。可利用琼脂凝胶免疫扩散试验测定雏鸡母源抗体的消长情况，当雏鸡母源抗体阳性率在50%时，确定首免。

目前，我国常用的疫苗有活疫苗和灭活疫苗两大类。活疫苗有三种类型：一是弱毒苗，对法氏囊无任何损伤，但免疫后抗体产生迟，效价较低，在自然界遇到毒力较强的IBDV时，保护率较低，如PBG98、Bu-2、LZD258等属于此类型疫苗，现不常使用；二是中等毒力疫苗，接种后对法氏囊有轻微的损伤，这种反应在10天后消失，但保护率高，在污染场使用这种疫苗效果好，其代表有$D_{78}$疫苗、$B_{87}$疫苗、$BJ_{836}$疫苗；三是中等偏强毒力型，对法氏囊损伤严重，并有免疫干扰，故现在不用。灭活疫苗是用鸡胚毒或病死鸡的法氏囊制作的油佐剂灭活苗，一般用于活疫苗免疫后的加强免疫或种鸡免疫。

鸡群发病后，必须立即清除患病鸡、病死鸡，应深埋或焚烧。选择合适的消毒剂对鸡舍、鸡体表、周围环境进行严格彻底的消毒。病雏早期用高免血清或卵黄抗体治疗可获得较好疗效。

# 子项目六　鸡传染性支气管炎

鸡传染性支气管炎是由鸡传染性支气管炎病毒引起的鸡的一种急性、具有高度接触性、传染性的呼吸道传染病。其特征是病鸡咳嗽、打喷嚏和气管发出啰音。在雏鸡还可出现流鼻涕，产蛋鸡产蛋量减少和质量低劣，肾病变型肾肿大，有尿酸盐沉积。

该病于1930年首先在美国被发现，目前呈世界性分布，是严重危害养禽业的最主要疫病之一。我国大部分地区有本病蔓延。该病被世界动物卫生组织定为B类传染病，我国也将其列入二类动物疫病。

## 一、病原

鸡传染性支气管炎病毒（IBV）属于冠状病毒科、冠状病毒属的病毒。该病毒具有多形性，但多数呈圆形，直径为80～120nm。病毒有囊膜，表面有杆状纤突，长约20nm，在蔗糖溶液中的浮密度为1.15～1.18g/ml。病毒在发育的鸡胚中生长良好，也能在气管器官组织培养中增殖。

病毒经56℃、15min或45℃、90min即被灭活，但对低温的抵抗力则很强，在－30℃时可存活24年。病毒对常见消毒剂敏感，如1%来苏儿、1%石炭酸、0.01%高锰酸钾、1%福尔马林及70%酒精等均能在3～5min内将其杀死。病毒在室温中能抵抗1% HCl（pH 2）、1%石炭酸和1% NaOH（pH 12）1h，而在pH 6.0～6.5的环境中培养时最为稳定。对乙醚敏感，50%氯仿室温下作用10min、0.1%去氧胆酸钠4℃作用18h能使病毒完全失去感染性。

## 二、流行病学

**1. 易感动物**

自然感染仅见于鸡、雉鸡，各年龄的鸡均可感染，但以雏鸡发病最严重，死亡率也高，一般以40日龄以内的鸡多发。

**2. 传染源**

传染源主要是病鸡和康复后带毒鸡，病鸡康复后可带毒49天。病毒主要存在于呼吸道渗出物中，也可在肾和法氏囊中增殖。

**3. 传播途径**

本病主要经呼吸道传染，病毒从呼吸道排毒，通过空气的飞沫传给易感鸡。也可通过被污染的饲料、饮水及饲养用具经消化道感染。

**4. 流行特点**

本病一年四季均能发生，但以冬春季节多发。鸡群拥挤、过热、过冷、通风不良、温度过低、缺乏维生素和矿物质，以及饲料供应不足或配合不当，均可促使本病的发生。

## 三、临床症状

潜伏期为1～7天，平均3天。人工感染的潜伏期为18～36h，自然感染的潜伏期长，有母源抗体的幼雏潜伏期可达6天以上。由于病毒的血清型不同，本身变异快，鸡感染后出现比较复杂的临床症状。

**1. 呼吸型**

不同日龄的鸡都可发病，常突然发病，出现呼吸道症状，可迅速波及全群，病程为10～15天。幼雏表现为伸颈，张口呼吸，咳嗽，有“咕噜”音，尤以夜间最清楚。随着病情的发展，全身症状加剧，病鸡精神委靡、食欲废绝、羽毛松乱、翅下垂、昏睡、怕冷，常拥挤在一起。两周龄以内的病雏鸡，还常见鼻窦肿胀、流黏性鼻液、流泪等症状，病鸡常甩头。稍大日龄鸡呼吸道症状相同但较轻，通常无鼻涕。雏鸡的死亡率随年龄的增大而降低，1周龄以内的可达80%以上，6周龄以上的死亡率很低。2周龄内的雏鸡感染后可导致输卵管永久性损伤，虽然外观发育良好，却不能产蛋，成为“假性产蛋鸡”。有的毒株引起面部肿胀、气囊炎，并且在育成鸡和成年鸡群中病死率也不同。

产蛋鸡感染后呼吸道症状较轻，在夜间处于安静的情况下倾心细听鸡群有轻微啰音，不留意很可能将此病忽略。产蛋量下降25%～50%，可持续4～8周，同时产软壳蛋、畸形蛋或砂壳蛋，蛋白稀薄如水样，蛋黄与蛋白分离以及蛋白黏壳等。康复后的产蛋鸡产蛋量很难恢复到患病前的水平。

**2. 肾型**

肾病理变化型传染性支气管炎是目前发生多、流行范围较广的疾病，20～30日龄是其高发阶段。其典型症状分三个阶段。第一阶段是病鸡表现轻微呼吸道症状，鸡被感染后24～48h气管开始发出啰音，打喷嚏及咳嗽，并持续1～4天，这些呼吸道症状一般很轻微，有时只有在晚上安静的时候才听得比较清楚，因此常被忽视；第二阶段是病鸡表面康复，呼吸道症状消失，鸡群没有可见的异常表现；第三阶段是受感染鸡群突然发病，并于2～3天内逐渐加剧。表现为厌食、拱背、饮水量增大，泻白色水样粪便，粪便中含有大量尿酸盐。病鸡失水，肌肉干燥，冠髯及皮肤发绀。出现上述症状2～3天后开始死亡，7天后达到死亡高峰，逐渐至15～17天停止死亡，发病日龄越小，死亡率越高，成年鸡很少发病。

## 四、病理变化

不同的临床型有不同的病理变化特征。

**1. 呼吸型**

呼吸道严重损伤并伴有轻微的肾脏损伤。主要病变见于气管、支气管、鼻腔、肺等呼吸器官。鼻腔、鼻窦、气管和支气管黏膜呈卡他性炎症，有浆液性或干酪样渗出物，气囊可呈现混浊或含有黄色干酪样渗出物。有时气管环出血，管腔中有黄色或黑黄色栓塞物，幼雏鼻腔、鼻窦黏膜充血，鼻腔中有黏稠分泌物，肺脏水肿或出血。患鸡输卵管发育受阻，变细、变短或成囊状。对于产蛋鸡，其病变卵巢充血、出血、变形，卵黄掉入腹腔内形成干酪样物，有的输卵管发炎、萎缩，管壁变薄，或出现输卵管囊肿。

**2. 肾型**

肾脏损伤严重，而呼吸道损伤较轻。可引起肾脏肿大，呈苍白色，肾小管和输尿管充满尿酸盐结晶，扩张，外形呈白线网状，俗称“花斑肾”。严重的病例在心包和腹腔脏器表面均可见白色的尿酸盐沉着。有时还可见法氏囊黏膜充血、出血，囊腔内积有黄色胶冻状物；肠黏膜呈卡他性炎症变化，全身皮肤和肌肉发绀，肌肉失水。

近年来，由传染性支气管炎病毒变异株引起的肌肉、肠道，甚至腺胃等非呼吸道、泌尿系统的组织、器官发生病变的报道不断出现，但其中大部分有待进一步证实。根据现在的研究表明，这些异常的临床表现或病理变化，除病毒毒株本身的变异外，还有很多的环境诱因(如寒冷、滥用抗生素、饲料的成分不当、多种病原混合感染等)。若都归属于病毒毒株的变异，则容易给诊断和防治工作带来不利的影响。

## 五、诊断

根据流行特点、症状和病理变化，可作出初步诊断。进一步确诊则有赖于病毒分离鉴定及血清学试验。

**1. 病毒的中和试验**

用病毒中和试验可进行定量和定性检验，试验方法有三种：鸡胚（7～11日龄）法、鸡肾细胞培养法、蚀斑法。鸡感染本病毒后约10天（疾病流行后的转归期)，其血液中出现中和抗体，并可持续6～12个月。因此，对患病鸡群的检验，通常采双份血清样，第一次是在发病初期，第二次是在发病后2～3周。若第二次血清样抗体滴度比第一次的高出4倍，可诊断为鸡被感染。

**2. 琼脂凝胶免疫扩散试验**

本试验特异性强，操作方法简单而迅速。可用感染鸡胚的绒毛尿囊膜制备抗原，按常规的方式完成试验，经24～48h观察结果。鸡感染IBV野毒或接种弱毒苗7～9天就能检出沉淀抗体，并可持续2～3个月。因此，采用琼脂凝胶免疫扩散试验对疫苗接种效果的监测有现实使用意义。

## 六、防治

**1. 预防**

(1) 加强饲养管理　降低饲养密度，避免鸡群拥挤，注意温度、湿度变化，避免过冷、过热。加强通风，防止有害气体刺激呼吸道。合理配比饲料，防止维生素，尤其是维生素 A 的缺乏，以增强机体的抵抗力。

（2）适时接种疫苗　目前常用的疫苗有活苗和灭活苗两种，我国广泛应用的活苗是 $H_{52}$ 株疫苗和 $H_{120}$ 株疫苗，$H_{120}$ 株疫苗毒力弱，常用于雏鸡和其他日龄的鸡，$H_{52}$ 株疫苗用于经 $H_{120}$ 株疫苗免疫过的大鸡，育成鸡开产时可选用 $H_{52}$ 株疫苗，或在雏鸡阶段选用新城疫-传染性支气管炎二联苗，油乳剂灭活疫苗主要在种鸡及产蛋鸡开产前应用。由于传染性支气管炎病毒血清型众多，各血清型之间交叉保护性差，应根据当地流行的血清型株制备疫苗使用，制订合理的免疫计划。对肾型传染性支气管炎，有 28/86、W 株活疫苗。可于 4～5 日龄和 20～30 日龄用肾型传染性支气管炎弱毒苗进行免疫接种，或用油乳剂灭活疫苗于 7～9 日龄颈部皮下注射。而对传染性支气管炎病毒变异株，可于 20～30 日龄、100～120 日龄接种 4/91 弱毒疫苗或皮下及肌内注射油乳剂灭活疫苗。MASS 株和 MA5 株活苗的抗原谱广，对呼吸型和肾型都有良好的预防效果。

参考免疫程序：对呼吸型传染性支气管炎，首免可在 7～10 日龄用传染性支气管炎 H120 弱毒疫苗点眼或滴鼻；二免可于 30 日龄用传染性支气管炎 $H_{52}$ 弱毒疫苗点眼或滴鼻；开产前用传染性支气管炎油乳剂灭活疫苗肌内注射，每只 0.5ml。

**2. 治疗**

本病目前尚无特异性治疗方法，改善饲养管理条件，降低鸡群密度，饲料或饮水中添加抗生素，或用中草药方剂（板蓝根、荆芥、防风、射干、山豆根、紫苏叶、甘草、地榆炭、桔梗、炙杏仁、紫菀、川贝母、苍术等各适量，炮制粉碎，过筛混匀备用）拌料或饮水投喂，对防止继发感染有较好的治疗效果。对肾型传染性支气管炎，发病后应降低饲料中蛋白质的含量，并注意补充 $K^+$ 和 $Na^+$，使用能够减轻肾脏负担，提高肾功能的药物，可缩短病程，减少死亡，起到辅助治疗的使用。

## 子项目七　鸡传染性喉气管炎

鸡传染性喉气管炎是由传染性喉气管炎病毒引起的一种急性、接触性上呼吸道传染病。本病的特征是呼吸困难、咳嗽和咳出含有血液的渗出物。病理变化主要发生在喉头和气管部分，气管黏膜的上皮细胞肿胀、水肿，形成糜烂和出血。

该病在世界很多国家和地区均有发生或流行。我国有些地区呈地方流行，死亡率较高，是当前严重威胁养鸡业的重要呼吸道传染病之一。该病被世界动物卫生组织定为 B 类传染病，我国也将其列入二类动物疫病。

### 一、病原

传染性喉气管炎病毒（ILTV）属疱疹病毒科、疱疹病毒属的Ⅰ型疱疹病毒。病毒粒子呈球形，二十面体立体对称，核衣壳由 162 个壳粒组成，在细胞内呈散在或结晶状排列。中心部分由 DNA 所组成，外有一层含类脂的囊膜，完整的病毒粒子直径为 195～250nm。该病毒只有一个血清型，但有强毒株和弱毒株之分，不同毒株间的毒力和致病性差异较大，给本病的控制带来一定难度。

疱疹病毒可在感染鸡胚的尿囊膜上形成典型的痘斑，也可在鸡胚肝细胞、鸡肾细胞、鸡胚肾细胞、鸡胚肺细胞等细胞培养物上生长繁殖，在鸡胚细胞培养物上生长，最早的细胞变化为核染色质变位和核仁变圆，随后胞浆融合，成为多核的巨细胞，核内可见 Cowdry 氏 A 型包含体。病毒对脂类溶剂、热和各种消毒剂均敏感，但在 20～60℃较稳定，在乙醚中 24h 后丧失感染性。55℃、10～15min，30℃、48h 可灭活；3%甲酚或 1%碱溶液中 1min 可杀死病毒。

## 二、流行病学

**1. 易感动物**

在自然条件下，本病主要侵害鸡，虽然各年龄的鸡均可感染，但以成年鸡的症状最具特征。野鸡、鹌鹑、孔雀和幼火鸡也可感染，其他禽类和哺乳类动物不感染。

**2. 传染源**

病鸡及康复后的带毒鸡是主要传染源。

**3. 传播途径**

本病主要经上呼吸道及眼内传染。易感鸡群与接种了疫苗的鸡较长时间的接触，也可感染发病。被呼吸器官及鼻腔排出的分泌物污染的垫草、饲料、饮水和用具可成为传播媒介。人及野生动物的活动也可机械传播。种蛋蛋内及蛋壳上的病毒不能传播，因为被感染的鸡胚在出壳前均已死亡。

**4. 流行特点**

本病一年四季都能发生，但以冬春季节多见。鸡群拥挤、通风不良、饲养管理不善、维生素A缺乏、寄生虫感染等，均可促进本病的发生。此病在同群鸡传播速度快，群间传播速度较慢，常呈地方流行性。本病感染率高，但致死率较低。

## 三、临床症状

自然感染的潜伏期为6～12天，人工气管内接种为2～4天。由于病毒的毒力不同、侵害部位不同，传染性喉气管炎在临床上可分为喉气管型和结膜型，由于病型不同，所呈现的症状亦不完全一样。

**1. 喉气管型**（急性型）

本型是由高度致病性病毒株引起的，主要在成年鸡发生，传播迅速，短期内全群感染，其特征是呼吸困难，抬头伸颈，并发出响亮的喘鸣声，表情极为痛苦，有时蹲下，身体就随着一呼一吸而呈波浪式的起伏；咳嗽或摇头时，咳出血痰，血痰常附着于墙壁、水槽、食槽或鸡笼上，个别鸡的嘴有血染。将鸡的喉头用手向上顶，令鸡张开口，可见喉头周围有泡沫状液体，喉头出血。若喉头被血液或纤维蛋白凝块堵塞，病鸡会窒息死亡，死亡鸡的鸡冠及肉髯呈暗紫色，死亡鸡体况较好，死亡时多呈仰卧姿势。

**2. 结膜型**（温和型）

本型是由低致病性病毒株引起的，主要在30～40日龄的鸡发生，症状较轻。其特征为眼结膜炎，眼结膜红肿，1～2日后流眼泪，眼分泌物从浆液性到脓性，最后导致眼盲，眶下窦肿胀。产蛋鸡产蛋率下降，畸形蛋增多。

## 四、病理变化

**1. 喉气管型**

最具特征性病变在喉头和气管。在喙的周围常附有带血的黏液。在喉和气管内有卡他性或卡他出血性渗出物，渗出物呈血凝块状堵塞喉和气管。或在喉和气管内存有纤维素性的干酪样物质。呈灰黄色附着于喉头周围，很容易从黏膜剥脱，堵塞喉腔，特别是堵塞喉裂部。干酪样物从黏膜脱落后，黏膜急剧充血，轻度增厚，散在点状或斑状出血，气管的上部气管环出血。产蛋鸡卵巢异常，出现卵泡变软、变形、出血等。

**2. 结膜型**

温和型病例一般只出现眼结膜和眶下窦上皮水肿和充血，有时角膜混浊，眶下窦肿胀、有干酪样物质。有些病鸡的眼睑，特别是下眼睑发生水肿，而有的则发生纤维素性结膜炎，角膜溃疡。有的则与喉、气管病变合并发生。

## 五、诊断

本病突然发生，传播快，成年鸡多发，发病率高，死亡率低。临床症状较为典型：张口呼吸，气喘，有干啰音，咳嗽时咳出带血的黏液。喉头及气管上部出血明显。根据上述症状及剖检变化可初步诊断为传染性喉气管炎，确诊需进行实验室检查。

## 六、防治

**1. 预防**

(1) 预防采取综合防治措施　平时加强饲养管理，改善鸡舍通风，注意环境卫生，不引进病鸡，并严格执行消毒卫生措施。由于带毒鸡是本病的主要传染源之一，故有易感性的鸡切不可和病愈鸡或来历不明的鸡接触。新购进的鸡必须用少量的易感鸡与其作接触感染试验，隔离观察2周，易感鸡不发病，证明不带毒，此时方可合群。

(2) 免疫预防　在本病流行的地区可接种疫苗，目前使用的疫苗有两种，一种是弱毒苗，系在细胞培养上继代致弱的，或在鸡的毛囊中继代致弱的，或在自然感染的鸡只中分离的弱毒株。弱毒疫苗首免在28日龄左右，二免在首免后6周，即鸡只70日龄左右进行，最佳接种途径是点眼，但可引起轻度的结膜炎且可导致暂时的盲眼，如有继发感染，甚至可引起1%～2%的死亡。因此使用疫苗时必须严格按使用说明操作，并结合当地情况，同时做好兽医卫生管理工作。

另一种为强毒疫苗，只能作擦肛用，绝不能将疫苗接种到眼、鼻、口等部位，否则会引起疾病的暴发。擦肛后3～4天，泄殖腔会出现红肿反应，此时就能抵抗病毒的攻击。强毒疫苗免疫效果确实，但未确诊有此病的鸡场、地区不能用。一般首免可在4～5周龄时进行，12～14周龄时再接种一次。肉鸡首免可在5～8日龄进行，4周龄时再接种一次。

由于弱毒疫苗可能会造成病毒的终生潜伏，偶尔活化和散毒，因此，应用生物工程技术生产的亚单位疫苗、基因缺失疫苗、活载体疫苗、病毒重组体疫苗将具有广阔的应用前景。

**2. 治疗发病鸡群可采取对症治疗的方法**

本病尚无有效的治疗方法，鸡群一旦发病，应及时隔离淘汰。病鸡群每天用高效消毒剂进行至少一次带鸡消毒，同时投服泰乐菌素、红霉素、羟氨苄青霉素等抗菌药物，防止细菌继发感染，配合化痰止咳的中药，可缓解症状、减少死亡。

# 子项目八　禽传染性脑脊髓炎

禽传染性脑脊髓炎是一种由禽传染性脑脊髓炎病毒引起的主要侵害雏鸡的病毒性传染病，俗称流行性震颤。该病主要侵害雏鸡中枢神经系统，其主要特征为共济失调，头颈肌肉震颤和两肢轻瘫及不完全麻痹，母鸡产蛋量急速下降。虽然大多数鸡群最终感染病毒，但临床的发生率较低。

我国自20世纪80年代初开始，已证实在大多数商业化养禽地区存在本病。我国将其列入三类动物疫病。

## 一、病原

禽传染性脑脊髓炎病毒（AEV）属于小RNA病毒科，肠道病毒属，病毒粒子具有六边形轮廓，无囊膜，直径24～32nm，呈5重对称，含32或42个壳粒，浮密度为1.31～1.32g/ml，沉降系数为148S。病毒可抵抗氯仿、酸、胰酶、胃蛋白酶和DNA酶。在$Mg^{2+}$保护下可抵抗热效应，56℃、1h稳定。

各病毒株对组织的趋向性及致病性虽有不同，但仍属于同一血清型。大多数毒株为嗜肠性，但有些毒株是嗜神经性的，此种病毒株对鸡的致病性则较强，能使雏鸡出现严重的神经症状。该病毒还可在鸡胚肾、鸡胚成纤维细胞和鸡胚胰细胞中增殖，一般见不到致细胞病变现象。多次传代后将失去其毒力，在鸡胚神经细胞中复制可获得较高滴度的病毒，产生少许细胞病变。因此可为血清学试验和疫苗制备提供高纯度病毒。鸡胚适应毒株（Van Roekel），通过非胃肠途径接种，可引起各年龄鸡出现症状。用 Van Roekel 毒株接种易感鸡胚出现特征性病变（如胚胎萎缩、爪卷曲、肌营养不良、萎缩和脑软化等），接种 3～4 天后鸡胚脑中可检出病毒，高峰滴度出现于接种后 6～9 天。当家禽被感染后，病毒自粪便中排出，且可存活至少 4 周。通常野毒株可在易感鸡胚卵黄囊发育，但对鸡胚是非致死性。

## 二、流行病学

**1. 易感动物**

自然感染见于鸡、火鸡、鹌鹑、珍珠鸡等，鸡对本病最易感。各个日龄均可感染，但一般雏禽才有明显症状。

**2. 传染源**

病毒通过肠道感染后，经粪便排毒，病毒在粪便中能存活相当长的时间。因此污染的饲料、饮水、垫草、孵化器和育雏设备都可能成为病毒传播的来源，如果没有特殊的预防措施，该病可在鸡群中传播。

**3. 传播途径**

在传播方式上本病以垂直传播为主，也能通过接触进行水平传播。产蛋鸡感染后，一般无明显的临床症状，但在感染急性期可将病毒排入蛋中，这些蛋虽然大都能孵化出雏鸡，但雏鸡在出壳时或出生后数日内呈现症状。这些被感染的雏鸡粪便中含有大量病毒，可通过接触感染其他雏鸡，造成重大经济损失。

**4. 流行特点**

本病流行无明显的季节性，一年四季均可发生，以冬春季节稍多。本病一年四季均可发生，发病率及死亡率随鸡群的易感鸡多少、病原的毒力高低、发病的日龄大小而有所不同。雏鸡发病率一般为 40％～60％，死亡率一般为 10％～25％，甚至更高。

## 三、临床症状

经垂直传播的雏鸡潜伏期为 1～7 天，水平感染的雏鸡，最短的潜伏期为 11 天。本病主要见于 3 周龄以内的雏鸡，虽然出雏时有较多的弱雏并可能有一些病雏，但有神经症状的病雏大多在 1～2 周龄出现。病雏最初表现为迟钝，继而出现共济失调，表现为雏鸡不愿走动而蹲坐在自身的跗关节上，驱赶时可勉强以跗关节着地走路，走动时摇摆不定，向前猛冲后倒下。或出现一侧或双侧腿麻痹，一侧腿麻痹时，走路跛行，双侧腿麻痹则完全不能站立，双腿呈一前一后的劈叉姿势，或双腿倒向一侧。肌肉震颤大多在出现共济失调之后才发生，在腿、翼，尤其是头颈部可见明显的阵发性震颤，频率较高，在病鸡受惊扰（如给水、加料、倒提）时更为明显。

除共济失调和震颤之外，部分雏鸡可见一侧或两侧眼的晶状体混浊或浅蓝色褪色，眼球增大及失明。

产蛋鸡感染后，除血清学出现阳性反应外，唯一可觉察到的异常就是 1～2 周的产蛋率轻度的下降，下降幅度大多为 10％～20％。由于产蛋下降的因素很多，所以产蛋鸡感染后出现的这种异常很容易被人们所忽略。

## 四、病理变化

病鸡唯一可见的肉眼变化是腺胃的肌层有细小的灰白区，必须细心观察才能发现。

组织学变化表现为非化脓性脑炎，脑部血管有明显的管套现象；脊髓背根神经炎，脊髓根中的神经元周围有时聚集大量淋巴细胞。小脑分子层易发生神经元中央虎斑溶解，神经小胶质细胞弥漫性或结节性浸润。此外尚有心肌、肌胃肌层和胰脏淋巴小结的增生、聚集以及腺胃肌肉层淋巴细胞浸润。

## 五、诊断

根据疾病仅发生于 3 周龄以下的雏鸡，无明显肉眼变化，偶见脑水肿，而以瘫痪和头颈震颤为主要症状，药物防治无效，种鸡曾出现一过性产蛋下降等，即可作出初步诊断。确诊时需进行实验室诊断。

**1. 病原体的分离鉴定**

分离病原的材料一般以刚出现临床症状的雏鸡脑组织最佳。可将脑组织悬液经颅内接种 1 日龄敏感鸡，接种 1～4 周出现类似的典型症状。或将脑组织悬液经卵黄囊接种 5～7 日龄的敏感鸡胚，注意观察接种后鸡胚是否死亡，如有死胚，则应观察是否存在肌肉萎缩、脑水肿等异常。对能出壳的雏鸡，应继续饲养至 1 月龄，观察在此期间是否有类似的临床症状出现。无论是将病料接种雏鸡还是鸡胚，对有共济失调或震颤的病鸡均应扑杀，取病料做进一步传代试验并取有关组织器官做病理切片检验。如已分离到病毒，则继续对病毒的理化特性、抗原性、病原性等逐项测定，看是否与禽传染性脑脊髓炎病毒相符。

**2. 琼脂凝胶免疫扩散试验**

利用 AE 鸡胚适应株或分离的野毒株分别接种 SPF 鸡胚，收集发病胚的脑、胃肠和胰腺制成抗原，在琼脂凝胶中与被检抗体做琼脂凝胶免疫扩散试验。本法简便，特异性强，但在感染 4～10 天才能检测到 AE 抗体。

**3. 鉴别诊断**

传染性脑脊髓炎在症状上易与新城疫、维生素 $B_1$ 缺乏症、维生素 $B_2$ 缺乏症、维生素 E 和微量元素硒缺乏症、聚醚类抗生素中毒（如马杜拉霉素）、氟中毒等相混淆，应注意鉴别诊断。

## 六、防治

**1. 预防**

（1）加强消毒与隔离，防止从疫区引进种蛋与种鸡。

（2）免疫预防　目前有两类疫苗可供选择。

① 活毒疫苗　一种致弱的活毒疫苗，可通过饮水口服或滴眼、滴鼻法接种，鸡接种疫苗后 1～2 周排出的粪便中能分离出脊髓炎病毒，这种疫苗可通过自然扩散感染，且具有一定的毒力，故小于 8 周龄、处于产蛋期的鸡群不能接种这种疫苗，以免引起发病，建议于 10 周以上，但不能迟于开产前 4 周接种疫苗，接种后 4 周内所产的蛋不能用于孵化，以防雏鸡由于垂直传播而发病；另一种活毒疫苗常与鸡痘弱毒疫苗制成二联苗，一般于 10 周龄以上至开产前 4 周之间进行翼膜制种。

② 灭活疫苗　用野毒或鸡胚适应毒接种 SPF 鸡胚，取其病料灭活制成油乳剂灭活疫苗。这种疫苗安全性好，接种后不排毒、不带毒，特别适用于无脑脊髓炎病史的鸡群。可于种鸡开产前 18～20 周接种。

由于禽传染性脑脊髓炎主要危害 3 周龄内的雏鸡，所以主要是对种鸡群的免疫，较合适的免疫接种安排，是在 10～12 周龄经饮水或滴眼接种 1 次弱毒疫苗，在开产前 1 个月接种

1 次油乳剂灭活苗。

**2. 治疗**

本病尚无有效的治疗方法。一般地说，应将发病鸡群扑杀并做无害化处理。如有特殊需要，也可将病鸡隔离，给予舒适的环境，提供充足的饮水和饲料，饲料和饮水中添加维生素 E、维生素 $B_1$，避免尚能走动的鸡践踏病鸡等，可减少发病与死亡。

# 子项目九　病毒性关节炎

病毒性关节炎又称病毒性腱鞘炎，是一种由呼肠孤病毒引起的传染病。病毒主要侵害关节滑膜、腱鞘和心肌，引起足部关节肿胀，腱鞘发炎，继而使腓肠腱断裂。胫和跗关节上方腱索肿大。

本病首先发生于美国、英国和加拿大。目前世界上许多国家的鸡群中均有发生。我国将其列入三类动物疫病。

## 一、病原

病毒性关节炎的病原为禽呼肠孤病毒。该病毒粒子无囊膜，有两层衣壳，呈 20 面体对称排列，直径约为 75mm，在氯化铯中的浮密度为 1.36～1.37g/ml。

病毒能在发育鸡胚的卵黄囊内、绒毛尿囊膜增殖，也能在原代鸡肝、肺、肾和睾丸等细胞培养物上生长。本病毒对乙醚不敏感，对氯仿中度敏感或有抵抗力，pH 3～9 时稳定。对 2%来苏儿、3%福尔马林等均有抵抗力。用 70%乙醇和 0.5%有机碘可以灭活病毒。

## 二、流行病学

**1. 易感动物**

鸡呼肠孤病毒广泛分布于自然界，可从许多种鸟类体内分离到。但是鸡和火鸡是目前已知唯一可被 Reov 引起关节炎的动物。对鸡主要感染 4～16 周龄的肉鸡，尤以 4～6 周龄肉鸡多发。1 日龄雏鸡易感性最强，日龄较大易感性降低。

**2. 传染源**

带毒鸡是本病的传染源。病毒感染鸡之后，呼吸道和消化道复制后进入血液，24～48h 后出现病毒血症，随后即向体内各组织器官扩散，但以关节腱鞘及消化道的含毒量较高。病鸡可带毒 289 天以上。

**3. 传播途径**

病毒在鸡中的传播有两种方式：水平传播和垂直传播。鸡与鸡之间的直接或间接接触均可发生水平传播，感染后的种鸡可经蛋垂直传递。本病在肉鸡群中传播迅速，但在笼养蛋鸡中传播较慢。通过呼吸道与消化道在鸡群中传播蔓延。

**4. 流行特点**

本病一年四季均可发生，无明显季节性。

## 三、临床症状

潜伏期长短不等，不同接种途径接种后的潜伏期范围：人工足垫内接种 1～21 天，肌肉接种需 11～30 天，鼻窦内接种 2～6 周，气管内接种 9～11 天，接触感染 13 天至 7 周。

本病大多数野外病例均呈隐性感染或慢性感染，要通过血清学检测和病毒分离才能确定。在急性感染的情况下，鸡表现跛行，部分鸡生长受阻；慢性感染期的跛行更加明显，少数病鸡跗关节不能运动。病程延长且严重时，可见一侧或两侧腓肠肌腱断裂，趾骨歪扭，趾后屈。在日龄较大的肉鸡中可见腓肠腱断裂以致顽固性跛行。病鸡食欲和活力减退，不愿走动，喜坐在关节上，驱赶时或勉强移动，但步态不稳，继而出现跛行或单脚跳跃。

病鸡因得不到足够的水分和饮料而日渐消瘦，贫血，发育迟滞，少数逐渐衰竭而死。检查病鸡可见单侧或双侧跗关节肿胀。种鸡群或蛋鸡群受感染后，关节病理变化不显著，仅表现产蛋量下降10％～15％。

## 四、病理变化

病变主要表现在患肢的跗关节。自然感染鸡的肉眼病变是趾屈肌腱和跖伸肌腱肿胀，拔掉羽毛后容易观察到。急性病例，跗关节肿胀、充血或有点状出血。关节囊及腱鞘水肿、充血或有点状出血。关节腔内有淡黄色或血样渗出物，继发感染的可见大量的脓性分泌物。感染早期跗关节和跖关节上部腓肠肌腱鞘水肿明显，后期可见腿肌断裂和出血。慢性病例的关节腔内的渗出物较少，腱鞘硬化和粘连，在跗关节远端关节软骨上出现凹陷的点状溃烂，然后变大、融合，延伸到下方的骨质，关节表面纤维软骨膜过度增生。有的在切面可见到肌和腱交接部发生的不全断裂和周围组织粘连，关节腔有脓样、干酪样渗出物。有时可见心外膜炎，肝、脾和心肌上有小的坏死灶。

## 五、诊断

对此病的诊断，一般是根据症状及流行特点作出初步诊断，再根据病原学及血清学方法进行确诊。

### 1. 病毒的分离鉴定

可从肿胀的腱鞘、关节液取病料，按常规处理后接种5～7日龄的SPF鸡胚卵黄囊，接种后3～5天鸡胚胚体出血，内脏器官充血出血、胚体呈淡紫色。分离出病毒后可进一步做血清学试验或动物敏感性试验。

### 2. 琼脂凝胶免疫扩散试验

血清中的抗体在鸡受到感染17天即可检测到，在有关节病变的鸡，抗体可能长期存在，但多数的鸡在感染4周逐渐消失。自然感染的鸡群中，85％～100％的鸡呈阳性反应，人工接种的阳性反应率为100％。琼脂凝胶免疫扩散试验多用于流行病学的调查，一般应每月进行一次，每次抽查样品数量为鸡群的1％。

## 六、防治

### 1. 预防

（1）一般预防措施　由于本病毒抵抗力强，鸡群一旦感染难以清除。坚持执行严格的兽医卫生防疫制度，注意鸡舍及环境卫生，鸡舍和环境的定期消毒，可用3％氢氧化钠溶液或0.5％有机碘消毒。坚决淘汰病鸡。加强饲养管理，降低饲养密度。从无本病的鸡场引进种禽或种蛋，避免通过种蛋垂直传播。

（2）预防接种　预防接种是目前防止鸡病毒性关节炎的最有效方法。目前已有许多种疫苗，包括活疫苗和灭活疫苗。接种弱的活疫苗可以有效地产生主动免疫，一般采用皮下接种途径。但用S1133弱毒苗与马立克病疫苗同时免疫时，S1133会干扰马立克病疫苗的免疫效果，故两种疫苗接种时间应相隔5天以上。一种有效的控制鸡病毒性关节炎的方法：将活疫苗与灭活疫苗结合免疫种鸡群，可以达到很好的免疫效果。但在使用活疫苗时要注意疫苗毒株对不同年龄的雏鸡的毒性是不同的。例如：无母源抗体的雏鸡，可在6～8日龄用活疫苗首免，8周龄时再用活疫苗加强免疫，在开产前2～3周注射灭活苗，一般可使雏鸡在3周内不受感染。

### 2. 治疗

对该病目前尚无有效的治疗方法，所以预防是控制本病的唯一方法。使用抗生素，如庆大霉素、土霉素等可控制葡萄球菌、滑液支原体等病原的继发或并发感染。

## 子项目十 鸡传染性贫血

鸡传染性贫血又称蓝翅病、出血性综合征、贫血性皮炎综合征，是由鸡传染性贫血病毒引起的雏鸡的一种以再生障碍性贫血和全身淋巴组织萎缩、皮下和肌肉出血、骨髓萎缩变色为特征的免疫抑制性疫病。

该病可以造成免疫抑制，是严重危害养鸡生产的传染病之一。20 世纪 80 年代，世界上多数养鸡业发达的国家都先后有发生本病的报道，1992 年我国也有分离到此病毒的报道，并引起国内养鸡业人士的普遍重视。

### 一、病原

鸡传染性贫血因子属圆环病毒科，圆环病毒属。病毒呈球形或六角形颗粒状，为单链 DNA 病毒。表面有明显结构，病毒衣壳由 32 个壳粒组成，表面可见 10 个三角形突起。鸡贫血病毒可在鸡胚中繁殖，也可在 MDCC-MSB1 细胞系上生长繁殖。不凝集鸡、猪和绵羊的红细胞。不同毒株的毒力有差异，但抗原性相同。

病毒能耐受 50%氯仿处理 15min、50%乙醚处理 18h、pH 3.0 溶液处理 3h，对热有较强的抵抗力，用 5%酚处理 5min 病毒即失去其感染性。

### 二、流行病学

**1. 易感动物**

鸡是其唯一的自然宿主，各年龄的鸡均可感染，主要发生于 2～4 周龄的幼雏，以 1～7 日龄雏鸡最易感，其中以肉鸡，尤其是公鸡更易感染。几乎所有的鸡群都会受到感染，但多呈隐性感染。

**2. 传染源**

发病鸡是主要传染源。

**3. 传播途径**

本病主要通过蛋垂直传播，也可通过污染的饮水、饮料、工具和设备等发生水平的间接接触性传播。水平传播一般不引起发病，但有抗体产生。

**4. 流行特点**

广泛存在于世界各主要的养禽国家，某些国家该病在鸡群中的污染率相当高。自然感染的发病率为 20%～30%，死亡率为 5%～10%。IBDV、MDV 和 REV 均能增加鸡传染性贫血（CIA）感染所造成的损失。

### 三、临床症状

本病的主要临床特征是贫血，一般在感染后 10～12 天症状表现最明显，病鸡表现精神沉郁、消瘦、苍白、翅膀皮炎或蓝翅，体重减轻，皮肤和可视黏膜苍白。本病导致鸡骨髓造血细胞形成紊乱而产生贫血症状。感染鸡血稀如水，血凝时间延长，血细胞容积可降低到 20%以下（正常为 30%以上，25%以下为贫血，严重者可降至 10%以下），红、白细胞数量减少，可分别降到 100 万/ml 和 5000 万/ml 以下。全身或头颈部皮下出血、水肿，2～3 天后开始死亡，死亡率不一致，通常为 10%～50%。濒死鸡全身出血、坏死，并见有腹泻，继发细菌感染后，见有坏疽性皮炎。

### 四、病理变化

最典型的病理变化是骨髓的萎缩性病理变化，小鸡股骨的骨髓从正常的深红色变为脂肪色、淡黄色或淡红色，常见有胸腺萎缩，甚至完全退化，充血，呈深红褐色。法氏囊萎缩不明显，常呈一过性，外观呈半透明状。病情严重的全身肌肉、内脏器官苍白、贫血，肝、脾、肾肿大，褪色。心脏变圆，心肌、真皮和皮下出血。骨骼和腺胃固有层黏膜出血，严重的出现肌胃黏膜糜烂和溃疡。有的鸡有肺实质性变化。

### 五、诊断

根据临床症状和剖检变化，可作出初步诊断。确诊需进行病理组织学检查、病毒分离鉴定和血清学试验。其病理组织学变化是再生障碍性贫血和全身淋巴器官萎缩，肝脏是分离CIA的最佳材料，可接种到MDCC-MSB1细胞进行。血清学方法有病毒中和试验、免疫荧光法和间接ELISA等，均可用于检测鸡血清或卵黄中的抗体。

### 六、防治

本病无特异性治疗方法，通常采用抗生素控制继发性的细菌感染，但没有明显的治疗效果。尤其对肉鸡的威胁很大，可降低饮料转化率和体重，所造成的损失相当大。如与其他免疫抑制性传染病相互作用所造成的损失更大，所以对该病的防治具有双重意义。加强检疫，建立健康种鸡群（包括后备种鸡和SPF种鸡），并建立抗体检测制度，及时淘汰感染种鸡。在引种前，必须对CIA抗体监测，严格控制CIA感染鸡进入鸡场。同时要加强卫生防疫措施，防止CIA的水平感染。防止由环境因素及传染病导致的免疫抑制，及时接种传染性法氏囊病和马立克病疫苗，可降低鸡体对鸡传染性贫血病病毒的易感性。

目前，国外有2种商品活疫苗：一是鸡胚传染性贫血活疫苗，对13～15周龄种鸡经饮水免疫，接种后4～5周产生抗休并可持续整个产蛋期，可使子代通过母源抗体获得保护。本疫苗不得在产蛋前3～4周使用，以防经蛋传播病毒；二是减毒传染性贫血活疫苗，经肌内、皮下或翅膀接种种鸡，免疫效果良好，但血清学阳性的后备种鸡群不宜使用本疫苗。

## 子项目十一　鸡减蛋下降综合征

鸡减蛋下降综合征是由禽腺病毒引起的一种急性病毒性传染病。因在1976年首次被发现，特命名为鸡减蛋下降综合征（EDS-76）。其主要特征是当产蛋鸡产蛋量达到高峰时突然下降、蛋壳异常、蛋体畸形、蛋质低劣。

我国在1991年从发病鸡群分离到此病毒，证实有本病存在，流行广泛，曾经给养禽业造成巨大的损失。我国将其列入二类动物疫病。

### 一、病原

鸡减蛋下降综合征病原是腺病毒科禽腺病毒属Ⅲ群的病毒，是一种无囊膜的双股DNA病毒，其粒子大小为76～80nm，病毒颗粒呈二十面立体对称。鸡减蛋下降综合征病毒含红细胞凝集素，能凝集鸡、鸭、鹅的红细胞，故可用于血凝试验及血凝抑制试验，血凝抑制试验具有较高的特异性，可用于检测鸡的特异性抗体。而其他禽腺病毒，主要是凝集哺乳动物红细胞，这与鸡减蛋下降综合征病毒不同。EDS-76病毒有抗醚类的能力，在50℃条件下，对乙醚、氯仿不敏感。对不同范围的pH值性质稳定，即抗pH范围较广，如在pH值为3～10的环境中能存活。加热到56℃可存活3h，60℃加热30min丧失致病力，70℃加热20min则完全灭活。在室温条件下至少存活6个月以上。该病毒接种在7～10日龄鸭胚中生长良好，并可使鸭胚致死，其尿囊液具有很高的血凝滴度，接种5～7日龄鸡胚卵黄囊，则胚体萎缩。在雏鸡肝细胞、鸡胚成纤维细胞、火鸡细胞上生长不良，在哺乳动物细胞中培养不能生长。

## 二、流行病学

### 1. 易感动物

EDS-76 病毒的主要易感动物是鸡。其自然宿主是鸭或野鸭。鸭感染后虽不发病，但长期带毒，带毒率可达 85%以上。不同品系的鸡对 EDS-76 病毒的易感性有差异，26～35 周龄的所有品系的鸡都可感染，尤其是产褐壳蛋的肉用种鸡和种母鸡最易感，产白壳蛋的母鸡患病率较低。

### 2. 传染源

病鸡、带毒鸡和带毒鸭是本病的传染源。

### 3. 传播途径

EDS-76 既可水平传播，又可垂直传播，被感染鸡可通过种蛋和种公鸡的精液传递病毒。鸡的输卵管、泄殖腔、粪便、咽黏膜、白细胞、肠内容物等可分离到 EDS-76 病毒。病毒可通过这些途径向外排毒，污染饲料、饮水、用具、种蛋经水平传播使其他鸡感染。

### 4. 流行特点

病毒的毒力在性成熟前的鸡体内不表现出来，产蛋初期的应激反应，致使病毒活化而使产蛋鸡发病。产蛋量急剧下降，出现无壳软蛋或薄壳蛋等异常蛋。

## 三、临床症状

EDS-76 感染鸡群无明显临床症状，通常是 26～36 周龄产蛋鸡突然出现群体性产蛋下降，产蛋率比正常下降 20%～30%，甚至达 50%。与此同时，产出软壳蛋、薄壳蛋、无壳蛋、小蛋，蛋体畸形，蛋壳表面粗糙，如白灰、灰黄粉样，褐壳蛋则色素消失、颜色变浅，蛋白水样，蛋黄色淡，或蛋白中混有血液、异物等。异常蛋可占所产蛋的 15%以上，蛋的破损率增高。病程一般为 5～10 周。

## 四、病理变化

本病常缺乏明显的病理变化，重症死亡的病例常因腹膜炎或输卵管炎引起，剖检可发现肝脏肿大，胆囊明显增大，充满淡绿色胆汁；输卵管各段黏膜发炎、水肿、萎缩；病鸡的卵巢萎缩变小，或有出血；子宫黏膜发炎，肠道出现卡他性炎症。组织学检查，子宫输卵管腺体水肿，单核细胞浸润，黏膜上皮细胞变性、坏死，子宫黏膜及输卵管固有层出现浆细胞、淋巴细胞和异嗜细胞浸润，输卵管上皮细胞核内有包含体，核仁、核染色质偏向核膜一侧，包含体染色有的呈嗜酸性，有的呈嗜碱性。

## 五、诊断

产蛋鸡产蛋量突然下降，出现无壳软蛋、薄壳蛋、蛋壳色变淡，结合发病特点、症状、病理变化可作出初步诊断。确诊需进行血清学检查及病原分离等方面分析。分离病毒时取发病初期的软壳蛋或薄壳蛋，处理后经鸭胚尿囊腔接种，利用死胚尿囊液做血凝和血凝抑制试验。本病也可通过血凝抑制试验和琼脂凝胶免疫扩散试验检测发病前后的抗体情况进行诊断。

## 六、防治

本病尚无有效的治疗方法。在鸡群流行期间投喂抗应激产品，如维生素类或电解多维及抗生素类药品可减少损失。预防本病主要采取以下措施。

### 1. 加强管理

无 EDS-76 的清洁鸡场，一定要防止从疫场将本病带入。不要到疫区引种，本病可通过蛋垂直传播。EDS-76 污染鸡场要严格执行兽医卫生措施。本病除垂直传染外，也可水平传染，污染鸡场要想根除本病是较困难的。为防止水平传播，场内鸡群应隔离，按时进行淘汰。做好鸡舍及周围环境的清洁和消毒工作，粪便进行合理处理。加强鸡群的饲养管理，喂给平衡的配合日粮，特别是保证必需氨基酸、维生素和微量元素的平衡。

**2. 免疫预防**

免疫接种是本病主要的防治措施。一般于开产前2～4周注射0.5ml减蛋综合征油乳剂灭活疫苗或新城疫-减蛋综合征二联油乳剂灭活疫苗或新城疫-传染性支气管炎-减蛋综合征三联油乳剂灭活疫苗有较好的预防效果。

## 子项目十二　禽白血病

禽白血病是由禽白血病/肉瘤病毒群中的病毒引起的禽类多种肿瘤性疾病的总称。临床上主要是淋巴细胞性白血病（LL）、成红细胞白血病、成髓细胞白血病、骨髓细胞瘤、结缔组织瘤、骨细胞瘤、血管瘤、骨硬化病等。所有商品鸡均会感染此病，但出现症状的病鸡数量不多。本病的危害主要是鸡群的生产性能下降，肉鸡表现为生长性能下降，产蛋鸡表现为产蛋率和蛋的品质下降。本病是一种慢性、免疫抑制性疾病，其特征是在成年鸡中产生各种肿瘤。我国将其列入二类动物疫病。

### 一、病原

禽白血病病毒（ALV）属于反转录病毒科，禽C型反转录病毒群。禽白血病病毒与肉瘤病毒紧密相关，因此统称为禽白血病/肉瘤病毒。本群病毒在形态上是典型的C型胆瘤病毒，内部是直径为35～45μm的电子密度大的核心，外面是中层膜和外层膜，整个病毒直径80～148μm，平均为90μm。本病毒分为A、B、C、D、E和J等亚群。A和B亚群病毒为外源性病毒，E亚群为致肿瘤性的内源性病毒，C和D亚群临床上少见。本类病毒对脂溶剂和去污剂敏感，对热的抵抗力弱。病毒材料需保存在－60℃以下，在－20℃保存则很快失去活性。本群病毒在pH 5～9稳定，对紫外线有较强的抵抗力。

### 二、流行病学

**1. 易感动物**

本病在自然情况下只有鸡能感染，尤其是肉鸡最易感。此外野鸡、珍珠鸡、鸽子、鹌鹑、火鸡和鹧鸪也可感染发病并引起肿瘤。不同品种或品系的鸡对病毒感染和肿瘤发生的抵抗力差异很大。母鸡的易感性比公鸡高，多发生在18周龄以上的鸡，呈慢性经过，病死率为5%～6%。

**2. 传染源**

传染源是病鸡和带毒鸡。有病毒血症的母鸡，其整个生殖系统都有病毒繁殖，其产出的鸡蛋常带毒，孵出的雏鸡也带毒。

**3. 传播途径**

本病主要以垂直传播方式进行传播，也可水平传播，但比较缓慢，多数情况下接触传播被认为是不重要的。本病的感染虽很广泛，但临床病例的发生率相当低，一般多为散发。饲料中维生素缺乏、内分泌失调等因素可促进本病的发生。

**4. 流行特点**

本病主要引起感染鸡在性成熟前后发生肿瘤死亡，感染率和发病死亡率高低不等。一些鸡感染后不一定发生肿瘤，但可造成产蛋性能下降甚至免疫抑制。

### 三、临床症状

除表现为骨化石病（白血病患鸡腿骨等长骨变粗、变短）等特殊症状外，其他病型很少显示特异的临床症状。病鸡主要表现为鸡冠苍白、皱缩，精神委顿，食欲缺乏或废绝，病鸡消瘦，出现水样腹泻，脱水。产蛋鸡产蛋量下降，种蛋受精率和孵化率下降，肉鸡表现为生长性能下降，料耗上升。有的腹部膨大，可摸到肿大的肝脏和（或）胃，俗称“大肝病”。病鸡多因衰竭而死亡。

## 四、病理变化

淋巴细胞性白血病是最为常见的白血病肿瘤。剖检可见肿瘤主要发生于肝、脾、肾、法氏囊，也可侵害心肌、性腺、骨髓、肠系膜和肺。肿瘤呈结节形或弥漫形，灰白色到淡黄白色，大小不一，切面均匀一致，很少有坏死灶。有粟粒状肿瘤分布于肝实质内，肝脏均匀肿大，灰白色，质地脆软。脾肿瘤呈大理石状。本病肿瘤与马立克病、网状内皮细胞增生病的肿瘤很难区别。

## 五、诊断

临床诊断主要根据流行病学和病理学检查，诊断的要点是16周以上的鸡多发，呈渐进性消瘦，低死亡率，常能发现法氏囊结节性肿瘤。剖检常见“大肝大脾”。本病需与马立克病作鉴别诊断，马立克病与本病的区别是比较明显的，马立克病传染性与死亡率均很高，有的伴有神经症状；“灰眼”与不对称的坐骨神经肿大是马立克病的特异性症状；确诊本病需要实验室诊断，主要包括病毒分离鉴定和血清特异抗体检测两种方法。

实际诊断中常根据血液学检查和病理学特征结合病原和抗体的检查来确诊。成红细胞性白血病在外周血液、肝及骨髓涂片，可见大量的成红细胞，肝和骨髓呈樱桃红色。成髓细胞性白血病在血管内外均有成髓细胞积聚，肝呈淡红色，骨髓呈白色。但病原的分离和抗体的检测是建立无白血病鸡群的重要手段。

## 六、防治

本病主要为垂直传播，病毒型间交叉免疫力很低，雏鸡对疫苗不产生免疫应答，所以对本病的控制尚无切实可行的方法。减少种鸡群的感染率和建立无白血病的种鸡群是控制本病的最有效措施。种鸡在育成期和产蛋期各进行2次检测，淘汰阳性鸡。从蛋清和阴道拭子试验阴性的母鸡选择受精蛋进行孵化，在隔离条件下出雏、饲养，连续进行4代，鸡群的白血病会显著降低。鸡场的种蛋、雏鸡应来自无白血病种鸡群，同时加强鸡舍孵化、育雏等环节的消毒工作，特别是育雏期的封闭隔离饲养有利于减少本病的发生。

# 子项目十三　鸡传染性鼻炎

鸡传染性鼻炎是由副鸡嗜血杆菌所引起的鸡的一种急性呼吸系统疾病。主要症状为鼻腔与鼻窦发炎，流鼻涕，单侧或双侧脸部肿胀和打喷嚏，并伴发结膜炎。本病主要发生于育成鸡及产蛋鸡群，造成鸡群生长停滞、死淘率增加以及产蛋量显著下降。

## 一、病原

副鸡嗜血杆菌属巴氏杆菌科、嗜血杆菌属，呈多形性。在初分离时为一种革兰阴性的小球杆菌，两极染色，不形成芽孢，无荚膜、无鞭毛，不能运动。24h的培养物，菌体为杆状或球杆状，大小为(0.4～0.8)μm×(1.0～3.0)μm，并有成丝的倾向。培养48～60h后发生退化，出现碎片和不规则的形态，此时将其移到新鲜培养基上可恢复典型的杆状或球杆状状态。

副鸡嗜血杆菌为兼性厌氧菌，在含5%～10% $CO_2$ 的条件下生长较好。对营养的需求较高，需要V因子［即烟酰胺腺嘌呤二核苷酸］。鲜血琼脂或巧克力琼脂可满足本菌的营养需求。经24h培养后，在鲜血琼脂表面形成细小、柔嫩、透明的针尖状小菌落，不溶血。本菌可在血琼脂平板每周继代移植保存，但多在30～40次继代移植后失去毒力。在巧克力琼脂上可形成透明的露滴样小菌落。有些细菌，如葡萄球菌在生长过程中可合成V因子，因此，副鸡嗜血杆菌在葡萄球菌菌落附近可长出一种“卫星菌落”。

本菌的抵抗力很弱，对一般消毒剂敏感。培养基上的细菌在4℃时能存活两周，在自然环境中数小时即死亡。对热及消毒剂也很敏感，在45℃存活不超过6min，在真空冻干条件下可以保存10年。

## 二、流行病学

**1. 易感动物**

本病发生于鸡，1周龄内的雏鸡由于母源抗体的保护而不易发病，随年龄的增加易感性增加，8～9周龄以上的育成鸡及产蛋鸡最易感。商品肉鸡发病也比较多见。雉鸡、珠鸡、鹌鹑偶然也能发病，其他禽类、小鼠、家兔均不感染。

**2. 传染源**

病鸡及隐性带菌鸡是传染源，而慢性病鸡及隐性带菌鸡是鸡群中发生本病的重要原因。

**3. 传播途径**

本病的传播途径主要以飞沫及尘埃经呼吸传染，但也可通过污染的饲料和饮水经消化道传染。通常认为本病不能垂直传播。

**4. 流行特点**

本病的发生具有传播迅速的特点。3～5天内可波及全群，发病率可高达70%或更高。单纯的传染性鼻炎在发病早期死亡率很低，但发病后期因继发大肠杆菌、霉形体等病死亡率会增加，这与饲养管理水平有很大关系。本病发生的主要危害是导致产蛋率下降，产蛋率可下降20%～40%。一般本病的发生与一些能使机体抵抗力下降的诱因密切有关。如鸡群拥挤、不同年龄的鸡混群饲养、通风不良、鸡舍内闷热、氨气浓度大或鸡舍寒冷潮湿、缺乏维生素A、受寄生虫侵袭等都能促使鸡群严重发病。本病一年四季均可发生，但有明显的季节性，多发于冬秋两季。

## 三、临床症状

本病的潜伏期很短，用培养物或鼻腔分泌物人工鼻内或窦内接种易感鸡，24～48h发病。自然接触感染，常在1～3天内出现症状，很快蔓延至整个鸡群。病的损害主要表现为鼻腔和鼻窦炎症，鼻孔先流出清液以后转为浆液黏性分泌物，有时打喷嚏。中后期出现脸一侧或两侧肿胀，出现眼结膜炎、眼睑肿胀。群体中常见脸部出现不对称肿胀。食欲及饮水减少，或有下痢，有的呈绿色粪便。病鸡精神沉郁，脸部水肿，缩头，呆立。仔鸡生长不良；成年母鸡产蛋率下降，可由90%降至20%～30%，但蛋的品质变化不大。育成鸡表现为发育停滞或增重减缓、弱残鸡增加，淘汰率升高。公鸡肉髯常见肿大。发病鸡常见鼻孔周围粘有饲料或粪便。单纯的传染性鼻炎死亡率很小，多因发病后期继发或混合其他病症而死亡。

## 四、病理变化

主要病变为鼻腔和窦黏膜呈急性卡他性炎，黏膜充血肿胀，表面覆有大量黏液，窦内有渗出物凝块，后成为干酪样坏死物。常见卡他性结膜炎，结膜充血肿胀，内有干酪样物，严重的可见眼睛失明。脸部及肉髯皮下水肿，或有干酪样物。严重时可见气管黏膜炎症，偶有肺炎及气囊炎。临床上由于混合感染的存在，病变往往复杂多样，有的死鸡有2～3种疾病的病理变化特征。

## 五、诊断

根据流行病学、临床症状、病理变化可以作出初出诊断。这种诊断方法对于有经验的兽医来说用于临床诊断是比较容易而且可靠的。确诊本病可用实验室方法。常用而简单的方法主要有以下几种。

**1. 直接镜检**

取病鸡眶下窦或鼻窦渗出物，涂片，染色，镜检，可见大量革兰阴性的球杆菌。

**2. 动物接种试验**

取病鸡的窦分泌物或培养物，按种于2～3只健康鸡窦内，可在24～48h出现传染性鼻炎症状。如接种材料含菌量较少，其潜伏期可延长至7天。

**3. 病原的分离与鉴定**

用病鸡鼻窦深部采取的病料，直接在血琼脂平板上划直线，然后再用葡萄球菌在平板上划横线，置于厌氧培养箱中，37℃培养24～48h后，在葡萄球菌菌落边沿可长出一种细小的卫星菌落，而其他部位很少见细菌生长。取单个的卫星菌落进行扩增。将纯培养物分别接种在鲜血（5%鸡血）琼脂平板和马丁肉汤琼脂平板上，若在前者上生长出针尖大小、透明、不溶血菌落，做涂片镜检可观察到大量的两极着色的球杆菌，而在马丁肉汤琼脂上无菌落生长，可作出确诊。

其他还可以用血清学诊断、直接补体结合试验、琼脂凝胶免疫扩散试验、血凝抑制试验、荧光抗体技术、ELISA、PCR等方法进行诊断和血清的分型。

## 六、防治

**1. 免疫接种**

目前预防本病主要采用多价（A、C二价或A、B、C三价）油乳剂灭活疫苗进行免疫，在5～6周龄免疫一次，蛋鸡或种鸡在10～12周龄二免。可取得满意的预防效果。疫苗免疫保护率达不到100%，在有病史的鸡场或管理不良的鸡场依然会发生本病，但其危害要小得多，同时容易治疗。发病鸡群可做紧急接种，配合药物治疗可以较快地控制本病。

**2. 搞好饲养管理**

搞好饲养管理是预防本病发生的根本。第一，采用全进全出的制度，对鸡场进行全面的消毒有利于控制本病的发生；第二，保持鸡舍优良的空气质量（尤其在秋冬季）和控制合理的饲养密度可以减少本病的发生；第三，定期对鸡舍及各种用具、饮水进行消毒，搞好清洁卫生，降低病原浓度对控制本病的发生有积极的意义。

**3. 治疗**

副鸡嗜血杆菌对磺胺类药物非常敏感，是治疗本病的首选药物。一般用复方新诺明或磺胺间甲氧嘧啶及磺胺增效剂，能取得较明显效果。具体使用时应参照药物说明书，避免中毒。因本病易复发，故本病疗程为5～7天或更长。如若鸡群食欲下降、产蛋下降、发病快则可以考虑同时采取肌内注射的办法可取得满意效果。一般可选用链霉素或青霉素、链霉素合并应用，这种方法用量大、操作不方便；其次可采用5%～10%的氟苯尼考进行注射，效果良好。口服其他治疗药品，因本病病灶区血管并不丰富，临床上大多效果不佳，但对防止其他疾病的混合感染有意义。

# 子项目十四　鸡葡萄球菌病

鸡葡萄球菌病是由金黄色葡萄球菌引起的一种急性败血性或慢性传染病。主要引起鸡的腱鞘炎、化脓性关节炎、脐炎、眼炎，伴有细菌性心内膜炎和脑脊髓炎等多种病型。

## 一、病原

金黄色葡萄球菌属微球菌科、葡萄球菌属。菌体为圆形或卵圆形，直径 0.7～1.0μm。金黄色葡萄球菌是革兰阳性球菌。在固体培养基上培养的细菌呈葡萄串状排列，在液体培养基中可能呈短链状，培养物超过 24h，革兰染色可能呈阴性。葡萄球菌在 5%的血液培养基上容易生长，18～24h 生长旺盛。在固体培养基上培养 24h，金黄色葡萄球菌形成圆形、光滑的菌落，直径为 1～3mm。

本菌对外界理化因素的抵抗力较强，在自然环境中，干燥的脓汁或血液中能存活数个月，加热 80℃、30min 才能被杀死。对林可霉素、庆大霉素、青霉素、氟喹诺酮类等药物敏感，但因葡萄球菌极易产生耐药性，因此临床用药最好经药敏试验选择敏感药物。

## 二、流行病学

**1. 易感动物**

鸡和火鸡易感，鸭和鹅也可感染致病。

**2. 传染源**

葡萄球菌在环境中，在健康鸡的羽毛、皮肤、眼睑、结膜、肠道中均有存在，也是养鸡饲养环境、孵化车间和禽类加工车间的常在微生物。病鸡的分泌物、排泄物增加了环境中的病原浓度。

**3. 传播途径**

主要经过皮肤创伤感染，常见于脐带感染、鸡痘、啄伤、刺种、断喙、网刺、刮伤、吸血昆虫的叮咬等。也可通过直接接触和空气传播。

**4. 流行特点**

该病对于规模化养禽场而言是常见病，流行有如下特点。

(1) 该病一年四季均可发生，但雨季、蚊虫多时易发生。

(2) 该病发生与鸡的品种有明显关系，肉种鸡及白羽产白壳蛋的轻型鸡种易发、高发。而褐羽产褐壳蛋的中型鸡种则很少发生，即使条件相同后者较前者发病要少得多。肉用仔鸡对本病也较易感。

(3) 该病在 40～80 日龄鸡高发，成年鸡发生较少。

(4) 笼养鸡较地面平养，网上平养发生的多。

(5) 该病在鸡群管理不良如通风不良、饲料营养不全面或种蛋及孵化器消毒不严时容易诱发。

(6) 凡是能够造成鸡只皮肤、黏膜完整性遭到破坏的因素均可成为发病的诱因。

## 三、临床症状

**1. 脐炎型**

新生雏鸡感染金黄色葡萄球菌，可在 1～2 天内死亡。临床表现脐孔发炎肿大、腹部膨胀等，与大肠杆菌所致脐炎相似。此型主要与孵化过程污染有关。

**2. 败血型**

一般可见病鸡精神、食欲不好，低头缩颈呆立。病后 1～2 天死亡。当病鸡在濒死期或死后可见到鸡体的外部表现，在鸡胸腹部、翅膀内侧皮肤，有的在大腿内侧、头部、下颌部和趾部皮肤可见皮肤湿润、肿胀、充血，相应部位羽毛潮湿易掉。

**3. 关节炎型**

成年鸡和肉种鸡的育成阶段多发生关节炎型的鸡葡萄球菌病。关节肿胀（特别是跗关节），有热痛感，病鸡站立困难，以胸骨着地，行走不便，跛行，喜卧。有的出现趾底肿胀，溃疡结痂；肉垂肿大出血，冠肿胀有溃疡结痂。

**4. 眼炎型**

可出现于败血型后期或单独出现。有时在发生鸡痘时继发葡萄球菌性眼炎，导致眼睑肿胀，有炎性分泌物，结膜充血、出血等。常因饥饿、踩踏、衰竭而死。

## 四、病理变化

**1. 脐炎型**

脐部肿大，呈紫红色或紫黑色，有暗红色或黄红色液体，卵黄吸收不良，呈黄红色或黑灰色，并混有絮状物。

**2. 败血型**

病死鸡局部皮肤增厚、水肿。切开皮肤见皮下有数量不等的紫红色液体，胸腹肌出血、溶血形同红布。有的病死鸡皮肤无明显变化，但局部皮下（胸、腹或大腿内侧）有灰黄色胶冻样水肿液。有些病鸡可见肝脏肿大，有花纹或斑驳样变化，有的可见数量不等的白色坏死点。脾脏偶见肿大，紫红色。有的病死鸡心包扩张，积有黄白色心包液，心冠脂肪和心外膜偶见出血点。

**3. 关节炎型**

关节肿胀处皮下水肿，关节液增多，关节腔内有白色或黄色絮状物。病程较长的病例，渗出物变为干酪样物，关节周围结缔组织增生及关节变形。

**4. 眼炎型**

可见眼睑肿胀、瞎眼，眼内有多量的脓性分泌物，并见有肉芽肿。

## 五、诊断

根据流行病学特点、临床症状及病理变化，可作出初步诊断，但确诊需要进行实验室诊断。主要进行细菌的分离与鉴定。

采集皮下渗出液、血液、肝、关节腔渗出液、雏鸡卵黄囊、脐炎部、眼分泌物等涂片，革兰染色、镜检，见有革兰阳性单在或排列成短链状球菌可作出初步的诊断。必要时可进行细菌分离培养，接种于普通琼脂平板和含5%绵羊血的血液琼脂平板，对已污染的病料应同时接种于7.5%氯化钠甘露醇琼脂平板，置37℃培养24h后，再置室温下48h，挑取金黄色、周围有溶血环和高盐甘露醇培养基上周围有黄色晕带的菌落，涂片，革兰染色，镜检，可见革兰阳性、呈葡萄串状排列的菌体则可确诊。

## 六、防治

**1. 预防**

预防本病发生的重要管理因素是消除发病诱因，防治好鸡痘病，认真检修笼具，防止一切导致外伤的因素，尤其夏秋季做好蚊虫的消灭工作对于预防该病的发生有重要意义。

**2. 治疗**

金黄色葡萄球菌对药物极易产生抗药性，在治疗前应做药物敏感试验，选择敏感药物全群给药，治疗效果良好。常用药物是庆大霉素、硫酸卡那霉素、红霉素、林可霉素、氨苄青霉素等。病情严重时可考虑肌内注射给药。本病易复发，疗程可考虑5～7天。

# 子项目十五　禽曲霉菌病

曲霉菌病是禽常见的一种真菌病，又称曲霉菌性肺炎，主要侵害呼吸器官，各种禽类均可感染，但以幼禽多发，常呈急性经过，发病率很高，呈急性群发性死亡率很高。成年禽多为散发。哺乳动物也有发生。本病的主要特点是在组织器官中，尤其是肺及气囊发生炎症和小结节。我国各地均有本病存在，尤其是潮湿地区，主要因饲料和垫草发霉所致。

## 一、病原

主要病原体为半知菌纲曲霉菌属中的烟曲霉，其次为黄曲霉，此外黑曲霉、白曲霉、土曲霉等多种曲霉菌也有不同程度的致病性。曲霉菌的气生菌丝一端膨大形成顶囊，上有放射状排列的小梗，并分别产生许多分生孢子，形成串珠状。烟曲霉的菌丝呈圆柱状，色泽由绿色、暗绿色至烟熏色。

本菌为需氧菌，在室温和37～45℃均能生长。在马铃薯培养基和其他糖类培养基上均可生长。烟曲霉在固体培养基中，初期形成白色绒毛状菌落，经24～30h后开始形成孢子，菌落呈面粉状、浅灰色、深绿色、黑蓝色，而菌落周边仍呈白色。曲霉菌能产生毒素，可使动物痉挛、麻痹、致死和组织坏死等。

曲霉菌的孢子抵抗力很强，常温下能存活很长时间，干热120℃或煮沸后5min才能杀死，一般消毒剂经1～3h才能杀死孢子。常用消毒剂有5%甲醛、石炭酸、过氧乙酸和含氯消毒剂。

## 二、流行病学

### 1. 易感动物

各种禽类都有易感性，以幼禽（4～12日龄）的易感性最高，常为急性和群发性，成年禽为慢性和散发。哺乳动物如马、牛、绵羊、山羊、猪和人也可感染，但为数甚少。

### 2. 传播途径

禽类常因接触发霉饲料和垫料经呼吸道或消化道而感染。孵化室受曲霉菌污染时，新生雏可受到感染。阴暗潮湿鸡舍和不洁的育雏器及其他用具、梅雨季节、污浊的空气等均能使曲霉菌增殖，易引起本病发生。孢子易穿过蛋壳，而引起死胚或出壳后不久出现症状。

## 三、临床症状

自然感染的潜伏期为2～7天，人工感染的潜伏期为24h。

雏禽常呈急性经过，特征性症状是呼吸困难，伸颈张口喘气，放在耳旁可听到气管啰音。病禽呈抑郁状态，多卧伏、拒食，对外界反应淡漠。病程稍长，呼吸困难加重，伸颈张口。冠和肉髯发绀，食欲显著减少或不食，饮欲增加，常有下痢。

有的表现神经症状，如摇头，头颈不随意屈曲，共济失调，脊柱变形和两腿麻痹。

病原侵害眼时，可发生曲霉菌性眼炎，结膜充血、眼肿，眼睑封闭，下睑有黄色干酪样物，眼球发生灰白色混浊，角膜溃疡，严重者失明。急性病程2～7天死亡，慢性可延至数周。

## 四、病理变化

病变以侵害肺部为主，典型病例均可在肺部发现粟粒大至黄豆大的黄白色或灰白色结节，结节的硬度似橡皮样或软骨样，切开后可见有层次的结构，中心为干酪样坏死组织，内含大量菌丝体，外层为类似肉芽组织的炎性反应层，含有巨细胞。除肺外，气管和气囊也能见到结节，并可能有肉眼可见的菌丝体，成绒球状。其他器官如胸腔、腹腔、肝、肠浆膜等处有时亦可见到。有的病例呈局灶性或弥漫性肺炎变化。

## 五、诊断

根据流行病学、症状和剖检可作出初步诊断，确诊则需进行微生物学检查。取病理组织

(结节中心的菌丝体最好)少许，置载玻片上，加生理盐水1～2滴，用针拉碎病料，加盖玻片后镜检，可见菌丝体和孢子；接种于马铃薯培养基或其他真菌培养基，生长后进行检查鉴定。

幼禽急性病例要注意与白痢、支原体病相区别；霉菌性脑炎的病例，其神经症状需与脑脊髓炎、新城疫相区别。

## 六、防治

加强饲养管理，保持环境卫生和干燥。不使用发霉的垫料和饲料是预防曲霉菌病的主要措施，垫料要经常翻晒，妥善保存，尤其是阴雨季节，防止霉菌生长繁殖。种蛋、孵化器及孵化厅均按卫生要求进行严格消毒。育雏室应注意通风换气和卫生消毒，保持室内干燥、清洁。长期被烟曲霉污染的育雏室、土壤、尘埃中含有大量孢子，雏禽进入之前，应彻底清扫、换土和消毒。消毒可用福尔马林熏烟法，或0.4%过氧乙酸、5%石炭酸喷雾后密闭数小时，经通风后使用。发现疫情时，迅速查明原因，并立即排除，同时进行环境、用具等的消毒工作。

本病目前尚无特效的治疗方法。据报道用制霉菌素防治本病有一定效果，剂量为每100只雏鸡一次用50万国际单位，每日2次，连用2～4天。或用克霉唑混饲，每100只雏鸡一次用1g。用1∶3000的硫酸铜或0.5%～1%碘化钾饮水，连用3～5天。

# 子项目十六　鸭　瘟

鸭瘟是由鸭瘟病毒感染引起的鸭和鹅的一种急性、热性、败血性、接触性传染病，其临床特征为体温升高，两腿麻痹，下痢，流泪，部分病鸭头颈肿大。病变特征主要是血管破坏、组织出血、消化道黏膜丘疹变化、淋巴器官损伤和实质器官变性。本病传播迅速，发病率和病死率都很高，严重地威胁养鸭业的发展。本病于1923年在荷兰首次发现，现已遍布世界大多数养鸭、养鹅地区及野生水禽的栖息地。

## 一、病原

鸭瘟病毒是一种疱疹病毒，属疱疹病毒科疱疹病毒甲亚科。病毒粒子呈球形，直径120～180nm，有囊膜，基因组为双股DNA，胰脂酶可消除病毒上的脂类，使病毒失活。

鸭瘟病毒能在9～14日龄鸭胚中生长繁殖和继代，随着继代次数增加，鸭胚在4～6天死亡，比较规律。病毒在细胞培养上可引起细胞病变，细胞培养物用吖啶橙染色，可见核内包含体。病毒也能适应于鸭胚、鹅胚、鸡胚成纤维细胞传代培养，传代培养后可使毒力减弱。利用这种方法进行弱毒株培育，可研制疫苗。本病毒对禽类和哺乳动物的红细胞没有凝集现象。

鸭瘟病毒存在于病鸭各组织器官、血液、分泌物和排泄物中。肝脏、脑、食管、泄殖腔含毒量最高。致病病毒毒株间的毒力有差异，但各毒株的免疫原性相似。

病毒对外界的抵抗力不强，加热80℃经5min即可死亡。病毒在4～20℃污染禽舍内存活5天，但对低温抵抗力较强，在－70～－5℃经3个月毒力不减弱；－20～－10℃经一年对鸭仍有致病力。病毒对乙醚和氯仿等常用消毒剂敏感。

## 二、流行病学

**1. 易感动物**

不同年龄和品种的鸭均可感染。在自然流行中，成年鸭和产蛋母鸭发病和死亡较为严重，一个月以下雏鸭发病较少。但人工感染时，雏鸭也易感，死亡率也很高。

**2. 传染源**

病鸭和带毒鸭是本病主要传染源。健康鸭和病鸭在一起放牧，或是在水中相遇，或是放牧时通过发病的地区，都能发生感染。被病鸭和带毒鸭的排泄物污染的饲料、饮水、用具和运输工具等，都是造成鸭瘟传播的重要因素。

**3. 传播途径**

主要是消化道，其他还可以通过交配、眼结膜和呼吸道而传染；吸血昆虫也可能成为本病的传播媒介。

**4. 流行特点**

本病在一年四季都可发生，但一般以春夏之际和秋季流行最为严重。

## 三、临床症状

自然感染的潜伏期一般为3～4天，人工感染成年鸭潜伏期一般为36～48h。

病初体温升高（42～43℃以上），呈稽留热。这时病鸭精神委顿，离群呆立，羽毛松乱、无光泽，两翅下垂；食欲减少或废绝，渴欲增加；两脚麻痹无力，走动困难，严重的伏卧于地。

流泪和眼睑水肿是鸭瘟的一个特征症状，故本病又俗称为“大头瘟”。病初流出浆性分泌物，以后变黏性或脓性分泌物，往往将眼睑粘连而不能张开。严重者眼睑水肿或翻出于眼眶外，眼结膜充血或有小点出血，甚至形成小溃疡。此外，病鸭从鼻腔流出稀薄和黏稠的分泌物，呼吸困难，个别病鸭见有频频咳嗽。同时病鸭发生下痢，排出绿色或灰白色稀粪，肛门周围的羽毛被污染并结块。泄殖腔黏膜充血、出血、水肿，严重者黏膜外翻。

病程一般为2～5天，慢性可拖至1周以上，生长发育不良。

## 四、病理变化

眼观变化见败血症病变，体表皮肤有许多散在出血斑，眼睑常粘连在一起，下眼睑结膜出血或有少许干酪样物覆盖。部分头颈肿胀的病例，皮下组织有黄色胶样浸润。食管黏膜有纵行排列的灰黄色假膜覆盖或小出血斑点，假膜易剥离，剥离后食管黏膜留有溃疡瘢痕，这种病变具有特征性。有些病例腺胃与食管膨大部的交界处有一条灰黄色坏死带或出血带。肠黏膜充血、出血，以十二指肠和直肠最为严重。泄殖腔黏膜的病变与食管相同，也具有特征性，黏膜表面覆盖一层灰褐色或绿色的坏死结痂，黏着很牢固，不易剥离，黏膜上有出血斑点和水肿，具有诊断意义。产蛋母鸭的卵巢滤泡增大，有出血点和出血斑，有时卵泡破裂，引起腹膜炎。

肝脏不肿大，肝表面和切面有大小不等的灰黄色或灰白色的坏死点。少数坏死点中间有小出血点，这种病变具有诊断意义。雏鸭感染鸭瘟病毒时，法氏囊呈深红色，表面有针尖状的坏死灶，囊腔充满白色的凝固性渗出物。

## 五、诊断

根据流行病学特点、特征症状和病变可作出初步诊断。确诊需做病毒分离鉴定、中和试验、血清学实验。

本病应注意与鸭巴氏杆菌病、鸭病毒性肝炎、小鹅瘟等相区别。

## 六、防治

加强饲养管理，坚持自繁自养，需要引进种蛋、种雏或种鸭时，一定要从无病鸭场，并经严格检疫，确实证明无疫病后，方可入场。要禁止到鸭瘟流行区域和野生水禽出没的水域放牧。病愈和人工免疫的鸭均获得坚强免疫力，目前使用的疫苗有鸭瘟鸭胚化弱毒苗和鸡胚化弱毒苗。雏鸭20日龄首免，4～5个月后加强免疫1次即可。

一旦发生鸭瘟时，立即采取隔离和消毒措施，对鸭群用疫苗进行紧急接种。要禁止病鸭外调和出售，停止放牧，防止扩散病毒。在受威胁区内，所有鸭和鹅应注射鸭瘟弱毒疫苗，母鸭的接种最好安排在停产时，或产蛋前一个月。

# 子项目十七　鸭病毒性肝炎

鸭病毒性肝炎是由鸭肝炎病毒引起的小鸭的一种急性、高度致死性的病毒性传染病。其特征是发病急，传播快，死亡率高，共济失调，角弓反张；病理特征主要表现为肝脏肿大、出血和坏死。

本病最先在美国发现，并首次用鸡胚分离到病毒。其后在英国、加拿大、德国等许多养鸭国家陆续发现本病。我国部分省市和地区亦有本病的发生并有上升趋势。本病是严重危害养鸭业的主要传染病之一。

## 一、病原

病原为鸭肝炎病毒（DHV），属于微RNA病毒科，肠道病毒属，基因组为RNA。本病毒接种于12～14日龄鸭胚尿囊腔和鸭胚细胞培养，可见病毒增殖。不能在鸡胚细胞和哺乳动物细胞培养物中增殖。DHV对哺乳动物和人的细胞均无血凝作用。病毒对氯仿、乙醚、胰蛋白酶和pH 3.0有抵抗力。在56℃加热60min仍可存活，但加热至62℃、30min即被灭活。病毒在1%福尔马林或2%氢氧化钠中2h（15～20℃），在2%漂白粉溶液中3h，或在0.25% β-丙内酯37℃30min均可灭活。

本病毒有三个血清型，即Ⅰ型、Ⅱ型、Ⅲ型。我国流行的鸭肝炎病毒血清型为Ⅰ型，是否有其他型，目前尚无全面的调查和报道。据国外的研究报告，以上三型病毒在血清学上有着明显的差异，无交叉免疫性。

## 二、流行病学

**1. 易感动物**

本病主要感染1～3周龄雏鸭，特别是1～5日龄雏鸭最多见。在自然条件下不感染鸡、火鸡和鹅。雏鸭的发病率与病死率均很高，1周龄内的雏鸭病死率可达90%以上，1～3周龄的雏鸭病死率为50%或更低，4～5周龄的小鸭发病率与病死率较低，成年鸭可呈阴性经过。

**2. 传播途径**

本病多由于从发病场或有发病史的鸭场购入带病毒的雏鸭引起。主要通过与病鸭接触，经消化道和呼吸道感染。在野外和舍饲条件下，本病可迅速传播给鸭群中的全部易感小鸭，表明它具有极强的传染性。鸭舍内的鼠类传播病毒的可能性亦不能排除。野生水禽可能成为带毒者，成年鸭感染不发病，但可成为传染源。

**3. 流行特点**

本病一年四季均可发生，但孵化季节、饲养管理不当、鸭舍内湿度过高、密度过大、卫生条件差、缺乏维生素和矿物质等因素能促使本病的发生。

## 三、临床症状

自然感染的潜伏期一般为1～4天。本病发病急，传播迅速，病程短，一般死亡多发生在3～4天。雏鸭初发病时表现为精神委靡、缩颈、翅下垂、不爱活动、行动呆滞或跟不上群，常蹲下，眼半闭，厌食，发病半日到1日即出现神经症状，表现为运动失调，翅膀下垂，呼吸困难，发生全身性抽搐，病鸭多侧卧，头向后背，俗称“背脖病”，两脚痉挛性地反复踢蹬，有时在地上旋转。出现抽搐后，约十几分钟即死亡。喙端和爪尖淤血呈暗紫色，少数病鸭死前排黄白色和绿色稀粪。在周龄内的雏鸭疾病严重暴发时，死亡更快。

## 四、病理变化

主要病变在肝脏；肝肿大，质脆，色暗或发黄，肝表面有大小不等的出血斑点，胆囊肿胀呈长卵圆形，充满胆汁，胆汁呈褐色、淡茶色或淡绿色。脾有时肿大呈斑驳状。许多病例肾肿胀与充血。

## 五、诊断

突然发病，迅速传播和急性经过为本病的流行病学特征，结合肝肿胀和出血的病变特点可初步诊断为本病。更可靠的诊断方法是接种1～7日龄的敏感雏鸭，复制出该病的典型症状和病变，而接种同一日龄的具有母源抗体的雏鸭（即经疫苗接种的母鸭子代），则应有80%以上受到保护，同时结合实验室诊断即可确诊。

**1. 病毒分离**

无菌取病死鸭肝脏，常规处理后接种10～12日龄鸭胚或9～11日龄鸡胚，观察胚体死亡情况，收集死亡胚的尿囊液做进一步鉴定用。

**2. 病毒鉴定**

通过中和试验，用已知的DHV阳性血清和病毒作用后，接种鸭胚和鸡胚观察胚体致死胚体的能力。国外报道用直接荧光抗体技术可对自然病例或接种鸭胚的肝脏触片或冰冻切片进行快速、准确的诊断。

**3. 鉴别诊断**

本病应与鸭瘟、黄曲霉菌毒素中毒等进行鉴别诊断。

## 六、防治

严格的防疫和消毒制度是预防本病的积极措施；坚持自繁自养和全进全出的饲养管理制度，可防止本病的进入和扩散。

疫苗接种是有效的预防措施。种鸭免疫，可用鸡胚化鸭肝炎弱毒疫苗给临产蛋种母鸭皮下免疫，共两次，间隔两周。这些母鸭的抗体至少可维持4个月，其后代雏鸭母源抗体可保持2周左右，如此即可度过最易感的危险期。但在一些卫生条件差，常发肝炎的疫场，则雏鸭在10～14日龄时仍需进行一次主动免疫。未经免疫的种鸭群，其后代1日龄时经皮下或腿肌注射0.5～1.0ml弱毒疫苗，即可受到保护。对于没有母源抗体的雏鸭可在1～2日龄时每只皮下注射1ml高免血清或高免卵黄液，有很好的预防效果。在本病流行严重的地区和鸭场，种鸭开产前1个月，先用弱毒苗免疫，1周后再用鸭肝炎油佐剂灭活苗加强免疫，可使雏鸭获得更高滴度的母源抗体。

发病或受威胁的雏鸭群，可经皮下注射康复鸭血清或高免血清或免疫母鸭蛋黄匀浆0.5～1.0ml，可起到降低死亡率、制止流行和预防发病的作用。

# 子项目十八　鸭传染性浆膜炎

鸭传染性浆膜炎又称鸭疫里杆菌病，原名鸭疫巴氏杆菌病，是鸭、鹅、火鸡和多种禽类的一种急性或慢性传染病。本病的临床特征为倦怠、眼与鼻孔有分泌物、下痢、共济失调和抽搐。病变特征为纤维素性心包炎、肝周炎、气囊炎、干酪性输卵管炎和脑膜炎。本病常引起小鸭大批死亡和生长发育迟缓，造成较大的经济损失。

本病最早（1932年）发现于美国纽约州的长岛。我国于1982年首次报道本病的发现，目前各养鸭省区均有发生，发病率与死亡率均甚高，是危害养鸭业的主要传染病之一。

## 一、病原

病原为鸭疫里杆菌，属于巴氏杆菌科，本菌为革兰阴性小杆菌，无芽孢，不能运动，有荚膜，涂片经瑞氏染色呈两极浓染。

初次分离可将病料接种于胰蛋白胨大豆琼脂（TSA）或巧克力琼脂平板，在含有 $CO_2$ 的环境中培养，形成的菌落表面光滑，稍突起、圆形，直径 1～1.5mm。不能在普通琼脂和麦康凯琼脂上生长。

本菌的生化反应不恒定，总的特点是多数菌株不发酵碳水化合物，但少数菌株对葡萄糖、果糖、麦芽糖或肌醇发酵。不产生吲哚和硫化氢，不还原硝酸盐，不能利用柠檬酸盐。

本菌血清型较为复杂，到目前为止共发现了 21 个血清型。各血清型之间无交叉反应，调查资料显示我国目前至少存在 7 个血清型（即 1 型、2 型、6 型、10 型、11 型、13 型和 14 型），以 1 型最为常见。

本菌的抵抗力不强，在室温下，大多数菌株在固体培养基上存活不超过 3～4 天，4℃条件下，肉汤培养物可存活 2～3 周。55℃作用 12～16h 细菌全部灭活。长期保存菌种需冻干保存。

## 二、流行病学

1～8 周龄的鸭均易感，但以 2～4 周龄的小鸭最易感。1 周龄以下或 8 周龄以上的鸭极少发病。除鸭外，小鹅亦可感染发病。本病在感染群中的污染率很高，有时可达 90%以上，死亡率 5%～75%不等。

本病四季均可发生，主要经呼吸道或通过皮肤伤口（特别是脚部皮肤）感染而发病。恶劣的饲养环境，如育雏密度过大、空气不流通、潮湿、过冷过热以及饲料中缺乏维生素或微量元素和蛋白水平过低等均易造成发病或发生并发症。

## 三、临床症状

本病潜伏期 1～3 天。

### 1. 最急性型

常无任何临床症状突然死亡。

### 2. 急性病型

多见于 2～4 周龄小鸭，临诊表现为倦怠，缩颈，不食或少食，眼鼻有分泌物，腹泻，泻淡绿色便，不愿走动，运动失调，濒死前出现神经症状；头颈震颤，角弓反张，尾部轻轻摇摆，不久抽搐而死，病程一般为 1～3 天，幸存者生长缓慢。

### 3. 亚急性型或慢性型

日龄较大的小鸭（4～7 周龄）多呈亚急性或慢性经过，病程达 1 周或 1 周以上。病鸭表现除上述症状外，少数病例出现脑膜炎症状，头颈歪斜，不断鸣叫，转圈或倒退运动。这样的病例能长期存活，但发育不良。

## 四、病理变化

最明显的眼观病变是浆膜表面纤维素性渗出物，它可波及全身浆膜面，主要在心包膜、肝脏表面以及气囊。渗出物可部分地机化或干酪化，即构成纤维素性心包炎、肝周炎或气囊炎。中枢神经系统感染可出现纤维素性脑膜炎。有时可见脾脏肿大，表面有灰白色坏死点，少数病例见有输卵管炎，即输卵管膨大，内有干酪样物蓄积。

慢性局灶性感染常见于皮肤，偶尔也出现在关节。皮肤病变多发生在背下部或肛门周围，出现坏死性皮炎，皮肤或脂肪呈黄色，切面呈海绵状，似蜂窝织炎变化；跗关节肿大，发生关节炎，关节液增多，触之有波动感。

## 五、诊断

根据临床症状和剖检变化可作出初步诊断，但应注意与鸭大肠杆菌败血症、鸭巴氏杆菌病、鸭衣原体病和鸭沙门菌病相区别，确诊必须进行实验室检查。

**1. 涂片镜检**

可直接取病变器官涂片镜检，如取血液、肝脏、脾脏或脑作涂片，瑞氏染色镜检常可见两端浓染的小杆菌，但往往菌体很少，不易与多杀性巴氏杆菌区别。

**2. 细菌的分离与鉴定**

可无菌采集心血、肝或脑等病变材料，接种于 TSA 培养基或巧克力培养基上，在含 $CO_2$ 的环境中培养 24～48h，观察菌落形态并做纯培养，对其若干特性进行鉴定。

**3. 血清学检查**

如果有标准定型血清，可采用玻片凝集或琼脂凝胶免疫扩散试验进行血清型的鉴定。也可作荧光抗体法检查。

## 六、防治

首先要改善育雏的卫生条件，特别注意通风、干燥、防寒以及改善饲养密度。

经常发生本病的鸭场，可在本病易感日龄使用敏感药物进行预防。

疫苗接种在国内外都有研究，并已在生产中使用，获得了较好的免疫效果。美国近年研制出口服或气雾免疫用的弱毒菌苗。我国也研制出油佐剂和氢氧化铝灭活疫苗，7～10 日龄一次注射即可。由于血清型较多，各血清型之间无交叉反应，所以最好针对流行菌株的血清型制成疫苗进行免疫。

# 子项目十九　小　鹅　瘟

小鹅瘟又称鹅细小病毒感染，是由小鹅瘟病毒引起的雏鹅的一种急性或亚急性传染病。临床特征表现为精神委顿，食欲废绝和严重下痢及神经症状，病死率高。病理变化主要以渗出性肠炎为主，尤其以小肠部位的纤维性、栓塞性病变为主要特征。

本病最早于 1956 年发现于我国扬州地区，国内大多数养鹅省区均有发生。1965 年以来东欧和西欧很多国家报道有本病存在，在国际上又称为 Derzsey 病或鹅细小病毒感染。

## 一、病原

小鹅瘟病毒（GPV）是细小病毒科的一员，病毒粒子呈圆形或六角形，无囊膜。与一些哺乳动物细小病毒不同，本病毒无血凝活性，与其他细小病毒亦无抗原关系。国内外分离到的毒株抗原性基本相同，仅有一种血清型。

初次分离可用鹅胚或番鸭胚，也可用从它们制得的原代细胞培养。本病毒对环境的抵抗力强，65℃加热 30min 对滴度无影响，能抵抗 56℃3h。对乙醚等有机溶剂不敏感，对胰酶和在 pH 值为 3 的环境稳定。

## 二、流行病学

**1. 易感动物**

本病仅发生于鹅和番鸭的幼雏，其他禽类和哺乳动物均无感染性。雏鹅的易感性随年龄的增长而减弱。1 周龄以内的雏鹅死亡率可达 100%，10 日龄以上者死亡率一般不超过 60%，20 日龄以上的发病率低，而 1 月龄以上则极少发病。

**2. 传染源**

发病雏鹅从粪中排出大量病毒，导致感染通过直接或间接接触而迅速传播。最严重的暴发发生于病毒垂直传播后的易感雏鹅群。大龄鹅可建立亚临床或潜伏感染，并通过蛋将病毒传给孵化器中的易感雏鹅。

**3. 传播途径**

种蛋、带毒鹅和康复鹅以及隐性感染鹅的排泄物、分泌物容易污染水源、环境、用具、草场等，易感鹅通过消化道感染，能够很快波及全群。

**4. 流行特点**

本病的暴发与流行具有明显的周期性，在每年全部更新种鹅的地区，大流行后的1～2年内都不致再次流行。有些地区并不每年更新全部种鹅，本病的流行不表现明显的周期性，每年均有发病，但死亡率较低，在30%～40%。

## 三、临床症状

本病的潜伏期依感染时的年龄而定，1日龄感染潜伏期为3～5天，2～3周龄感染潜伏期为5～10天。

**1. 最急性型**

常于3～5日龄发病，往往无前驱症状，一发现即极度衰弱，或倒地乱划，不久死亡。

**2. 急性型**

常于5～15日龄发病。症状为病鹅表现厌食，饮欲增强，无力，不愿活动；鼻和眼睛周围有大量分泌物，病鹅常常摇头，精神委靡；严重下痢，排出黄白色水样混有气泡的稀粪，嗉囊中有大量气体和液体。有些病鹅临死前表现出神经症状，扭颈、抽搐、瘫痪。多集中在7～15日龄发病，病鹅通常在出现症状后12～48h死亡，死亡率为30%～40%。

**3. 亚急性型**

15日龄以上发病雏鹅病程稍长，一部分转为亚急性，以委顿、消瘦和腹泻为主要症状，少数幸存者在一段时间内生长不良。

## 四、病理变化

最急性型病例除肠道有急性卡他性炎症外，其他器官的病变一般不明显。15日龄左右的急性病例表现全身性败血症变化，全身脱水，皮下组织显著充血。心脏有明显急性心力衰竭变化，心脏变圆，心房扩张，心壁松弛，心肌晦暗无光泽。肝脏肿大。

本病的特征性变化主要集中在肠道，小肠各段充血，明显肿胀，黏液增多，黏膜上出现少量黄白色蛋花样的纤维素性渗出物，在中下肠段形成淡黄色的假膜，有的则是细条状的凝固物，即小肠出现香肠状病变。病鹅肝脏肿大，呈深紫红色或黄红色，胆囊明显膨大，充满暗绿色胆汁；脾脏和胰腺充血，偶有灰白色坏死点。

## 五、诊断

根据流行病学、临床症状和病理剖解可对该病作出初步诊断。确诊可通过病毒分离鉴定或特异抗体检查作出。病毒分离时，可取病雏的脾、胰或肝的匀浆上清，接种12～15日龄鹅胚，可在5～7天内致死鹅胚，主要变化为胚体皮肤充血、出血及水肿，心肌变性呈瓷白色，肝脏变性或有坏死灶。

检查血清中特异抗体的方法有病毒中和试验、琼脂凝胶免疫扩散试验和ELISA。

## 六、防治

各种抗菌药物对本病无治疗作用。及早注射抗小鹅瘟高免血清能制止80%～90%已被感染的雏鹅发病。由于病程太短，对于症状严重病雏，抗血清的治疗效果甚微。

小鹅瘟主要是通过孵房传播的，因此孵房中的一切用具设备，在每次使用后必须清洗消毒，收购来的种蛋应用福尔马林熏蒸消毒。对于发病初期的病雏，抗血清的治愈率为40%～50%。血清用量，对处于潜伏期的雏鹅每只 0.5ml，已出现初期症状者为 2～3ml，日龄在 10 日以上者可相应增加，一律皮下注射。

在本病严重流行的地区，利用弱毒苗甚至强毒苗免疫母鹅是预防本病最经济有效的方法。但在未发病的受威胁区不要用强毒免疫，以免散毒。在留种前一个月作第一次接种，每只肌内注射种鹅弱毒苗尿囊液原液 100 倍稀释物 0.5ml，15 天后作第二次接种，每只尿囊液原液 0.1ml。再隔 15 天方可留作种蛋。

发病的地区病死鹅一律深埋。将鹅舍彻底打扫干净，进行彻底消毒。同时加强饲养管理，搞好环境卫生，保持室内通风、干燥。未发病的雏鹅每只皮下注射高效价抗血清 0.5～0.8ml 或精制卵黄抗体 1ml，在血清或卵黄抗体中可适当加入广谱抗菌药；对患病雏鹅皮下注射高效价抗血清 1ml 或精制卵黄抗体 1.5ml。同时，每千克饮水中加入电解多维、抗菌药物，混匀后让病鹅自由饮用，以防应激与继发感染。

## 【项目小结】

本项目介绍了家禽的主要传染病，是本课程重点学习的内容之一。在学习过程中应在学习多种动物共患传染病的基础上，首先将鸡和水禽常发生的传染病进行总结。如按危害性大小、年龄分布特征、主要临床表现等进行归纳总结。对禽类传染病的发生及形成有一个初步的认识，重点掌握常见、多发病以及危害性较大的传染病的流行特点、具体的诊断方法和防治措施。

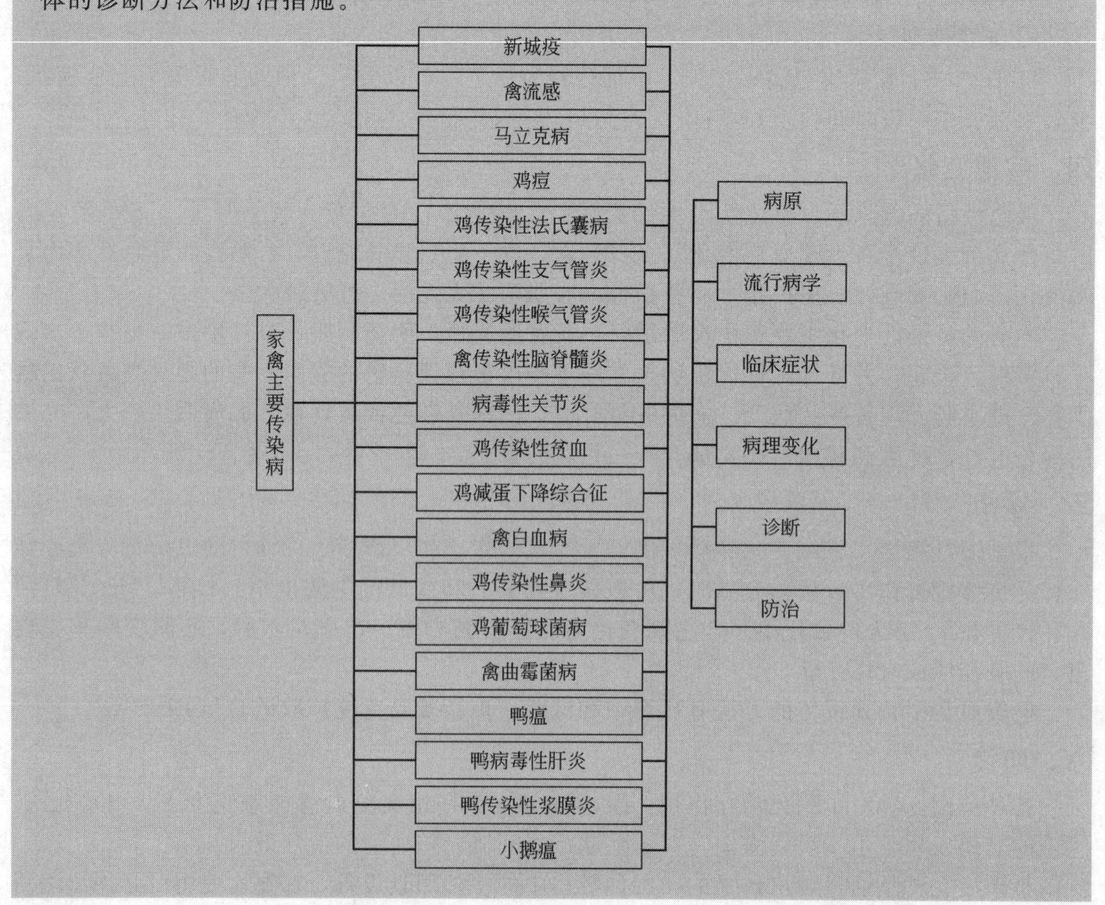

## 【复习思考题】

1. 鸡新城疫的主要症状与病理变化有什么特点？怎样防治？
2. 影响鸡新城疫免疫效果的主要因素是什么？
3. 试述禽流感的流行病学特点、主要症状与病理变化。
4. 如何预防禽流感？发生高致病性禽流感疫情后应采取哪些扑灭措施？
5. 马立克病病毒在鸡体内以哪几种形式存在？它们在本病的传播上起着什么样的作用？
6. 马立克病临床表现有哪些类型？
7. 鸡马立克病免疫目前国内常用哪几种疫苗？其免疫对象、方法及效果如何？
8. 鸡痘在临床上表现为哪些类型？
9. 鸡传染性法氏囊病的流行病学和病理变化有何特点？该病有何危害性？
10. 简述鸡减蛋下降综合征的典型临床特征和病理变化。如何进行综合防治？
11. 简述禽白血病的典型临床特征和病理变化特点。如何进行综合防治？
12. 鸡传染性鼻炎的临床症状和病理变化有什么特点？如何防治？
13. 简述鸡葡萄球菌病临床表现。
14. 禽曲霉菌病是怎样发生和传播的？如何诊断和防治？
15. 简述鸭瘟的临床症状和病变特征。
16. 简述鸭病毒性肝炎的诊断及防治措施。
17. 简述鸭传染性浆膜炎的流行病学、临床症状和病理变化特征。
18. 小鹅瘟的流行病学特点是什么？简述其特征性的病理变化。

## 【技能训练任务十五】 鸡新城疫的诊断和免疫监测

### 一、训练目标

熟练掌握鸡新城疫病毒的分离、血凝及血凝抑制试验。

### 二、训练材料

恒温培养箱、微量振荡器、离心机、离心管、微量加样器、96 孔 V 型反应板、注射器（1ml、5ml）、针头、试管、吸管等仪器；pH 7.2 磷酸缓冲盐水、0.5%鸡红细胞悬液、灭菌生理盐水、青霉素、链霉素、鸡新城疫病毒尿囊液、标准阳性血清等药品。

### 三、训练内容与方法步骤

1. 临诊诊断要点

鸡群没接种过新城疫疫苗，或虽接种过但免疫期已超过，或有其他免疫中的失误导致免疫失败；病鸡拉黄绿色或黄白色稀便，呼吸困难，嗉囊积液，倒提病鸡有大量酸臭液体从口内流出，或有神经症状，病鸡突然后仰倒地或头颈歪斜仰视；仅鸡发病死亡，鸭、鹅等禽类不发病。病鸡用磺胺类药或抗生素等治疗无效。较为特征性的病变是：病鸡全身呈败血症变化；腺胃乳头出血或溃疡；盲肠扁桃体肿大、出血或坏死；小肠有暗红色出血性病灶，肠壁有某种程度的坏死，病程较长时，少数病例在肠壁上有枣核状溃疡。肠内容物中混有血液；泄殖腔有充血和出血点。卵巢出血和坏死，卵黄膜出血或破裂；心冠与腹腔脂肪有出血点等。

2. 实验室诊断

(1) 病毒的分离培养

① 病料的采取及处理　分离病毒的材料应采自早期病例，病鸡扑杀后应用无菌手术采取脾、脑和肺组织；生前可采取呼吸道分泌物。将材料制成1∶5至1∶10的乳剂，并且每毫升加入青霉素1000IU和链霉素1000IU，然后置冰箱中作用2～4h，离心沉淀，取上清液作为接种材料。同时，应对接种材料做无菌检查。取接种材料少许接种于肉汤、琼脂斜面及厌氧肝汤，各一管，置37℃培养观察2～6天，应无细菌生长。如有细菌生长，应将原始材料再做除菌处理。也可改用细菌滤器过滤除菌，但过滤后的滤液含毒量会减少，应注意。因此，如有可能最好再次取材料。

② 鸡胚接种　常用9～11日龄的SPF鸡胚，如果没有SPF鸡胚，也可用非免疫鸡胚，将上述处理过的材料，取0.1～0.2ml接种于尿囊腔内。接种后以熔化的石蜡将蛋壳上的接种孔封闭。继续置孵化器内。每天上下午各照蛋一次，继续观察5天。接种24h以后死亡的鸡胚，立即取出置4℃冰箱冷却4h以上（气室向上）。然后，在无菌操作条件下吸取鸡胚尿囊液，并做无菌检查。混浊的鸡胚液应废弃。留下无菌的鸡胚液置低温冰箱保存，供进一步做鉴定。同时，可将鸡胚倾入一平皿内，观察其病变。由鸡新城疫病毒致死的鸡胚，胚体全身充血，在头、胸、翅和趾部有小出血点，尤其以翅、趾部明显。这在诊断上有参考价值。

(2) 红细胞凝集抑制试验（免疫监测）　红细胞凝集抑制试验，是目前诊断鸡新城疫的血清学方法中最常用、最可靠的一种方法，它还可用来监测鸡群免疫状况。

红细胞凝集抑制试验有全量法和微量法两种，血清样品数量多时常采用微量法。

① 试验准备

a. 抗原的制备　用Lasota株作抗原时，首先通过血凝试验测出该毒株的一个血凝单位，然后再计算出4个血凝单位。可将Lasota株接种于鸡胚，收获尿囊液制备，也可向有关单位购买。诊断用的被检材料可用鸡胚接种后的含毒鸡胚液，或含毒细胞培养液（最好冻融2～3次，使细胞破裂释放更多病毒粒子）。

b. 被检血清制备　在免疫鸡群中定期随机取样，抽样率保证有代表性，大型鸡场抽样率不低于0.5%，鸡群越小抽样比例越大，每群一般采16份以上血样。

取样方法为：刺破鸡翅静脉，用塑料管引流吸取血液至塑料管长度的2/3（3～5cm长），然后将塑料管的一端在酒精灯上熔化封口。在管上贴胶布注明鸡号，待血液凝固后，以1500r/min离心5min，取血清备用。

c. 0.5%鸡红细胞悬液制备　采1～2只健康公鸡翅静脉血液混合（公鸡最好未经新城疫免疫或疫苗接种后时间较长，鸡新城疫抗体水平较低），用灭菌磷酸缓冲盐水（pH 7.0～7.2）离心洗涤3次，根据离心压积的红细胞量，用磷酸缓冲盐水（pH 7.0～7.2）配制成10%红细胞悬液，这种红细胞在4℃可保存5～7天，临用时再配成0.5%。

② 操作方法

a. 微量血凝（HA）试验　在1～12孔各加磷酸缓冲盐水（pH 7.0～7.2）0.05ml，用微量移液器取0.05ml病毒液（抗原）于第1孔，吹吸4次混匀后，吸0.05ml至第2孔，依次做倍比稀释至第11孔，再从第11孔吸取0.05ml弃去，第12孔不加病毒液（抗原）作对照。各孔依次加0.5%鸡红细胞各0.05ml。振荡1～2min，在室温（18～20℃）静置30～40min，或37℃静置15～30min观察结果。“#”为完全凝集，“++”为不完全凝集，“—”为不凝集。

凡能使鸡红细胞完全凝集的病毒最高稀释倍数，称为该病毒的血凝滴度，即一个血凝单位。如表5-4所示，1个血凝单位为1∶128，而用于下述血凝抑制试验的病毒需含4个血凝单位，抗原应稀释倍数＝128/4＝32 倍。

**表 5-4 鸡新城疫病毒血凝试验**

| 孔　　号 | 1 | 2 | 3 | 4 | 5 | 6 | 7 | 8 | 9 | 10 | 11 | 12 |
|---|---|---|---|---|---|---|---|---|---|---|---|---|
| 稀释倍数 | 2 | 4 | 8 | 16 | 32 | 64 | 128 | 256 | 512 | 1024 | 2048 | 对照 |
| 磷酸缓冲盐水/ml | 0.05 | 0.05 | 0.05 | 0.05 | 0.05 | 0.05 | 0.05 | 0.05 | 0.05 | 0.05 | 0.05 | 0.05 |
|  |  | ↘ | ↘ | ↘ | ↘ | ↘ | ↘ | ↘ | ↘ | ↘ | ↘弃 |  |
| 病毒液/ml | 0.05 | 0.05 | 0.05 | 0.05 | 0.05 | 0.05 | 0.05 | 0.05 | 0.05 | 0.05 | 0.05 |  |
| 0.5%鸡红细胞/ml | 0.05 | 0.05 | 0.05 | 0.05 | 0.05 | 0.05 | 0.05 | 0.05 | 0.05 | 0.05 | 0.05 | 0.05 |
| 振荡 1～2min，放室温(18～20℃)静置 30～40min 或 37℃静置 15～30min |  |  |  |  |  |  |  |  |  |  |  |  |
| 结果 | # | # | # | # | # | # | # | ++ | — | — | — | — |

注：“#”为完全凝集；“++”为不完全凝集；“—”为不凝集。

b. 微量血凝抑制（HI）试验　单纯地使用血凝试验还不能鉴定病毒，因为还有其他病原也能引起红细胞凝集，如引起鸡慢性呼吸道病的禽败血支原体、禽减蛋综合征等。所以还需要用已知的抗血清做血凝抑制试验，以鉴定病毒。

用微量移液器吸磷酸缓冲盐水（pH 7.0～7.2），从 1～12 孔各加入 0.05ml，然后换一个接头吸 0.05ml 的被检血清于第 1 孔内，吹吸 4 次混匀后，吸 0.05ml 至第 2 孔，依次做倍比稀释至第 11 孔，再从第 11 孔吸取 0.05ml 弃去。接着 1～12 孔每孔各加入 0.05ml 4 个血凝单位病毒液，混合均匀后（振荡 1～2min），置室温（18～20℃）静置 20min 或 37℃静置 5～10min，取出后每孔加入 0.05ml 0.5%鸡红细胞悬液，充分混合均匀后（振荡 1～2min），放室温（18～20℃）静置 30～40min 或 37℃静置 15～30min，见表 5-5。

**表 5-5 鸡新城疫病毒血凝抑制试验**

| 孔　　号 |  | 1 | 2 | 3 | 4 | 5 | 6 | 7 | 8 | 9 | 10 | 11 | 12 |
|---|---|---|---|---|---|---|---|---|---|---|---|---|---|
| 稀释倍数 |  | 2 | 4 | 8 | 16 | 32 | 64 | 128 | 256 | 512 | 1024 | 2048 | 对照 |
| 磷酸缓冲盐水/ml |  | 0.05 | 0.05 | 0.05 | 0.05 | 0.05 | 0.05 | 0.05 | 0.05 | 0.05 | 0.05 | 0.05 | 0.05 |
|  |  |  | ↘ | ↘ | ↘ | ↘ | ↘ | ↘ | ↘ | ↘ | ↘ | ↘弃 |  |
| 被检血清/ml |  | 0.05 | 0.05 | 0.05 | 0.05 | 0.05 | 0.05 | 0.05 | 0.05 | 0.05 | 0.05 | 0.05 |  |
| 病毒液/ml |  | 0.05 | 0.05 | 0.05 | 0.05 | 0.05 | 0.05 | 0.05 | 0.05 | 0.05 | 0.05 | 0.05 | 0.05 |
| 振荡 1～2min，置室温(18～20℃)静置 20min 或 37℃静置 5～10min |  |  |  |  |  |  |  |  |  |  |  |  |  |
| 0.5%鸡红细胞悬液/ml |  | 0.05 | 0.05 | 0.05 | 0.05 | 0.05 | 0.05 | 0.05 | 0.05 | 0.05 | 0.05 | 0.05 | 0.05 |
| 振荡 1～2min，放室温(18～20℃)静置 30～40min 或 37℃静置 15～30min |  |  |  |  |  |  |  |  |  |  |  |  |  |
| 结果 | 阳性血清 | — | — | — | — | — | — | — | ++ | ++ | +++ | # | — |
|  | 阴性血清 | # | # | # | # | # | # | # | +++ | +++ | ++ | — | — |

注：“#”为完全凝集；“+++、++”为不完全凝集；“—”为不凝集。

凡能使 4 个凝集单位的病毒凝集红细胞的作用完全受到抑制血清最高稀释倍数，称为血凝抑制价（血凝抑制滴度）。上例阳性血清的血凝抑制价为 1∶128。如果已知阳性血清，对一已知鸡新城疫病毒参考毒株和被检病毒都能以相近的血凝抑制价抑制其血凝作用，而且都不被已知阴性血清所抑制，则可将被检病毒鉴为鸡新城疫病毒。反之，也可用已知病毒来测定病鸡血清中的血凝抑制抗体，但不适用于急性病例。

在对照出现正确的情况下，以完全抑制红细胞凝集的最大稀释度为该血清的 HI 滴度。鸡群 HI 滴度的高低在一定程度上反映了免疫保护水平的高低。鸡群 HI 滴度离散度较小时，而 HI 滴度较高，其保护水平也高。

## 四、训练报告

简述确诊鸡新城疫的实验室诊断程序。

# 【技能训练任务十六】 鸡马立克病的实验室诊断

## 一、训练目标

学会鸡马立克病的诊断方法。

## 二、训练材料

1ml 注射器、6～9 号针头、采血针、内径 3～4mm 的塑料管（10～12cm 长）、小试管、玻璃棒、毛细吸管（巴氏吸管）、烧杯、打孔器、直径 90mm 的培养皿、标准抗原和标准阳性血清、受检鸡羽髓病毒抗原（待检抗原）、琼脂平板等。

## 三、训练内容与方法步骤

常用琼脂凝胶免疫扩散试验对鸡马立克病进行监测和诊断。

1. 操作

（1）用标准抗原检测血清中的抗体（被检鸡血清），用毛细吸管或移液器加样，每加一样品后应用蒸馏水清洗，并用吸水纸将其中的水吸净。

中央孔加入标准抗原，周围 1 孔、4 孔加入标准阳性血清，其余各孔按编号加入被检血清。

（2）用标准阳性血清检测羽髓病毒抗原，中央孔加标准阳性血清，周围 1 孔、4 孔加入标准抗原，其余各孔按编号加入待检抗原。将加样后的琼脂板（培养皿）加盖后，室温下放置片刻，待样品稍扩散，孔中的液面稍下降后，将琼脂板平放于带盖的湿盒内，置 37℃温箱中，24h 后观察，并记录结果，必要时连续观察 3 天。

① 标准抗原与标准阳性血清两孔间形成清晰的白色沉淀线。

② 被检材料孔与标准试剂孔间出现明显的沉淀线，或标准阳性试剂间的沉淀线末端向被检材料一侧弯曲，判为阳性。有的被检材料可能出现 1 条以上的沉淀线，仍判为阳性。

被检材料与标准试剂间不出现沉淀线，判为阴性。

2. 注意事项

（1）往琼脂板孔内加样时不要有气泡，且加满而不溢，万一溢出，应迅速用吸水纸吸干溢出的液体。如果溢出过多，连成一片，则应重做。

（2）样品的编号和鸡号及加样时琼脂板上的孔号应一致。

（3）加样完毕，应将受检样品放于普通冰箱保存，在判断无误后经消毒后废弃。

## 四、训练报告

撰写一份诊断马立克病的技能训练报告。

# 项目六　牛羊主要传染病

【学习目标】

1. 理解和掌握下列名词：黑腿病、红眼病、三日热、疯牛病、羊传染性脓疮、软肾病。

2. 重点掌握副结核病、牛传染性鼻气管炎、牛传染性角膜结膜炎、牛流行热、羊口疮、羊疽、羊梭菌性疾病等病的病原、流行特点、临床症状、诊断方法及防治措施。

3. 掌握气肿疽、牛恶性卡他热、牛白血病、羊传染性胸膜肺炎等病的流行特点、诊断方法及防治措施。

4. 了解牛病毒性腹泻/黏膜病、牛海绵状脑病、蓝舌病、梅迪-维斯纳病、羊痒病等病的临床特征和分布状况。

【技能目标】

能够用所学知识对发病牛羊主要传染病作出初步诊断并会提出初步防治措施。

## 子项目一　气　肿　疽

气肿疽又称黑腿病或鸣疽，是气肿疽梭菌引起的牛的一种急性、发热性传染病，其特征为肌肉丰满部位发生炎性气性肿胀，并有跛行。

本病遍布世界各地，我国也曾分布很广，现已基本得到控制。

### 一、病原

本病病原为气肿疽梭菌，菌体为两端钝圆的大杆菌，有周身鞭毛，能运动，在体内外均可形成中立或近端芽孢，呈纺锤状，专性厌氧，革兰染色阳性。在接种豚鼠腹腔渗出物中，单个存在或呈3～5个菌体形成的短链，这是与能形成长链的腐败梭菌在形态上的主要区别之一。气肿疽梭菌有鞭毛抗原、菌体抗原及芽孢抗原，芽孢抗原与腐败梭菌相同。本菌在适宜条件下可以产生具有溶血性和坏死活性的α毒素、透明质酸酶及脱氧核糖核酸酶。

本菌的繁殖体对理化因素的抵抗力不强，而芽孢的抵抗力则极大，在土壤内可以生存5年以上，干燥病料内芽孢在室温中可以生存10年以上，在液体中的芽孢可以耐受20min煮沸，0.2%升汞在10min内杀死芽孢，3%福尔马林15min杀死芽孢，盐腌肌肉中可存活2年以上。在腐败的肌肉中可存活6个月。

实验动物中以豚鼠最敏感，仓鼠也易感，小鼠和家兔也可感染发病。

### 二、流行病学

**1. 易感动物**

在自然情况下，主要侵害黄牛，而水牛、绵羊患病少见，马、骡、驴、狗、猫不感染，人对此病有抵抗力。

**2. 传染源及传播途径**

本病传染源为病畜，但并不是由病畜直接传给健康家畜，主要传递因素是土壤，即病畜体内的病原体进入土壤，以芽孢形式长期生存于土壤中，动物采食被这种土壤污染的饲草或饮水，经口腔和咽喉创伤侵入组织，也可由松弛或微伤的胃肠黏膜侵入血流。绵羊气肿疽则多为创伤感染，即芽孢随着泥土通过产羔、断尾、剪毛、去势等创伤进入组织而感染。草场或放牧地，被气肿疽梭菌污染，此病将会年复一年在易感动物中有规律地重新出现。

**3. 流行特点**

本病常在地区的牛只，6个月至3岁期间容易感染，但幼犊或更大年龄者也有发病的，肥壮牛似比瘦弱牛更易罹患，性别在易感性方面无差别。

本病多发生在潮湿的山谷牧场及低湿的沼泽地区，较多病例见于夏季，常呈地方流行性，舍饲牲畜则因饲喂了疫区的饲料而发病。

本病在未发生过的地方出现，其发病率可达40%～50%，病死率近于100%。

## 三、临床症状

潜伏期3～5天，最短1～2天，最长7～8天。人工感染4～8h即有体温反应及明显的局部炎性肿胀。黄牛发病多为急性经过，体温升高到41～42℃，早期即出现跛行，相继出现本病特征性肿胀，即在多肌肉部位发生肿胀，初期热而痛，后来中央变冷、无痛。患部皮肤干硬呈暗红色或黑色，有时形成坏疽。触诊有捻发音，叩诊有明显鼓音，切开患部，从切口流出污红色带泡沫酸臭液体。此等肿胀多发生在腿上部、臀部、腰部、荐部、颈部及胸部。此外，局部淋巴结肿大，触之坚硬。食欲废绝，反刍停止，呼吸困难，脉搏快而弱，最后体温下降或两稍回升、随即死亡。一般病程1～3天，也有延长至10天者。若病灶发生在口腔，腮部肿胀有捻发音，发生在舌部则舌肿大伸出口外。老牛患病，其病势常较轻，中等发热，肿胀也较轻，有时疝痛臌气，可能康复。

绵羊多创伤感染，即感染部位肿胀。非创伤感染病例多与病牛症状相似。即体温升高、食欲缺乏、跛行、患部（常为颈和胸部）发生肿胀，触之有捻发声，皮肤蓝红色以至黑色。有时有血色浆液渗出（血汗）和表皮脱落，常在1～3天内死亡。

## 四、病理变化

因本病而死的尸体只表现轻微腐败变化，但因为皮下结缔组织气肿及瘤胃膨胀而使尸体显著膨胀。又因肺脏在濒死期水肿的结果，由鼻孔流出血样泡沫，肛门与阴道口也有血样液体流出。在肌肉丰厚部位如股、肩、腰等部有捻发音性肿胀，肿胀可以从患部肌肉扩散至邻近的广大面积，但也有的只限于身体任何部位的骨骼肌。患部皮肤有的表现部分坏死，皮下组织呈红色或金黄色胶样浸润，有的部位杂有出血或小气泡。肿胀部的肌肉潮湿或特殊干燥，呈海绵状有刺激性酪酸样气体，触之有捻发音，切面呈一致污棕色，或有灰红色、淡黄色和黑色条纹。

胸、腹腔里常含有容量不等的暗红色浆液，心包液暗红而增多。心脏内外膜有出血斑。心肌变性，色淡而脆。肺小叶间水肿，局部淋巴结发生出血和肿胀，切面呈红色，内有浆液浸润。脾常无变化或被小气泡所胀大，血呈暗红色。肝切面有大小不等棕色干燥病灶，这种病灶死后仍继续扩大，由于产气结果，形成多孔的海绵状态。肾脏也有类似变化，胃肠有时有轻微出血性炎症。

## 五、诊断

根据流行病学资料、临诊症状和病理变化，可作出初步诊断。进一步确诊需采取肿胀部位的肌肉、肝、脾及水肿液作细菌分离培养和动物实验。

## 六、防治

**1. 预防**

本病的发生有明显的地区性，采取土地耕种或植树造林等措施，可使气肿疽梭菌污染的草场变为无害。但这种方法常不易实施，因而疫苗预防接种仍是控制本病的有效措施。

**2. 治疗**

病畜应立即隔离治疗，治疗早期可用抗气肿疽血清，静脉或腹腔注射，同时应用青霉素和四环素效果较好。

# 子项目二　副结核病

副结核病又叫副结核性肠炎，是主要发生于牛的一种慢性传染病。其显著特征是顽固性腹泻和逐渐消瘦，肠黏膜增厚并形成皱襞。

本病已广泛流行于世界各国，特别是奶牛饲养规模较大，数量较多的一些国家均有发生。我国一些省、市、区的种牛场、牧场、奶牛场均有本病发生，有日益增多的趋势，严重危害养牛事业的发展。

## 一、病原

副结核分支杆菌，为长0.5～1.5μm，宽0.3～0.5μm的革兰阳性小杆菌，具抗酸染色的特性，与结核杆菌相似，在组织和粪便中多排列成团或成丛，不形成芽孢，无荚膜和鞭毛。初次分离培养比较困难，所需时间也较长；培养基中加入一定量的甘油和非致病性抗酸菌的浸出液，有助于其生长。

本菌对外界环境和消毒剂有中等抵抗力。2%石炭酸溶液2h，5%福尔马林溶液5min，5%烧碱溶液2h将其杀死。在湿热灭菌时，63℃经30min，80℃仅需1～5min即可将其杀死。本菌对青霉素有高度抵抗力。

## 二、流行病学

**1. 传染源**

本病的传染源主要是病畜及带菌者。在病畜体内，副结核分支杆菌主要位于肠黏膜和肠系膜淋巴结。患病家畜，包括没有明症状的患畜，从粪便排出大量病原菌，病原菌对外界环境的抵抗力较强，因此可以存活很长时间（数月），病原菌污染饮水、草料等。

**2. 易感动物**

副结核分支杆菌主要引起牛（尤其是乳牛）发病，幼年牛最易感。除牛外，绵羊、山羊、骆驼、猪、马、驴、鹿等动物也可罹患。

**3. 传播途径**

主要通过消化道而侵入健康畜体内，在一部分病例，病原菌可能侵入血流，因而可随乳汁和尿排出体外。从牛的性腺也曾发现过副结核分支杆菌。当母牛有副结核症状时，子宫感染率在50%以上，实践证实本病可通过子宫传染给犊牛。试验表明，皮下或静脉接种也可使犊牛感染。

**4. 流行特点**

本病的散播比较缓慢，各个病例的出现往往间隔较长的时间，是一种地方流行性疾病。虽然幼年牛对本病最为易感，但潜伏期甚长，可达6～12个月，甚至更长，一般在2～5岁时才表现出临诊症状，特别是在母牛开始怀孕、分娩以及泌乳时，易于出现临诊症状。因此在同样条件下，公牛和阉牛比母牛少发病，高产牛的症状较低产牛为严重。饲料中缺乏无机盐，可能促进疾病的发展。

## 三、临床症状

早期症状为间断性腹泻，以后变为经常性的顽固腹泻，排泄物稀薄、恶臭，带有气泡、黏液和血液凝块，食欲起初正常，精神也较好，以后食欲有所减退，逐渐消瘦，眼窝下陷，精神沉郁，经常躺卧。泌乳逐渐减少，最后全部停止。皮肤粗糙，被毛粗乱，下颌及垂皮可见水肿。体温常无变化，尽管病畜消瘦，但仍有性欲。腹泻有时可暂时停止，排泄物恢复正常。体重有所增加，然后再发生腹泻，给予多汁青饲料可加剧腹泻症状。如腹泻不止，一般经3～4个月因衰竭而死，牛群的死亡率每年高达10%。

绵羊和山羊的症状相似，潜伏期数月至数年，病羊体重逐渐减轻。间断性或持续性腹泻，但有的病羊排泄物较软。保持食欲，体温正常或略有升高。发病数月以后，病羊消瘦、衰弱、脱毛、卧地。病末期可并发肺炎，羊群的发病率为1%～10%。多数归于死亡。

## 四、病理变化

病畜的尸体消瘦，主要病理变化在消化道和肠系膜淋巴结，消化道的损害常限于空肠、回肠和结肠前段，特别是回肠，有时肠外表无大变化，但肠壁常增厚，浆膜下淋巴管和肠系膜淋巴管常肿大，呈索状，浆膜和肠系膜都有显著水肿。肠黏膜常增厚3～20倍，并发生硬而弯曲的皱褶，呈脑回样外观。黏膜黄白色或灰黄色，皱褶突起处常呈充血状态，黏膜上面紧附有黏液，稠而混浊，肠腔内容物甚少。肠系膜淋巴结肿大变软，切面湿润，上有黄白色病灶。

羊的病理变化与牛的病理变化基本相似。

## 五、诊断

根据症状和病理变化特点，特别是长期性反复顽固性下痢，逐渐消瘦，剖检回肠呈脑回样外观，可作出初步诊断。

**1. 细菌学诊断**

已有临诊症状的病牛，可刮取直肠黏膜或取粪便中的小块黏液及血液凝块，尸体可取回肠末端与附近肠系膜淋巴结或取回盲瓣附近的肠黏膜，制成涂片，经抗酸染色后镜检。副结核分支杆菌为抗酸性染色（红色）的细小杆菌，成堆或丛状。镜检时，应注意与肠道中的其他腐生性抗酸菌相区别，后者虽然亦呈红色，但较粗大，并且不呈菌丛状排列。在镜检未发现副结核分支杆菌时，不可立即作出否定的判断，应隔多日后再对病牛进行检查，或进行副结核分支杆菌的分离培养。

**2. 变态反应诊断**

对于隐性感染的牛可以用副结核菌素或禽型结核菌素做变态反应试验，变态反应能检出大部分隐性型病畜（副结核菌素检出率为94%，禽型结核菌素检出率为80%），这些隐性型病畜，尽管不显临诊症状，但其中部分病畜（30%～50%）可能是排菌者。如用禽型结核菌素检查，则先用牛结核菌素检查为阴性，才能用于诊断副结核病。

**3. 血清学诊断**

补体结合反应最早用于本病的诊断，对症状明显者检出率较高，病牛在出现临诊症状之前即对补体结合反应呈阳性反应，但其消失却比变态反应迟，缺点是有些未感染牛可出现假阳性反应，有的病牛在症状出现前呈阴性反应，而症状变明显后滴度又下降。近年来，应用ELISA诊断本病的报道日益增多，认为其敏感性和特异性均优于补体结合反应，也可用荧光抗体技术、琼脂凝胶免疫扩散试验进行诊断。

另外，也可用副结核分支杆菌的特异性DNA探针检测，从感染动物粪便中检测病菌，此方法省时。

**4. 鉴别诊断**

牛结核的特点也是长期腹泻，消瘦，但回肠黏膜上无脑回样外观，小肠和盲肠黏膜上形成细小结节、坏死和溃疡，肿大的肠系膜淋巴结切面常有干酪样变化。还应注意与冬痢、沙门菌病、内寄生虫、肝脓肿、肾盂肾炎、创伤性网胃炎、铅中毒、营养不良等进行鉴别诊断。

## 六、防治

由于病牛往往在感染后期才出现临诊症状，因此无有效的免疫和治疗方法。

**1. 预防措施**

预防本病重在加强饲养管理，特别是对幼年牛只更应注意给以足够的营养，以增强其抗病力。不要从疫区引进牛只，如已引进，则必须进行检查，确认健康时，方可混群。

曾经检出过病牛的假定健康牛群，在随时做好观察相定期进行临诊检查的基础上。对所有牛只，每年要做四次（间隔 3 个月）变态反应检查，变态反应阴性牛方准调群或出场。连续 3 次检疫不再出现阳性反应牛，可视为健康牛群。

**2. 扑灭措施**

对应用各种检查方法检出的病牛，在排除类症的前提下，按照不同情况采取不同方法进行处理，对具有明显临诊症状的开放性病牛和细菌学检查阳性的病牛，要及时捕杀处理。但对妊娠后期的母牛，可在严格隔离不散菌的情况下，待产犊后 3 天捕杀处理。对变态反应阳性牛，要集中隔离，分批淘汰，在隔离期间加强临诊检查，有条件时采取直肠刮下物、粪便内的血液或黏液作细菌学检查，有明显临诊症状和菌检阳性的牛，及时捕杀处理；对变态反应疑似牛，隔 15～30 天检疫一次，连续 3 次呈疑似反应的牛，应酌情处理。变态反应阳性母牛所生的犊牛，以及有明显临诊症状或阳性母牛所生的犊牛，立即和母牛分开，人工喂母牛初乳，3 天后单独组群，人工喂以健康牛乳，长至 1 个月、3 个月、6 个月时各做一次变态反应检查，如均为阴性，可按健牛处理。

被病牛污染过的牛舍、栏杆、饲槽、用具、绳索和运动场等，要用生石灰、来苏儿、苛性钠、漂白粉、石炭酸等消毒液进行喷雾、浸泡或冲洗，粪便应堆积高温发酵后作肥料用。

# 子项目三　牛传染性角膜结膜炎

牛传染性角膜结膜炎又名红眼病，是由牛摩勒杆菌引起的一种主要危害牛的急性、接触性传染病，其特征为流泪、眼睑肿胀、角膜溃疡。

本病广泛分布于世界各国，多集中在犊牛群，发生较重，引起肉牛体重减轻、乳牛产奶量下降、失明等，给养牛业造成一定的经济损失。

## 一、病原

本病的病原是牛摩勒杆菌。研究表明本菌必须在强烈的太阳紫外光照射下才产生典型的症状。从病眼的渗出物可分离到牛摩勒杆菌，但用此菌单独感染眼，或仅用紫外光照射，都不能引起本病，或仅产生很轻微的病状。牛摩勒杆菌和紫外光的这种联合致病作用，也已由对自然病例所进行的长期观察所证实。

本菌短粗，呈球杆状，易呈二联排列，形状大小不一，有时见丝状和短链。无芽孢、不能运动、无荚膜，粗糙型有菌毛。革兰染色阴性。

本菌为需氧菌，对干燥敏感，在湿度 70%以下不能生长。在普通培养基上生长贫瘠，在普通血液培养基上生长良好。

本菌的抵抗力较弱，一般浓度的消毒药或加热到59℃ 5min均具有杀菌作用。在外界环境中存活一般不超过24h，对青霉素、四环素、多黏菌素敏感。

## 二、流行病学

**1. 易感动物**

牛、绵羊、山羊、骆驼、鹿等，不分性别和年龄，均对本病易感，但幼年动物发病较多。

**2. 传染源**

被病畜的泪和鼻分泌物污染的饲料可能散播本病，在复愈牛的眼和鼻分泌物中，牛摩勒杆菌可存在数月，因此，引进病牛或带菌牛是牛群暴发本病的一个常见原因。

**3. 传播途径**

自然传播的途径还不十分明确，同种动物可以通过直接或密切接触（例如头部的相互摩擦和通过打喷嚏、咳嗽）而传染，蝇类或某种飞蛾可机械地传递本病。

**4. 流行特点**

本病主要发生于夏秋季节，其他季节发病率较低。传播迅速，多呈地方流行性或流行性，青年牛群的发病率较高。

## 三、临床症状

潜伏期一般为2～7天，初期一侧眼患病，患眼羞明、流泪，其后角膜凸起，角膜周围血管充血、舒张，结膜和瞬膜红肿，或在角膜上出现白色或灰色小点。严重者角膜增厚，并发生溃疡，形成角膜瘢痕及角膜翳，晶状体可能脱落。最后为双眼感染，病程一般为20～30天。病畜一般无全身症状，眼球化脓时往往伴有体温升高、食欲减退、精神沉郁和乳量减少等症状，多数可自愈，但有的病牛导致角膜云翳、角膜白斑和失明。

在由衣原体致病的羊，尚可见瞬膜和结膜上形成直径为1～10mm的淋巴样滤泡，有的病羊发生关节炎、跛行。

## 四、诊断

根据眼的临诊症状，传播迅速和发病的季节性，不难对本病作出诊断。必要时可作微生物学检查或应用荧光抗体技术进行确诊。

## 五、防治

**1. 预防**

该菌有许多免疫性不同的菌株，用具有菌毛和血凝性的菌株制成多价苗才有预防作用，犊牛注苗后大约经过4周产生免疫力。患过本病的动物对重复感染有一定抵抗力。

**2. 治疗**

发病后，病畜立即隔离，早期治疗，病畜可用2%～4%硼酸水洗眼，拭干后再用3%～5%弱蛋白银溶液滴入结合膜囊，每日1～3次。也可滴入青霉素溶液（每毫升含5000单位），或涂四环素眼膏，如有角膜混浊或角膜翳时，可涂1%～2%黄降汞软膏。用中药治疗也可获得较好的效果。

彻底清除厩肥，消毒畜舍。在牧区流行时，应划定疫区，禁止牛、羊等牲畜出入流动。在夏秋季尚需注意灭蝇，避免强烈阳光刺激。

# 子项目四　牛恶性卡他热

牛恶性卡他热是由恶性卡他热病毒引起的牛的一种急性、热性、高度致死性传染病。其主要特征为持续发热，上呼吸道和消化道黏膜发生卡他性纤维素性炎症，并伴有角膜混浊和严重的神经症状，病死率很高，本病散发于世界各地。

## 一、病原

本病的病原是恶性卡他热病毒，属疱疹病毒科，病毒存在于病牛的血液、脑、脾等组织中，在血液中的病毒紧紧附着于白细胞上，不易脱离，也不易通过细菌滤器。在感染的牛胸腺细胞培养物的细胞核中有病毒衣壳和带囊膜的粒子存在，在细胞质空泡和细胞外空隙中也有带囊膜的粒子。

病毒能在胸腺和肾上腺细胞培养物上生长，并产生 Cowdry 氏 A 型核内包含体及合胞体，在这种细胞培养物几次传代后，移种于犊牛肾细胞中能生长，适应了的病毒也可以在绵羊甲状腺、犊牛睾丸或肾上腺、角马及家兔肾细胞生长。

病毒对外界环境的抵抗力不强，不能抵抗高温、冷冻及干燥，含病毒的血液在室温中24h 则失去毒力，冰点以下温度可使病毒失去传染性，因而病毒较难保存，较好的保存方法是将枸橼酸盐脱纤的含毒血液保存在 5℃环境中。

## 二、流行病学

**1. 易感动物**

恶性卡他热在自然情况下主要发生于黄牛和水牛，其中 1～4 岁的牛较易感，老牛发病者少见，绵羊可以感染，但其症状不明显或无症状，成为病毒携带者。此外，还有山羊、岩羚羊、驼鹿、驯鹿和长颈鹿对恶性卡他热有易感性的报道。

**2. 传染源**

本病传染源是带毒的动物，特别是带毒的绵羊。

**3. 发病季节**

本病一年四季均可发生，更多见于冬季和早春，多呈散发，有时呈现地方流行性。多数地区发病率较低，而病死率可高达 60%～90%。病愈牛多无抵抗再感染的能力。

**4. 传播途径**

病牛不能直接传染给健康牛，主要是靠绵羊、山羊、角马及吸血昆虫而传播。犊牛可通过胎盘感染。

## 三、临床症状

自然感染的潜伏期，长短变动很大，一般 4～20 周或更长，最多见的是 28～60 天，人工感染犊牛通常为 10～30 天。

恶性卡他热已经报道有几种病型，即最急性型、肠型、头眼型、皮肤型等。头眼型被认为最典型，在非洲是常见的一种类型。在欧洲则以良性型及消化道型最常见，这些类型可能互相混合。

**1. 最急性型**

病程短至 1～3 天，不表现特征症状而死亡。最初症状有高热稽留（41～42℃）、肌肉震颤、寒战、食欲锐减、瘤胃弛缓、泌乳停止、呼吸及心跳加快、鼻镜干热等，呈最急性经过的病例多在 1～2 天死亡。

**2. 头眼型**

本型多见，病程 4～14 天。病初高热，同时还伴有鼻眼少量分泌物，精神不振，意识不清，食欲、反刍减少或停止，初便秘，后腹泻，特征性变化是双眼严重发炎，畏光、流泪、眼睑闭合，进行性角膜炎和角膜混浊，甚至溃疡穿孔。口腔与鼻腔黏膜充血、坏死及糜烂，数日后，鼻孔前端分泌物变为黏稠脓样，在典型病例中，形成黄色长线状物直垂于地面。这些分泌物干涸后，聚集在鼻腔，妨碍气体通过，引起呼吸困难，口腔黏膜布满坏死及糜烂物，并流出带有臭味涎液。病牛共济失调，有时出现兴奋症状，最后全身麻痹。

**3. 皮肤型**

在体温升高的同时，皮肤出现红疹、小疱疹等。关节显著肿大，淋巴结肿胀。

**4. 肠型**

高热稽留，严重腹泻，粪便如水样，恶臭，混有黏液、纤维素性伪膜和血液，后期大便失禁，常以死亡为结局。

## 四、病理变化

**1. 最急性型**

没有明显的病理变化，有时有轻微变化，可以见到心肌变性，肝脏和肾脏浊肿，脾脏和淋巴结肿大，消化道黏膜特别是真胃黏膜有不同程度发炎。

**2. 头眼型**

喉头、气管和支气管黏膜充血，有小点状出血，也常覆有假膜。肺充血及水肿，也见有支气管肺炎。

**3. 肠型**

以消化道黏膜变化为主，真胃黏膜和肠黏膜有出血性炎症，有部分形成溃疡。在较长的病程中，泌尿生殖器官黏膜也呈炎症变化，脾正常或稍肿胀，肝、肾浊肿，胆囊可能充血、出血，心包和心外膜有点状出血，脑膜充血，有浆液性浸润。

**4. 皮肤型**

皮肤红疹，有小水疱，淋巴结肿胀。

## 五、诊断

**1. 临床诊断**

根据流行特点、症状及病理变化特征，结合抗生素药物治疗无效等可以作出诊断，必要时可接种易感犊牛，观察其发病过程及病理变化。

**2. 鉴别诊断**

本病应与牛巴氏杆菌病和口蹄疫等鉴别。

## 六、防治

目前对本病无特效疗法，也无免疫措施。加强饲养管理，增强机体抵抗力，在流行地区应禁止牛与羊同牧或接触，对患牛采取对症治疗，减少死亡。

# 子项目五　牛病毒性腹泻/黏膜病

本病又称牛病毒性腹泻或牛黏膜病，是由病毒性腹泻/黏膜病病毒引起的牛的一种接触性传染病。其临床特征为发热、消化道和鼻腔黏膜发炎、糜烂、溃疡、腹泻、流产及胎儿发育异常等。

本病呈世界性分布，广泛存在于美国、澳大利亚、英国、新西兰等许多养牛发达的国家。1980 年以来，我国从境外引进奶牛和种牛，将本病带入我国，并分离鉴定出了病毒，目前，在一些省区有本病血清学阳性牛存在。

## 一、病原

牛病毒性腹泻病毒，又名黏膜病病毒，是黄病毒科，瘟病毒属的成员。为一种单股

RNA，有囊膜的病毒，大小为35～55nm，呈圆形。本病毒对乙醚、氯仿、胰酶等敏感，pH 3以下易被破坏，50℃氯化镁中不稳定，56℃很快被灭活，血液和组织中的病毒在冰冻状态冻干（－70℃）可存活多年。

本病毒能在胎牛肾、睾丸、肺、皮肤、肌肉、气管、胎羊睾丸、猪肾等培养物中增殖传代，也适应于牛胎肾传代细胞系。本病毒与猪瘟病毒为同属病毒，有密切的抗原关系。

## 二、流行病学

**1. 易感动物**

本病可感染黄牛、水牛、牦牛、绵羊、山羊、猪、鹿及小袋鼠，家兔可实验感染。

**2. 传染源**

患病动物和带毒动物是本病的主要传染源，病畜的分泌物和排泄物中含有病毒，绵羊多为隐性感染，但妊娠绵羊常发生流产或生产先天性畸形羔羊，这种羔羊也成传染源，康复牛可带毒6个月。

**3. 传播途径**

直接或间接接触均可传染本病，主要通过消化道和呼吸道感染，也可通过胎盘感染。

**4. 流行特点**

新疫区急性病例多，不论放牧牛或舍饲牛均可感染，发病率通常不高，约为5%，其病死率为90%～100%，发病牛以6～18月龄居多，老疫区则急性病例很少，发病率和病死率很低，而隐性感染率在50%以上。本病常年均可发生，通常多发生于冬末和春季。本病也常见于肉用牛群中。

## 三、临床症状

潜伏期7～14天，人工感染的潜伏期为2～3天。本病在牛群中仅见少数轻型病例，多数隐性传染。根据临床表现，可分为急性型和慢性型。

**1. 急性型**

突然发病，体温升高至40～42℃，持续4～7天，有的还有第二次升高。随着体温升高，白细胞减少，持续1～6天，继而又有白细胞数量增多，有的可发生第二次白细胞减少。病畜精神沉郁，厌食，鼻眼有浆液性分泌物，2～3天内可能有鼻镜及口腔黏膜糜烂，舌面上皮坏死，流涎增多，呼气恶臭，通常在口黏膜损害之后常发生严重腹泻，初为水泻，后带有黏液和血。有些病牛常有蹄叶炎及趾间皮肤糜烂坏死，从而导致跛行。

**2. 慢性型**

临床症状不明显，体温可能有高于正常的波动，较特殊的症状是鼻镜上糜烂，这种糜烂可在鼻镜上连成一片，眼常有浆液性分泌物，在口腔内很少有糜烂，但门齿齿龈通常发红，由于蹄叶炎及趾间皮肤糜烂坏死而致的跛行是最明显的症状。大多数患牛均在2～5个月死亡，也有些可拖延到一年以上。

母牛在妊娠期间感染本病时常发生流产，或产下有先天性缺陷的犊牛，最常见的是小脑发育不全。

## 四、病理变化

主要病理变化表现为消化道黏膜充血、出血、水肿和淋巴结水肿。特征性损害是食管黏膜糜烂，大小不等，呈直线形排列，第四胃炎性水肿和糜烂，肠壁因水肿增厚，肠淋巴结肿大。鼻镜、鼻孔黏膜，齿龈、上腭、舌面两侧及颊部黏膜有糜烂，严重病例在咽、喉头黏膜有溃疡及弥散性坏死。小肠急性卡他性炎症，空肠、回肠较为严重，盲肠、结肠、直肠有卡他性、出血性、溃疡性以及坏死性等不同程度的炎症。在流产胎儿的口腔、食管、真胃及气管内可能有出血斑及溃疡。运动失调的新生犊牛，有严重的小脑发育不全及两侧脑室积水。蹄部趾间皮肤及全蹄冠有急性糜烂性炎症或溃疡及坏死。

## 五、诊断

一般可根据其发病史、临床症状及病理变化作出初步诊断，最后确诊必须要进行病毒的分离鉴定及血清学检查。

病毒分离应于病牛急性发热期间采取血液、尿、鼻液或眼分泌物，剖检时采取脾、骨髓、肠系膜淋巴结等病料，作人工感染易感犊牛或用乳兔来分离病毒或用牛胎肾、牛睾丸细胞分离病毒。目前常用血清学试验方法是血清中和试验、免疫荧光试验、琼脂凝胶免疫扩散试验和补体结合试验等。

本病应注意与牛瘟、口蹄疫、恶性卡他热及水疱性口炎等相鉴别。

## 六、防治

### 1. 预防

加强检疫，引进种牛、种羊时必须进行血清学检查，防止引入带毒牛羊。一旦发生本病，对病牛要隔离治疗或急宰。对未感染牛群进行保护性限制，目前应用弱毒疫苗和灭活疫苗来预防和控制本病，以弱毒疫苗应用得较多，也有用三联（牛病毒性腹泻/黏膜病、牛传染性鼻气管炎、钩端螺旋体病）疫苗的。有的疫苗接种后免疫持续时间较长，但有接种反应，孕畜不宜使用。

### 2. 治疗

本病在目前尚无有效疗法。首先应加强对病牛的护理，改善饲养管理，增强机体抵抗力，促进恢复。

对病牛采取对症治疗，腹泻、脱水是引起病牛死亡的主要原因，应用收敛药和补液疗法，补充电解质，防止脱水，可缩短转归期，减少损失。用抗生素如氟苯尼考、氟哌酸或磺胺类药物，可减少继发性细菌感染。

# 子项目六　牛传染性鼻气管炎

牛传染性鼻气管炎，又称坏死性鼻炎和红鼻子病，是由一种病毒引起的牛的急性、热性、接触性传染病。这种病毒还可引起牛的生殖道感染、结膜炎、流产、乳房炎等其他类型的疾病。因此，它是由同一病原引起的多种病状的传染病。

本病在全世界分布广泛，给养牛业造成明显的经济损失。

## 一、病原

牛传染性鼻气管炎病毒，又称牛（甲型）疱疹病毒，是疱疹病毒科、甲型疱疹病毒亚科、单纯疱疹病毒属的成员。本病毒为双股RNA，有囊膜，直径为130～180nm。对乙醚和酸敏感，于pH 7.0的溶液中很稳定，4℃下经30天保存，其感染滴度几乎无变化，22℃保存5天，感染滴度下降10倍，－70℃保存的病毒，可活存数年。许多消毒剂都可使其灭活。

本病毒只有一个血清型，与马鼻肺炎病毒、马立克病病毒和伪狂犬病病毒有部分相同的抗原成分。

## 二、流行病学

### 1. 易感动物

主要感染牛，尤以肉用牛较为多见，其次是奶牛。肉用牛群的发病率有时高达75%，其中又以 20～60 日龄的犊牛最为易感，病死率也较高。

**2. 传染源**

病牛和带毒牛为主要传染源。

**3. 传播途径**

常通过空气经呼吸道传染，交配也可传染，从精液中可分离到病毒。

本病多发于寒冷季节，牛群过分拥挤，密切接触，可促进本病的传播。

## 三、临床症状

潜伏期一般为 4～6 天，有时可达 20 天以上，人工滴鼻或气管内接种可缩短到 18～72h。本病可表现为多种类型，常见的有以下几种。

**1. 呼吸道型**

通常于每年较冷的月份出现，病情程度不一，急性病例可侵害整个呼吸道，对消化道的侵害较轻些。病初高热（39.5～42℃），精神极度沉郁，拒食，有多量黏液脓性鼻漏，鼻黏膜高度充血，出现浅溃疡，鼻窦及鼻镜因组织高度发炎而称为“红鼻子”。有结膜炎及流泪，常因炎性渗出物阻塞而发生呼吸困难及张口呼吸，因鼻黏膜的坏死，呼气中常有臭味，呼吸加快，咳嗽。有时可见血性腹泻。乳牛病初期产乳量即大减，后期完全停止。病程如不延长（5～7 天）则可恢复产量。重型病例数小时即死亡，大多数病程 10 天以上。严重的流行，发病率可达 75%以上，但病死率 10%以下。

**2. 生殖道感染型**

潜伏期 1～3 天。母牛、公牛均可发生，病初发热，病畜沉郁，无食欲，尿频，产乳稍降。阴门流黏液线条，污染附近皮肤，阴门、阴道发炎充血，阴道底面上有不等量黏稠无臭的黏液性分泌物，阴门黏膜上出现小的白色病灶，可发展成脓疱，大量小脓疱使阴户前庭及阴道壁形成广泛的灰色坏死膜，经 10～14 天痊愈。公牛感染时潜伏期 2～3 天，沉郁、不食，生殖道黏膜充血，轻症 1～2 天后消退，可恢复；严重的病例发热，包皮、阴茎上发生脓疱，随即包皮肿胀及水肿，尤其当有细菌继发感染时更重，一般出现临诊症状后 10～14 天开始恢复，有公牛不表现症状而有带毒现象。

**3. 脑膜脑炎型**

主要发生于犊牛，体温升高达 40℃以上。犊牛共济失调，沉郁，随后兴奋，惊厥，口吐白沫，最终倒地，角弓反张，磨牙，四肢划动，病程短促，多归于死亡。

**4. 眼炎型**

主要症状是结膜炎、角膜炎，表现为结膜充血、水肿，并可形成粒状灰色的坏死膜，角膜轻度混浊。眼、鼻流浆液脓性分泌物。很少引起死亡。

**5. 流产型**

胎儿感染为急性过程，7～10 天后死亡，死后 1～2 天排出体外。

## 四、病理变化

呼吸道型时，呼吸道黏膜高度发炎，有浅溃疡，其上被覆腐臭黏液脓性渗出物，有时可见成片的化脓性肺炎。常有第四胃黏膜发炎及溃疡。大小肠有卡他性肠炎。流产胎儿肝、脾有局部坏死，有时皮肤有水肿。

## 五、诊断

根据流行特点、临床症状和剖检变化可作出初步诊断，确诊要作病毒分离。分离病毒取感染发热期病畜鼻腔分泌物，流产胎儿可取其胸腔液，或胎盘子叶，可用牛肾细胞培养分离，再用中和试验及荧光抗体来鉴定病毒。间接血凝试验或 ELISA 等均可用于本病的诊断或血清流行病学调查。

## 六、防治

### 1. 预防

引进牛只，要隔离观察和进行血清学试验，发病时应立即隔离病牛，同时对所有没有感染的牛接种疫苗，目前常用疫苗有弱毒疫苗、灭活疫苗和亚单位疫苗。免疫母牛后，犊牛母源抗体可持续4个月。

### 2. 治疗

本病无特效疗法，必须采取检疫、隔离、封锁、消毒等综合防治措施，发病时，立即隔离病牛，采取广谱抗生素防止细菌继发感染，配合对症治疗减少死亡。病后加强护理，提高营养水平，增强机体抵抗力，康复后可获得较强的免疫力。对脓疱性阴道炎及包皮炎，可用消毒液进行局部冲洗，洗净后涂以四环素或土霉素软膏，每天1～2次。

# 子项目七 牛流行热

牛流行热是由牛流行热病毒引起的牛的一种急性热性传染病，其临床特征为突发高热，流泪，有泡沫样流涎，鼻漏，呼吸促迫，后躯僵硬，跛行。发病率高，病死率低，一般取良性经过，大部分牛经2～3天便可恢复正常，故又叫暂时热或三日热。

本病广泛流行于非洲、亚洲及大洋洲。我国也有本病的发生和流行，而且分布面较广。因为大批牛发病，对乳牛的产乳量有明显的影响，而且部分牛常由于瘫痪而被淘汰，给养牛业带来相当大的经济损失。

## 一、病原

牛流行热病毒又名牛暂时热病毒，属弹状病毒科，暂时热病毒属的成员，像子弹形或圆锥形。含单股RNA，有囊膜。

本病毒可在牛肾、牛睾丸以及牛胎肾细胞上繁殖，并产生细胞病变。也可在仓鼠肾原代细胞和传代细胞（BHK-21）上生长并产生细胞病变。非洲绿猴肾传代细胞（Vero细胞）上也能繁殖。

本病毒各分离株间的同源性很高，差异极小。枸橼酸盐抗凝的病牛血液于2～4℃储存8天后仍有感染性。感染鼠脑悬液（加有10%犊牛血清）于4℃经1个月，毒力无明显影响。于－20℃以下低温保存，可长期保持毒力。本病毒对热敏感，56℃、10min，37℃、18h灭活。pH 2.5以下或pH 9以上于数十分钟内使之灭活，对乙醚和氯仿敏感。对一般消毒剂敏感。

## 二、流行病学

### 1. 易感动物

本病主要侵害奶牛和黄牛，水牛较少感染。以3～5岁牛多发，1～2岁牛及6～8岁牛次之，犊牛及9岁以上牛少发。6月龄以下的犊牛感染不表现临床症状。膘情较好的牛发病时病情较严重。母牛尤以妊娠牛发病率略高于公牛。产奶量高的母牛发病率高。绵羊可人工感染并产生病毒血症，继则产生中和抗体。

### 2. 传染源和传播途径

病牛是本病的主要传染源，吸血昆虫是重要的传播媒介。吸血昆虫（蚊、蠓、蝇）叮咬病牛后再叮咬易感染的健康牛而传播，故疫情的存在与吸血昆虫的出没相一致，也可经呼吸道传播。

**3. 流行特点**

本病的发生具有明显的周期性，6～8 年或 3～5 年流行一次，一次大流行之后，常隔一次较小的流行。本病的发生具有明显的季节性，一般在夏末到秋初、高温炎热、多雨潮湿、蚊蠓多生的季节流行。本病的传染力强，传播迅速，短期内可使很多牛发病，呈流行性或大流行性。有时疫区与非疫区交错相嵌，呈跳跃式流行。栏舍阴暗潮湿、狭窄拥挤、长途运输、重度劳役、营养不良等各种因素而导致牛的抵抗力下降时，就会引发该病流行。

## 三、临床症状

潜伏期 3～7 天。患牛突然发病，开始 1～2 头，很快波及牛群或整个地区。体温升高达 39.5～42.5℃，维持 2～3 天后，降至正常。在体温升高的同时，病牛流泪、畏光、眼结膜充血、眼睑水肿。呼吸促迫，患牛发出哼哼声，食欲废绝，咽喉区疼痛，反刍减少或停止。多数病牛鼻炎性分泌物成线状，随后变为黏性鼻涕。口腔发炎、流涎，口角有泡沫。有的患牛四肢关节水肿、僵硬、疼痛，病牛站立不动并出现跛行，最后因站立困难而倒卧。皮温不整，特别是角根、耳、肢端有冷感。粪便初干，常有黏液，发生严重肠炎时，表现腹痛努责，剧烈腹泻，粪便中带有大量黏液和血液。若不及时救治，病牛往往很快死亡，妊娠后期的母牛常会发生流产或死胎、泌乳量下降或停止。该病病程为 3～5 天，若能及时治疗，预后良好。少数严重者可于 1～3 天死亡，但病死率一般不超过 1%。有的病例常因跛行或瘫痪而被淘汰。

## 四、病理变化

主要病理变化在呼吸道。上呼吸道黏膜充血、出血、肿胀。急性死亡的自然病例，可见有明显的肺间质气肿，还有一些牛可有肺充血与肺水肿。肺气肿的肺高度膨隆，间质增宽，内有气泡，压迫肺呈捻发音。肺水肿病例胸腔积有多量暗紫红色液，两侧肺肿胀，间质增宽，内有胶冻样浸润，肺切面流出大量暗紫红色液体，气管内积有多量的泡沫状黏液。淋巴结充血、肿胀和出血。实质器官混浊肿胀。真胃、小肠和盲肠呈卡他性炎症和渗出性出血。

## 五、诊断

本病的特点是大群发生，传播快速，有明显的季节性，发病率高，病死率低，结合病畜临床表现上的特点，可作出初步诊断。但确诊本病还要作病原分离鉴定，或用中和试验、补体结合试验、琼脂凝胶免疫扩散试验、免疫荧光法、ELISA 等进行检验。必要时采取病牛全血，用易感牛作交叉保护试验。

在诊断本病时，要注意与茨城病、牛病毒性腹泻/黏膜病、牛传染性鼻气管炎等相区别。

## 六、防治

对本病的防治重点是早发现、早隔离、早治疗。

**1. 预防**

发生疫情后及时隔离病牛，并进行严格的封锁和消毒，消毒蚊蝇等吸血昆虫，以控制该病的流行。预防接种，在流行之前接种 β-丙内酯灭活苗、亚单位疫苗及病毒裂解疫苗。自然病例恢复后可获得 2 年以上的坚强免疫力，而人工免疫迄未达到如此效果。但是，由于本病发生有明显的季节性，因此在流行季节到来之前及时用能产生一定免疫力的疫苗进行免疫接种，即可达到预防的目的。

**2. 治疗**

病初可根据具体情况酌用退热药及强心药，停食时间长可适当补充生理盐水及葡萄糖溶液。用抗生素等抗菌药物防止并发症和继发感染。治疗时，切忌灌药，因病牛咽肌麻痹，药物易流入气管和肺里，引起异物性肺炎。

在本病的常发区，除做好人工免疫接种外，还必须加强消毒，扑灭蚊、蠓等吸血昆虫，切断本病的传播途径。发生本病时，要对病牛及时隔离，及时治疗，对假定健康牛群及受威胁牛群可采用高免血清进行紧急预防接种。

# 子项目八　牛白血病

牛白血病又称牛淋巴肉瘤、牛白细胞增生病，是由牛白血病病毒引起的牛的一种慢性肿瘤性疾病，其特征为淋巴样细胞恶性增生，进行性恶病质和高度病死率。

本病遍及全世界养牛的国家。我国于 1974 年首次发现本病，以后在许多地区相继发生，严重影响着我国养牛事业的发展，给国民经济带来损失。该病被世界动物卫生组织定为 B 类传染病，我国也将其列入二类动物疫病。

## 一、病原

本病病原为牛白血病病毒。本病毒属于反录病毒科、丁型反录病毒属。病毒粒子呈球形，外包双层囊膜，病毒含单股 RNA，能产生反转录酶。本病毒是一种外源性反转录病毒，存在于感染动物的淋巴细胞 DNA 中。本病毒具有凝集绵羊和鼠红细胞的作用。

病毒容易在原代的牛源和羊源细胞内生长并传代。该病毒对外界环境抵抗力较弱。对乙醚和胆盐敏感。病毒对温度较敏感，60℃以上迅速失去感染力。紫外线照射和反复冻融对病毒有较强的灭活作用。

## 二、流行病学

**1. 易感动物**

本病主要发生于牛、绵羊、瘤牛，水牛和水豚也能感染。在牛，本病主要发生于成年牛，尤以 4～8 岁的牛最常见。目前尚无证据证明本病毒可以感染人，但要作出本病毒对人完全没有危险性的论断还需进一步研究。

**2. 传染源**

病畜和带毒者是本病的传染源。

**3. 传播途径**

血清流行病学调查结果表明，本病可水平传播、垂直传播及经初乳传染给犊牛。近年来证明吸血昆虫在本病传播上具有重要作用。被污染的医疗器械（如注射器、针头），可以起到机械传播本病的作用。

## 三、临床症状

本病潜伏期很长，为 4～5 年。根据临床表现分为亚临床型和临床型。

**1. 亚临床型**

本型特点是淋巴细胞增生，可持续多年或终身，对健康状况没有任何扰乱。这样的牲畜有些可进一步发展为临床型。

**2. 临床型**

病牛生长缓慢，体重减轻。体温一般正常，有时略微升高。从体表或经直肠可摸到某些淋巴结呈一侧或对称性增大。腮淋巴结或股前淋巴结常显著增大，触摸时可移动。如一侧肩前淋巴结增大，病牛的头颈可向对侧偏斜；眶后淋巴结增大可引起眼球突出。出现临床症状的牛，通常均取死亡转归，但其病程可因肿瘤病变发生的部位、程度不同而异，一般在数周至数月之间。

## 四、病理变化

**1. 眼观变化**

尸体异常消瘦、贫血，可视黏膜苍白。主要病理变化为全身或部分淋巴结肿大，尤其是体表的颌下淋巴结、肩前淋巴结、乳房上淋巴结、腰下淋巴结、股前淋巴结及体内的肾淋巴结、纵隔淋巴结和肠系膜淋巴结肿大3～5倍，被膜紧张，淋巴结质地坚实或呈面团样，外观灰白色或淡红色，切面外翻，呈鱼肉状，常伴有出血和坏死。血液循环障碍导致全身性被动充血和水肿。脊髓被膜外壳里的肿瘤结节，使脊髓受压、变形和萎缩。皱胃壁由于肿瘤浸润而增厚变硬。

**2. 组织学变化**

各器官的正常组织结构被破坏，被不成熟的肿瘤细胞代替。肿瘤细胞呈多型性，细胞多偏于一端，胞浆较少，外围呈不规则圆形，细胞核占细胞的大半。强嗜酸性，染色质丰富。常见有核分裂现象，核仁常被染色质覆盖。

## 五、诊断

临床诊断基于触诊发现增大的淋巴结（腮、肩前、股前）。在疑有本病的牛只，直肠检查骨盆腔和腹腔的器官有肿瘤块存在可以初步作出诊断。具有特别诊断意义的是腹股沟和髂淋巴结的增大。

对感染淋巴结做活组织检查，发现有成淋巴细胞（瘤细胞），可以证明有肿瘤的存在。尸体剖检可以见到特征的肿瘤病变。最好采取组织样品（包括右心房、肝、脾、肾和淋巴结）作显微镜检查以确定诊断。

琼脂凝胶免疫扩散试验、补体结合试验、中和试验、间接免疫荧光技术、ELISA等都可用于本病的诊断。

## 六、防治

本病尚无特效疗法。根据本病的发生呈慢性持续性感染的特点，防治本病应采取以严格检疫、淘汰阳性牛为中心，包括定期消毒、驱除吸血昆虫、杜绝因手术、注射可能引起的交互传染等在内的综合性措施。

无病地区应严格防止引入病牛和带毒牛；引进新牛必须进行认真的检疫，发现阳性牛立即淘汰，但不得出售，阴性牛也必须隔离3～6个月以上方能混群。疫场每年应进行3～4次临床、血液和血清学检查，不断剔除阳性牛；对感染不严重的牛群，可借此净化牛群，如感染牛只较多或牛群长期处于感染状态，应采取全群扑杀的坚决措施。

对检出的阳性牛，如因其他原因暂时不能扑杀时，应隔离饲养，控制利用；肉牛可在肥育后屠宰。阳性母牛可用来培养健康后代，犊牛出生后即行检疫，阴性者单独饲养，喂以健康牛乳或消毒乳，阳性牛的后代均不可作为种用。

# 子项目九 牛海绵状脑病

牛海绵状脑病（BSE）俗称疯牛病，是牛的一种神经性、渐进性、致死性疾病；是一种慢性消耗性致死性的传染病，其主要特征是牛大脑呈海绵状病变，引起大脑功能退化，精神状态失常，共济失调，触听视三觉过敏和中枢神经系统（CNS）灰质空泡化。潜伏期长，病情逐渐加重，终归死亡。

该病于1985年4月首次在英国被发现，至今已有许多国家都有发现。目前，世界上有100多个国家面临该病的严重威胁，我国尚未见文献报道。

## 一、病原

该病的病原是一种无核酸的蛋白性侵染颗粒（简称朊病毒或朊粒），是由宿主神经细胞表面正常的一种糖蛋白（PrPc）在翻译后发生某些修饰而形成的异常蛋白（PrPBSE），与原糖蛋白相比，该异常蛋白对蛋白酶具有较强的抵抗力。它不同于一般的病毒。集体感染后不发热、不产生炎症、无特异性免疫应答。对各种理化因素抵抗力较强，如高压消毒需要136℃、30min。消毒时，常用1%～2%的氢氧化钠溶液、5%次氯酸钠溶液、90%石炭酸溶液、5%碘酊等，对牛海绵状脑病病毒有很强的灭活作用。

## 二、流行病学

易感动物为牛科动物，包括家牛、非洲林羚、大羚羊以及瞪羚、白羚、金牛羚、弯月角羚和美欧野牛等。易感性与品种、性别、遗传等因素无关。家猫、虎、豹、狮等猫科动物也易感。由于本病潜伏期较长，被感染的牛到2岁才开始有少数发病，3岁时发病明显增加，4岁和5岁达到高峰，6～7岁发病开始明显减少，到9岁以后发病率维持在低水平。

本病主要通过被污染的饲料经口传染，饲喂含染疫反刍动物肉骨粉的饲料可引发BSE。一般认为病牛约在出生后的前6个月间被感染，但也不能排除垂直感染的可能性。

本病的流行没有明显的季节性。BSE发生流行需以下两个要素：①本国存在大量绵羊且有痒病流行或从国外进口了被牛海绵状脑病污染的动物产品；②用反刍动物肉骨粉喂牛。

## 三、临床症状

BSE平均潜伏期为4～5年。病牛临床表现为精神异常、运动障碍和感觉障碍。

### 1. 精神异常

主要表现为不安、恐惧、狂暴等，当有人靠近或追逼时往往出现攻击性行为。

### 2. 运动障碍

主要表现为共济失调、颤抖或倒下。病牛步态呈“鹅步”状，四肢伸展过度，后肢运动失调，震颤和跌倒，麻痹，轻瘫；有时倒地难以站立。

### 3. 感觉障碍

最常见的是对触摸、声音和光过度敏感，这是牛海绵状脑病病牛很重要的临床诊断特征。用手触摸或用钝器触压牛的颈部、肋部，病牛会异常紧张、颤抖；用扫帚轻碰后蹄，也会出现紧张的踢腿反应；病牛听到敲击金属器械的声音，会出现震惊和颤抖反应；病牛在黑暗环境中，对突然打开的灯光，出现惊吓和颤抖反应。

## 四、病理变化

无肉眼可见的病理变化，也无生物学和血液学异常变化。典型的组织病理学和分子学变化都集中在中枢神经系统。有3个典型的非炎性病理变化。①出现双边对称的神经空泡具有重要的诊断价值，包括灰质神经纤维网出现微泡即海绵状变化。②星型细胞肥大常伴随空泡的形成。③大脑淀粉样病变。

## 五、诊断

根据临床症状只能作出疑似诊断，确诊需进一步做实验室诊断。

### 1. 样品采集

组织病理学检查，在病畜死后立即取整个大脑以及脑干或延脑，经10%福尔马林盐水固定后送检。

### 2. 病原检查

目前尚无牛海绵状脑病病原的分离方法。生物学方法（即用感染牛或其他动物的脑组织通过非胃肠道途径接种小鼠）是目前检测感染性的唯一方法。但因潜伏期至少在 300 天以上，而使该方法无实际诊断意义。

**3. 脑组织病理学检查**

以病牛脑干核的神经元空泡化和海绵状变化的出现为检查依据。在组织切片效果较好时，确诊率可达 90%。本法是最可靠的诊断方法，但需在牛死后才能确诊，且检查需要较高的专业水平和丰富的神经病理学观察经验。

**4. 免疫组织化学法**

检查脑部的迷走神经核群及周围灰质区的特异性 PrP 的蓄积，本法特异性高，成本低。

**5. 电镜检查**

检测痒病相关纤维蛋白类似物（SAF）。

## 六、防治

本病尚无有效治疗方法。应采取以下措施，减少病原在动物中的传播。

（1）根据世界动物卫生组织《陆生动物卫生法典》的建议，建立 BSE 的持续监测和强制报告制度。

（2）禁止用反刍动物源性饲料饲喂反刍动物。

（3）禁止从 BSE 发病国或高风险国进口活牛、牛胚胎和精液、脂肪、肉骨粉或含肉骨粉的饲料、牛肉、牛内脏及有关制品。

（4）一旦发现可疑病牛，立即隔离并报告当地动物防疫监督机构，力争尽早确诊。确诊后扑杀所有病牛和可疑病牛，甚至整个牛群，并根据流行病学调查结果进一步采取措施。

# 子项目十　蓝　舌　病

蓝舌病是以昆虫为传染媒介的反刍动物的一种病毒性传染病。主要发生于绵羊，其临床特征为发热，消瘦，口、鼻和胃黏膜的溃疡性炎症变化。由于病羊，特别是羔羊长期发育不良、死亡、胎儿畸形、羊毛的破坏，造成的经济损失很大。

本病的分布很广，很多国家均有本病存在，1979 年我国云南省首次确定绵羊蓝舌病，1990 年在甘肃省又从黄牛分离出蓝舌病病毒。该病被世界动物卫生组织定为 A 类传染病，我国也将其列入一类动物疫病。

## 一、病原

蓝舌病病毒属于呼肠孤病毒科环状病毒属。为一种双股 RNA 病毒，病毒基因组由 10 个分子质量大小不一的双股 RNA 片段组成。羊肾、胎牛肾、犊牛肾、小鼠肾原代细胞和继代细胞（BHK-21）都能培养增殖并产生蚀斑或细胞病变。也可用核酸探针进行鉴定。已知病毒有 24 个血清型，各型之间无交互免疫力。

病毒存在于病畜血液和各器官中，在康复畜体内存在达 4～5 个月之久。病毒抵抗力很强，在 50%甘油中可以存活多年，对乙醚、氯仿等脂溶剂不敏感，含有酸、碱和次氯酸钠、吲哚的消毒剂很容易杀死蓝舌病病毒，如该病毒对 3%氢氧化钠溶液很敏感。

## 二、流行病学

**1. 易感动物**

绵羊易感，不分品种、性别和年龄，以 1 岁左右的绵羊最易感，吃奶的羔羊有一定的抵抗力。牛和山羊的易感性较低，多为隐性感染。

**2. 传染源**

病畜是本病的传染源。病愈绵羊血液能带毒达4个月之久，这些带毒动物也是传染源。

**3. 传播途径**

本病主要通过库蠓传递，绵羊虱蝇也能机械传播本病。公牛感染后，其精液内带有病毒，可通过交配和人工授精传染给母牛。病毒也可通过胎盘感染胎儿。

该病的发生有严格的季节性，多发生在湿热的夏季和早秋，特别是池塘、河流较多的低洼地区。

## 三、临床症状

潜伏期为3～8天，病初体温升高达40.5～41.5℃，稽留5～6天，表现为厌食、精神委顿，落后于羊群。发热1～2天后症状开始出现。口腔黏膜充血，后发绀，呈青紫色。流涎，口唇水肿，蔓延到面部和耳部，甚至颈部、腹部，在发热几天后，口腔连同唇、齿龈、颊、舌黏膜糜烂，致使吞咽困难；随着疾病的发展，在溃疡损伤部位渗出血液，唾液呈红色，口腔发臭。鼻流炎性、黏性分泌物，鼻孔周围结痂，引起呼吸困难和鼾声，最急性病例因肺水肿而呼吸困难。有时在体温消退期，蹄冠、蹄叶发生炎症，触之敏感，呈不同程度的跛行，甚至膝行或卧地不动。病羊消瘦、衰弱，有的便秘或腹泻，有时下痢带血，早期有白细胞减少症。病程一般为6～14天，发病率30%～40%，病死率2%～3%，有时可高达90%。患病不死的经10～15天痊愈，6～8周后蹄部也恢复。妊娠4～8周的母羊遭受感染时，其分娩的羔羊中约有20%发育缺陷，如脑积水、小脑发育不足、回沟过多等。

山羊的症状与绵羊相似，但一般比较轻微。

牛通常缺乏症状。约有5%的病例可显示轻微症状，其临床表现与绵羊相同。

## 四、病理变化

主要见于口腔、瘤胃、心、肌肉、皮肤和蹄部。口腔出现糜烂和深红色区，舌、齿龈、硬腭、颊黏膜和唇水肿。瘤胃有暗红色区，表面有空泡变性和坏死。真皮充血、出血和水肿。肌肉出血，肌纤维变性，有时肌间有浆液和胶冻样浸润。呼吸道、消化道和泌尿道黏膜及心肌、心内外膜均有小点出血。严重病例，消化道黏膜有坏死和溃疡。脾脏通常肿大。肾和淋巴结轻度发炎和水肿，有时有蹄叶炎变化。

## 五、诊断

根据典型症状和病理变化可以作出临床诊断，如发热、白细胞减少、口与唇的糜烂和肿胀、跛行、蹄的炎症及流行季节等。为了确诊可采取病料进行人工感染或通过鸡胚或乳鼠和乳仓鼠分离病毒。也可进行血清学诊断。血清学试验中，琼脂凝胶免疫扩散试验、补体结合反应、免疫荧光抗体技术具有群特异性，可用于病的定性试验；中和试验具有型特异性，可用来区别蓝舌病病毒的血清型。也可采用PCR技术和DNA探针技术分别进行病毒核酸检测和血清型的鉴定。

牛羊蓝舌病与口蹄疫、牛病毒性腹泻/黏膜病、恶性卡他热、牛传染性鼻气管炎、水疱性口炎、茨城病、牛瘟等有相似之处，应注意鉴别。

## 六、防治

**1. 预防**

在流行地区可在每年发病季节前1个月接种疫苗；在新发病地区可用疫苗进行紧急接种。目前所用疫苗有弱毒疫苗、灭活疫苗和亚单位疫苗，以弱毒疫苗比较常用，二价或多价疫苗可产生相互干扰作用，因此二价或多价疫苗的免疫效果会受到一定影响。

为了防止本病的传入，严禁从有本病的国家和地区引进牛羊。加强国内疫情监测，切实做好冷冻精液的管理工作，严防用带毒精液进行人工授精。夏季宜选择高地放牧以减少感染的机会。夜间不在野外低湿地过夜。定期进行药浴、驱虫，控制和消灭本病的媒介昆虫（库蠓），做好牧场的排水工作。

**2. 治疗**

对病畜要精心护理，严格避免烈日风雨，给以易消化的饲料，每天用温和的消毒液冲洗口腔和蹄部。预防继发感染可用磺胺类药或抗生素，有条件时病畜或分离出病毒的阳性畜应予以扑杀；血清学阳性畜，要定期复检，限制其流动，就地饲养使用，不能留作种用。

## 子项目十一　梅迪-维斯纳病

梅迪为冰岛语 Maedi 的译音，意指呼吸困难。维斯纳为冰岛语 Visna 的译音，意为消耗性疾病。它们都是最先在冰岛发现的绵羊病毒病。从病的特征来看，梅迪是一种进程缓慢的病毒性肺炎；维斯纳是一种进程缓慢的病毒致命性脑膜炎和脑脊髓炎。

梅迪病羊具有类似维斯纳病羊那种中枢神经系统病理变化。冰岛的资料认为，维斯纳是梅迪的神经型，最近的一些研究资料已经证实，梅迪和维斯纳是同一种病毒感染所引起的两种不同类型的疾病。

### 一、病原

病原是梅迪病病毒和维斯纳病病毒，现已证实这两种病毒的形态结构、化学组成及复制过程是相同的，故称为梅迪-维斯纳病病毒。此病毒粒子类圆形，大小为 80～120nm，核酸由单股 RNA 组成，有囊膜，在囊膜表面有长 8～10nm 的放射状突起物。此病毒在分类学上属于反转病毒科慢性病毒属。

此病毒在 pH 4.2 及加热至 50℃下，30min 易被灭活；在 －70℃可存活几个月，对乙醚、氯仿、乙醇、甲基高碘酸盐和胰酶敏感，可被 4％石炭酸、0.1％福尔马林灭活。

此病毒可在来自绵羊脉络膜丛、肾和涎腺的培养细胞上生长。

### 二、流行病学

本病主要发生于羊，多发生于 2 岁以上的成年绵羊。病羊和带毒羊是主要的传染源，感染是经病羊与健康羊的直接接触或经呼吸道、消化道等途径，也可经胎盘和乳汁进行垂直传播，吸血昆虫也可能成为传播媒介。本病无季节性，呈散发。

### 三、临床症状

**1. 梅迪病**（呼吸型）

只见于 3～4 岁成年羊。病程通常为 4～8 个月，有的甚至数年，在羊群里扩散时开始很慢，通常见不到临诊病例。死亡率可达 20％～30％。

本病的潜伏期为 2～3 年，开始很不明显。在临床症状出现以前，经常会发生白细胞增多症。主要临床表现为进行性消瘦，呼吸快而费力，最后变得困难。除辅助呼吸肌参与呼吸过程外，头部和肋部经常出现有节奏的跳动。病羊经常死于继发性肺炎。

**2. 维斯纳病**（神经型）

见于两岁以上的绵羊。病羊经常落群。后肢容易失足、发软，体重减轻。随后距关节不能伸直，休息时经常跖骨后段着地。四肢麻痹逐渐发展，带来行走困难，用力后容易疲乏。有时唇和眼睑震颤，头稍微偏向一侧。

天然和人工感染病例的病程很长，往往可达数年，然后出现偏瘫或完全麻痹。病的发展有时呈波浪式，中间出现轻度缓解。过度用力或重复全身麻醉可加速本病的发展。

## 四、病理变化

**1. 梅迪病**

剖检变化限于肺及其局部淋巴结。病重者肺的重量要比正常时大 2～4 倍，体积也有增加，在开胸后，其塌陷程度很小。但体积的变化不如重量的变化明显。肺增大后的形状正常。病部组织致密，质地如肌肉，触之有橡皮样感觉。健康肺的粉红色被特殊的灰棕色所代替。膈叶的变化最大，心叶和尖叶次之。如给病部切面滴加醋酸，很快便会出现针尖大小的小结节。健康组织与病变组织之间并无明显界线。局部淋巴结大而软，切面均质发白。

病理组织变化主要为慢性间质性炎症。肺泡间隔呈弥漫性增厚，这主要是大单核细胞浸润的结果。淋巴细胞造成的浸润较轻。经常可看到肺泡间隔平滑肌增生，支气管和血管周围的淋巴样细胞浸润。微小的细支气管上皮常有增生，有时邻近的肺泡发生解体和上皮化。肺泡的巨噬细胞里会有包含体，常有一个或几个位于胞浆里。其直径为 1～3nm，球形，用吉姆萨染色很清楚。

**2. 维斯纳病**

剖检时见不到特异变化。病期很长的，其后肢肌肉经常萎缩。少数病例的脑膜充血，白质的切面上会有灰黄色小斑。

中枢神经的初发性显微损害是脑膜下和脑室膜下出现浸润和网状内皮系统细胞的增生。病重者，脑干、桥脑、延髓及脊髓的白质里广泛存在着损害。开始时，显然只是胶质细胞构成的小浸润病灶，但可融合成较大的病灶，甚至可变为大片浸润区，具有坏死和形成空洞的趋势。髓磷脂性变是继发的，通常比较轻微，轴索都很完整。外周神经有弥散性淋巴细胞浸润，而髓磷脂的变化则较轻。

## 五、诊断

依据临床症状、流行特点、病理变化可作出初步诊断。可用琼脂凝胶免疫扩散试验、补体结合试验以及病毒中和试验等血清学方法测定病羊血清中抗体，发现阳性者即可确诊。也可作病毒分离培养及动物试验。

在鉴别诊断方面，需要与绵羊肺腺瘤病、痒病等进行区别。

**1. 与绵羊肺腺瘤病的区别**

梅迪-维斯纳病与绵羊肺腺瘤病在临床上均表现为进行性病程，很难区别。但在病理组织学上，绵羊肺腺瘤病以增生性、肿瘤性肺炎为主要特征，可发现肺泡上皮细胞和细支气管上皮细胞异型增生，形成腺样构造；而梅迪病则以间质性肺炎为特征，间质增厚变宽，平滑肌增生，支气管和血管周围淋巴样细胞浸润，血清学试验也可区别。

**2. 与痒病的区别**

一些不呈瘙痒症状的痒病患羊，在临床上可能与维斯纳病相似。但在病理组织学上，痒病的特异性变化是神经元空泡化，即海绵样变性，而维斯纳病则呈现弥漫性脑膜炎变化，具有明显的细胞浸润和血管套现象，以及弥漫性脱髓鞘变化。此外，痒病缺乏免疫学反应，而梅迪-维斯纳病可用血清学方法检出特异抗体。

## 六、防治

尚无有效治疗方法。为了消灭本病，应对病羊施行全部屠宰。

（1）病尸或污染物应销毁或作无害化处理　圈舍、饲管用具应用 2%氢氧化钠或 4%石炭酸消毒。

（2）羊群管理　定期对羊群进行血清学检测，即时淘汰有临床症状及血清学阳性的羊及其后代，以清除本病，净化畜群。

（3）应从未发生本病的国家和地区引进种羊　动物进口前30天进行梅迪-维斯纳病琼脂凝胶免疫扩散试验，结果阴性者方可启运。口岸检疫中，如发现梅迪-维斯纳病阳性动物，则作扑杀销毁处理，同群动物严格隔离观察。

## 子项目十二　羊　痒　病

羊痒病是绵羊和山羊的一种慢性、退行性的中枢神经系统疾病。该病临床以潜伏期长，剧痒，头和颈部肌肉震颤，运动失调，衰弱和瘫痪为特征。本病又被称为“傻性脑炎”。

### 一、病原

该病病原是一种具有奇特性质的微生物，既不同于一般病毒，也不同于类病毒，是一种特殊的具有致病能力的糖蛋白。对不良理化因素的影响很稳定，加热、紫外线和离子照射、动物产品炼油工艺也不能将其全部杀死。

痒病病原既不刺激机体产生免疫反应，也不影响机体对其他感染的免疫应答。这与中枢神经系统损伤后不表现炎性反应一致。被感染后，病毒进入血液，并定位于淋巴结与脾脏中。病毒缓慢地繁殖，并一直居留于整个患病过程中。几个月后病毒进入脊髓，然后是脑，开始出现临床症状。可能因为神经细胞机能障碍而导致死亡。

### 二、流行病学

各种羊均可发生痒病，但以英国萨福克绵羊的敏感性最高。一般发生于2～4岁的羊，而以3岁半的羊发病率最高。绵羊与山羊可通过接触传染。羊群被感染后，很难清除病原。羊只一旦被感染，便会引起死亡，因此，一定要加强对进出口羊只的检疫。

### 三、临床症状

该病的潜伏期为1～5年。

在早期，病羊精神沉郁、敏感，稍受外界刺激，则出现兴奋反应，头颈部发生震颤，震颤在兴奋时加重，休息时减轻。在进展期，病羊表现为奇痒，出现摩擦动作，病羊靠着栅栏、木桩和器具不停地摩擦它们的头部、背部、胸侧、臀部。用后肢搔抓，用嘴啃咬皮肤。在后期，共济失调的运动引起踉跄的步态，经常跌倒。在终期，身体极度虚弱，体重下降，母畜流产，病畜衰竭，卧地不起，最终死亡。病程从数周到数月不等。

### 四、病理变化

除尸体消瘦和皮肤脱毛、损伤外，常无眼观可见变化。病理组织学变化常表现为神经元胞浆内有许多空泡形成。

### 五、诊断

根据典型的临床症状与病理变化来诊断疾病。鉴别诊断要考虑疥癣病与虱病，二者都是动物寄生虫侵袭所致。

### 六、防治

严格检疫，若发现病羊与疑似病羊，应隔离封锁，全部扑杀。坚决不从疫区引进种羊。

对本病，目前尚无有效的生物制剂和药物。

## 子项目十三　羊　口　疮

羊口疮又称羊传染性脓疱、口疮，是绵羊和山羊的一种病毒性传染病。羔羊多为群发，以口唇等处皮肤和黏膜形成丘疹、脓疱、溃疡和结成疣状厚痂为特征。养羊国家均有本病报道，我国也有报道。

本病见于世界各地，特别是欧、非、澳、美各洲多见。我国的甘肃、青海及陕西均有发生。

## 一、病原

羊口疮病毒属于痘病毒科、副痘病毒属的传染性脓疱病毒。病毒对外界环境有较强的抵抗力。散播在地面的病毒，经过秋冬至来春仍有传染性，对热和甲醛较敏感。

## 二、流行特点

只危害绵羊和山羊，3～6月龄羔羊最易感，常呈群发性流行。成年羊发病较少，呈散发性传染。人和猫有时也可感染。多发生于秋季。病羊和带毒羊是主要传染源，经损伤的皮肤、黏膜而感染。

## 三、临床症状

本病在临床上分为三型，即唇型、蹄型、外阴型，也偶见有混合型。

### 1. 唇型

发生于各年龄的绵羊羔及山羊羔，是本病的主要病型。一般在口角或上唇，有时在鼻镜上出现散在的红斑、痘疹或小结节，继而形成水疮和脓疱，脓疱溃破后，形成黄色或棕色的疣状硬痂。由于有渗出液，硬痂逐渐扩大、加厚。如果为良性，1～2周则痂皮干燥、脱落而恢复正常，一般无全身症状。严重病例，患部继续发生痘疹、水疮、脓疱和痂垢，并互相融合，波及整个口唇及眼睑和耳郭。痂垢不断增厚，痂下伴有肉芽组织增生，整个嘴唇肿大外翻呈桑葚状隆起。唇部肿大严重影响采食，病羊日趋衰弱而死亡。有些病例还常伴有化脓菌和坏死杆菌等继发感染，引起深部组织的化脓和坏死，使病情恶化。

口腔黏膜亦常受害（有时仅见口腔黏膜病变），在唇内面、齿龈、颊部、舌及软腭上形成被红晕所围绕的灰白色水疱，继而变成脓包和烂斑，或愈合而康复；或恶化而形成大面积溃疡。往往有坏死杆菌等继发感染，并发生伴有恶臭的深部组织坏死。有时甚至可见部分舌的坏死脱落。少数严重病例可因继发性肺炎而死亡。

### 2. 蹄型

多见于绵羊。多见一肢患病，在蹄叉、蹄冠或系部皮肤上形成水疱或脓疱，破裂后形成溃疡。若发生继发感染，对化脓坏死可波及皮基部和蹄骨，病羊跛行，长期卧地。间或还有在肺脏、肝脏和乳房中发生转移性病灶，严重者因衰弱或败血症而死亡。

### 3. 外阴型

较少见。在公羊，阴鞘肿胀，阴鞘口及阴茎上发生小脓疱和溃疡。在母羊，有黏性或脓性阴道分泌物，阴唇及其附近皮肤肿胀、疼痛并有溃疡，乳房和乳头皮肤上同时或者单独发生疱疹、烂斑和痂块。

## 四、病理变化

病理变化开始为表皮细胞肿胀、变性和充血、水肿。接着表皮细胞增长并发生水疱变性，使表皮层增厚并向表面隆突，真皮充血，渗出加重；真皮内充血的血管周围见大量单核细胞和中性粒细胞；随着中性粒细胞向表皮移行并聚集在表皮的水疱内，水疱逐渐变为脓疱。可见，病理变化的特征性变化在真皮部分。

## 五、诊断

根据临床症状、流行特点，并直接从病理变化处取病料镜检可检查到包含体。血清学方法有补体结合试验、琼脂凝胶免疫扩散试验等。在诊断中尚需与以下疾病区别。

羊痘的痘疹多为全身性，且体温升高，全身反应重，结节呈圆形凸出表面，界限明显，呈脐状。

溃疡性皮炎也是病毒性传染病，多发于1岁以上或成年羊，其损害发生在颜面和上唇，不累及唇联合处。腿部损害也常在蹄冠和趾间隙之间，覆盖厚痂，无凸起，额下有坏死溃疡。

坏死杆菌病主要表现为组织坏死，而无水疱病变，也无疣状增生物。必要时可做细菌学检查和动物试验以区别。

## 六、防治

**1. 加强饲养管理**

保持皮肤黏膜不发生损伤，特别是羔羊长牙阶段，口腔黏膜娇嫩，易引起外伤。因此应尽量清除饲料或垫草中的芒刺和异物，避免在有刺植物的草地放牧。适时加喂适量食盐，以减少啃土、啃墙。

**2. 严格检疫**

不要从疫区引进羊只和购买畜产品，必须引进羊时，应隔离检疫2～3周，进行多次清洗消毒。病羊及时治疗。污染的用具和羊舍可用2%氢氧化钠溶液或10%石灰乳消毒。新购入的羊应进行全面检查，并对羊只蹄部、体表进行彻底清洗与消毒，隔离观察一个月以后，在确认健康后方可混入其他羊群。

**3. 免疫接种**

免疫接种是预防该病的有效措施。国外已研制出减毒疫苗，在配种前注射于母羊肘后皮下，在注射局部产生硬痂，待母羊分娩后，通过初乳能使羔羊获得一定免疫力。该疫苗可引起诸如跛行等轻度反应。因此仅限本病流行地区使用；也可把患病羊只口唇部痂皮取下，剪碎、研制成粉末，然后用50%甘油灭菌生理盐水稀释成1%浓度，涂于股内皮肤划痕处或刺种于耳部。

当羊群已发病时，疫苗的接种已无多大用处，故必须在疾病未出现之前进行接种。

**4. 发现病羊及时隔离，对圈舍进行彻底消毒**

饲槽、圈舍、运动场可用石灰粉或3%氢氧化钠消毒。患病羊吃剩的草和接触过的草都应做消毒或焚烧处理。同时给予病羊柔软、富有营养、易消化的饲料，保证饮水清洁。

**5. 治疗**

对病羊加强护理，经常给病羊供应清水，饲料不可过于干硬，遇到病势严重而吃草料困难时，可给予鲜奶或稀料。病轻者通常可以自愈。对严重病例，应每日给疮面涂以2%～3%碘酊、1%来苏儿溶液、3%龙胆紫或5%硫酸铜溶液。亦可涂用防腐性软膏，如3%石炭酸软膏或5%水杨酸软膏。如果口腔内有溃烂，可由口侧注入1%稀盐酸或3%～4%的氯酸钾，让羊嘴自行活动，以达洗涤的目的，然后涂以碘甘油或抗生素软膏。在补喂精料之前短时间内，不可用消毒液洗涤口外疮伤，否则会因疮面湿润而在吃精料时容易黏附料粒，反复如此，可使疮痂越来越大，羊张口不易，采食发生困难。

# 子项目十四　羊　痘

羊痘是羊的一种急性、热性、接触性传染病。该病以无毛或少毛的皮肤和黏膜上生痘疹为特征。典型病例初期为痘疹，后变水疱、脓疱，最后干结成痂脱落而痊愈。

## 一、病原

病原为羊痘病毒，有山羊痘和绵羊痘两种，它们之间一般不会形成交叉感染。病毒主要存在于病羊的痘疱、浆液及水疱皮内。羊痘病毒对热、直射阳光、碱和大多数常用消毒剂（酒精、碘酊、红汞、福尔马林、来苏儿、石炭酸等）均较敏感。该病毒耐干燥，在干燥的疮皮内能成活数年，在干燥羊舍内可存活 8 个月。

## 二、流行病学

该病主要通过呼吸道及含毒的飞沫和尘土传染，也可通过损伤的皮肤及消化道传染。被病羊污染的用具、饲料、垫草、病羊的粪便、分泌物、皮毛和外寄生虫都可成为传播媒介。

该病多发生于春秋两季，常呈地方性流行或广泛流行。

## 三、临床症状

病初体温升高至 41～42℃，精神不振，食欲减退，拱腰发抖，眼睛流泪，咳嗽，鼻孔有黏性分泌物。2～3 天后在羊的嘴唇、鼻端、乳房、阴门周围及四肢内侧等处的皮肤上发生红疹，继而体温下降，红疹渐肿突出，形成丘疹。数日后丘疹内有浆液性渗出物，中心凹陷，形成水疱，再经 3～4 天水疱化脓形成脓疱，以后脓疱干燥结痂，再经 4～6 天痂皮脱落遗留红色瘢痕。该病多继发肺炎或化脓性乳房炎，妊娠后期的母羊多流产。有的病例不呈现上述典型经过，仅出现体温升高或出少量痘疹，或痘疹呈结节状，在几天内干燥脱落，不形成水疱和脓疱。有的病例见痘内出血，呈黑色痘。有的病例痘疹发生化脓或坏疽，形成较深的溃疡，发出恶臭，致死率很高。

## 四、病理变化

在前胃或皱胃的黏膜上往往有大小不等的圆形或半圆形坚实的结节，单个或融合存在。有的引起前胃黏膜糜烂或溃疡，咽和支气管黏膜也常有痘疹，肺有干酪样结节和卡他性肺炎区，淋巴结肿大。

## 五、诊断

根据临床症状结合剖检变化可作出诊断。应注意与羊口疮、口蹄疫、羊快疫等病区别。

## 六、防治

对羊痘的治疗目前尚无特效药，主要是做好预防和对症治疗。在痘疹上或溃烂处涂碘甘油、龙胆紫等，结节可用针挑烂涂以碘酊。体温升高时为防继发乳房炎等，可肌内注射青霉素、链霉素等。用量为每次青霉素 160 万～240 万国际单位，链霉素 100 万～200 万国际单位。每日两次，羔羊酌减。病愈后的羊可产生终身免疫。

每年春季不论羊只大小，一律在股内侧或尾下皮内注射稀释好的山羊痘疫苗 0.5ml，免疫期一年，羔羊应在 7 月龄时再注射一次。

# 子项目十五　羊传染性胸膜肺炎

山羊传染性胸膜肺炎又称羊支原体性肺炎，俗称烂肺病，是由支原体引起的绵羊和山羊的一种高度接触性传染病。其特征是高热、咳嗽以及胸膜发生浆液性和纤维素性炎症，死亡率高，对养羊业危害很大。

## 一、病原

本病病原为丝状支原体山羊亚种，为一细小、多变性的微生物。主要存在于病羊的肺组织和胸腔渗出液中。该病原在肺渗出物中可保存 19～25 天，干粪内强光直射仍可保持毒力 8 天，对四环素较敏感。

## 二、流行病学

主要通过空气、飞沫经呼吸道传染，病羊是主要传染源。该病常呈地方性流行，接触传染性很强，成羊发病率较高，冬季和早春枯草季节是发病高峰。阴雨连绵、寒冷潮湿和营养不良易诱发本病。

## 三、临床症状

病初体温升高，精神沉郁，食欲减退，随即咳嗽，流浆性鼻液，4～5 天后咳嗽加重，干而痛苦，鼻液变为脓性，常黏附于鼻孔、上唇，呈铁锈色。呼吸困难，高热稽留，腰背拱起痛苦状。孕羊大部分流产。肚胀腹泻，甚至口腔溃烂，眼睑肿胀，口半开张，流泡沫样唾液，头颈伸直，最后病羊衰竭死亡。病期多为 7～15 天，长的达 1 个月，幸而不死的转为慢性。

## 四、病理变化

多局限于胸部，胸腔有淡黄色积液，暴露于空气后发生纤维蛋白凝块，肺部出现纤维蛋白性肺炎，切面呈大理石样。胸膜、心包膜粘连。支气管淋巴结和纵隔淋巴结肿大，有出血点，心包积液，肝脾肿大，肾脏肿大，被膜下可见有小出血点。

## 五、诊断

可根据临床症状和剖检病理变化作出诊断。

## 六、防治

**1. 治疗**

新胂矾纳明（九一四）静注。成羊 0.3～0.5g；5 月龄以下羔羊 0.1～0.2g；5 月龄以上的青年羊 0.14～0.2g，溶于 50～100ml 的糖盐水中一次缓慢静脉注射。必要时 3～5 天后再注射一次，剂量减半。土霉素 25～50mg/kg，每日分两次经口给予。病初也可应用中药草清肺散煎后灌服。

**2. 预防**

坚持自繁自养，勿从疫区引进羊只。加强饲养管理，增强羊的体质。对从外地引进的羊应隔离观察后认为无病时才能合群。

定期进行预防注射，用山羊传染性胸膜肺炎氢氧化铝苗接种，半岁以下羊皮下或肌内注射 3ml，半岁以上的注射 5ml，免疫期 1 年。

# 子项目十六　羊梭菌性疾病

## 一、羊肠毒血症

羊肠毒血症是羊的一种经常发生的急性传染病，绵羊多发。本病的发生是由于产气荚膜杆菌在羊肠道中大量繁殖并产生毒素所引起的，因此叫肠毒血症，因本病死亡的羊常有肾脏软化现象，故又称为软肾病。

**1. 病原**

本病的病原是魏氏梭菌，又称产气荚膜杆菌。本菌可产生多种毒素，以毒素特性可将魏氏梭菌分为 A、B、C、D、E 5 个毒素型，羊肠毒血症由 D 型魏氏梭菌引起。

**2. 流行病学**

发病以绵羊为多，山羊较少。通常以 2～12 月龄、膘情好的羊为主；经消化道而发生内源性感染。牧区以春夏之交抢青时和秋季牧草结籽后的一段时间发病为多；农区则多见于收割抢茬季节或食入大量富含蛋白质饲料时，本病多呈散发性流行。

**3. 临床症状**

本病的特点为突然发作，很少能见到症状，往往在表现出疾病后绵羊便很快死亡。症状可分为两种类型：①以抽搐为其特征，在倒毙前四肢出现强烈的划动，肌肉颤搐，眼球转动，磨牙，口水过多，随后头颈显著抽缩，往往死于发病后的2～4h；②以昏迷和静静地死去为其特征，病程不太急，其早期症状为步态不稳，以后卧倒，并有感觉过敏，流涎，上下颌"咯咯"作响，继以昏迷，角膜反射消失，有的病羊发生腹泻，通常在3～4h静静死去，搐搦型和昏迷型在症状上的差别决定于吸收毒素的多少。

**4. 病理变化**

病羊死后立即解剖，见到肝脏肿大，呈暗紫色，切面外翻，质脆，右叶表面有核桃大到鸡蛋大的黄白色的坏死。脾脏肿大，质地松软，肾脂肪囊水肿，并呈黄色胶冻状，心外膜水肿，肠系膜淋巴结水肿，呈乳白色，结肠淋巴结出血、水肿，肺门淋巴结出血，周围有黄色胶冻状物，大网膜有多处凝血块，大小不一，腹腔约有500ml血红色液体，暴露于空气后则凝成黄色胶样纤维蛋白块，瘤胃部分黏膜出血，真胃黏膜、小肠黏膜全部呈紫红色，为严重的弥漫性出血，膀胱黏膜有密集的针尖状出血点。

**5. 诊断**

本病的确诊，除根据临床症状外，还需进行实验室诊断。本病应与炭疽、巴氏杆菌病和大肠杆菌病加以区别。

**6. 防治**

春夏之际少抢青、抢茬。秋季避免吃过量结籽饲草。发病时搬圈至高燥地区。常发区定期注射羊厌氧菌病三联苗或五联苗，大小羊只一律皮下或肌内注射5ml。

对病程较缓慢的病羊，可用青霉素肌内注射，每次80万～160万单位，每天2次；磺胺脒按每千克体重8～12g，第1天灌服1次，第2天分2次灌服；10%石灰水灌服，大羊200ml，小羊50～80ml，连用1～2次。此外，应结合强心、补液、镇静等对症治疗，有时尚能治愈少数病羊。

## 二、羊快疫

羊快疫是由腐败梭菌经消化道感染引起的主要发生于绵羊的一种急性传染病。本病以突然发病，病程短促，真胃出血性炎性损害为特征。

**1. 病原**

腐败梭菌是革兰阳性的厌氧大杆菌，分类上属于梭菌属。本菌在体内外均能产生芽孢，不形成荚膜，可产生多种外毒素。病羊血液或脏器涂片可见单个或2～5个菌体相连的粗大杆菌，有时呈无关节的长丝状，其中一些可能断为数段。这种无关节的长丝状形态，在肝被膜触片中更易发现，在诊断上具有重要意义。

**2. 流行病学**

发病羊多为6～18月龄、营养较好的绵羊，山羊较少发病。主要经消化道感染。腐败梭菌通常以芽孢体形式散布于自然界，特别是潮湿、低洼或沼泽地带。羊只采食污染的饲草或饮水，芽孢体随之进入消化道，但并不一定引起发病。当存在诱发因素时，特别是秋冬或早春季节气候骤变、阴雨连绵之际，羊寒冷饥饿或采食了冰冻带霜的草料时，机体抵抗力下降，腐败梭菌即大量繁殖，产生外毒素，使消化道黏膜发炎、坏死并引起中毒性休克，使患羊迅速死亡。本病以散发性流行为主，发病率低而病死率高。

**3. 临床症状**

患羊往往来不及表现临床症状即突然死亡，常见在放牧时死于牧场或早晨发现死于圈舍内。病程稍缓者，表现为不愿行走，运动失调，腹痛、腹泻，磨牙，抽搐，最后衰弱昏迷，口流带血泡沫，多于数分钟或几小时内死亡，病程极为短促。

**4. 病理变化**

病死羊尸体迅速腐败鼓胀。剖检见可视黏膜充血呈暗紫色。体腔多有积液。特征性表现为真胃出血性炎症，胃底部及幽门部黏膜可见大小不等的出血斑点及坏死区，黏膜下发生水肿。肠道内充满气体，常有充血、出血、坏死或溃疡。心内、外膜可见点状出血。胆囊多肿胀。

**5. 诊断**

主要进行病原学检查。

（1）病料采集　迅速无菌采集病死羊脏器组织，同时作肝被膜触片或其他脏器涂片；用于病原学检查。

（2）染色镜检　病料涂片用瑞氏染色法或美蓝染色法染色镜检，除见到两端钝圆、单个或短链状的粗大菌体外，也可观察到无关节的长丝状菌体链，这种表现在肝被膜触片中尤为明显；革兰染色则呈阳性反应。

（3）分离培养　病料采集后立即进行分离培养，必须用厌氧培养法进行分离鉴定工作。病料中分离到腐败梭菌时，尚需结合临床发病情况、病理变化以及取材分离的时间进行综合分析、判断来确诊。

（4）动物接种试验　新鲜病料制成悬液，肌内注射豚鼠或小鼠，阳性反应实验动物多于24h内死亡。立即采集病料进行分离培养，容易获得纯培养物，涂片镜检可发现腐败梭菌无关节长丝状的特征表现。

羊快疫通常应与羊炭疽、羊肠毒血症和羊黑疫等类似疾病相鉴别。

**6. 防治**

（1）常发病地区　每年定期接种“羊快疫、肠毒血症、猝狙三联苗”或“羊快疫、肠毒血症、猝狙、羔羊痢疾、黑疫五联苗”，羊不论大小，一律皮下或肌内注射5ml，注苗后2周产生免疫力，保护期达半年。

（2）加强饲养管理，防止严寒袭击　有霜期早晨出牧不要过早，避免采食霜冻饲草。

（3）隔离病羊　发病时及时隔离病羊，并将羊群转移至高燥牧地或草场，可收到减少或停止发病的效果。

（4）药物防治　本病病程短促，往往来不及治疗。病程稍拖长者，可肌内注射青霉素，每次80万～100万国际单位，1日2次，连用2～3天；内服磺胺嘧啶，1次5～6g，连服3～4次；也可内服10%～20%石灰乳500～1000ml，连服1～2次。必要时可将10%安钠咖10ml加于500～1000ml 5%～10%葡萄糖溶液中，静脉滴注。

## 三、羊猝狙

羊猝狙是由C型魏氏梭菌引起的羊的一种毒血症，以急性死亡、腹膜炎和溃疡性肠炎为特征。

**1. 病原**

本病的病原是C型魏氏梭菌，革兰染色阳性，是长的大杆菌、厌氧菌。本菌能形成芽孢，芽孢大于菌体的宽度，位于菌体中央，呈椭圆形，似梭状，故名梭菌，无鞭毛，不能运动，在动物体内及含血清的培养基中能形成荚膜，是本菌的特点之一。本菌广泛存在于自然界，通常在土壤、饲料、饮水、粪便中。梭菌繁殖体的抵抗力并不强，一旦形成芽孢后，对热力、干燥和消毒剂的抵抗力就显著增强。

**2. 流行病学**

主要侵害绵羊，也可感染山羊，不同年龄、品种和性别的羊均可感染。但6～24月龄的羊比其他羊发病率高。本病发生于成年绵羊，以1～2岁的绵羊发病较多。常见于低洼、沼泽地区。多发生于冬春季节。常呈地方性流行。

**3. 临床症状**

病羊常常当晚不见症状，次晨突然发现死于羊圈内。病程稍缓的病羊常呈现腹痛、腹胀、离群呆立，嚼食泥土或其他异物。病羊一般体温不高。病初粪球干小，濒死期发生肠鸣腹泻，排出黄褐色水样粪便，有时混有血丝或肠伪膜。有的卧地或独自奔跑，出现四肢滑动、全身颤抖、眼球转动、磨牙、头颈向后弯曲等神经症状。最后口、鼻流沫，常于昏迷中死亡。

**4. 病理变化**

十二指肠和空肠黏膜严重充血糜烂，个别区段可见大小不等的溃疡灶；体腔多有积液，暴露于空气易形成纤维素絮块；浆膜上可见有小出血点。

**5. 诊断**

对根据发病特点、症状识别诊断为疑病羊，可做实验室检查加以确诊，方法采集体腔渗出液、脾脏等病料进行细菌学检查；取小肠内容物进行毒素检查以确定菌型。

**6. 防治**

(1) 预防　①疫区每年定期注射三联苗（羊快疫、羊猝狙、羊肠毒血症）或五联苗（适用于上3种病加上羊黑疫、羔羊痢疾）。②加强饲养管理，防止受寒，避免羊只采食冰冻饲料。圈舍应建于干燥处。③本病严重时，应及时转移放牧地。

(2) 治疗　对病程稍长的病羊，可用：①青霉素，肌内注射，每次80万～160万单位，每天2次；②磺胺嘧啶，灌服，按每次每千克体重5～6g，连用3～4次；③10%～20%石灰乳，灌服，每次50～100ml，连用1～2次；④磺胺脒，按每千克体重8～12g，第1天灌服1次，第2天分两次灌服；⑤复方磺胺嘧啶钠注射液，肌内注射，按每次每千克体重0.015～0.02g（以磺胺嘧啶计），每天2次；⑥10%安钠咖10ml加于500～1000ml的5%葡萄糖液中，静脉注射。

## 四、羔羊痢疾

羔羊痢疾是由B型产气荚膜梭菌引起的初生羔羊的一种急性毒血症，以剧烈腹泻和小肠发生溃疡为特征。

**1. 病原**

病原为B型产气荚膜梭菌。

**2. 流行病学**

主要发生于7日龄以内的羔羊，尤以2～3日龄羔羊发病最多。主要经消化道感染，也可通过脐带或创伤感染。当母羊妊娠期营养不良，羔羊体质瘦弱，加之气候骤变、寒冷袭击、哺乳不当、饥饱不均或卫生不良时容易发生。

本病呈地方性流行。

**3. 临床症状**

潜伏期1～2天。病畜精神委顿，低头拱背，不想吃奶。不久发生腹泻，粪便恶臭，粪便呈黄绿色、黄白色甚至灰白色。后期粪便带血并含有黏液和气泡。肛门失禁，严重脱水，卧地不起，若不及时治疗常在1～2天死亡，只有少数病轻者可能自愈。

**4. 病理变化**

尸体严重脱水，尾部沾染稀粪。真胃内有未消化的凝乳块。小肠（尤其是回肠）黏膜充血发红，常见直径1～2mm的溃疡，其周围有一出血带环绕，肠内容物呈血色。

**5. 诊断**

根据临床症状和病理变化可作出初步诊断，确诊需进一步做实验室诊断。注意与沙门菌、大肠杆菌和肠球菌所引起的初生羔羊下痢相区别。

**6. 防治**

加强饲养管理，增强妊娠母羊体质。产羔季节注意保暖，做好消毒隔离工作，并及时给羔羊哺以新鲜、清洁的初乳。每年秋季可给母羊免疫羔羊痢疾菌苗或五联苗，产前14～21天再接种一次以提高母羊抗体水平，使新生羔羊能获得足够的母源抗体。

羔羊出生后12h内可灌服抗菌药物，每日1次，连用3天有一定预防效果。

## 五、羊黑疫

羊黑疫又称传染性坏死性肝炎，是由B型诺维梭菌引起的绵羊、山羊的一种急性高度致死性毒血症。本病以肝实质发生坏死性病灶为特征。

**1. 病原**

诺维梭菌分类上属于梭菌属，为革兰阳性的大杆菌。本菌严格厌氧，可形成芽孢，不产生荚膜，具有周身鞭毛，能运动。根据本菌产生的外毒素，通常分为A、B、C 3型。A型菌主要产生a、g、e、d 4种外毒素；B型菌主要产生a、b、h、x、q 5种外毒素；C型菌不产生外毒素，一般认为无病原学意义。

**2. 流行病学**

本菌能使1岁以上的绵羊发病，以2～4岁、营养好的绵羊多发，山羊也可患病，牛偶可感染。实验动物以豚鼠最为敏感，家兔、小鼠易感性较低。诺维梭菌广泛存在于自然界特别是土壤之中，羊采食被芽孢体污染的饲草后，芽孢由胃肠壁经目前尚未阐明的途径进入肝脏。当羊感染肝片吸虫时，肝片吸虫幼虫游走损害肝脏使其氧化-还原电位降低，存在于该处的诺维梭菌芽孢即获适宜的条件，迅速生长繁殖，产生毒素，进入血液循环，引起毒血症，导致急性休克而死亡。本病主要发生于低洼、潮湿地区，以春、夏季节多发，发病常与肝片吸虫的感染侵袭密切相关。

**3. 临床症状**

本病临床表现与羊快疫、羊肠毒血症等疾病极为相似。病程短促，大多数发病羊只表现为突然死亡，临床症状不明显。部分病例可拖延1～2天，病羊放牧时掉群，食欲废绝，精神沉郁，反刍停止，呼吸急促，体温41.5℃，常昏睡俯卧而死。

**4. 病理变化**

病羊尸体皮下静脉显著淤血，使羊皮呈暗黑色外观（黑疫之名由此而来）。真胃幽门部、小肠黏膜充血、出血。肝脏表面和深层有数目不等的凝固性坏死灶，呈灰黑色不整圆形，周围有一鲜红色充血带围绕，坏死灶直径可达2～3cm，切面呈半月形。羊黑疫肝脏的这种坏死变化具有重要诊断意义（这种病理变化与未成熟肝片吸虫通过肝脏时所造成的病理变化不同，后者为黄绿色、弯曲似虫样的带状病痕）。体腔多有积液。心内膜常见有出血点。

**5. 诊断**

羊黑疫应与羊快疫、羊肠毒血症、羊猝狙疽等类似疾病进行区别诊断（参见相关各病）。

**6. 防治**

（1）流行本病的地区应搞好控制肝片吸虫感染的工作。

（2）常发病地区定期接种“羊快疫、肠毒血症、猝狙、羔羊痢疾、黑疫五联苗”，每只羊皮下或肌内注射5ml，注苗后2周产生免疫力，保护期达半年。

（3）本病发生、流行时，将羊群移牧于高燥地区。可用抗诺维梭菌血清进行早期预防，每只羊皮下或肌内注射10～15ml，必要时重复1次。

（4）病程稍缓的羊只，肌内注射青霉素80万～160万国际单位，每日2次，连用3天；或者发病早期静脉或肌内注射抗诺维梭菌血清50～80ml，必要时重复用药1次。

## 【项目小结】

本项目介绍了牛羊主要传染病。学习过程中应在学习多种动物共患传染病的基础上，重点掌握常见、多发病以及危害性较大的传染病的流行特点、具体的诊断方法和防治措施。并按危害性大小、年龄分布特征、主要临床表现等进行归类总结。

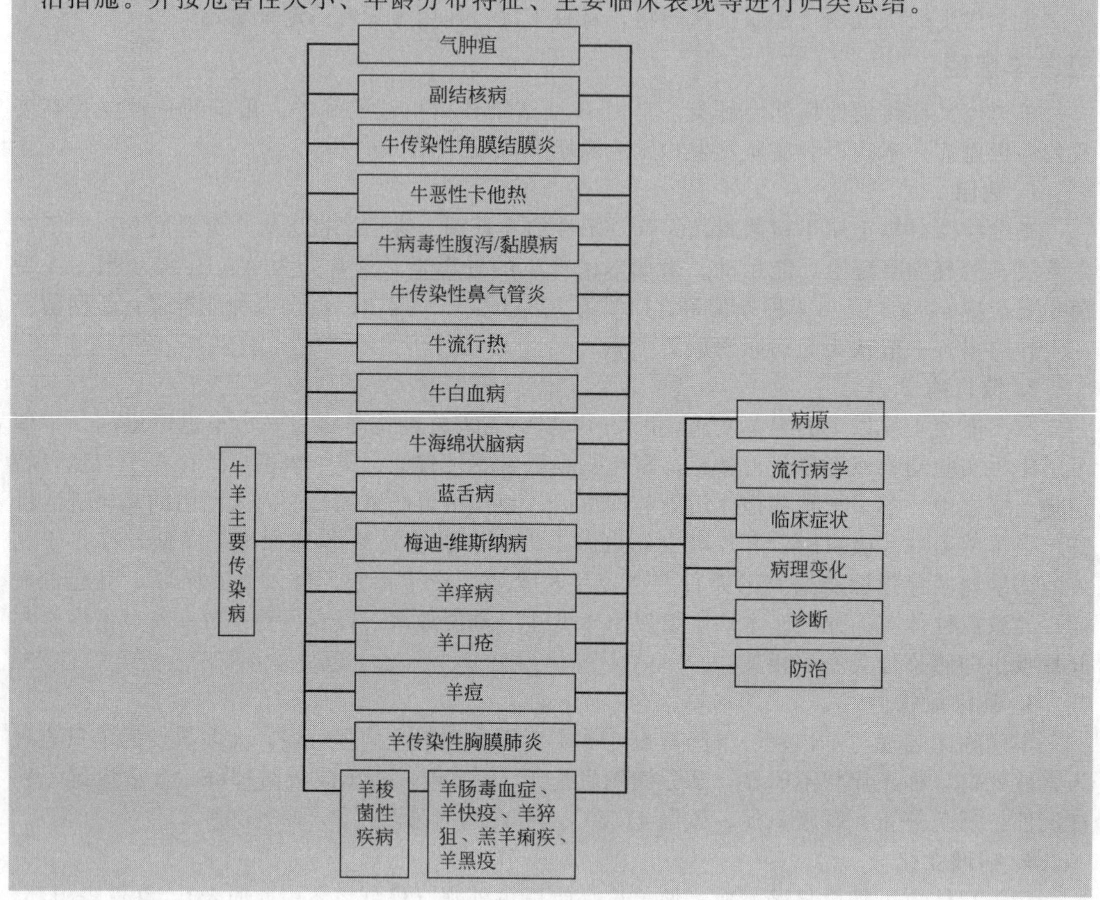


## 【复习思考题】

1. 气肿疽临床症状和特征性病理变化是什么？

2. 副结核病的临床症状主要有哪些？如何防治？

3. 牛传染性角膜结膜炎的主要特征是什么？有哪些主要症状？如何治疗？

4. 牛恶性卡他热的主要特征是什么？有哪几种病型？各种病型的主要病理变化有哪些？

5. 牛病毒性腹泻/黏膜病的症状有哪些？其特征性症状是什么？预防措施有哪些？

6. 牛传染性鼻气管炎可分为哪几种类型？各型主要特征是什么？如何防治？
7. 牛海绵状脑病有哪些病理变化？如何预防？
8. 试述蓝舌病的病原、传播媒介、主要临床表现及其实验室诊断方法？
9. 怎样预防羊梭菌性疾病？如何进行免疫接种？
10. 羊痒病有什么特征？
11. 牛流行热在流行病学上有哪些特点？
12. 如何诊断牛白血病？

# 项目七　其他动物传染病

【学习目标】

1. 重点掌握马传染性贫血、犬瘟热、犬传染性肠炎、兔病毒性出血症等病的病原、流行特点、临床症状、诊断方法及防治措施。

2. 掌握犬传染性肝炎、犬副流感病毒感染、兔波氏杆菌病、兔梭菌性肠炎、猫泛白细胞减少症、猫病毒性鼻气管炎、貂瘟热等病的流行特点、诊断方法及防治措施。

3. 了解兔密螺旋体病、兔黏液瘤病、猫白血病、猫传染性腹膜炎等病的临床特征和分布状况。

【技能目标】

1. 能够用所学知识对发病犬、兔、猫主要传染病作出初步诊断并会提出初步防治措施。

2. 会对犬瘟热、犬传染性肝炎、犬传染性肠炎和兔病毒性出血症进行临床及实验室诊断。

## 子项目一　马传染性贫血

马传染性贫血（简称马传贫），是由马传染性贫血病毒引起马属动物的一种慢性传染病，且可人畜互传，一旦发生很难消灭。其特征主要为发热（稽留热或间歇热）、贫血、出血、黄疸、心脏衰竭、水肿和消瘦等。在发热（有热期）期间症状明显，在无热期间则症状逐渐减轻或暂时消失。该病被世界动物卫生组织定为B类传染病，我国也将其列入二类动物疫病。

### 一、病原

马传贫病毒属反录病毒科、慢病毒属，是RNA型病毒。直径为80～135nm，有囊膜，表面似有突起。本病毒对外界环境的抵抗力较强。对热的抵抗力较弱。血清中病毒在60℃处理60min，可完全失去感染力。

### 二、流行病学

本病只感染马属动物，马最易感，驴、骡次之，且无品种、性别、年龄的差异。病马和带毒马是主要的传染源。主要通过虻、蚊、刺蝇及蠓等吸血昆虫的叮咬而传染，也可通过经病毒污染的器械等传播。多呈地方性流行或散发，以7～9月份发生较多。在流行初期多呈急性型经过，致死率较高，以后呈亚急性或慢性经过。

### 三、临床症状

本病潜伏期长短不一，一般为20～40天，最长可达90天。根据临床症状，常分为急性型、亚急性型、慢性型和隐性型四种型。

**1. 急性型**

高热稽留。发热初期，可视黏膜潮红，轻度黄染；随病程发展逐渐变为黄白色至苍白；

在舌底、口腔、鼻腔、阴道黏膜及眼结膜处，常见鲜红色至暗红色出血点（斑）等。

**2. 亚急性型**

呈间歇热。一般发热39℃以上，持续3～5天退热至常温，经3～15天间歇期又复发。有的患病马属动物出现温差倒转现象。

**3. 慢性型**

不规则发热，但发热时间短。病程可达数月及数年。

**4. 隐性型**

无可见临床症状，体内长期带毒。

## 四、病理变化

**1. 急性型**

主要表现败血性变化，可视浆膜、黏膜出现出血点（斑），尤其以舌下、齿龈、鼻腔、阴道黏膜、眼结膜、回肠、盲肠和大结肠的浆膜、黏膜以及心内外膜尤为明显。肝、脾肿大，肝切面呈现特征性槟榔状花纹。肾显著增大，实质浊肿，呈灰黄色，皮质有出血点。心肌脆弱，呈灰白色煮肉样，并有出血点。全身淋巴结肿大，切面多汁，并常有出血。

**2. 亚急性型和慢性型**

主要表现为贫血、黄染和细胞增生性反应。脾中（轻）度肿大，坚实，表面粗糙不平，呈淡红色；有的脾萎缩，切面小梁及滤泡明显；淋巴小结增生，切面有灰白色粟粒状突起。不同程度的肝肿大，呈土黄色或棕红色，质地较硬，切面呈豆蔻状花纹（豆蔻肝）；管状骨有明显的红髓增生灶。

组织学病变主要表现为肝、脾、淋巴结和骨髓等组织器官内的网状内皮细胞明显肿胀和增生。急性病例主要为组织细胞增生，亚急性及慢性病例则为淋巴细胞增生，在增生的组织细胞内，常有吞噬的铁血黄素。

## 五、诊断

有临床综合诊断和血清学诊断两种方法。其中临床综合诊断中，在综合了症状、血象指标、剖检变化后，镜检肝脏中的吞铁细胞具有确诊意义。血清学检查有补体结合反应、琼脂凝胶免疫扩散反应、ELISA、斑点酶联免疫吸附试验等，不仅方便准确，而且可以区分疫苗接种马与传贫病马。

## 六、防治

为了预防及消灭马传贫，必须坚决贯彻执行《马传染性贫血防治技术规范》，其要点如下。

**1. 预防措施**

加强饲养管理，搞好环境卫生，消灭蚊、虻，新购入的马骡必须隔离观察1个月，经过检疫，认为健康者，方可合群。马骡外出时，应自带饲槽、水桶，禁止与其他马骡混喂、混饮或混牧。

**2. 防治措施**

（1）封锁　疫点（区）封锁期间，染疫和疑似染疫的马属动物及其产品不得出售、转让和调群，禁止流出疫区；繁殖马属动物要用人工授精方法进行配种；种用马属动物不得与疫区外马属动物配种；对可疑马属动物要严格隔离检疫；关闭马属动物交易市场。禁止非疫区的马属动物进入疫区，并根据扑灭疫情的需要对出入封锁区的人员、运输工具及有关物品采取消毒和其他限制性措施。

（2）隔离　当发生马传贫时，要及时应用临床检查、血清学试验等方法进行临时检测，根据检测结果，将马属动物群分为患病马属动物、疑似感染马属动物和假定健康马属动物三类。立即扑杀患病马属动物，隔离疑似感染马属动物、假定健康马属动物，经过3个月观察，不再发病后，方可解除隔离。

（3）监测　疫区内应对同群马属动物隔离饲养，所有马属动物每隔1个月进行一次血清学监测；受威胁地区每3个月进行一次血清学监测。

（4）扑杀　患病马属动物、阳性马属动物用静脉内注射来苏儿等药物在不放血条件下，进行扑杀。

（5）无害化处理　对病死的和扑杀的马属动物及其有关物品，采取焚烧或深埋等方式无害化处理。

（6）消毒　对患病马属动物和疑似感染马属动物污染的场所、用具、物品严格进行消毒；受污染的粪尿、垫料等经堆积密封发酵1个月、消毒后方可使用。

（7）封锁的解除　疫区从最后一匹病马和阳性马属动物扑杀处理后，90天以上未见临床病畜，且90天内经血清学检查（每次间隔30天）3次以上，未检出阳性马属动物的，方可解除封锁。疫区封锁的解除，由原决定机关宣布。

## 子项目二　马鼻疽

马鼻疽是马、骡、驴等单蹄动物的一种高度接触性传染病，人也可以感染。以在鼻腔、喉头、气管黏膜或皮肤上形成鼻疽结节、溃疡和瘢痕，在肺、淋巴结或其他实质脏器发生鼻疽性结节为特征。病原为假单胞菌属（*Pseudomonas*）的鼻疽杆菌（*Pseudomonas mallei*）。

马鼻疽分布极为广泛，全世界都有发生，严重威胁农牧业生产。我国各主要牧业区和一些农业区均有传染病发生，危害严重。

### 一、病原学

鼻疽假单胞菌长2～5μm、宽0.3～0.8μm、两端钝圆、不能运动、不产生芽孢和荚膜，幼龄培养物大半是形态一致呈交叉状排列的杆菌，老龄菌有棒状、分枝状和长丝状等多形态，组织抹片菌体着色不均匀时，浓淡相间，呈颗粒状，很似双球菌或链球菌形状。革兰染色阴性，常用苯胺染料着色，以稀释在石炭酸复红或碱性美兰染色时，能染出颗粒状物质为特征。

马鼻疽有两种抗原，一为特异性抗原；另一为与类鼻疽共同的抗原。与类鼻疽菌在凝集试验、补体结合试验和变态反应中均有交叉反应。

马鼻疽内毒素。内毒素对正常动物的毒性不强，若将同一剂量的内毒素注射已感染本菌的动物，则在1～2天内死亡，说明内毒素含有一种物质可引起感染动物出现变态反应。这种物质是一种蛋白质即鼻疽菌素（Mallein），它与类鼻疽菌素均含有多糖肽的同族半抗原，是鼻疽马和类鼻疽马点眼都出现阳性交叉反应的原因。

### 二、流行病学

马鼻疽通常是通过患病或潜伏感染的马匹传入健康马群，鼻疽马是本病的传染源，开放性鼻疽马更具危险性。自然感染是通过病畜的鼻分泌液、咳出液和溃疡的脓液传播的，通常是在同槽饲养、同桶饮水、互相啃咬时随着摄入受鼻疽菌污染的饲料、饮水经由消化道传播，因皮肤或黏膜创伤而发生的感染较少见。人鼻疽主要经创伤的皮肤和黏膜感染，而经食物和饮水感染的罕见。人和多种温血动物都对本病易感。该病主要在马、骡、驴等动物中传播蔓延，以马属动物最敏感，也可感染骆驼、狮、虎、猫等猫科动物和其他肉食动物和人类。我国骆驼有自然发病的报道。反刍动物中的牛、山羊、绵羊如人工接种也可发病，但狼、狗、绵羊和山羊偶尔也会自然感染本病。捕获的野生狮、虎、豹、豺和北极熊因吃病畜肉也会得此病而死亡。鬣狗也可感染，但可耐过。

新发病地区常呈爆发性流行，多取急性经过；在常发病地区马群多呈缓慢、延续性传播。鼻疽一年四季均可发生。马匹密集饲养，在交易市场、大车店使用公共饲槽和水桶，以及马匹大迁徙、大流动，都是造成本病蔓延的因素。本病一旦在某一地区或马群出现，如不及时采取根除措施，则长期存在，并多呈慢性或隐性经过。当饲养管理不善、过劳、疾病或长途运输等应激因素影响时，又可呈爆发性流行，引起大批马匹发病死亡。

## 三、临床症状和病理变化

人工感染为2～5天，自然感染约为2周至几个月之间。在临诊上，鼻疽分为急性或慢性两种。不常发病地区的马、骡、驴的鼻疽多为急性经过，常发病地区马的鼻疽主要为慢性型。

### 1. 急性鼻疽

经过2～4天的潜伏期后，以弛张型高热39～41℃、寒战、一侧性黄绿色鼻液和下颌淋巴结发炎、精神沉郁、食欲减少、可视黏膜潮红并轻度黄染为特征。鼻腔黏膜上有小米粒至高粱大的灰白色圆形结节，突出黏膜表面，周围绕以红晕。结节迅速坏死、崩解，形成深浅不等的溃疡。溃疡可融合，边缘不整隆起如堤状，底面凹陷，呈灰白或黄色。由于鼻黏膜肿胀和声门水肿，呼吸困难。常发鼻衄血或咳出带血黏液，时发干性短咳，听诊肺部有啰音。外生殖器、乳房和四肢出现无痛水肿。绝大部分病例排出带血的脓性鼻汁，并沿着颜面、四肢、肩、胸、下腹部的淋巴管形成索状肿胀和串珠状结节，索状肿胀常破溃。患畜食欲废绝，迅速消瘦，经7～21天死亡。

### 2. 慢性鼻疽

常见的感染马多为这种病型。初期由一侧或两侧鼻孔流出灰黄色脓性鼻汁，往往在鼻腔黏膜见有糜烂性溃疡，这些病马称为开放性鼻疽马。呈慢性经过的病马，在鼻中隔溃疡的一部分取自愈经过时，形成放射状瘢痕。触诊颌下、咽背、颈上有淋巴结肿胀、化脓、干酪化，有时部分发生钙化，有硬结感。下颌淋巴结因粘连几乎完全不能移动，无疼痛感。患畜营养下降，显著消瘦，被毛粗乱无光泽，往往陷于恶病质而死。有的慢性鼻疽病例其临诊症状不明显。病畜常常表现不规则的回归热或间隙热，有时见到与慢性呼吸困难相结合的咳嗽，在后肢可能有鼻疽性象皮病。

潜伏性鼻疽：可能存在多年而不发生可见的病状。部分病例，尤其是潜伏性病例，鼻疽可能自行痊愈。

## 四、诊断

### 1. 鼻腔鼻疽

（1）鼻汁　初期在鼻孔一侧（有时两侧）流出浆性或黏性鼻汁，逐渐变为不洁灰黄色脓性鼻汁，内混有凝固蛋白样物质，有时混有血丝，并带有臭味，呼吸带鼾鸣音。

（2）鼻腔黏膜发生结节及溃疡　在流鼻汁同时或稍迟，鼻腔黏膜尤其是深窝黏膜及鼻中隔黏膜出现新旧、大小不等、灰白或黄白色的鼻疽结节，结节破溃构成大小不等、深浅不一、边缘隆起的溃疡，已愈者则成扁平如放射状或冰花状的瘢痕。

（3）颌下淋巴结肿大　于急性或慢性鼻疽的经过中，颌下淋巴结肿胀，初有痛觉，经过较久则变为硬固无痛，多愈着于下颌骨的内面，不动，有时亦呈活动性。

### 2. 皮肤鼻疽

皮肤鼻疽多发于四肢及胸侧，在皮肤或皮下组织发生黄豆至胡桃大、鸡卵大的结节，不久破溃，流出黏稠灰黄或红色的脓汁（有时为脓血），形成浅圆形的溃疡或星火山口状的深溃疡。结节和溃疡附近的淋巴结均肿大，附近淋巴管粗硬，呈念珠状索肿。有时其周围水肿皮肤肥厚，有时呈蜂窝织炎、象皮腿，公畜并发睾丸炎。

**3. 开放性鼻疽的判定标准**

第一，凡有1之（1）、（2）、（3）项或（1）、（2）两项病状者均为开放性鼻疽。

第二，凡有1之（1）而无（2）、（3）项病状者，或有（1）、（3）项病状，而无（2）项病状者，可用鼻疽菌素点眼，呈阳性反应时，即为开放性鼻疽。

第三，凡有1之病状，又进行鼻疽菌素点眼呈阳性者即为开放性鼻疽。

## 五、防治

建立与落实马鼻疽检疫制度，每年春秋两季进行临床检查及两回鼻疽菌素点眼（两回应间隔5～6天），以便及时检出病马。对检出的阳性马应立即隔离，不与健康马接触。役马外出到疫区执行任务或丢失的马匹找回后，均应严格隔离检疫，确定无病者方可放回原群。对有临床病状的马应立即隔离。经综合判定，确定为开放性鼻疽病马的尸体，应深埋或焚烧。

# 子项目三 犬 瘟 热

犬瘟热是由犬瘟热病毒引起的一种高度接触性、传染性、致死性传染病。早期表现为双相热、急性鼻卡他、结膜炎，随后以支气管炎、卡他性肺炎、严重的胃肠炎和神经症状为主。少数病例出现鼻部和四肢脚垫高度角化。

本病最早发现于18世纪后叶，后分布于世界各国。1980年我国分离到本病毒，目前，我国各地亦时有发生，此病传染性强，病死率高，是危害犬及某些经济动物的重要传染病。我国将其列入三类动物疫病。

## 一、病原

犬瘟热病毒属副黏病毒科、麻疹病毒属，是RNA病毒，呈球形，大小150～300nm，只有一个血清型。病毒可在犬、雪貂和犊牛肾细胞以及鸡胚成纤维细胞中生长繁殖。后者是培养本病毒的首选细胞。病毒对紫外线和乙醚、氯仿等有机溶剂敏感。最适pH 7.0的条件，在pH 4.5～9.0条件下均可存活。病毒在－70℃可存活数年，冻干可长期保存。对热和干燥敏感，60℃、30min灭活。3%福尔马林、5%石炭酸溶液以及3%氢氧化钠等对本病毒都敏感，具有良好的消毒作用。

## 二、流行病学

本病一年四季均可发生，但以冬春多发（10月至翌年4月间）。本病有一定的周期性，每2～3年发生一次大流行。不同年龄、性别和品种的犬均可感染，但以未成年的幼犬（尤其是3～6月龄）最为易感。纯种犬、警犬比土种犬易感性高，而且病情反应重，死亡率也高。本病最重要的传染源是鼻、眼分泌物和尿液。主要传播途径是病犬与健康犬直接接触，也可通过空气或食物经呼吸道或消化道感染。

## 三、临床症状

犬瘟热潜伏期为3～9天。症状多种多样，与毒力的强弱、环境条件、年龄及免疫状态有关。犬瘟热开始的症状是体温升高，持续1～3天。然后消退，似感冒痊愈的特征。但几天后体温再次升高，持续时间不定。可见有流泪，眼结膜发红，眼分泌物由液状变成黏脓性。鼻镜发干，有鼻液流出，开始是浆液性鼻液，后变成脓性鼻液。病初有干咳，后转为湿咳，呼吸困难，呕吐，腹泻，肠套叠，最终以严重脱水和衰弱死亡。

神经症状性犬瘟，大多在上述症状发生后的 10 天左右出现。临床上以脚垫角化、鼻部角化的病例引起神经性症状的多发。由于犬瘟热病毒，侵害中枢神经系统的部位不同，症状有所差异。病毒损伤脑部，表现为癫痫、转圈、站立姿势异常、步态不稳、共济失调、咀嚼肌及四肢出现阵发性抽搐等其他神经症状，此种神经症状性犬瘟预后多为不良。

犬瘟热病毒可导致部分犬眼睛损伤，临床上以结膜炎、角膜炎为特征，角膜炎大多是在发病后 15 天左右多见，角膜变白，重者可出现角膜溃疡、穿孔、失明。

## 四、病理变化

### 1. 眼观变化

表现为上呼吸道、肺部和消化道有不同程度的卡他性炎症，重症病例肺部出现充血性水肿和坏死性支气管炎。如果继发感染，可发生化脓性支气管肺炎。肠黏膜脱落，肠系膜淋巴结肿胀。

### 2. 组织学检查

在呼吸道、膀胱和肾盂上皮细胞中可以见到包含体。包含体常见于胞浆中，胞核中偶尔可见，多数呈卵圆形。死于神经症状的病例，可在脑组织中发现非化脓性炎症，有时可见神经胶质细胞及神经元内有胞核内和胞浆内包含体。

## 五、诊断

### 1. 综合诊断

典型病例，根据临床症状及流行特点，可以作出诊断；在患病组织的上皮细胞内发现典型的胞核内或胞浆内包含体，也可确诊。由于本病经常存在混合感染（如与犬传染性肝炎等）和细菌继发感染而使临床症状复杂化，所以诊断较困难。此时，必须进行病毒分离或血清学诊断（以荧光抗体法较实用）才能确诊。

### 2. 鉴别诊断

应特别注意与犬传染性肝炎、狂犬病相鉴别。犬传染性肝炎：常见暂时性角膜混浊；出血后凝血时间延长；剖检可见具特征性的肝、胆囊病变及体腔血样渗出液，而犬瘟热无此变化。组织学检查，犬传染性肝炎为胞核内包含体，而犬瘟热则在胞核内和胞浆内均有包含体，且以细胞质内包含体为主。狂犬病：有喉头咬肌麻痹症状及攻击性，而犬瘟热则无此症状。

## 六、防治

### 1. 治疗

在出现临床症状之后可用大剂量的犬瘟热高免血清进行注射，可控制本病的发展。在犬瘟热最初发热期间给予大剂量的高免血清，可以使机体增强抗体，防止出现临床症状，达到治疗目的。对于犬瘟热临床症状明显，出现神经症状的中后期病，即使注射犬瘟热高免血清也很难治愈。

### 2. 对症治疗

补糖、补液、退热、防止继发感染、加强饲养管理等方法，对本病有一定的治疗作用。

### 3. 预防

本病的预防办法是定期进行免疫接种犬瘟疫苗。免疫程序是：首免时间 50 日龄进行；二免时间 80 日龄进行；三免时间 110 日龄进行。三次免疫后，以后每年免疫一次，目前市场上出售的六联苗、五联苗、三联苗均可按以上程序进行免疫。

**4. 扑灭**

一旦发生犬瘟热，为了防止疫情蔓延，必须迅速将病犬严格隔离，病舍及所处环境用氢氧化钠、次氯酸钠、来苏儿等彻底消毒。严格禁止病犬和健康犬接触。对尚未发病有感染可能的假定健康犬及受疫情威胁的犬，应立即用犬瘟热高免血清进行被动免疫或用小儿麻疹疫苗做紧急预防注射，待疫情稳定后，再注射犬瘟热疫苗。

# 子项目四 犬传染性肝炎

犬传染性肝炎是由犬传染性肝炎病毒引起的一种急性、高度接触传染性败血性的传染病，以循环障碍、肝小叶中心坏死以及肝实质和内皮细胞出现核内包含体为特征。

本病最早于1947年由Rubarth发现，目前，广泛分布于全世界。我国于1983年发现此病，1984年分离到犬传染性肝炎病毒，1989年从患脑炎的狐狸中分离到了犬腺病毒Ⅰ型，即狐狸脑炎病毒，是我国犬、狐狸的重要疫病之一。

## 一、病原

犬传染性肝炎病毒属腺病毒科、哺乳动物腺病毒属成员。本病毒为犬腺病毒Ⅰ型病毒。核酸为DNA，直径70～80nm，呈正二十面体的对称球形。犬传染性肝炎病毒对外界抵抗能力强，但紫外线、甲酚和有机碘类消毒液可将其杀灭。临床上常用碘酊和2%苛性钠进行局部和栏舍消毒，75%～95%酒精不易将病毒杀灭。

## 二、流行病学

本病主要发生在1岁以内的幼犬，成年犬很少发生且多为隐性感染，即使发病也多能耐过。病犬和带毒犬是主要传染源。病犬的分泌物、排泄物均含有病毒，康复带毒犬可自尿中长时间排毒。该病主要经消化道感染，胎盘感染也有可能。呼吸型病例可经呼吸道感染。体外寄生虫可成为传播媒介。本病的发生无明显季节性，以冬季多发，幼犬的发病率和病死率均较高。

## 三、临床症状

犬传染性肝炎在临床上有两种类型，即肝炎型和呼吸型。

**1. 肝炎型**

潜伏期2～8天，轻症犬仅表现为精神略沉郁，食欲减退或挑食，往往不被重视。重症的表现为精神沉郁，食欲减退或废绝，饮欲增加，体温升高，一般升至40～41℃，呕吐，腹泻，粪便常呈脓血便或稀便，带有血液，鼻镜干燥，有浆液性或黏液性鼻液；有的病犬眼睛还出现浆液性或黏液性分泌物，结膜苍白，有的出现黄染，有的眼窝凹陷，皮肤弹性降低，齿龈边缘出血，肝区触诊疼痛，肝脏可能出现肿大，白细胞总数减少，血液凝固时间延长；部分病例出现胸腹下水肿，甚至出现胸腹水。在康复期，往往出现角膜混浊，呈白色或白蓝色（即所谓的“蓝眼症”）。“蓝眼症”一般只出现在肝炎型的犬传染性肝炎病的转归期，是角膜混浊的表现，一般呈单侧发生，表现为间质性角膜炎和角膜水肿，呈白色和蓝白色，在1～2天可迅速出现白色混浊，持续2～8天后逐渐恢复。但有的病犬也因角膜损伤而造成犬永久性视力障碍。幼犬患病时，常于1～2天死亡，能耐过72h的，往往能自愈或经及时治疗后痊愈，成年犬一般经过4～10天多能康复。

**2. 呼吸型**

潜伏期5～6天，病犬精神沉郁，食欲减退，体温升高，个别病例出现呕吐，排带有黏液的软便；有时带有黏液或血液，流浆液性、黏液性或脓性鼻液。病犬咳嗽，多数表现为干咳，呼吸困难、急促，呈胸腹式呼吸，听诊肺部有干、湿性啰音，呼吸音粗粝。

## 四、病理变化

**1. 肝炎型**

急性死亡病例，可见腹腔内有血样腹水，肝脏肿大，边缘钝圆，切面外翻，颜色土黄，质地脆，切面组织纹理模糊不清。并有多量暗红色的斑点。胆囊壁高度水肿、出血、肥厚，呈黑红色；慢性病例可见尸体脱水，皮毛干枯，胃肠轻度出血，肠内容物间或混有血液。肠系膜淋巴结肿大，脾肿大，胸腺点状出血。镜检可见肝小叶中心坏死，肝实质细胞和皮质细胞出现明显的包含体。

**2. 呼吸型**

病例表现肺膨胀不全，有充血和不同程度的硬变，常常表现于肺的前叶和后叶；支气管淋巴结充血、出血。组织学检查可见肝实质呈不同程度的变性、坏死，窦状隙内有严重的局限性淤血。肝细胞及窦状隙内皮细胞内有包含体，一个核内只有一个。在网状内皮细胞、肾小球内皮细胞及脑血管细胞内有核内包含体。

## 五、诊断

根据流行病学、典型临床症状和剖检变化可作出初步诊断。对于非典型病例，需通过实验室进行病毒分离鉴定和血清学诊断才能确诊。本病常与犬瘟热混合感染，因此在作病肝脏触片染色后作核内包含体（肝炎）检查的同时，还应检查膀胱、气管黏膜上皮细胞浆内有无包含体（犬瘟热），同时也可利用传染性肝炎病毒与人O型红细胞、鸡红细胞发生凝集反应的特征进行血凝抑制试验来确诊。

## 六、防治

预防接种是控制犬传染性肝炎的有效措施，目前市场上有犬五联苗、犬六联苗和犬七联苗，但常用的是犬五联苗和犬六联苗。一般在犬满2月龄时进行预防注射，第一次注射后间隔2～3周进行第二次注射，再间隔2～3周进行第三次注射，保护期为6个月，以后每半年注射一次。用犬传染性肝炎弱毒疫苗接种，犬断奶后每只皮下注射1.5ml，间隔3～4周再注射2ml，以后每半年注射1次，每次2ml，免疫期为半年，但在发生疫情时不应使用。个别犬接种弱毒疫苗后可能出现不良反应，如虹膜炎、角膜水肿、角膜混浊，甚至引起视力障碍或肾的损伤，故专家倾向于应用灭活疫苗，但灭活疫苗免疫效果不如弱毒疫苗。

国外应用Ⅱ型腺病毒疫苗抗Ⅰ型腺病毒感染，效果满意。应用Ⅱ型腺病毒疫苗作肌内注射，未见呼吸道症状，也不出现眼和肾的病变。进入污染环境的幼犬或与患犬接触的犬，注射高免血清具有一定的保护作用，但这种被动的免疫作用将会在一定时间内干扰主动免疫反应的产生。

# 子项目五　犬传染性肠炎

犬传染性肠炎又称犬细小病毒病，是由犬细小病毒引起的一种多发生于幼犬（2～4月龄）的致死性传染病，主要表现为出血性肠炎和心肌炎，发病率为20%～100%，死亡率为10%～50%。

本病于1978年同时在澳大利亚和加拿大被发现。我国于1982年证实此病存在，目前是国内仅次于犬瘟热的致死率很高的传染病，感染犬的病死率达10%～50%。

## 一、病原

犬细小病毒是细小病毒科的新成员之一。病毒颗粒直径为23～28nm，平均24.5nm，有的颗粒稍小些，直径为19～23nm，颗粒形态多为六角形或圆形，正二十面体对称，无囊膜。病毒衣壳由32个长3～4nm的壳粒组成，病毒基因组为单股DNA。

犬细小病毒对外界环境抵抗力较强，56～60℃中可存活1h，在pH 3～9的环境中1h并不影响其活力。对氯仿、乙醚等脂溶剂不敏感，但对福尔马林、β-丙内酯和紫外线较为敏感。该病毒在4℃、22℃或25℃可凝集猪和恒河猴的红细胞。

## 二、流行病学

病毒对不同年龄、性别、品种的犬均可感染，但主要侵害2～4月龄的幼犬，特别是断奶前后的仔犬，常全窝暴发。该病一年四季均可发生，以晚春和夏季多发，天气寒冷、气温骤变、饲养密度过高、有并发感染等均可加重病情和提高死亡率。纯种犬发病率比杂种犬和土种犬高。病犬的粪尿、呕吐物及唾液含有病毒，病愈犬的粪尿也长期排毒，是重要的传染源。病犬通过与健康犬直接接触或经污染的饲料和饮水通过消化道引起传染。此外，外寄生虫也能成为传染媒介。

## 三、临床症状

被细小病毒感染后的犬，在临床上可分为肠炎型和心肌炎型。

### 1. 肠炎型

自然感染的潜伏期为7～14天，病初表现为发热，体温可达40℃以上，病犬精神沉郁、不食、呕吐，初期呕吐物为食物，然后为黏液状及黄绿色液体。发病一天后病犬开始腹泻。病初粪便为稀粥状，随着病程发展，粪便呈番茄酱色或咖啡色，腥臭，排便次数不定，有里急后重的症状。血便后病犬可表现为眼球下陷，鼻镜干燥，全身无力，体重明显下降，同时可见眼结膜苍白，严重的呈贫血症状。对于肠道出血严重的病例，由于肠内容物腐败可造成内毒素中毒和弥散性血管内凝血，使机体休克、昏迷死亡。肠炎型犬细小病毒病病犬若能得到及时合理的治疗，可明显降低死亡率。

血象变化：红细胞总数、血红蛋白下降、比容下降，白细胞减少。病犬的白细胞数可少至60%～90%（由正常犬的$1.2\times10^4$个/$mm^3$减至4000个/$mm^3$以下）。

### 2. 心肌炎型

心肌炎型多见于40日龄左右的犬，病犬先兆性症状不明显。有的突然呼吸困难，心力衰弱，短时间内死亡；有的犬可见有轻度腹泻后而死亡。

## 四、病理变化

### 1. 眼观病理变化

死亡犬尸体严重消瘦、脱水，肛门周围附有血样稀便。剖检可见肠黏膜（主要是空肠、回肠黏膜）潮红、肿胀，肠系膜淋巴结肿大，呈暗红色，肠内容物中因混有多量血液而呈酱油色样或果酱样，有特殊腥臭味。胸腺可见萎缩、水肿，肝、脾仅见淤血变化。

### 2. 病理组织检查

可见小肠黏膜上皮坏死、脱落，绒毛萎缩，隐窝萎缩或扩张，数目减少、消失，上皮变性，在隐窝上皮细胞内可见有少量嗜酸性乃至异嗜性的核内包含体。

## 五、诊断

根据流行病学、临床症状和病理剖检变化特点可以作出初步诊断，确诊还需做进一步实验室检查。

### 1. 电镜与免疫电镜观察

病初粪便中即含有大量犬细小病毒粒子，因此以氯仿处理和低速离心的粪便上清为样品，经电镜检查，可发现大小均一的病毒粒子。此法尤其适用于后期病毒被凝集成团失去血凝性的犬细小病毒感染。为与非致病性犬微小病毒相区别，可于粪液中加入适量犬细小病毒特异阳性血清，进行免疫电镜观察。由于犬微小病毒同犬细小病毒无抗原亲缘关系，样品在加入犬细小病毒血清后不产生病毒积聚现象。

**2. 血凝（HA）试验和血凝抑制（HI）试验**

血凝试验和血凝抑制试验最为简便、经济、实用。由于犬细小病毒对猪和恒河猴红细胞具有良好的凝集作用，故可用HA试验和HI试验对该病进行诊断。血凝试验主要用于检测粪便和细胞培养物中犬细小病毒的血凝效价，用1%猪红细胞作为指示系统，HA效价≥1∶80可判为阳性感染；而血凝抑制试验可根据发病初期和发病后期2份血清抗体效价上升4个梯度，即可确诊。HI试验还可用于流行病学调查。

**3. 病毒分离与鉴定**

可采粪便上清或组织研磨上清，滤过除菌后，犬（或猫）肾原代或传代细胞系等易感细胞，并采用接毒细胞传代的方法，可较快分离到犬细小病毒。值得注意的是犬细小病毒属自主性细小病毒，复制时需要细胞分裂期产生的一种或多种细胞功能，因此必须将含毒样品加入胰蛋白酶消化的新鲜细胞悬液中同步培养。感染的指标以检测培养物的血凝性最为简便，也可用特异荧光抗体检查感染的病毒。

**4. 免疫学及其他诊断方法**

犬细小病毒的血清学诊断方法，目前已建立多种，包括乳胶凝集试验、ELISA、免疫荧光（IF）试验、对流免疫电泳等。近来已有犬细小病毒酶标诊断试剂盒在宠物门诊应用。其他方法如犬细小病毒核酸探针和PCR诊断技术也已在临床与科研中试用。

## 六、防治

**1. 治疗**

本病发病快、病程短，目前尚无特异性疗法。治疗的关键是早期发现、早期诊断、早期治疗，并且采取综合治疗是提高治愈率的关键。除使用抗犬瘟1号、高免血清和康复犬全血外，主要是根据病情对症治疗，以输液纠正电解质平衡，控制继发感染和纠正酸中毒，增强机体抵抗力。

（1）对症治疗

① 轻度呕吐，可不予治疗，严重呕吐的病犬可肌内注射0.5～2ml的止吐灵，或爱茂尔2～4ml。

② 胃肠道严重出血引起便血的患畜，可肌内注射止血敏2～4ml/次，也可经口给予云南白药或深部灌肠。

③ 止泻可口服次硝酸铋或鞣酸蛋白，如能在此基础上配合穴位（后海穴、脾腧穴）注射抗生素则效果更好。

④ 继发感染或肠毒素引起体温升高时，肌内注射氨基比林1～2ml，庆大霉素2～5mg/KBW或卡那霉素5～15mg/KBW。

⑤ 当病犬出现心衰时肌内注射安钠咖或尼可刹米2～4ml；发生中毒性或失血性休克时，可用盐酸肾上腺素1～2ml皮下注射。

（2）补充体液　本病的脱水多为缺盐性脱水（低渗性脱水），如尚不能确定脱水性质时，可按等渗性脱水补充，即先输入林格液或生理盐水（按50～80ml/kg体重计算），用以补充电解质和扩充血溶量，然后输入5%～10%葡萄糖注射液200～1000ml，用以补充水分和供给部分热量。也可经口给予补液盐，配方为：氯化钠3.5g，氯化钾1.5g，碳酸氢钠2.5g，葡萄糖20g，用时加水1000ml，现用现配。脱水严重的病犬，一般伴有代谢性酸中毒，所以应补碱（碳酸氢钠），可用林格液100～500ml，低分子右旋糖酐50～150ml，5%碳酸氢钠溶液50～100ml，一次静脉注射，同时配合应用维生素C 2～5g，氟美松25～50mg。为提高犬抵抗力，可在输入液中加入地塞米松（或氢化可的松、左旋咪唑等），但要注意输液速度一定要慢。此外由于本病是由病毒引起的，所以还可在输入液中加入病毒唑或病毒灵注射液以抗病毒。

（3）中药疗法　中兽医认为本病是外感疫疠之邪，热动营血致使血离肠络，湿热聚于中焦、传于下焦，使胃肠传输功能失常，导致胃气上逆作呕、湿热下注成泻。治疗应清热解毒、健脾燥湿、凉血止血、降逆止呕。通常应用"白头翁汤合郁金散"加减治疗。取白头翁15g、黄柏15g、黄连12g、秦皮10g、金银花12g、连翘12g、牡丹皮9g、郁金9g、木香10g、厚朴9g、葛根12g、地榆10g、茯苓9g，水煎服或灌肠，1日1剂，连用3～5天。灌肠前先用0.1%高锰酸钾水灌肠以清洗粪道，然后将本方剂灌入。

（4）血清疗法　早期大剂量应用抗犬细小病毒高免血清或球蛋白等生物制品可以中和体内毒。常用制剂有以下几种：犬五联高免血清（15～20ml/次，每天一次，连用2～3次）、犬三联高免血清、犬二联球蛋白。

（5）加强护理，改善饲养条件　在治疗的同时，要加强饲养管理，犬舍（窝）及用具等要清洁卫生，经常消毒。病初限制饮食，病重时禁止吃食，待病犬不呕吐时，可供给清洁的淡盐水，转归期要喂以易消化的流质熟食，做到少食多餐，严禁食肉。

**2. 预防**

本病发展迅速，应及时采取综合性防疫措施，加强饲养管理，定期注射疫苗和驱虫。

（1）加强饲养管理，搞好栏舍卫生　定期用4%福尔马林液或2%次氯酸钠消毒环境。

（2）免疫接种　搞好免疫接种是预防该病的最根本措施，因此应定期进行预防接种。幼犬于2月龄时首免，第一年免疫2次，每隔2～3周1次，以后每年1次。妊娠母犬产前20日龄免疫一次，成年犬每年接种1次。目前常用的犬用疫苗有3种：五联苗，可预防犬瘟热、犬细小病毒病、犬传染性肝炎、犬副流感和狂犬病；六联苗在五联苗基础上又加上1种犬冠状病毒病；七联苗在六联苗基础上再加上钩端螺旋体病。根据当地情况可酌情选用。

（3）幼犬预防　幼犬于20日龄第1次驱虫，以后每月预防性驱虫1次，60日龄后，每季度驱虫一次。

## 子项目六　犬副流感病毒感染

犬副流感病毒（CPIV）感染是犬主要的呼吸道传染病。临床表现发热、流涕和咳嗽。病理变化以卡他性鼻炎和支气管炎为特征。近年来研究认为，CPIV也可引起急性脑髓炎和脑内积水，临床表现后躯麻痹和运动失调等症状。

本病于1967年Binn首次报告，目前，世界所有养犬国家几乎都有本病流行。

### 一、病原

CPIV在分类上属副黏病毒科，副黏病毒属。核酸型为单股RNA，病毒粒子呈多形性，一般为球状。在4℃和24℃条件下可凝集人O型、鸡、豚鼠、大鼠、兔、犬、猫和羊的红细胞。CPIV可在原代和传代犬肾、猴肾细胞培养物中良好增殖。CPIV可在鸡胚羊膜腔中增殖，鸡胚不坏死，羊膜腔和尿囊液中均含有病毒，血凝效价可达1∶128。本病毒对理化因素的抵抗力不强，在酸碱环境中易被破坏。一般的消毒剂可将其杀死。

### 二、流行病学

CPIV可感染玩赏犬、试验犬和军犬、警犬，在军犬中常发生呼吸道病，在试验犬产生犬瘟热样症状。急性期病犬是最主要的传染源。自然感染途径主要是呼吸道。

犬副流感病毒主要通过呼吸道传染。病犬的鼻汁，气管、肺部分泌物中含有的大量的副流感病毒，通过打喷嚏、咳嗽向外排出，易感犬吸入带毒的飞沫后会感染发病。各品种、年龄的犬均可感染该病。其中以幼犬发病较多，其病情较重，死亡率达60%。如继发细菌感染，死亡率更高。新购幼犬在环境突然改变、寒冷潮湿、过度拥挤、温度骤变等应激状态下极易发病。本病一旦发生，可迅速传播。

## 三、临床症状

Crandell等（1968年）报道临床症状为突然暴发，发热，分泌大量黏液性、不透明鼻分泌物和咳嗽。Binn等（1968年）报道176只犬中，34%发病，特征是突然暴发，迅速传播，上咳，有浆液性或黏液性鼻漏，病犬疲软无力。当与支原体或支气管败血波氏杆菌混合感染时，病情加重。

另报道，210日龄犬感染可表现后躯麻痹和运动失调等症状，病犬后肢可支撑躯体，但不能行走。膝关节和腓肠肌腱反射和自体感觉不敏感。

## 四、病理变化

可见鼻孔周围有浆液性或黏液脓性鼻漏，结膜炎，扁桃体炎，气管、支气管炎，有时肺部有点状出血。神经型主要表现为急性脑脊髓炎和脑内积水，整个中枢神经系统和脊髓均有病变，前叶灰质最为严重。

## 五、诊断

犬呼吸道传染病的临床表现非常相似，不易区别。细胞培养是分离和鉴定CPIV的最好方法。另外，利用血清中和试验和血凝抑制试验检查双份血清的抗体效价是否上升也可进行回顾性诊断。

## 六、防治

对发病犬可用犬血球蛋白静脉滴注，以提高犬体的抵抗力；可静脉滴注广谱抗病毒药阿昔洛韦（10～20mg/kg体重），连用10日，或经口给予利巴韦林胶囊（10～20mg/kg体重）。

当犬感染CPIV时，常常继发感染支气管败血波氏杆菌、支原体等。因此，应用抗生素或磺胺类药物可防止继发感染，减轻病情，促使病犬早日恢复。

## 七、预防

国内多使用六联弱毒疫苗和五联弱毒疫苗进行预防接种，但对CPIV而言，产生的免疫力如何，尚无确定的实验数据予以证实。

# 子项目七　兔病毒性出血症

兔病毒性出血症俗称兔瘟，是由兔病毒性出血症病毒引起的一种高度接触性传染病，以传染性极强、呼吸系统出血、肝坏死、实质器官水肿、淤血及出血性变化为特征，其发病率和致死率都很高，是兔的一种毁灭性传染病。

本病于1984年在我国江苏省的江阴县首先被发现，目前，世界上许多国家都有发生。该病被世界动物卫生组织定为B类传染病，我国也将其列入二类动物疫病。

## 一、病原

兔病毒性出血症病毒（RHDV）是一种新发现的病毒，具有独特的形态结构，分类学位置尚未最后定论，但有人认为是一种嵌杯样病毒，还有人认为是一种类细小病毒。在国际病毒分类委员会（ICTV）2000年最新的报告中将其列入新成立的杯状病毒科兔病毒属。RHDV病毒粒子呈球形，直径32～36nm，芯髓直径约20nm，为二十面体对称，无囊膜。

## 二、流行病学

本病只发生于家兔和野兔。各种品种和不同性别的兔都可感染发病，长毛兔的易感性高于皮肉兔。60日龄以上的青年兔和成年兔的易感性高于2月龄以内的仔兔。未断乳的幼兔很少发病死亡。

病兔、隐性感染兔和带毒的野兔是传染源。它们通过粪便、皮肤、呼吸和生殖道排毒。除病兔和健兔直接接触传染外，也可通过被污染的饲料、饮水、灰尘、用具、兔毛、环境以及饲养管理人员、皮毛商和兽医的手、衣服与鞋子等间接接触传播。消化道是主要的传染途径。

本病在新疫区多呈暴发性流行。在成年兔、肥壮家兔和良种兔中的发病率和病死率都高达90%～95%甚至100%。本病一年四季都可发生，但北方一般以冬、春寒冷季节多发。

## 三、临床症状

自然感染的潜伏期为2～3天，人工接种的潜伏期为38～72h。根据症状分为最急性型、急性型和慢性型三个型。

**1. 最急性型**

病兔突然发病，迅速死亡，几乎无明显的症状。一般在感染后10～12h体温升高到41℃，持续6～8h死亡。有的兔死前还在吃食，突然抽搐、惨叫几声即刻死亡，个别妊娠母兔阴户流血、流产。

**2. 急性型**

病兔体温升高到41℃以上，精神沉郁，食欲缺乏或废绝，饮欲增加，皮毛无光泽，迅速消瘦。部分病兔腹部鼓胀、便秘。大多数病兔呼吸急促，可视黏膜发绀。临死前常表现短期兴奋、挣扎、狂奔、咬笼架，继而前肢俯卧，后肢支起震颤，最后倒地抽搐，四肢不断划动，角弓反张，尖叫而死。少数病死兔鼻孔中流出泡沫样血液，肛门松弛，周围有少量淡黄色黏液附着。

**3. 慢性型**

少见，多发生于3月龄以内的幼兔或老龄兔，体温升高到40℃左右，精神委顿，食欲缺乏，被毛杂乱无光泽，迅速消瘦，可逐渐恢复正常。有个别病兔因体温反复升降，最后衰弱而死。

## 四、病理变化

本病是一种全身性疾病，所以病死兔的胸腺、肺、肝、脾、肾等各脏器在组织学有明显变性、坏死和血管内血栓形成等特征。胸腺有胶样水肿，并有少数针头大至粟粒大的出血点。全肺有出血点，从针帽大至绿豆大以至弥漫性出血不等。肝肿大，质脆，切面粗糙并有出血点。胆囊肿大，有的充满褐绿色浓稠胆汁，黏膜脱落。肾肿大，呈紫褐色，并见大小不等的出血点，质脆，切口外翻，切面多汁。脾肿大，边缘钝圆，颜色黑紫色，呈高度充血、出血，质地脆弱，切口外翻，胶样水肿，切面脾小体结构模糊。肠系膜淋巴结有胶样水肿，切面有出血点。膀胱积尿，内充满黄褐色尿液，有些病例尿中混有絮状蛋白质凝块，黏膜增厚，有皱褶。脑及脑膜血管淤血。

## 五、诊断

**1. 综合诊断**

(1) 电镜检查　将新鲜病兔尸体或采病死兔肝、脾、肾和淋巴结等材料制成10%悬液，应用超声波处理，经差速离心或密度梯度离心纯化后，制备电镜标本，用2%磷钨酸染色，电镜观察。若检出本病毒，可初步确诊。

(2) 血清学检查　用人的红细胞（各种类型均可）作血凝（HA）试验和血凝抑制（HI）试验。

① HA试验　将病料匀浆，取上清液，在微量板上体积2倍稀释，加入1%人O型红细胞。于37℃作用60min，若凝集，则证明有病毒存在。

② HI试验　用已知抗兔出血症病毒血清，检查病料中的未知病毒。在96孔V型微量滴定板上加被检病料（肝组织悬液），做2倍稀释，然后加抗血清，摇匀，再加入1%人O型红细胞悬液，于4℃作用30min观察结果。凡被已知抗血清抑制血凝者，证明本病毒存在，为阳性。

(3) 动物试验　采取病死兔的肝、脾或肺，制成（1∶5）～(1∶10）悬液，经双抗处理，接种2～3只兔。若发病死亡，自然病例的症状和病变相同，即可作出诊断。

**2. 鉴别诊断**

兔瘟应与兔巴氏杆菌病和兔魏氏梭菌病区别。兔巴氏杆菌病无明显年龄界限，多呈散发，急性病兔无神经症状，肝不显著肿大，但表面上有散在灰白色坏死灶，脾肿大不显著，肾不肿大。兔巴氏杆菌病病型复杂，可表现为败血症、鼻炎、肺炎、中耳炎等，可从病料中分离出巴氏杆菌。用抗生素和磺胺类药物治疗有效。兔魏氏梭菌病发病以急性腹泻和盲肠浆膜有鲜红色出血斑为特征，在粪便中可查出魏氏梭菌，肝病料做血凝试验呈阴性。

## 六、防治

**1. 加强饲养管理，搞好兽医卫生工作**

加强饲养管理，坚持做好卫生防疫工作，加强检疫与隔离。发病后划定疫区，隔离病兔。病死兔一律深埋或销毁，用具消毒。

**2. 免疫接种**

用兔瘟组织灭活苗，对家兔进行免疫接种，40日龄进行第一次接种，间隔20～30天进行第二次接种，间隔2～3个月再进行第三次接种，免疫期可达6个月，以后每隔4个月接种一次。疫区和受威胁区可用兔瘟组织灭活苗进行紧急接种，按兔大小每只注射2ml。

**3. 及时治疗**

① 发病初期的兔肌内注射高免血清或阳性血清，成年兔3ml/kg体重，60日龄前的兔2ml/kg体重。待病情稳定后，再注射兔瘟组织灭活苗。

② 病兔静脉或腹腔注射20%葡萄糖盐水10～20ml，庆大霉素4万单位，并肌内注射板蓝根注射液2ml及维生素C注射液2ml，也有一定效果。

③ 板蓝根、大青叶、金银花、连翘、黄芪等份混合后粉碎成细末（此即为“兔瘟散”），幼兔每次经口给予1～2g，日服2次，连用5～7天；成年兔每次经口给予2～3g，日服2次，连用5～7天。也可拌料喂食。

# 子项目八　兔波氏杆菌病

兔波氏杆菌是由支气管败血波氏杆菌引起的家兔的一种常见多发的、广泛传播的慢性呼吸道传染病，以鼻炎、支气管炎和脓疱性肺炎为特征。

## 一、病原

支气管败血波氏杆菌为卵圆形至杆状的多形态小杆菌，革兰染色阴性，常呈两极染色。

## 二、流行病学

本病在春秋两季最为常见。不同年龄的兔均易感。主要通过接触病兔的飞沫、污染的空气，经呼吸道感染。各种刺激因素如饲养管理不善、兔舍潮湿、营养不良、气候骤变、气体刺激、寄生虫及感冒等，致使上呼吸道黏膜脆弱，从而促进本病的发生和流行。病兔和带菌兔是主要传染源，从鼻腔分泌物和呼出气体中排出病原菌。鼻炎型常呈地方性流行，支气管肺炎型多散发。仔兔、幼兔多为急性型，成年兔则多为慢性型。

## 三、临床症状

病兔主要表现为鼻炎型和支气管肺炎型。前者表现为鼻黏膜充血、流出浆液或黏液，通常不见脓液。后者表现为鼻炎长期不愈，自鼻腔流出黏液或脓液，打喷嚏，呼吸加快，食欲减退，日渐消瘦，病程可持续几个月。

## 四、病理变化

鼻炎型主要表现为鼻黏膜潮红，附有浆液性或黏液性分泌物。支气管肺炎型主要表现为支气管黏膜充血、出血，管腔内有黏液性或脓性分泌物。肺有大小不等、数量不一的脓肿，小如粟粒，大如乒乓球。有时胸腔浆膜及肝、肾、睾丸等有脓肿。此外尚可见化脓性胸膜炎、心包炎。

## 五、诊断

一般根据病兔出现鼻炎、鼻黏膜充血和流出多量不同的鼻液，可作出初步诊断。因本病的主要症状与病变为流鼻液和肺脓肿，因此应和巴氏杆菌病、葡萄球菌病、棒状杆菌病等相区别。

## 六、防治

### 1. 预防

(1) 建立无波氏杆菌病的兔群　坚持自繁自养，避免从不安全的兔场引种。从外地引种时，应隔离观察 30 天以上，确认无病后再混群饲养。

(2) 加强饲养管理，消除外界刺激因素　保持通风，减少灰尘，避免异常气体刺激，保持兔舍适宜的温度和湿度，避免兔舍潮湿和寒冷。

(3) 定期进行消毒，保持兔舍清洁　搞好兔舍、笼具、垫料等的消毒，及时清除舍内粪便、污物。平时消毒可使用 3%来苏儿、1%～2%氢氧化钠液、1%～2%福尔马林液等。

(4) 进行免疫接种　疫苗可使用中国农业科学院哈尔滨兽医研究所生产的兔波、巴氏杆菌二联灭活苗或山东省滨州畜牧兽医研究所生产的兔瘟、兔巴氏杆菌、兔波氏杆菌三联蜂胶灭活苗。每只兔皮下或肌内注射 1ml，免疫期为 4～6 个月，每年于春秋两季各接种一次。

(5) 注意观察　做好兔群的日常观察，及时发现并淘汰有鼻炎症状的病兔，以防波及全群。

### 2. 治疗

(1) 隔离消毒　隔离所有病兔，并进行观察和治疗；兔波氏杆菌的抵抗力不强，常用消毒剂均对其有效，可应用 1%来苏儿溶液或百毒杀溶液彻底消毒全场。

(2) 紧急接种　应用兔波、巴氏杆菌病二联灭活苗或兔瘟、兔巴氏杆菌、兔波氏杆菌三联蜂胶灭活苗进行紧急接种；每只病兔肌内注射2ml。

(3) 药物治疗　应用一般的抗革兰阴性菌抗生素及磺胺类药物治疗，均有一定的疗效。卡那霉素肌内注射，每只每次0.2～0.4g；庆大霉素肌内注射，每只每次1万～2万单位。也可用上述抗生素进行滴鼻。磺胺类药物，如酞磺胺噻唑内服，0.2～0.3g/kg体重，每日2次，连用3日。

(4) 对症治疗　对于鼻炎型，可用“鼻炎净”混入饮水中，让病兔自由饮水，有较好效果；对引起脓疱性肺炎病兔，无治疗效果的应及时淘汰。治疗时要注意停药后的复发。

# 子项目九　兔密螺旋体病

兔密螺旋体病又称兔梅毒，是由兔密螺旋体引起的成年兔的一种慢性传染病。以外生殖器官和颜面部的皮肤、黏膜发生炎症、结节和溃疡为特征。在世界各国都有发生，我国也有分布。

## 一、病原

兔密螺旋体为细长螺旋形细菌，在形态上与人梅毒苍白螺旋体相似，革兰染色阴性。暗视野显微镜检查可见到旋转运动。螺旋体着色困难，常用印度墨汁、吉姆萨、石炭酸复红和镀银染色。对外界环境的抵抗力不强，常用消毒剂均可使其在短时间内失去感染性。

## 二、流行病学

**1. 易感动物**

本病只感染家兔和野兔，特别是具有生育能力的成年兔，母兔易感性高于公兔。人和其他动物不感染。

**2. 传染源**

兔密螺旋体主要存在于病兔的外生殖器及其他病灶中，所以病兔和康复带菌兔是主要传染源。

**3. 传播途径**

主要的传播途径是通过病、健兔交配直接接触感染。也可通过污染的笼舍、垫草、饲料、用具等以间接接触方式传染。

**4. 流行特点**

本病多为散发，偶呈地方流行性。一年四季都可发生。兔群流行本病时发病率高，但死亡率不高或不死亡。

## 三、临床症状

潜伏期2～10周。病初可见公兔的包皮、阴囊和龟头的皮肤上，母兔的阴户等外生殖器和肛门周围的皮肤、黏膜发红水肿，进而形成粟粒大小的结节，表面流出黏液性、脓性分泌物，结成棕色痂皮。剥去痂皮，可露出溃疡面，创面湿润，溃疡凹陷，边缘不整，容易出血。因局部疼痒，故兔多以爪擦搔或舔咬患部而引起自家接种，使感染扩散到鼻、唇、额面部、眼睑、下颌等处，出现继发病灶，被毛脱落，但愈后很快长出。慢性感染部位多呈干燥鳞片状，稍突起，病变进程缓慢可持续数月。母兔患病时，受胎率低，发生流产、死胎。本病康复后获得免疫力不强，可再次感染。

## 四、病理变化

眼观变化如症状所述。组织学变化表现为病灶表皮棘皮症和过度角化，扩展深入到真皮。真皮表层有很多淋巴细胞和浆细胞，可见多形核白细胞。镀银染色的组织切片，可在真皮和表皮层找到密螺旋体。

## 五、诊断

根据流行病学和临诊特征可作出初步诊断。为了进一步确诊，可用暗视野显微镜检查病变部位皮肤、黏膜、溃疡面渗出物、刮下物的新鲜标本来证实螺旋体。

## 六、防治

本病的预防主要靠加强一般的兽医卫生防疫措施。坚持自繁自养，必须引进时，应做好产地检疫，引进兔应隔离饲养观察，确认健康者再合群。在配种前应检查公、母兔的外生殖器，发现可疑兔或病兔，立即隔离观察或治疗，无种用价值者应及时淘汰，污染的圈舍、物品等用1%～2%氢氧化钠溶液或3%～5%来苏儿溶液彻底消毒。

对有治疗价值轻症病兔可及时应用2%硼酸溶液或0.1%高锰酸钾溶液冲洗患部后，涂擦10%～20%碘甘油或青霉素软膏。

# 子项目十　兔黏液瘤病

兔黏液瘤病是由兔黏液瘤病毒引起的兔的一种高度接触性、致死性传染病。该病以全身，尤其颜面部和天然孔周围皮下发生黏液瘤性肿胀为主要特征。因切开黏液瘤时从切面流出黏液蛋白样渗出物而得名。有多个国家和地区发生本病，我国无本病发生。

## 一、病原

黏液瘤病毒属于痘病毒科、兔痘病毒属的成员，病毒粒子呈砖形。病毒在鸡胚绒毛尿囊上繁殖能形成痘斑，痘斑的大小因病毒株的不同而有区别。病毒可在兔、鸡、松鼠、大鼠、仓鼠等动物的原代细胞上培养增殖，可引起细胞形成胞浆内包含体和核内空泡。不同毒株在毒力和抗原性上互有差异。

本病毒不耐pH 4.6以下的酸性环境。对热敏感，60℃以上几分钟内灭活，但病变部位皮肤中的病毒可在常温下存活几个月。对石炭酸、硼酸、升汞和高锰酸钾有较强的抵抗力，但对福尔马林则较敏感，0.5%～2%福尔马林液1h使之致死。

## 二、流行病学

**1. 易感动物**

本病只侵害家兔和野兔，人和其他动物不易感。

**2. 传染源**

病兔和带毒兔是传染源。病毒存在于病兔全身体液和脏器中，以眼垢和病变部皮肤渗出液中含量最高。

**3. 传播途径**

本病的主要传播方式是直接与病兔及其排泄物、分泌物接触或与被病毒污染的饲料、饮水和用具接触而传染。在自然界中最主要的传播方式是通过节肢动物媒介。蚊、蚤、跳蚤等吸血昆虫是最常见的病毒传播者。

**4. 流行特点**

本病全年均可发生，在蚊虫大量滋生的季节，尤其是湿洼地带发病最多。

## 三、临床症状

本病潜伏期为2～8天。最急性病例体温升高到42℃，仅见眼睑水肿，2天内死亡。大多数病例发病后5～7天眼睑水肿、下垂，严重时上、下眼睑互相粘连，肛门、生殖器及口、鼻周围发炎、水肿。颜面明显水肿，头呈“狮子头”外观，故有“大头病”之称。耳朵皮下水肿引起耳下垂。病至后期皮肤出现出血，肿瘤结节，数天后肿瘤破溃，流出浆液体，被痂皮覆盖。有的鼻流出浆脓性分泌物，发生鼻炎和肺炎。

## 四、病理变化

典型病变是皮肤肿瘤和皮肤以及皮下显著水肿，特别是颜面和天然孔周围的皮下水肿。患病部位的皮下组织聚集多量微黄色的水样液体，使得组织分开，呈明显水肿。最后在全身皮肤上出现出血，硬实、突起的肿块或肿胀。有时可见脾脏、淋巴结肿大出血，胃肠道黏膜下和心外膜有淤血。

## 五、诊断

根据本病的临床症状和病理变化特征，结合流行病学可作出初步诊断。确诊需进行实验室检查。取病变组织作切片或涂片检查有无包含体。采取病变组织加以处理，其上清液接种青年易感兔，7天内接种部位出现病变，也可接种11～13日龄的鸡胚绒毛尿囊膜分离病毒，免疫荧光试验、中和试验和琼脂凝胶免疫扩散试验进行病毒的鉴定。

## 六、防治

我国目前无本病发生的报道，严禁从有黏液瘤病发生和流行的国家或地区进口兔及兔产品，防止本病的传入。预防本病可用兔纤维瘤活疫苗及弱毒黏液瘤活疫苗进行免疫注射。控制传染媒介，消灭各种吸血昆虫，坚持消毒制度，并防止家兔与野兔发生直接或间接的接触。兔群一旦发生此病，应坚决采取扑杀、消毒、焚烧等措施。对假定健康群，应立即用疫苗进行紧急预防接种。

# 子项目十一　兔梭菌性肠炎

兔梭菌性肠炎是由A型产气荚膜梭菌及其毒素引起的兔的消化道高致死性传染病，以剧烈腹泻和脱水死亡为特征。其发病率、死亡率均高。

## 一、病原

A型产气荚膜梭菌属厌氧芽孢杆菌属，革兰染色阳性，有荚膜和芽孢，无鞭毛，常单个或成双存在。对理化因素抵抗力特强，广泛存在于自然界。血平板形成双重溶血环，牛乳培养基急剧发酵，产生大量泡沫。在动物机体或培养基中能产生外毒素，其对小鼠、兔和其他动物具有毒性。

## 二、流行病学

**1. 易感动物**

各品种的兔均有易感性，各年龄的兔都可感染发病，尤其1～3月龄的幼兔最易感，发病率最高。因此时从母体获得的被动免疫抗体已下降，肠道微生物开始在肠内生长繁殖，如果遇到饲养管理不当，病原菌就大量生长繁殖并产生外毒素，引起发病。

**2. 传染源**

病兔和带菌兔为传染源。

**3. 传播途径**

消化道是本病的主要传染途径。接触病兔的排泄物以及含有本菌的土壤和水源可引发本病。当饲料频繁变换或饲喂过量高能、高蛋白饲料时，一旦造成胃肠消化不良或肠道菌群平衡失调也易发病。饲管粗放、气候骤变、长途运输等是本病的诱发因素。

**4. 流行特点**

一年四季都可发生，但在冬春季节青饲料缺乏时更易发生。饲养管理不良及各种应激因素可诱使本病暴发。

## 三、临床症状

潜伏期1～3天。开始少数最急性病例突然发病死亡看不到任何症状。急性过程最多见，以剧烈腹泻为特征。病初排灰褐色稀粪，有恶臭味，以后出现水泻，有的带有血液，污染臀部及后腿。此时病兔精神沉郁，食欲废绝，迅速消瘦，脱水衰竭。有的头颈颤抖，偏向一侧，俗称软颈症。病程1～2天，少数病情轻缓的成年兔病程可达数天至1周，极个别拖至一个月，最终死亡。

## 四、病理变化

严重脱水，尸体消瘦，眼球下陷。剖开腹腔有特殊腥臭味，胃多充满饲料，胃底黏膜脱落，常见有出血或黑色溃疡。肠黏膜弥漫充血或出血，内容物稀薄呈水样，带血色，严重的整段肠道出血，色暗红，甚至坏死。肝、脾均有不同程度肿大、出血。膀胱积有茶色尿。心脏表面血管怒张，心肌松弛。

## 五、诊断

根据流行病学特点、临床症状和剖检特征，可作出初步诊断。必要时，采取病料肠段做细菌学检查和毒素测定即可确诊。

**1. 细菌学诊断**

取病料做涂片或抹片，革兰染色，镜下可见大量革兰阳性大杆菌，单在或成双，有荚膜；病料接种血平板厌氧培养，可见到典型的双重溶血环菌落；接种牛乳培养基急剧发酵，可见产生大量泡沫。经过生化试验和标准血清定型即可确诊。

**2. 检查毒素**

取大肠内容物用生理盐水1∶3稀释，3000r/min离心10min，上清液经除菌滤器过滤。滤液腹腔注射小鼠数只，如果均在24h内死亡，则证明肠内容物中有外毒素存在。进一步做毒素中和试验，可确定毒素的类型。

## 六、防治

平时做好免疫接种，用A型产气荚膜梭菌灭活苗。对断乳兔首免，每只皮下注射1ml，间隔2～3周后二免，每只皮下注射2ml，免疫期6个月。因此预防本病每年必须预防接种两次。二联苗、三联苗的使用同兔瘟。发病初期可用抗血清，皮下或肌内注射，按每千克体重2～3ml给予，同时配合抗菌药物、收敛药和补液治疗，可收到良好疗效。单纯抗生素治疗效果不佳。

# 子项目十二　猫泛白细胞减少症

猫泛白细胞减少症是由猫细小病毒引起的一种急性、高度接触性传染病，又称猫传染性肠炎或猫瘟热。以突发双相热、呕吐、腹泻、脱水、白细胞明显减少为特征。

## 一、病原

猫细小病毒呈球状，无囊膜，为DNA病毒。该病毒具有凝集猪红细胞的特性。病毒对乙醚、氯仿、酸不敏感；耐热，75℃经30min被灭活；常用消毒剂均可将其杀灭。

## 二、流行病学

**1. 易感动物**

本病主要感染猫，但猫科其他动物（野猫、虎、豹）均可感染发病。各品种1岁以下的猫最易感染。貂科和浣熊科动物也有易感性。

**2. 传染源**

病猫和康复带毒猫是主要传染源。猫感染了这种病毒之后，在病猫的呕吐物、粪、尿、唾液、鼻和眼分泌物中含有大量病毒。甚至病猫康复后数周也能排出病毒。

**3. 传播途径**

可因健康猫与病猫直接接触而经消化道和呼吸道传染，也可通过分泌物和排泄物排毒，经消化道、呼吸道、皮肤、黏膜等接触而感染。妊娠母猫还可通过胎盘垂直传播给胎儿。蚤、虱、螨等吸血昆虫也可成为主要的传播媒介。

**4. 流行特点**

流行季节为冬末至春季。

## 三、临床症状

本病的潜伏期为2～9天。病初体温升高至40℃以上，24h后下降到常温，间歇2～3天后体温再次升到40℃以上，呈典型的双相热型。病猫精神不振，厌食，顽固性呕吐，口腔及眼、鼻有黏性分泌物，粪便黏稠样，后期排带血的水样粪便，严重脱水、贫血，衰竭死亡。孕猫可出现流产、早产、产死胎。

## 四、病理变化

口和肛门周围有呕吐物或排泄物，眼球塌陷，皮下组织干燥，严重脱水。小肠中后段扩张、水肿，肠黏膜充血、出血。肠内容物稀少呈水样，色淡灰黄，恶臭。肠系膜淋巴结肿胀，充血，出血。脾脏有出血点。

## 五、诊断

临床症状明显，顽固性呕吐，呕吐物黄绿色，双相热，白细胞数明显减少，可初步诊断。该病毒具有凝集猪红细胞的特性，可采用血凝试验和血凝抑制试验进行血清学诊断。

## 六、防治

平时做好猫的免疫接种。在猫7～10周龄时首免，每次间隔2～3周做二免和三免，以后每年免疫1次。妊娠猫和小于4周龄的幼猫不宜进行免疫，以免引起胎儿发育不良、畸形和幼猫脑性共济失调。

大量使用猫瘟高免血清，按每千克体重4ml，有一定疗效。同时采取对症治疗和控制继发感染，加强饲养管理，可降低死亡率。

# 子项目十三　猫白血病

猫白血病是由猫白血病病毒和猫肉瘤病毒引起的一种恶性淋巴瘤传染病，又称猫白血病肉瘤综合征。以淋巴系统、造血系统细胞的肿瘤化而导致多组织器官、多部位的泛发性肿瘤为特征。很多国家都发生本病，是猫的重要传染病之一。

## 一、病原

猫白血病病毒和猫肉瘤病毒的形态、结构极其相似。猫白血病病毒为完全病毒。猫肉瘤病毒为免疫缺陷病病毒，只有在猫白血病病毒的协助下才能在细胞中复制。病毒对外界的抵抗力较弱，对氯仿和乙醚敏感，对热敏感，56℃经30min被灭活，常用浓度的消毒剂均可使其灭活。

## 二、流行病学

### 1. 易感动物

本病毒只感染猫，无品种和性别差异，其中幼猫易感性高，随年龄增长易感性降低。

### 2. 传染源

病猫和带毒猫是主要的传染来源，病猫可通过唾液、乳汁、鼻腔分泌物、粪便、尿排泄物向外界排毒。

### 3. 传播途径

猫白血病在猫群中以水平传播为主要传播方式，病毒通过呼吸道和消化道传播。猫通过与被污染的环境、饲料、饮水和用具等媒介物直接或间接接触感染。除了水平传播外，此病也可以垂直传播，妊娠母猫可经过子宫感染胎儿，也可以经乳汁传播给小猫。此外，吸血昆虫和猫虱等也可能成为传播媒介。

### 4. 流行特点

本病无季节性，四季均发。多呈散发。

## 三、临床症状

潜伏期较长，约2个月。本病属慢性消耗性疾患，通常表现为贫血、嗜睡、食欲缺乏和消瘦等临诊症状，其他临诊症状随肿瘤存在部位不同而表现多种病型。

### 1. 消化器官型

此型较为多见。临床上可见可视黏膜苍白，贫血，体重减轻，食欲减退，有时有呕吐腹泻，若肠道和肠系膜淋巴肿瘤严重时，可导致肠阻塞；若肿瘤发生在肾脏，会出现血尿，严重者可导致尿毒症；若肝脏受损则导致贫血和黄疸。触诊腹部常能摸到在回肠、肠系膜淋巴结和肝上形成的肿瘤块。

### 2. 胸型

青年猫多见，病猫吞咽和呼吸困难，在胸腔、胸腺、纵隔淋巴结和腹侧前部形成较大肿瘤块时，上述临诊症状加重，压迫胸腔形成胸水，可造成严重呼吸困难，使患猫张口呼吸，致循环障碍，表现十分痛苦。可导致虚脱，死后不良。

### 3. 弥散型

又称泛发肿瘤型，全身淋巴结，尤其体表淋巴结以及肝、脾、肾等常肿大，甚至出现肿瘤。患猫表现出消瘦、贫血、减食、精神沉郁等临诊症状。

### 4. 淋巴白血病型

病猫出现间歇热，消瘦，可视黏膜苍白，黏膜和皮肤上有出血点。食欲缺乏，日渐消瘦。血栓时白细胞大量增多，脾、肝以及淋巴结等肿大。血液检查可见白细胞总数增多。

## 四、病理变化

剖检可见脾、肝和淋巴结肿大；肠系膜淋巴结、淋巴集结、胃肠道壁及肝、脾和肾有淋巴浸润，胸腺常被肿瘤组织所替代，甚至整个胸腔充满肿瘤和积液。

## 五、诊断

根据临诊症状和病变特征可作出初步诊断，确诊应做血清学检查。检查病猫血液中病毒抗原或抗体，呈阳性者，即可确诊。

## 六、防治

目前国内尚无有效疫苗。对本病主要依靠综合预防措施。要加强检疫、隔离和淘汰，培养无白血病的健康猫群。病猫可大剂量注射正常猫的全血或血清。对病情严重的猫可进行对症治疗。呕吐下痢导致脱水的进行补液，同时还可进行止吐止痢，用苯海拉明、次硝酸铋、鞣酸蛋白、活性炭等。贫血者可使用硫酸亚铁、维生素 $B_{12}$、叶酸等治疗。

# 子项目十四　猫病毒性鼻气管炎

猫病毒性鼻气管炎又叫猫传染性鼻气管炎，是由猫疱疹病毒Ⅰ型引起的猫的一种急性、高度接触性上呼吸道疾病。以发热、打喷嚏、精神沉郁和由鼻、眼流出分泌物为特征。主要侵害仔猫，发病率可达100%，死亡率约为50%。

## 一、病原

猫疱疹病毒Ⅰ型（FHV-Ⅰ）在分类上属疱疹病毒科，具有疱疹病毒的一般特征。病毒外有囊膜，核酸型为双股DNA。病毒在细胞核内增殖，感染细胞经包含体染色后，可见到核内包含体。FHV-Ⅰ能凝集猫红细胞，采用血凝试验及血凝抑制试验可检测病毒抗原和抗体。

FHV-Ⅰ对外界环境抵抗力较弱，对酸（$pH<3.0$）、热和脂溶剂敏感，甲醛和酚类易将其杀灭，在50℃ 4～5min即可灭活。干燥条件下，12h内即可失去活性。一般常用的消毒剂都有效。

## 二、流行病学

**1. 易感动物**

本病成年和幼体猫均易感染，幼龄猫易感性强，严重的会引起死亡。

**2. 传染源**

病猫通过鼻、眼、咽的分泌物排出病毒。康复猫能长期带毒和排毒。猫感染本病后，病毒能在病猫的鼻腔、咽喉、气管、结膜和舌的上皮细胞内繁殖，并随其分泌物排到体外。有些猫感染后呈隐性感染，不显症状，但仍能向外排出病毒。自然康复的猫能长期带毒和排毒，成为危险的传染源。

**3. 传播途径**

在自然条件下，一般都经呼吸道和消化道感染。病毒随猫分泌物排到体外，当健康猫接触了被病毒污染的饲料、水、用具和周围环境时，就可引起本病的扩大传播。病毒也可通过飞沫迅速传播。也可垂直传染给仔猫。

**4. 流行特点**

猫病毒性鼻气管炎在临床中时常散发。成年猫对该病毒的抵抗力较强，很少造成死亡。

## 三、临床症状

本病潜伏期为2～6天。病猫常突然发病，病初患猫体温升高，达40℃左右，发生重剧的鼻炎、支气管炎、结膜炎、溃疡性口炎等。病猫频频出现咳嗽、打喷嚏和鼻分泌物增多，有黏液性眼屎。此时常食欲减退，精神沉郁。鼻液和泪液初期透明，后变为黏脓性。孕猫可发生流产。成年猫一般预后良好，仔猫死亡率可达20%～30%。部分转为慢性的病例，表现出持续咳嗽、呼吸困难的鼻窦炎症状。

## 四、病理变化

病初，猫鼻腔充满脓性分泌物，鼻腔、鼻甲骨、喉头和气管黏膜呈弥漫性充血。严重者会出现鼻腔、鼻甲骨黏膜坏死，眼结膜、扁桃体、喉头、气管的部分黏膜上皮也发生局部灶性坏死，坏死上皮细胞中可见到大量的嗜酸性核内包含体。表现下呼吸道症状的病猫，可见间质性肺炎、支气管炎、细支气管炎及周围组织出血、坏死。有的脾脏出血。慢性可见鼻窦炎病变。

## 五、诊断

根据流行病学，临床症状，病理变化，可作出初步诊断，但确诊必须依靠实验室检验。可取上呼吸道黏膜上皮细胞作包含体检查，血凝试验和血凝抑制试验也具有诊断意义。

## 六、防治

对于该病国内目前尚无疫苗，预防本病主要采取一般性防疫措施。国外生产有单价弱毒疫苗或多价联苗，都有较好的免疫效果。疫苗既可肌内注射，也可用于滴鼻。3～6周龄首免，3周后再接种1次，以后每隔180天加强免疫1次。加强饲养管理，增强猫的抗病能力，是积极的措施。同时还要避免和病猫接触，防止感染。

目前尚无特效药，主要是对症性、支持性治疗。注射猫用抗多病免疫球蛋白有一定疗效。

# 子项目十五　猫传染性腹膜炎

猫传染性腹膜炎是由冠状病毒所引起的一种慢性进行性、致死性传染病。本病主要以腹膜炎、大量腹水聚集或各种脏器出现肉芽肿病变为临床特征。

## 一、病原

猫传染性腹膜炎是由猫传染性腹膜炎病毒（FIPV）引起的。该病毒属于冠状病毒科冠状病毒属，为RNA病毒。病毒对外界环境的抵抗力差，一般消毒剂均能使其灭活。

## 二、流行病学

**1. 易感动物**

不同年龄的猫对此病均可感染，但以6月龄至2岁龄的幼猫和老猫发病率较高，纯种猫发病率高于一般家猫。怀孕、断奶、移入新环境等应激条件以及感染猫的自身疾病和猫免疫缺陷病等都是促使猫传染性腹膜炎发病的重要因素。

**2. 传染源**

病猫和带毒猫是本病的传染源。带毒猫主要通过粪便散播病毒。

**3. 传播途径**

本病主要通过消化道感染致病，健康猫在接触病猫、呼吸道分泌物、污染的食物和饮水或病猫的粪便都有可能感染。同时FIPV也可经媒介昆虫传播和垂直传播。

**4. 流行特点**

本病呈地方流行性，发病率一般较低，但一旦感染，致死率几乎为100%。

## 三、临床症状

潜伏期可长达数年之久。本病有渗出型和肉芽肿型两种形式。前者以体腔内体液蓄积为特征。后者以各种脏器出现肉芽肿为特征。多数患猫同时具有两种形式症状表现。

**1. 渗出型腹膜炎**

以纤维素性胸膜炎及胸腔、腹腔有过量渗出液为其重要特征，发病初期症状不明显或不具有特征性，病猫精神沉郁，嗜睡，有时会出现腹泻。随后出现大量的渗出液，可见有明显的腹围增大这一典型的临床症状，病猫因渗出液压迫胸腔出现轻微的呼吸道症状。数周后病猫衰竭死亡。

**2. 肉芽肿型腹膜炎**

病猫的各个器官出现肉芽肿病变，主要表现为眼、肝、肾、中枢神经、肠系膜淋巴结的损伤。眼角膜水肿，角膜上有沉淀物，有的角膜穿孔而失明；有的可见有黄疸，呕吐；肾脏受侵害时，可触诊到肿大肾脏；中枢神经症状为后躯运动障碍，背部感觉过敏；触摸腹腔可以明显的摸到肿大的肠系膜淋巴结。

本病尚可导致妊娠母猫流产、死产，新生或断奶前后的小猫猝死。

## 四、病理变化

病死猫极度消瘦，皮肤苍白，可视黏膜、腹膜、肠系膜全部黄染；腹腔中有大量深黄色清亮液体和少量胶冻样物；肝脏有突出肝脏表面并嵌入肝脏内部的黄褐色、星状坏死结节；胆囊肿大。脾脏表面有较多灰白色坏死点；肾脏有囊肿；心脏和肺脏眼观无明显异常。

## 五、诊断

根据流行病学特征、临床症状、病理变化和实验室检验可作出初步诊断，确诊则必须依靠血清学检验和病毒分离。

## 六、防治

目前已有猫鼻气管炎的弱毒苗应用于临诊，鼻内接种能诱导很强的局部黏膜免疫和细胞免疫，对预防本病的发生有一定的效果。加强饲养管理，将病猫及其他的猫咪隔离，并做好环境消毒和清洁，降低环境中粪便及其他污染源感染的机会。同时，应消灭吸血昆虫（如虱、蚊、蝇等）及老鼠，防止病毒传播。

目前本病尚无特效疗法，一般采取对症治疗和防止并发症。应用具有抑制免疫和抗炎作用的药物，如联合应用猫干扰素和糖皮质激素，并给予补充性的输液以矫正脱水，使用抗生素防止继发感染，同时使用抗病毒药物。出现临床症状的猫一般预后不良。

# 子项目十六　貂　瘟　热

貂瘟热又称貂犬瘟热病，是由犬瘟热病毒引起的急性、热性传染性极强的高度接触性传染病。急性型常呈双相热型，眼结膜潮红，咳嗽，鼻塞，呼吸困难；慢性型则以出现皮疹、跛行为特征。

## 一、病原

犬瘟热病毒属 RNA 病毒。病毒粒子直径 123～175nm，形态呈多形性，但大多数病毒粒子为球形，呈螺旋形结构。病毒对乙醚、氯仿等有机溶剂敏感。病毒对低温、干燥有较强的抵抗力。－70℃冻干毒，可保存毒力 1 年以上，室温条件下，仅存活 7～8 天。3％甲醛溶液、3％氢氧化钠、5％石炭酸溶液等对本病具有消毒作用。

## 二、流行病学

**1. 易感动物**

貂及犬科的其他动物。

**2. 传染源**

病貂是主要传染源，犬科的其他动物也可以成为传染源。

**3. 传播途径**

传播途径主要是消化道和呼吸道。病貂既可通过鼻液、眼分泌物、血液、粪便及唾液飞溅扩散，也可通过饲料、饮水、饲养人员的衣物等传播。

**4. 流行特点**

本病一年四季均可发生，断乳前后的仔貂发病率和死亡率都很高，成年貂抵抗力较强，仔貂感染率大，死亡率高。

## 三、临床症状

貂犬瘟热由于传染源动物种属不同，其传染速度不同。病貂初期似感冒样，两眼流泪，鼻孔有少量水样鼻液。根据病程经过本病可分为最急性型、急性型、慢性型和隐性型。

**1. 最急性型**

常发生于疾病的流行初期，病程特别短，无任何前驱症状而突然发病，仅见到病貂表现狂暴不安、咬笼、抽搐、尖叫、口吐白沫等症状，突然死亡，病死率可达100%。

**2. 急性型**

体温呈双相热型，可达41℃以上，精神高度沉郁，拒食，被毛蓬乱无光，常发生下痢和肺炎，浆液性结膜炎继而发展为黏液性或脓性，在内眼角或整个眼周围附着眼眵，重者将眼睛糊死。鼻镜干燥，有时也有分泌物附着。病程平均为3～10天或更多一点，多数转归死亡，很少幸免。

**3. 慢性型**

病程一般为2～4周，病貂口、脚爪及须部皮肤病变明显，有的眼部有分泌物附着，趾掌红肿，全身皮肤发炎，出现皮疹，有米糠样皮屑脱落，皮肤增厚肿胀，所以有硬足掌症之称。

**4. 隐性型**

见于流行后期和成年貂，无明显症状，仅出现流鼻液、浆液性眼分泌物，微热和食欲减退，类似感冒。

## 四、病理变化

眼、鼻、口肿胀，皮肤上有小的湿疹，被毛丛中有谷糠样皮屑，足掌肿大，尸体有特殊的腥臭味。胃肠黏膜呈卡他性炎症，胃内有少量暗红色、褐色黏稠内容物，有的出现出血性胃溃疡灶。直肠黏膜多数带状充血、出血，肠系膜淋巴结及肠淋巴滤泡肿胀。气管黏膜有少量黏液，有的肺脏有出血点。有的脾脏肿大，慢性病例见有脾萎缩。肝充血、淤血且有多量凝固不全的血液流出，质脆，有的色黄，胆囊充盈。肾脏被膜下有出血点，切面混浊。膀胱黏膜充血，常有点状或条纹状出血。气管充血，肺有淤血性肺水肿，心肌有出血点。

## 五、诊断

根据病史、流行病学资料和典型的貂瘟热症状，可作出初步诊断。为了准确无误，必要时可做生物学试验、包含体检查和血清学检查。

## 六、防治

貂瘟热无特效治疗药物，发现病貂及时隔离，搞好笼舍和用具的消毒，加强饲养管理，场内禁止养犬、猫等动物。做好一年两次的预防接种。第一次在6月份仔貂断奶一周后，注射水貂犬瘟热鸡胚苗，每只貂皮下注射1ml，7天可产生免疫力，维持6个月；第二次是选种后到配种前注射一次，提高种貂的防病力。发病后可用倍量紧急接种犬瘟热疫苗。为了防止继发感染，应对症治疗。可用磺胺类药物和抗生素控制由于细菌引起的并发症，延缓病程，促进痊愈。

# 子项目十七　蚕型多角体病

蚕型多角体病是蚕业生产中较为常见且危害较大的家蚕病害，是由病毒感染引起的传染性病害。因病毒种类及其在蚕体内的寄生危害部位不同，而分为质型多角体病和核型多角体病。前者由细胞质型多角体病毒（CPV）感染引起，寄生繁殖于蚕的中肠细胞质内；后者由细胞核型多角体病毒（NPV）感染引起，寄生繁殖于感染细胞核内。两种病毒感染后都可在宿主细胞内，形成一种在普通光学显微镜下可见的蛋白颗粒，内含病毒的包涵体，呈多角形，故称多角体病。我国将其列为一类动物传染病。

## 一、质型多角体病

质型多角体病（又称中肠型脓病，俗称“干白肚”）是由质多角体病毒寄生于蚕中肠圆筒形细胞，并在细胞质内形成多角体的一种传染病。

**1. 病原**

质型多角体病毒为呼肠孤病毒科质型多角体病毒属成员。病毒的稳定性与病毒存在环境条件等有关，游离态病毒对外界环境抵抗力弱，而多角体抵抗力较强。质型多角体在干燥状态下保持1年后还有相当的活力，但遇高温易失活性。在普通的蚕室中致病力至少可保持3～4年。在20℃，用0.3%的有效氯漂白粉溶液浸3min；在25℃，用2%的甲醛、饱和石灰水溶液浸渍20min；或在100℃的湿热中经过3min或日光曝晒10h，都能使之失去活力。

**2. 流行病学**

（1）易感动物　桑蚕、樗蚕、蓖麻蚕均可感染，尤以桑蚕最易感。桑螨、美国白蛾、赤腹舞蛾等野外昆虫也可感染。

（2）传染源　病蚕是主要传染源，野外患本病的昆虫也可成为传染源。

（3）传播途径　本病主要经口感染，也可能经伤口感染。病毒存在于病蚕体内，随粪和吐出的消化液排出体外，污染蚕室、蚕具、贮桑室及桑叶，健蚕食入被污染的桑叶或接触污染的蚕具及环境即可感染。

（4）流行特点　蚕的发病率与品种、蚕龄、季节有关。杂交一代比其亲本抵抗力强，杂交品种中夏秋蚕比春蚕抵抗力强，春季发病率相对较低；夏秋发病率升高。

**3. 临床症状**

本病潜伏期较长，一般为1～2龄期。以空头、起缩和腹泻为特征。

**4. 病理变化**

传染初期症状不明显，随病势的进展，蚕食欲减退，体色失去光泽，呈白陶土色，胸部半透明呈“空头状”，行动迟缓。病情加剧后，常呆伏于蚕座四周，排出白色的粒粪，死时吐出胃液。起蚕得病，皮肤多皱，体色灰黄，食桑逐渐停止，起缩下痢。当挤压蚕胸部或尾部时，流出米汤状肠液，黏粪带乳白色。轻度病蚕，在第8环节背面撕开体壁，中肠后部有乳白横皱纹。后期，则解剖后中肠部位呈乳白色脓肿现象。

**5. 诊断**

（1）根据临床症状和病理变化可做出初步诊断，确诊需进一步做实验室诊断。

（2）实验室诊断

① 病原检查：显微镜检查（取中肠后部组织一小块，置于显微镜下观察，见到大量折光性强、大小不等的多角体可确诊）。

② 血清学检查：双向扩散法和对流免疫电泳法（灵敏度高，可用于早期诊断）。

（3）防治

① 消灭病原　养蚕前用1%的有效氯漂白粉液或0.5%的新鲜石灰浆，将蚕室、蚕具等彻底消毒。

② 防止病原体扩散传染　蚕期饲育过程要严格捉青、分批、防止混批饲育，及时淘汰弱小蚕。发现病蚕要马上使用蚕座消毒剂，及时处理蚕沙，防止病毒蔓延。

③ 加强饲育管理　饲育过程应按养蚕技术要点进行，促使蚕体发育齐全，严格控制壮蚕期的温湿度。

## 二、核型多角体病

核型多角体病（又称血液型脓病或体腔型脓病，欧洲称“黄疸病”或“脂肪病”）是核型多角体病毒寄生和繁殖于寄主血细胞和体腔内各组织细胞核内而引起蚕的一种传染病。

**1. 病原**

核型多角体病毒为杆状毒科多角体病毒属成员。本病毒在细胞核内形成一种特异的核型多角体（一种结晶蛋白质），其中包含着许多病毒粒子。病毒粒子由多角体蛋白质保护，对不良环境有较强的抵抗力。但被碱性溶液溶解而释放出来的病毒和游离在多角体之外的游离病毒，对环境的抵抗力较弱。

游离态的病毒在37.5℃经1天左右失去致病力。在1%的甲醛溶液里3min、0.3%的漂白粉溶液里1min失去致病力。但核型多角体内的病毒，在常温下保存2～3年仍有致病力。在夏季日光下曝晒2天以上，用2%的甲醛溶液消毒15min，0.3%的有效氯漂白粉溶液或1%的石灰浆消毒3min，均能杀死多角体内的病毒。

**2. 流行病学**

病蚕是主要传染源，患本病的野外昆虫也是传染源。本病主要经口感染，也可经体表伤口接触感染。病蚕流出的脓性体液及病昆虫的排泄物污染蚕室、蚕具及桑叶，如被健蚕食入或接触即可感染发病。家蚕、野蚕、樗蚕、蓖麻蚕、桑螟等均易感。各龄期蚕均易感染，蚕龄越小易感性越强，同一龄期以起蚕最易感。

**3. 临床症状和病理变化**

以狂躁爬行，体色乳白，躯体肿胀易破，流出血液呈乳白色脓汁状，泄脓后蚕体萎缩、死亡为特征。雉蚕一般3～4天，壮蚕4～6天发病死亡。

根据发育阶段不同，其症状表现有以下几种类型。

（1）不眠蚕型　发生于各龄催眠期，表现体壁绷紧发亮、呈乳白色，不吃且狂躁爬行，不能入眠。

（2）起缩蚕型　多见于各龄起蚕。表现体壁松弛皱缩、呈乳白色，体型缩小，不吃且狂躁爬行，最后皮破流脓死亡。

（3）高节蚕型　发生于4、5日龄盛食期。病蚕体皮宽松，环节之间的节间膜肿胀、隆起呈竹节状。隆起部和腹足，有时在气门附近体壁呈明显乳白色，最后皮破流脓而死。

（4）脓蚕型　主要发生于5日龄后期至上蔟前。表现环节中央隆起呈算珠状，体色乳白，皮肤破裂流脓而死或结薄皮茧死亡。

（5）黑斑型　多发3～5日龄蚕。病蚕左右腹脚呈对称性焦黑色，成焦足蚕。有的在气门周围出现黑褐色环状病斑。

（6）蚕蛹型　见于5日龄后期，有的感染蚕发病迟缓，虽能营茧化蛹，但蛹体呈暗黄色，极易破裂，一经震动即可流出脓液而死。

**4. 诊断**

（1）根据临床症状和病理变化可做出初步诊断，确诊需进一步做实验室诊断。

(2) 实验室诊断：取病蚕体液或组织块制成涂片，于低倍镜下检查，如发现折光性较强，大小整齐的六角体或四角体即可确诊。

**5. 防治**

蚕室、蚕具彻底消灭病原。其方法有两种：①漂白粉消毒，对蚕室、蚕具进行漂白粉液喷雾消毒。消毒时间在养蚕前3～4天。喷药后保持湿润0.5h以上。②福尔马林消毒，蚕室用喷雾法，蚕具用喷雾或浸渍法消毒。一般于养蚕前7天左右消毒，消毒后封闭蚕室，温度保持23℃以上。经一昼夜后打开门窗，待药味散发后再养蚕。

严格蚕期卫生制度，及时消灭室内外的污染源。严格分批捉青，淘汰弱小蚕，蚕座经常撒药。选拔培育抗病的蚕品种。

# 子项目十八　蚕白僵病

白僵病是由白僵菌侵入蚕体引起的疾病。白僵菌是虫生真菌，有一定的腐生性，但主要靠寄生昆虫在自然生态系中保存和传代，其寄主范围广，可在蚕和野外昆虫之间发生交叉感染，因患病蚕死后尸体僵硬并产生白色分生孢子而得名。

## 一、病原

蚕僵病种类很多，分别由不同科、属真菌寄生蚕体引起死亡，死亡后因蚕尸体硬化不易腐败而称为“僵病”或“硬化病”。通常以僵化尸体上大量分生孢子的颜色来命名，如白僵病、绿僵病、黄僵病、赤僵病、灰僵病、草僵病等，其中以白僵病最常见。

## 二、流行病学

**1. 传染源**

白僵病传染源是病蚕和患病野外昆虫尸体上的分生孢子。

**2. 传染途径**

本病主要是经皮接触传染，其次是创伤传染。

**3. 易感动物**

蚕和野生昆虫均易感染，蛹和蛾也可感染。

**4. 流行特点**

本病在各养蚕季节均可发生，但以温暖潮湿季节和地区多发。

## 三、临床症状

白僵病以蚕1～3日龄发病较为普遍，蚕感染白僵病初期，外观与健康蚕无异。在病死前1日，体表出现很多油浸状病斑或暗褐色病斑。病斑出现部位不定，形状不规则，这种病斑的出现是由于菌的侵入引起几丁质外皮变性所致。当感染菌量少时，病斑的出现也随之减少乃至完全不显现病斑。不久患病蚕食欲急剧丧失，有的还伴有下痢和吐液，蚕即濒于死亡。

## 四、病理变化

发病初期，表现为体色稍暗、反应迟钝、行动呆滞；发病后期，蚕体上常出现油渍状或细小针点病斑；濒死时排软粪，少量吐液。刚死的蚕头胸部向前伸出，肌肉松弛，身体柔软，略有弹性，有的体色略带淡红色或桃红色，以后逐渐硬化，约经1～2天从硬化尸体的气门、口器及节间膜等处先长出白色气生菌丝，逐渐增多，布满全身，最后长出无数分生孢子，遍体如覆白粉。

## 五、诊断

(1) 根据临床症状和病理变化可做出初步诊断，确诊需进一步做实验室诊断。

（2）实验室诊断

病原检查：可取蚕血液在显微镜下检查，如有圆筒形成卵圆形的短菌丝及营养菌丝即确诊。

## 六、防治

在生产过程中，严格进行蚕室、蚕具、蚕卵及环境的消毒工作。发生白僵病后，要隔离病蚕，严格处理白僵病的尸体及蚕鞘、蚕粪等。

驱除桑园虫害，防止患病的害虫及其尸体、排泄物等附在桑叶上混入蚕室。饲养中控制好蚕室的温湿度，特别是湿度，要控制在75%以下，以抑制白僵菌分生孢子发芽。

加强蚕体、蚕座消毒。目前使用的防僵药剂有漂白粉、灭菌丹、防僵粉等。这些防僵药剂可以抑制杀灭附在蚕体皮肤上的白僵菌孢子。

做好蛹期防僵工作。可适当推迟削茧鉴蛹的时期，一般在复眼着色后进行，在老熟上蔟前，进行蚕体和蚕蔟消毒。在削茧鉴别蛹时进行蛹体消毒。另外，在裸蛹保护过程中，可用硫磺熏烟消毒。

# 子项目十九　美洲幼虫腐臭病

美洲幼虫腐臭又叫“烂子病”，是蜜蜂幼虫的一种恶性传染病。美洲幼虫腐臭病分布极广，几乎世界各国都有发生，其中以热带和亚热带地区发病较重。

## 一、病原

美洲幼虫腐臭病的病原是一种被称为幼虫芽孢杆菌的革兰阳性细菌，菌体长2～5μm，宽0.5～0.7μm，能运动，若用苯胺黑或墨汁负染时，能观察到成簇的鞭毛。它在一定条件下能产生芽孢，而且产生的芽孢有7层结构包围，这种特殊构造使得幼虫芽孢杆菌的芽孢具有特别强的生命力，对热、化学消毒剂等有极强的抵抗力，在高温干燥等恶劣环境下至少能存活35年，是一种很难灭活的细菌。

## 二、流行病学

**1. 传染源**

在蜂群内，病害主要通过内勤蜂对幼虫的喂饲活动将病菌传给健康的幼虫，而被污染的饲料（带菌蜂蜜）和患病巢脾是病害传播的主要来源。

**2. 易感动物**

孵化24h的幼虫最易受感染，经过2天以后的幼虫则不易受感染。因此，蛹和成蜂不受感染。

**3. 传播途径**

在蜂群间，病害主要通过养蜂人员不遵守卫生规程的操作活动，如将患病蜂群与健康蜂群混合饲养、蜂箱蜂具混用和随意调换子脾等传播蔓延。其次，蜂场上的盗蜂和迷巢蜂，也可能传播病菌。

**4. 流行特点**

美洲幼虫腐臭病菌生长要求的最适温度在34～37℃之间。因此，美洲幼虫腐臭病多流行于夏、秋季节，即蜂群繁殖旺盛期。

## 三、临床症状

美洲幼虫腐臭病主要导致老熟幼虫或蛹死亡。因此，对可疑患美洲幼虫腐臭病的蜂群，可从蜂群中抽取封盖子脾1～2张，仔细观察。若发现子脾表面呈现潮湿、油光，并有穿孔时，则可进一步从穿孔蜂房中挑出幼虫尸体进行观察。若发现幼虫尸体呈浅褐色或咖啡色，并具有黏性时，即可确定为美洲幼虫腐臭病。

## 四、病理变化

被感染的蜜蜂幼虫在孵化后12.5天出现症状，首先体色明显变化，从正常的珍珠白色变黄、淡褐色或褐色甚至黑褐色，同时虫体不断失水干瘪，最后紧贴于巢房壁，呈黑褐色难以清除的鳞片状物。

## 五、诊断

目前对幼虫芽孢杆菌的直接鉴定主要以病死幼虫和污染蜂蜜为对象。对病死幼虫一般采用显微镜镜检和生化试验等方法，而对蜂蜜则一般采用PCR技术。

## 六、防治

对美洲幼虫腐臭病须采取综合方法进行防治，可从下列三个方面进行。

**1. 隔离病群**

对于患病蜂群，必须进行隔离，严禁与健康蜂群混养；对于其他健康蜂群还须用药物进行预防性治疗。

**2. 分类治疗**

对于病重群（一般烂子率达10%以上者），必须进行彻底换箱换脾处理。对轻病群，除需用镊子将所有的烂幼虫清除干净以外，还须用棉花球蘸取0.1%的新洁尔灭溶液清洗巢房1～2次。对久治不愈的重病群，为了防止传染其他蜂群，应采取焚蜂焚箱的办法，彻底焚灭。

**3. 结合药物进行治疗**

可选用磺胺类药物进行饲喂或喷脾。但一定要在采蜜期到来之前两个月进行，以免污染蜂蜜。磺胺噻唑钠片剂或针剂均可。每千克1∶1的糖浆加入1g的磺胺噻唑钠，调匀后喂蜂。

# 子项目二十　欧洲蜜蜂幼虫腐臭病

欧洲蜜蜂幼虫腐臭病（又称“黑幼虫病”、“纽约蜜蜂病”）是由蜂房蜜蜂球菌引起蜜蜂幼虫的一种恶性、细菌性传染病。以3～4日龄未封盖幼虫死亡为特征。世界动物卫生组织将其列为B类传染病。本病已遍及世界各地，欧美各国普遍发生，我国于20世纪50年代首次发现于广东，后蔓延至全国。

## 一、病原

蜂房蜜蜂球菌属蜜蜂球菌属。本菌必须在含5% $CO_2$ 条件下培养，为革兰阳性、披针形、单个、成对或链状排列，无芽，无运动性，为厌氧乃至微需氧的细菌。对外界不良环境的抵抗力较强，在干燥幼虫尸体可保存毒力3年，在巢脾或蜂蜜里可存活1年左右，在40℃下，每立方米空间含50ml福尔马林蒸气，需3h才能杀死。

## 二、流行病学

**1. 传染源**

被污染的蜂蜜、花粉、巢脾是主要传染源。

**2. 易感动物**

各龄及各个品种未封盖的蜂王、工蜂、雄蜂幼虫均可感染，尤以1～2日龄幼虫最易感，成蜂不感染；东方蜜蜂比西方蜜蜂易感，在我国以中蜂发病最重。

**3. 传播途径**

蜂群内一般通过内勤蜂饲喂和清扫活动进行传播，饲喂工蜂是主要传播者。蜂群间主要是通过盗蜂和迷巢蜂进行传播。养蜂人员不遵守卫生操作规程，任意调换蜜箱、蜜粉脾、子脾以及出售蜂群、蜂蜜、花粉等商业活动，也会导致传染病在蜂群间及地区间传播。

**4. 流行特点**

本病多发生于春季，夏季少发或平息，秋季可复发，但病情较轻。其次，该病易于蜂群群势较弱和巢温过低的蜂群发病，而强群很少发病，即使发病也常常可以自愈。

## 三、临床症状

本病潜伏期一般为2～3天。《陆生动物卫生法典》规定为45天（冬季除外，因随国家不同而不同）。3～4日龄未封盖的幼虫患病死亡，也有的在封盖后死亡。

## 四、病理变化

患病幼虫由珍珠白逐渐变黄死亡，尸体位置错乱，呈苍白色，以后渐变为黄色，最后呈深褐色，并可见白色、呈窄条状背线（发生于盘曲期幼虫，其背线呈放射状）。尸体软化、干缩于巢房底部，无黏性但有酸臭味，易被工蜂清除而留下空房，与子房相间形成“插花子脾”。

## 五、诊断

(1) 从临床可疑为欧洲蜜蜂幼虫腐臭病蜂群中，抽取2～4天的幼虫脾1～2张，仔细检查子脾上幼虫的分布情况。如发现虫、卵交错，幼虫位置混乱，颜色呈黄白色或暗褐色，无黏性，易取出，背线明显，有酸臭味，结合流行病学可初步诊断为欧洲蜜蜂幼虫腐臭病，确诊需进一步做实验室诊断。

(2) 实验室诊断　微生物学诊断。

① 革兰染色镜检　挑取可疑幼虫尸体少许涂片，用革兰方法染色，镜检。若发现大量披针形、紫色、单个、成对或成链状排列的球菌，可初步诊断为本病。

② 致病性试验　将纯培养菌加无菌水混匀，用喷雾方法感染1～2天的小幼虫，如出现上述欧洲蜜蜂幼虫腐臭病的症状，即可确诊。

## 六、防治

加强饲养管理，紧缩巢脾，注意保温，培养强群。严重的患病群，要进行换箱、换脾，并用下列任何一种药物进行消毒：①用50ml/m$^3$的福尔马林煮沸熏蒸一昼夜；②0.5%次氯酸钠或二氧异氰尿酸钠喷雾；③0.5%过氧乙酸液喷雾。

# 子项目二十一　白垩病

白垩病（又叫石灰质病）是一种蜜蜂幼虫的传染性真菌病，主要分布在欧洲、北美和中国等地区。中国在1991年首次报道，目前该病在全国范围内的西方蜜蜂中流行，危害特别严重。

## 一、病原

蜂球囊菌为一种真菌，只侵袭蜜蜂幼虫。该菌是单性菌丝体，为白色棉絮状，有隔膜，雌雄菌丝仅在交配时形态才有不同，为雌雄异株性真菌。单性菌丝不形成厚膜孢子或无性分生孢子，两性菌丝交配后产生黑色子实体，孢子在暗褐绿色的孢子囊里形成，球状聚集，孢子囊的直径为47～140μm，单个孢子球形，大小为（3.0～4.0）μm×（1.4～2.0）μm，具有很强的生命力，在自然界中保存15年以上仍然有感染力。

## 二、流行病学

### 1. 传染源

病死幼虫和被污染的饲料、巢脾等是本病传染源。

### 2. 易感动物

感染动物为蜜蜂幼虫，尤以雄蜂幼虫最易感。成蜂不感染。

### 3. 传播途径

主要通过孢子囊孢子和子囊孢子传播。蜜蜂幼虫食入污染的饲料后，孢子在肠内萌发，长出菌丝并可穿透肠壁。大量菌丝使幼虫后肠破裂而致其死亡，并在死亡虫体表面形成孢子囊。孢子囊增殖和形成的最适温度是30℃左右，蜂巢温度从35℃下降至30℃时，幼虫最易感染。因此该病在蜂群大量繁殖，并由于保温不良或哺乳蜂不足，造成巢内幼虫受冷时最易发生。

### 4. 流行特点

每年4～10月发生，4～6月为高峰期。潮湿、过度地分蜂、饲喂陈旧发霉的花粉、应用过多的抗生素以致改变蜜蜂肠道内微生物区系、蜂群较弱等，都可诱发本病。

## 三、临床症状

白垩病主要使老熟幼虫或封盖幼虫死亡。

## 四、病理变化

幼虫死亡后，初呈苍白色，以后呈灰色或黑色。幼虫尸体干枯后成为质地疏松的白垩状物，体表布满白色菌丝。

## 五、诊断

从病死僵化的幼虫体表面挑取少量幼虫尸体表层物进行镜检，发现有白色棉絮菌丝和充满孢子的子囊时，结合临床特征可确诊。

## 六、防治

把蜂群放在高燥地方，保持巢内清洁、干燥。不喂发霉变质的饲料，不用陈旧发霉的老脾。在发生本病后，首先撤出病群内全部患病幼虫脾和发霉的粉蜜脾，并换清洁无病的巢脾供蜂王产卵。换下来的巢脾用二氧化硫密闭烟熏消毒4h以上，硫磺用量按10框巢3～5g计算。

经换脾、换箱的蜂群，及时饲喂0.5%麝香草酚糖浆，以后每隔3天喂1次，连续喂3～4次。

# 【项目小结】

本项目主要介绍了马传染性贫血、马鼻疽、犬瘟热、犬传染性肝炎、犬传染性肠炎、犬副流感病毒感染、兔病毒性出血症、兔波氏杆菌病、兔密螺旋体病、兔黏液瘤病、兔梭菌性肠炎、猫泛白细胞减少症、猫白血病、猫病毒性鼻气管炎、猫传染性腹膜炎、貂瘟热、白垩病、欧洲蜜蜂幼虫腐臭病、美洲幼虫腐臭病、蚕白僵病、蚕型多角体病等传染病。在学习多种动物共患传染病的过程基础上，重点掌握犬、兔、猫等常见动物多发病以及危害性较大的传染病的流行特点、具体诊断方法和防治措施。

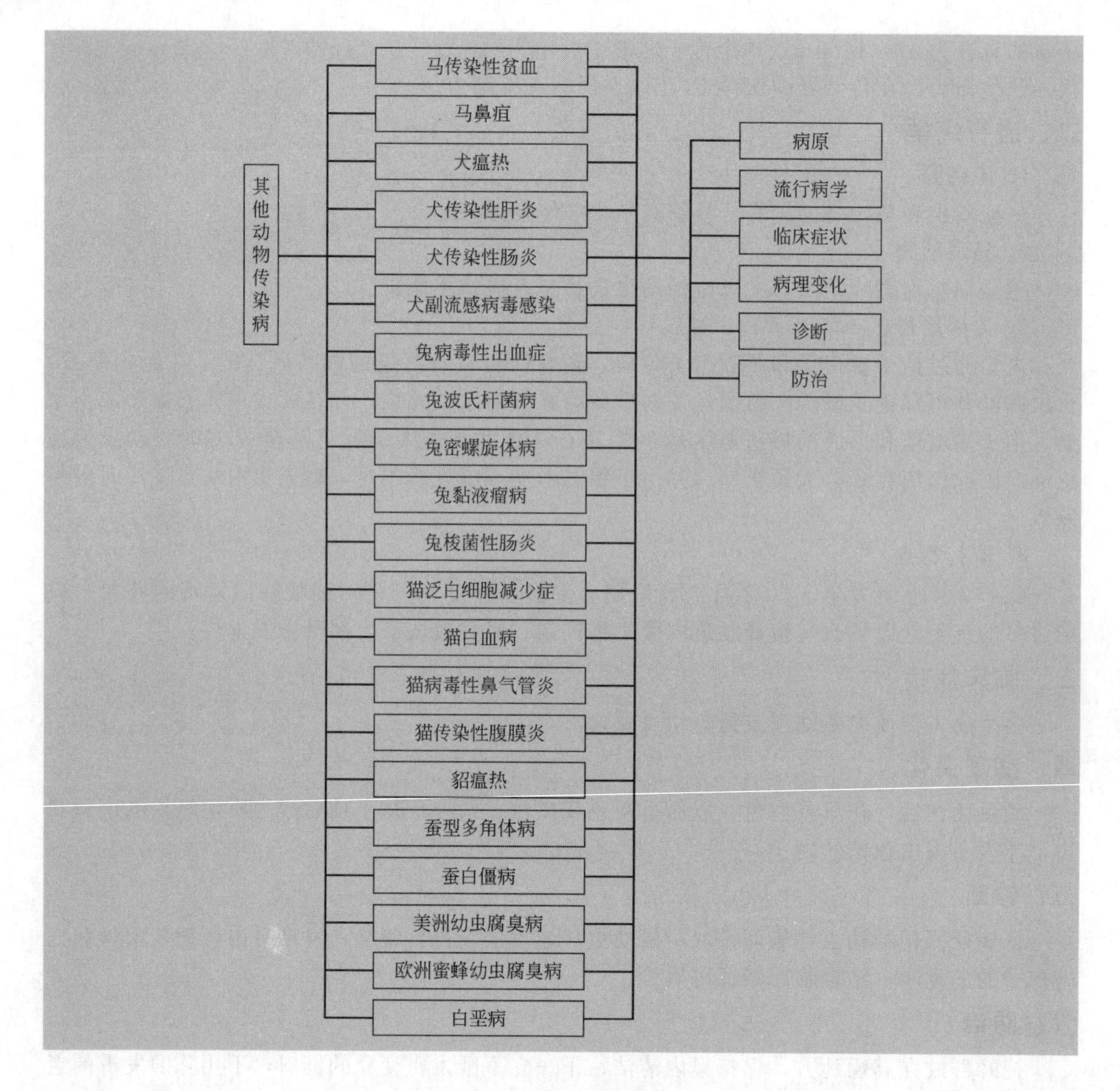


## 【复习思考题】

1. 简述马传染性贫血的临床症状。
2. 简述犬瘟热的类型及其临床症状。
3. 试述犬瘟热的防治措施。
4. 简述犬传染性肝炎的防治措施。
5. 简述犬细小病毒病的分类及其临床症状。
6. 简述犬细小病毒病的治疗方法。
7. 简述兔病毒性出血症的流行病学及防治。
8. 简述兔波氏杆菌病的防治。
9. 如何对兔梭菌性肠炎进行确诊?
10. 试述猫瘟热（猫泛白细胞减少症）与猫白血病的临床症状和防治措施。
11. 试述貂瘟热的临床症状和防治措施。

# 【技能训练任务十七】 兔病毒性出血症的实验室诊断

## 一、训练目标

学会兔病毒性出血症的诊断方法。

## 二、训练材料

微量振荡器、离心机、离心管、微量加样器、96孔V形反应板、注射器（1ml、5ml）、针头、试管、吸管、兔剖检器材等仪器与器材、人O型红细胞悬液、灭菌生理盐水、青霉素、链霉素、兔病毒性出血症血清、可疑病兔或死兔。

## 三、训练内容与方法步骤

1. 临床诊断和尸体剖检诊断

详细询问发病兔群的发病情况，包括发病经过、发病头数、主要症状、治疗措施及效果、病程和死亡情况。发病兔的来源及接种情况，发病兔群附近其他兔群的情况。详细检查病兔的临床症状，包括精神状态、体温变化、食欲、粪便的形状等。病兔剖检，检查各内脏器官的眼观病理变化，特别注意呼吸系统有无出血，肝脏的肿大、淤血，心脏、胃肠、膀胱等脏器的变化。

2. 细菌学检查

采取刚死亡不久的病兔的血液、脾脏、肝脏等材料，接种于普通琼脂和血液琼脂平板上，培养24～48h，检查有无疑似的病原菌，如有需要进一步鉴定做动物接种试验。兔病毒性出血症诊断中细菌检查的目的是为了确定发病兔是否存在并发或继发细菌感染，有时也为了排除兔病毒性出血症。

3. 血凝及血凝抑制试验

（1）试验准备

① 被检血清制备　将家兔固定，采血者以手指弹动兔耳数次，使其充血。再以酒精棉在耳静脉处涂擦，顷刻，涂抹处血管扩大隆起。此时，用针头将静脉末端刺破，即有血流出，用干燥灭菌小试管收集血液，一般收集1～2ml，待凝固后，立即检测。若不能及时检测，应保存于4～8℃冰箱内或将血清分出，以免溶血。

② 1%人O型红细胞的制备：取人O型血液倒入离心管中，加入等体积的PBS，用吸管轻轻吹吸使红细胞悬浮，按3000r/min离心10min，吸去上清液，沉积红细胞，加20～30倍体积的PBS，重新悬浮红细胞，再3000r/min离心10min，吸去上清液，再重复一次，然后根据沉淀压积的红细胞体积，用PBS液配成1%的人O型红细胞悬液。

（2）操作方法

① 微量血凝（HA）试验：在1～12孔各加PBS（pH 7.0～7.2）0.05ml，用微量移液器取0.05ml病毒（抗原）于第1孔，吹吸4次混匀后，吸0.05ml至第2孔，依次做倍比稀释至第11孔，再从第11孔吸取0.05ml弃去，第12孔不加病毒（抗原）作对照。各孔依次加1%人O型红细胞各0.05ml。用微量振荡器振荡1～2min，在室温（18～20℃）静置30～40min，或37℃静置15～30min观察结果。“#”为完全凝集；“＋＋＋、＋＋”为不完全凝集；“－”为不凝集。

能使红细胞悬液完全凝集的病毒抗原最高稀释倍数，称为该病毒的血凝滴度，即一个血凝单位。如表7-1所示，1个血凝单位为1∶128，而用于下述血凝抑制试验的病毒需含4个血凝单位，抗原应稀释倍数＝128/4＝32倍。

**表 7-1 兔病毒性出血症病毒血凝试验**

| 孔号 | 1 | 2 | 3 | 4 | 5 | 6 | 7 | 8 | 9 | 10 | 11 | 12 |
|---|---|---|---|---|---|---|---|---|---|---|---|---|
| 稀释倍数 | 2 | 4 | 8 | 16 | 32 | 64 | 128 | 256 | 512 | 1024 | 2048 | 对照 |
| PBS/ml | 0.05 | 0.05 | 0.05 | 0.05 | 0.05 | 0.05 | 0.05 | 0.05 | 0.05 | 0.05 | 0.05 | 0.05 |
|  |  | ↘ | ↘ | ↘ | ↘ | ↘ | ↘ | ↘ | ↘ | ↘ | ↘弃 |  |
| 病毒/ml | 0.05 | 0.05 | 0.05 | 0.05 | 0.05 | 0.05 | 0.05 | 0.05 | 0.05 | 0.05 | 0.05 |  |
| PBS/ml | 0.05 | 0.05 | 0.05 | 0.05 | 0.05 | 0.05 | 0.05 | 0.05 | 0.05 | 0.05 | 0.05 | 0.05 |
| 1%人O型红细胞/ml | 0.05 | 0.05 | 0.05 | 0.05 | 0.05 | 0.05 | 0.05 | 0.05 | 0.05 | 0.05 | 0.05 | 0.05 |
| 振荡1～2min，在室温(18～20℃)静置30～40min或37℃、15～30min |  |  |  |  |  |  |  |  |  |  |  |  |
| 结果 | # | # | # | # | # | # | # | ++ | — | — | — | — |

注："#"为完全凝集；"++"为不完全凝集；"—"为不凝集。

② 微量血凝抑制（HI）试验：用微量移液器吸PBS（pH 7.0～7.2），从1～12孔各加入0.05ml，然后换一个移液器吸头吸取0.05ml的被检血清于第1孔内，吹吸4次混匀后，吸0.05ml至第2孔，依次做倍比稀释至第11孔，再从第11孔吸取0.05ml弃去。接着1～12孔每孔各加入0.05ml 4个血凝单位病毒液，混合均匀后（振荡1～2min），置室温（18～20℃）20min，取出后每孔加入0.05ml 1%人O型红细胞悬液，充分混合均匀后（振荡1～2min），放室温（18～20℃）静置30～40min，见表7-2。

**表 7-2 兔病毒性出血症病毒血凝抑制试验**

| 孔号 | | 1 | 2 | 3 | 4 | 5 | 6 | 7 | 8 | 9 | 10 | 11 | 12 |
|---|---|---|---|---|---|---|---|---|---|---|---|---|---|
| 稀释倍数 | | 2 | 4 | 8 | 16 | 32 | 64 | 128 | 256 | 512 | 1024 | 2048 | 对照 |
| PBS/ml | | 0.05 | 0.05 | 0.05 | 0.05 | 0.05 | 0.05 | 0.05 | 0.05 | 0.05 | 0.05 | 0.05 | 0.05 |
|  | |  | ↘ | ↘ | ↘ | ↘ | ↘ | ↘ | ↘ | ↘ | ↘ | ↘弃 |  |
| 被检血清/ml | | 0.05 | 0.05 | 0.05 | 0.05 | 0.05 | 0.05 | 0.05 | 0.05 | 0.05 | 0.05 | 0.05 |  |
| 病毒液/ml | | 0.05 | 0.05 | 0.05 | 0.05 | 0.05 | 0.05 | 0.05 | 0.05 | 0.05 | 0.05 | 0.05 | 0.05 |
| 振荡1～2min，置室温(18～20℃)20min | |  |  |  |  |  |  |  |  |  |  |  |  |
| 1%人O型红细胞悬液/ml | | 0.05 | 0.05 | 0.05 | 0.05 | 0.05 | 0.05 | 0.05 | 0.05 | 0.05 | 0.05 | 0.05 | 0.05 |
| 振荡1～2min，放室温(18～20℃)静置30～40min | |  |  |  |  |  |  |  |  |  |  |  |  |
| 结果 | 阳性血清 | — | — | — | — | — | — | — | ++ | ++ | +++ | # | — |
|  | 阴性血清 | # | # | # | # | # | # | # | +++ | +++ | ++ | — | — |

注："#"为完全凝集；"+++、++"为不完全凝集；"—"为不凝集。

凡能使4个凝集单位的病毒凝集红细胞的作用完全受到抑制血清最高稀释倍数，称为血凝抑制价（血凝抑制滴度）。如某血清的最高血凝抑制稀释倍数为1∶128，该血清的HI抗体效价为128。

## 四、训练报告

撰写一份兔病毒性出血症诊断的技能训练报告。

# 参 考 文 献


[1] 刘振湘，姚卫东. 畜禽传染病. 北京：中国农业大学出版社，2008.

[2] 马兴元，赵玉军. 国家法定猪病诊断与防治. 北京：中国轻工业出版社，2007.

[3] 陆承平. 兽医微生物学. 北京：中国农业出版社，2007.

[4] 潘树德. 猪附红细胞体病及其防治. 北京：金盾出版社，2007.

[5] 马兴树. 禽传染病实验诊断技术. 北京：化学工业出版社，2006.

[6] 汪恩强. 兽医临床诊断学. 北京：中国农业科学技术出版社，2006.

[7] 吴志明，刘莲芝，李桂喜. 动物疫病防控知识宝典. 北京：中国农业出版社，2006.

[8] 陈溥言. 兽医传染病学. 北京：中国农业出版社，2006.

[9] 刘占民，朱达文. 兽医学概论. 北京：中国农业出版社，2006.

[10] 徐建义. 禽病防治. 北京：中国农业出版社，2006.

[11] 李凯伦，李鹏，王萍. 牛羊疫病免疫诊断技术. 北京：中国农业大学出版社，2006.

[12] 陈溥言. 兽医传染病学. 第5版. 北京：中国农业出版社，2006.

[13] 丁壮. 猪链球菌及其防治. 北京：金盾出版社，2006.

[14] 丁壮，李佑民. 猪病防治手册. 第3次修订版. 北京：金盾出版社，2005.

[15] 甘孟侯，杨汉春. 中国猪病学. 北京：中国农业出版社，2005.

[16] 费恩阁，李德昌，丁壮. 动物疫病学. 北京：中国农业出版社，2004.

[17] 辛朝安. 禽病学. 北京：中国农业出版社，2003.

[18] 吴清民. 兽医传染病学. 北京：中国农业大学出版社，2002.

[19] 白文彬，于康震. 动物传染病诊断学. 北京：中国农业出版社，2002.

[20] 蔡宝祥. 动物传染病学. 第4版. 北京：中国农业出版社，2001.

[21] [美] 斯特劳等. 猪病学. 第8版. 赵德明，张仲秋等译. 北京：中国农业大学出版社，2000.

[22] 蔡宝祥. 家畜传染病学. 第4版. 北京：中国农业出版社，2001.

[23] 南京农业大学，甘肃农业大学. 家畜传染病学实习指导. 第3版. 北京：中国农业出版社，1999.

[24] 甘肃农业大学. 家畜传染病学实习指导. 北京：中国农业出版社，1998.

[25] 甘肃农业大学. 兽医微生物学. 北京：中国农业出版社，1982.

[26] 张学栋. 动物传染病学. 北京：化学工业出版社，2011.

[27] 曾元根. 兽医临床诊疗技术. 第2版. 北京：化学工业出版社，2015.